获全国高等学校机电类优秀教材一等奖

教育部学位管理与研究生教育司推荐研究生教学用书

机械科学与工程研究生教学用书

机械振动系统

——分析·建模·测试·对策（上册）

（第三版）

Vibration Systems:
Analyzing, Modeling, Testing, Controlling

师汉民　黄其柏

华中科技大学出版社
中国·武汉

内 容 简 介

本书讲述现代振动工程中有关振动系统的分析、建模、测试与对策方面的基础理论、基本知识以及常用的方法和技巧.全书分上、下两册,上册包括单自由度与多自由度系统振动的基础知识、多自由度系统振动分析的常用方法及振动问题分析求解的计算方法,下册包括连续系统的振动、随机振动、非线性系统的振动、混沌振动、自激振动、振动系统的测试与参数识别及振动的抑制与利用.

本书注意联系工程实际,可作为机械类专业硕士研究生教材,也可供工程技术人员参考.

ABSTRACT

This book covers the fundamental theory, practical methods, and techniques widely used in analyzing, modeling, testing and controlling vibration systems in modern vibration engineering. It is divided into two volumes. The first volume explains the essential theory of single-or multi-degree-of-freedom vibration systems, and general analytical methods and computational methods of multi-degree-of-freedom vibration systems. The second volume expounds on the vibration of continuous and non-linear systems, random vibration, self-excited vibration, chaotic vibration, vibration systems testing and parameter indentifying, vibration suppressions and the beneficial inducement of vibrations in certain applications.

Emphasizing practical applications this book is intended as a textbook for graduate students in mechanical engineering. As well, engineers and researchers in the field may find it a valuable reference.

序

今天，我国的教育正处在一个大发展的崭新时期，高等教育已跨入“大众化”阶段，蓬蓬勃勃，生机无限. 在高等教育中，研究生教育的发展尤为迅速. 党的十七大报告提出，要“努力造就世界一流科学家和科技领军人才，注重培养一线的创新人才”，强调了在建设创新型国家中教育的优先发展地位. 我们可以清楚地知道，研究生教育是培养创新人才的主渠道，对走自主创新道路，建设创新型国家，具有重要的战略意义.

前事不忘，后事之师. 历史经验已一而再、再而三地证明：一个国家的富强，一个民族的繁荣，最根本的是要依靠自己，要以自力更生、自主创新为主.《国际歌》讲得十分深刻，世界上从来就没有什么救世主，只有依靠自己救自己. 寄希望于别人，期美好于外援，只是一种幼稚的幻想. 内因是发展的决定性的因素. 当然，我们绝不应该也绝不可能采取“闭关锁国”、自我封闭、故步自封的方式来谋求发展，重犯历史错误. 外因始终是发展的必要条件. 改革开放三十年所取得的辉煌成就，谱写的中华民族历史性跨越的壮丽史诗，就是铁证. 正因为如此，我们清醒看到了，自助者人助天助，只有独立自主，自强不息，走以自主创新为主的发展道路，才有可能在向世界开放中，争取到更多的朋友，争取到更多的支持，充分利用好外部的各种有利条件，来扎扎实实而又尽可能快地发展自己. 这一切的关键就在于，我们要有数量与质量足够的高级专门人才，特别是拔尖创新人才. 何况，在科技高速发展与高度发达，而知识经济已初见端倪的今天，更加如此. 人才、高级专门人才、拔尖创新人才、领导人才，是我们一切事业发展的基础.

“工欲善其事，必先利其器.”自古凡事皆然，教育也不例外. 教学用书是培育人才的基本条件之一.“巧妇难为无米之炊.”特别是在今天，学科的交叉及其发展越来越多越快，人才的知识基础及其要求越来越广越高，因此，我一贯赞成与支持出版研究生教学用书，供研究生自己主动地选用. 早在 1990 年，《机械工程测试·信息·信号分析》出版时，我就为此书写了个“代序”，其中提出：

一个研究生应该博览群书，博采百家，思路开阔，有所创见．但这不等于他在一切方面均能如此，有所不为才能有所为．如果一个研究生的主要兴趣与工作不在某一特定方面，他也可选择一本有关这一特定方面的书作为了解与学习这方面知识的参考；如果一个研究生的主要兴趣与工作在这一特定方面，他更应选择一本有关的书作为主要的学习用书，寻觅主要学习线索，并缘此展开，博览群书．

这就是我赞成要为研究生编写系列的《机械科学与工程研究生教学用书》的主要原因．今天，我仍然如此来看．

还应提及一点，在教育界有人讲，要教学生“做中学”，这很有道理；但是，必须补充一句，“学中做”．既要在实践中学习，又要在学习中实践，学习与实践紧密结合，方为全面．重要的是，结合的关键在于引导学生思考、积极独立思考．我一贯认为，要造就一个人才，学习是基础，思考是关键，实践是根本，三者必须结合，缺一不可．当然，学生的层次不同，结合的方式、深度与广度就应不同，思考的深度也应不同．对研究生特别是对博士研究生，就必须是而且也应是“研中学，学中研”，就更须而且也更应是“研中思，思中研”，在研究这一实践中，甚至可以讲，研与学通过思考就是一回事情了．正因为如此，《机械科学与工程研究生教学用书》就大有英雄用武之地，供学习之用，供研究之用，供思考之用．

在此，还应讲一点．作为一个研究生来读《机械科学与工程研究生教学用书》中的某书或其他有关的书，有的书要精读，有的书可泛读．因为知识是基础，有知识不一定有力量，没有知识就一定没有力量，千万千万不要轻视知识．但是，对研究生特别是博士研究生而言，最为重要的还不是知识本身这个形而下，而是以知识作为基础，努力来体悟知识所承载的思维、方法、原则与精神等内涵，体悟知识所蕴含的形而上，即《老子》所讲的不可道的“常道”，即思维能力的提高，即精神境界的升华．《庄子·天道》讲得多么好：“书不过语．语之所贵者意也，意有所随．意之所随者，不可以言传也．”这个“意”，就是知识所承载的内涵，就是孔子所讲的“一以贯之”的“一”，就是“道”，就是形而上．它比语言、比书本、比具体的知识，重要多了．当然，要能体悟出形而上，一定要有足够数量的知识作为必不可缺的基础，一定要在读书去获得知识时，整体地读，重点地读，反复地读；整体地想，重点地想，反复地想．如同韩愈在《进学解》中所讲的那样，能“提其要”，“钩其玄”，这样，就可驾驭知识，发展知识，创新知识，而不是为知识所驾驭,为知识所奴役,成为计算机存储装置.

《机械科学与工程研究生教学用书》是《研究生教学用书》的延续和发展.《研究生教学用书》自从1990年问世以来,到今年已经历了不平凡的18个春秋,已出版了用书80多种,有5种已被教育部研究生工作办公室列入向全国推荐的研究生教材,即现在的"教育部学位管理与研究生教育司推荐研究生教学用书".为了满足当前的研究生教育培养创新人才的要求,华中科技大学出版社在已出版的机械类研究生教学用书的基础上进一步拓展,在全国范围内约请一大批著名专家,力争组织最好的作者队伍,有计划地出版《机械科学与工程研究生教学用书》系列教材.

唐代大文豪李白讲得十分正确:"人非尧舜,谁能尽善?"我始终认为,金无足赤,人无完人,文无完文,书无完书.这套《机械科学与工程研究生教学用书》更不会例外.本套书出版后,这套书如何?某本书如何?这样的或那样的错误、不妥、疏忽或不足,必然会有.但是,我们又必须积极、及时、认真而不断地加以改进,与时俱进,奋发前进.我们衷心希望与真挚感谢读者与专家不吝指教,及时批评.当局者迷,兼听则明;"嘤其鸣矣,求其友声."这就是我们的肺腑之言.

当然,在这里,还应该深深感谢《机械科学与工程研究生教学用书》的作者、审阅者、组织者与出版者(华中科技大学出版社的编辑、校对及其全体同志);深深感谢对本套研究生教材的一切关心者与支持者,没有他们,就决不会有今天的《机械科学与工程研究生教学用书》.让我们共同努力,深入贯彻落实科学发展观,建设创新型国家,为培养数以千万计高级人才,特别是一大批拔尖创新人才、领导人才,完成历史赋予研究生教育的重大任务而作出应有的贡献.

谨为之序.

中国科学院院士
丛书主编 杨叔子

2008.9.14

(中秋节)

第三版前言

《机械振动系统——分析·测试·建模·对策》上、下册于1992年首次出版，1996年推出了第二版，一直受到广大师生和工程技术人员的厚爱和欢迎。此书1996年获得全国高等学校机电类优秀教材一等奖，2001年被教育部研究生工作办公室推荐为研究生教学用书，即现在的“教育部学位管理与研究生教育司推荐研究生教学用书”.

岁月如流，二十年弹指一挥间，现在我们高兴地向读者推出此书的第三版.之所以需要出第三版，是由于近年来振动测试、分析的理论、方法和技术及其在振动工程和国民经济各个领域中的应用，都已经有了长足的发展，而教材必须与时俱进，更新内容，使学生了解该领域最新的发展，学到最新的科学知识，这将有利于他们日后创造性地解决各类工程实际问题.此外，根据我们近年来在教学实践和科研工作的体会，感到需要对上、下两册的章节编排进行某些调整，并相应将书名改为《机械振动系统——分析·建模·测试·对策》.

本次修订主要做了以下几个方面的工作.

第一，重排章节.第1章至第4章保持了原有结构和内容；第5章、第6章和第7章由原来的第8章、第9章和第15章修订而成，原第5章、第6章和第7章分别移作第10章、第14章和第15章；其他章节也作了适当调整.调整后，全书内容遵循“理论建模——求解计算——测试分析——振动控制”这一主线，更方便读者阅读和参考.

第二，增减内容.第14章增加了激光Doppler测振仪原理、非固定式激振系统力锤的工作原理、多参考点最小二乘复频域法和试验模态分析实例等内容，同时在第6章恢复了模态综合法的内容，删去了第4章中的系统机械能与互易定理、系统矩阵、动力矩阵的内容.我们相信，通过这样的增删以后，这部教材内容将更丰富，更具实用性.

第三，精选实例.对部分章节的实例进行了精选和掉换，使之更具代表性，更便于学习和理解.

第四，对全书的文字、插图和公式进行了审阅并做了少量校改.

这一版的修订由教授、博士生导师黄其柏具体执行.黄老师在振动、冲击和噪声领域从事过多年的科学研究和人才培养工作，成绩卓著.我为这个学科里新秀辈出、后继有人深感欣慰.

华中科技大学振动噪声及控制课题组的研究生们为本书的再版做了大量的校对工作，在此谨致谢意.

华中科技大学出版社多年来在本书编辑、出版和发行中做了大量的工作，给予了一贯的支持，在此深表谢意.

限于编者的水平，书中难免有缺点和不妥之处，恳切希望广大读者批评指正，并将宝贵的意见或者建议反馈给我们.

华中科技大学 师汉民

于喻家山下

2012-3-10

前　　言

本书是为华中理工大学硕士研究生的学位课程“机械振动”所编写的教材.此课程旨在帮助研究生掌握机械振动的基础理论、基本测试、建模技能与分析计算方法，培养他们对机械系统和工程结构进行振动分析与控制、有效地处理机械工程中各种振动问题的能力.

为实现上述目的，本书力图在“少而精”的前提下，覆盖机械工程类的硕士研究生在他们未来的工作中为处理种种动态分析与振动控制问题，可能需要的基础理论、基本知识以及常用的方法和技巧.我们试图突破现有机械振动方面的书籍或教材的一般体系，而将现代振动工程中有关振动系统的分析、测试、建模与对策方面的知识组织成为一个有机的整体，供研究生学位课程教学之用.

本书以机械类工科专业本科的课程(理论力学、材料力学、高等数学和工程数学)作为起点，在取材与编排上有以下特点：

突出联系工程实际的观点，在遵循振动学科的基本体系、讲清振动科学的基础理论的同时，注意阐述有关理论、知识和方法的工程背景与实际意义；

注意反映由于电子计算机在振动分析中的广泛深入的应用，而发展起来的一些新的方法与技巧；

在适应于教材的容量与深度的范围内，本书还介绍了作者近年来在金属切削机床自激振动的非线性理论及其在线监控技术方面的主要研究成果，作为工程实际中的振动问题的分析与处理之一例.

全书分上下两册，上册(基础篇)包括单自由度与多自由度系统振动的基础知识，随机激励下的振动，振动系统的测试、辨识与建模，振动的抑制与振动的利用；下册(深化篇)包括分析动力学基础，多自由度系统振动分析的常用方法，连续系统与非线性系统的振动，工程中的自激振动以及振动问题分析求解的计算方法.

在叙述方法上我们尽力注意突出重点，讲清难点，分清层次，以利教学；特别是注意以启发诱导的方式，激发研究生的学习兴趣，引导他们去钻研与理解.

在每章之末均附有若干“思考题”，这些思考题“貌似简单”，其实并不容易，它们有助于帮助学习者澄清模糊概念，并激发学习兴趣.在书末附有各章思考题的答案，但我们希望读者在经过认真思考以后，再去查阅答案.各章之后还附有若干习题，供读者选做.

按照我们的教学经验，如果讲授得法，而且研究生们能努力学习，积极配合，那么80学时就足够讲授本书的基本内容，课内外学时之比约为1∶2.

如果研究生们在本科期间已修有关振动方面的课程，则可略去第一篇，而由第二篇开始讲授，大约40～60学时就能讲完.

本书第一篇(第一至第七章)还可作为机械类专业大学本科生的必修或选修课教材，需40～60个课堂学时.

本书除作为教材之外，还可供从事机械产品与机械设备的振动测试、分析、抑制或利用等方面工作的广大工程技术人员作为技术参考书.

谌刚与吴雅参与了这门课程的教学实践与大纲制订，并分别提供了第三、四、六、七、九章与第一、二章的初稿，全书由师汉民编写与修改、定稿. 谌刚与吴雅负责整理、校核全书的文字、公式与插图. 伍良生校阅了部分章节，并提出了宝贵建议. 周辉、张保国与刘国祥为缮写书稿付出了辛勤的劳动.

杨叔子教授对于这门课程的开设与教材编写给予了热情的支持和关怀. 杜润生为本课程的实验开设作出了贡献. 邓星钟、卢文祥等同志都为此课程教学活动的正常进行付出了劳动.

限于编者的水平，书中定有许多不恰当甚至错误之处，切望读者批评指正.

编　者

1990 年 11 月 28 日

再版前言

《机械振动系统——分析·测试·建模·对策》一书(上、下册)于 1992 年由华中理工大学出版社出版，至今已历十年. 其间，重印过四次. 现在终于有了再版的机会.

当时此书是作为硕士研究生教材出版的. 我校机械工程一系于 1984 年开始对本系机械制造专业和机械学专业的硕士研究生开出“机械振动学”的学位课程. 选修此课程的，除了本系的研究生以外，还有力学系、动力系、土木系和船海系等其他系的研究生. 随后，对博士生的入学考试又相应地增设了“机械振动学”的科目. 这门研究生学位课程的讲授一直坚持至今，已历时 18 年. 在教学中，教师和学生都表现出很大的兴趣和很高的积极性与主动性.

在开设这门课程之初，所面临的一个主要困难是找不到一本合适的教材. 当时已有的关于振动的教材或书籍多是属于基础学科，是从力学的角度来讲述关于振动的知识. 这并不符合我们的目的——我们是要从振动工程的角度来讲述振动科学与振动知识及其在工程领域中的实际运用. 除了讲清振动科学的基础概念和基本知识以外，这门课程特别需要教给学生如何运用这些概念和知识来分析与解决工程实际中的振动问题或动态问题. 此外，当时已有的一些机械振动方面的书籍在编写方式、讲述深度与篇幅方面也不甚适合作为机械类工程专业的硕士研究生教材之用. 鉴于此，我们编写、出版了这本研究生教材.

虽然当初出版此书的直接目的是为了解决本校研究生的教学之需，可是出版后，此书也受其他院校师生的关爱，为许多兄弟院校作为教材采用.

此书于 1996 年 6 月获全国高等学校机电类优秀教材一等奖.

此书于 2001 年被国家教育部遴选为全国推荐研究生教学用书.

借此书改版、再版的机会，我们对它做了某些补充、删改与修订，以答谢广大师生和工程技术人员的厚爱.

首先,增补了“混沌振动”一章(第十四章).混沌的发现与研究,应该说是20世纪在非线性系统和复杂性领域最令人鼓舞的研究成果之一.近十年来,我国在混沌知识的传播以及对于工程系统中的混沌现象的揭示和研究方面都已取得可喜的成绩.混沌知识的工程应用也已经初见端倪.

时至今日,机类专业的硕士研究生如果对于混沌的认识仍然是一团混沌,将严重地限制他们认识事物的眼界和解决问题的能力.所增补的这一章简略讲述了混沌振动的含义、机制、特点和规律,其目的在于深化对于非线性动态过程的认识,并提高分析和处理非线性问题的能力.

其次,删去了第一版的第七章和第十三章中有关机床的非线性颤振方面的内容.其原因是,在教学实践中我们感觉到这些内容过专、过深,不适合作为硕士研究生的教学内容.

第三,删去了第一版的第九章第四节关于模态综合法的部分.除了因为这部分内容也是比较专门化,在教材容量的限度内难于阐述清楚以外,还为了平衡教材的分量.我们不希望这部教材由于增补了新的内容而导致篇幅膨胀,增加教学的困难.

第四,对全书的文字、插图和公式进行了少量校改.

黄其柏为此书的改版和修改提出了宝贵的建议.李高正为本书的再版做了大量的校对工作.在此谨致谢意.

我十分怀念在编写此书中,与谌刚、吴雅合作共事的那一段时光.他们的努力为此书的形成和出版做出了重要的贡献.如今,吴雅已离开人世,给我们留下了永久的怀念.愿以此书的新版告慰她的在天之灵!谌刚已出国多年,不可能再参与此书的修改和再版的工作,在此,谨对他道一声珍重!

由于编者的水平有限,时间仓促,书中一定还有不少未能尽善之处、不妥之处、甚至错误之处,切望广大读者不吝指正,将你们的意见或建议反馈给我们.

华中科技大学　师汉民

于喻家山下

2003-9-1

目　　录

绪　论

振动学科(包括声学)曾经是物理学或力学的一个分支,原属于基础科学.这一学科以力学和数学为基础,以现代测试技术、计算技术为手段,并从系统论、控制论及信息论等新兴学科汲取营养而发展起来.它面向工程实际,以振动学科的理论、知识和方法来解决工程中日趋复杂的各种动力学问题,作出了富有成效的贡献,且日臻成熟,终于由基础学科发展成为一门工程学科——振动工程.本书讲述振动工程的基础理论与技术,这里先介绍振动工程的意义、特点和方法.

0.1　振动工程是发展工业生产和国民经济的需要

在机械工业和其他工业部门存在着难以数计的有害振动问题,这些问题正在招致巨大的损失或者隐藏着可怕的祸根.以振动工程的理论、技术和方法来研究与解决这些问题,是当务之急.

大型、高速回转机械,如汽轮发电机组,因动态失稳而造成的重大恶性事故,在国内外都屡见不鲜.在事故中急剧增强的振动可在几十秒钟之内使大型发电机组彻底解体,甚至祸及厂房,造成巨大的财产损失和人员伤亡.至于国外某些核电站事故所造成的后果,就不仅仅是经济损失,而且危及社会安定.而事故的原因或征兆之一,也是机组的强烈振动.

大型工程结构因振动而引起的事故,也时有发生.历史上曾经发生过桥梁由于在其上正步行进的队伍的周期激励,发生共振,而突然崩塌的事故.近代还发生过大型桥梁或冷却塔因“风激振动”而断裂、倒塌的事故.十几万吨级的油轮也会由于振动而在海上折成两段,究其原因,是船体的固有频率设计不妥.

各种商品从生产厂到达消费者手中,往往要经过漫长的运输过程,在此过程中难免存在冲击与振动.为了使商品完好无损地到达消费者手中,一般都需要设计合适的商品包装,以缓冲防振,保护商品.而每年因为包装不善所造成的商品损失,也是非常巨大的.

此外,过量的振动和因振动而引起的噪声还会污染环境,损害人们的健康.

以上仅仅是部分事例.事实上,可以说振动问题普遍地存在于工业生产和工程的各个领域.科学技术发展到今天,对许多工程项目来说,振动分析与控制,已经不再是“画蛇添足”的赘举,而是决定一个项目命运的必要措施.

振动并非只能为害,如能合理运用,亦能造福人类.目前已能在很多方面对振动进行有效的利用,诸如振动加工(超声加工)、振动时效、振动筛、振动破碎、振动夯土、振动检测等等.

从上述可知,振动工程作为一门新兴的工程学科,与工业生产及国民经济紧密相关.对于这一领域的忽视或轻视,会受到自然规律的严厉报复,而自觉地运用这一学科的理论、技术与方法,则可能获得极其显著的技术经济效益与社会效益.

0.2　振动工程以解决工程中的各种动态问题为目的

动态载荷作用于动态系统,就构成一个动态问题.动态载荷即迅速变化的载荷,包括交变载荷与突变载荷.当载荷的频率成分之一接近或超过系统的某一个自然频率时,就必须作为一个动态问题(而不是一个静态问题)来处理.事实上,工程中的许多问题都必须看做动态问题.

与静态问题比较起来,动态问题有以下特点.

1. 复杂性

造成动态问题的复杂性的主要原因是,系统载荷作用的“后效性”和其响应对于过去经历的载荷的“记忆性”.前者指某时刻作用在系统上的载荷不仅只影响系统在该时刻的响应,而且影响系统在此后各时刻的响应;后者指系统在任一时刻的响应不只由该时刻的载荷决定,而是由在该时刻之前系统所经受的载荷的全部历程来决定,好像系统能记住它过去的经历一样.动载荷对系统的作用是首先改变系统在各个时刻的初态,这些受扰的初态按照系统内在的模式,向前运动发展,然后才能决定系统在其后各个时刻的总的响应.由此可见,一个动态系统在受到外加扰动时,其响应并不亦步亦趋地跟踪载荷的变化,而是力图表现出它的个性;而对一个动态系统施加的控制,只有顺应该系统的内在模式,才能收到预期的效果.由于上述特性,对一个动态系统的辨识、响应预测或控制,要比对静态系统的复杂得多.

2. 危险性

动态系统可能十分危险.危险主要是由两种因素引起的:其一为共振现象,当扰动频率接近系统的自然频率时,微小的载荷可以引起“轩然大波”,在结构中激起比静态响应大很多倍的动态位移响应与应力响应,产生巨大的破坏力;其二为自激振动,在一定的条件下,一个动态系统(例如金属切削机床、轧钢机或飞机等等),可以在没有外加交变激励的情况下突然振动起来,振幅猛烈上升,产生巨大的破坏性.例如,机床如果发生这种振动,便难以正常地进行切削加工,而飞机如果产生这种振动,往往会导致机毁人亡的后果.这种振动即自激振动,又称为“颤振”.它似乎是“无缘无故”地发生的.对其产生机理的剖析及对其防治都比较困难.

3. 超常性

振动的现象、规律及其防治方法往往都超越人们的生活常识之外，无法以直观的方法来说明和理解，而必须通过严谨的理论分析才能得以解释或加以预测. 振动问题的许多解答当然是在乎道理之中，却往往又出乎意料之外. 这里举一个很简单的例子：一个工作机械受到一定频率的扰动，而扰动频率又正好等于机械结构的自然频率，于是产生强烈的共振，无法正常工作. 如果不是基于理论分析，而凭“想当然”，恐怕谁也不敢想象以下的消振方案：在该工作机械上再加装上一个子系统，并使此子系统的自然频率也正好等于扰动频率. 人们可能“直观”地以为，这样一来，振动将会加倍厉害. 但事实是工作机械的振动竟完全被消除了，此即所谓“无阻尼调谐消振器”. 振动理论对其工作原理给出了满意的解释. 需要看到，振动工程作为一门现代新兴的工程学科，它是先有了比较严谨的理论，然后才发展成工程学科的. 在这一点上，它与冶金、建筑等工程学科是不相同的，后者是先有了建立在经验基础上的工程学科，然后才从理论上加以总结和提高的.

总而言之，振动工程所处理的动态问题在本质上不同于静态问题，不能归结为静态问题. 以静态的观念与方法来看待与处理动态问题是十分危险的，而动态的观念与动态的知识不是自然而然地可以得到的，而必须经过刻苦的学习与钻研才能掌握.

0.3　振动工程解决工程问题的策略与方法

振动工程在方法上兼采各相关学科之长，而具有以下特点.

1. 全方位地处理振动问题的策略

过去习惯于静态设计，待产品制造出来以后，如果发现在动态特性方面有问题，则再加以动态补救. 今天，对许多工程项目来说，这种“静态设计-动态补偿”的方法已难以奏效，而必须采取在设计、制造、运行与保养等诸环节分别考虑动态性能的预测、优化、实现、监视与维护的策略，即“全方位地处理振动问题”的策略.

2. 模型化的方法

振动工程处理问题一般都要通过测试与理论分析，建立一定的理论模型. 这种理论模型通常是微分方程. 精确的理论模型是研究一个振动系统、预测其动态响应的前提.

除了理论模型之外，有时也采用实物模型与模型测试的方法.

3. 优化设计的方法

基于理论模型，采用数字仿真的方法，可以预测系统在各种载荷下的动态响应. 如果响应不合要求，可以反过来修改系统的设计参数，再进行预测，再修改(这在计算机上是很容易实现的事).如此反复迭代,可使系统在指定的载荷下,具有合乎要求的响应乃至最佳响应,此即优化设计方法.采用这种方法,不仅在设计阶段可以预测系统的动态特性与动态响应,而且可按照对其响应的要求,对设计参数进行修改与优化.

4. 规范与标准

基于实践经验、科学实验和理论分析的结果,制定各种规范与标准,以指导或约束人们的实践,也是振动工程处理实际问题的一种常用方法.

第1章　单自由度线性系统的自由振动

单自由度线性系统是最简单的振动系统，又是最基本的振动系统.这种系统在振动分析中的重要性，一方面在于，很多实际问题都可简化为单自由度线性系统来处理，从而可直接利用对这种系统的研究成果来解决问题；另一方面在于，单自由度系统具有一般振动系统的一些基本特性，实际上，单自由度系统的知识是对多自由度系统、连续系统，乃至非线性系统进行振动分析的基础.

系统仅受到初始条件(初始位移、初始速度)的激励而引起的振动称为自由振动，系统在持续的外作用力激励下的振动称为强迫振动.自由振动问题虽然比强迫振动问题单纯，但自由振动反映了系统内部结构的所有信息，是研究强迫振动的基础.所以，本章研究单自由度系统的自由振动，第2章将在此基础上研究单自由度系统的强迫振动.

本章主要介绍振动系统的简化模型、单自由度振动系统的运动微分方程、单自由度无阻尼系统的自由振动和单自由度有阻尼系统的自由振动.

1.1　振动系统的简化及其模型

任何一个实际的振动系统都是无限复杂的，为了能对之进行分析，一定要加以简化，并在简化的基础上建立合适的力学模型.振动系统的力学模型是由三种理想化的元件组成的，它们是：质块、阻尼器和弹簧.由它们所组成的单自由度系统如图1.1.1所示.图中，m表示质块的质量，也常说质块m；c表示阻尼器的阻尼或阻尼系数，也常说阻尼器c；k表示弹簧的刚度或刚度系数，也常说弹簧k.实际上，人们并不一定能在实际的振动系统中直接找到图1.1.1所示的理想元件.图1.1.1是对实际物理系统的一种抽象和简化，这是振动分析的第一步工作.需要指出的是，系统的简化取决于所考虑问题的复杂程度与所需要的计算精度.一般来讲，所考虑的问题越复杂，要求的计算精度越高，所采用模型的复杂程度也就越高.下面介绍一些单自由度简化模型的实例.

1.1.1　单自由度系统的模型

在简化模型中，振动体的位置或形状只需用一个独立坐标来描述的系统称为单自由度系统，其模型如图1.1.1所示.

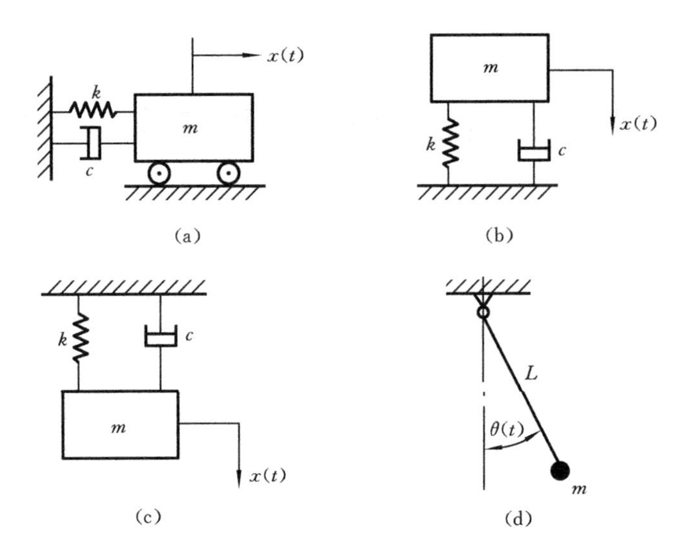

图 1.1.1

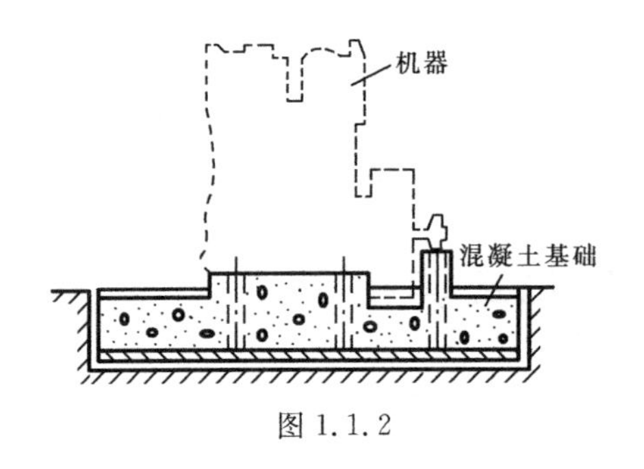

图 1.1.2

图 1.1.2 表示机器与基础的振动. 由于机器及其混凝土基础的变形相对于土壤要小得多,故可视机器及其基础为刚体,其质量用 m 来表示. 又由于参与振动的土壤质量较机器及其基础要小得多,且土壤较软,具有能耗作用,可视为弹簧和阻尼器,则图 1.1.2 所示的系统即可简化为图1.1.1(b) 所示的单自由度系统. 显然,这种简化的结果只能用于研究机器及其基础在竖直方向上的整机振动. 又如图 1.1.3 所示的安装在弹性梁上的电机与图1.1.4所示的安装在防振垫(橡胶、木材等)上的电机,若只研究电机在竖直方向上的振动,也可简化为图 1.1.1(b)所示的单自由度系统.

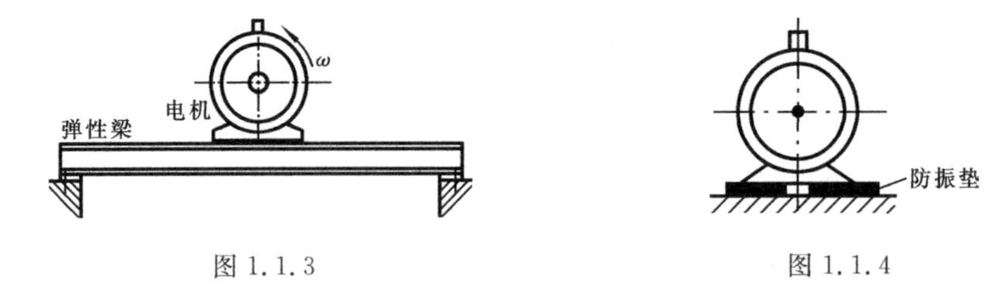

图 1.1.3　　　图 1.1.4

图 1.1.5 所示为一连杆,当研究连杆的角振动 $\theta(t)$时,若将连杆的分布质量简化为其质心在 c 处的集中质量 m,则可简化为图 1.1.1(d)所示的单摆系统. 又如

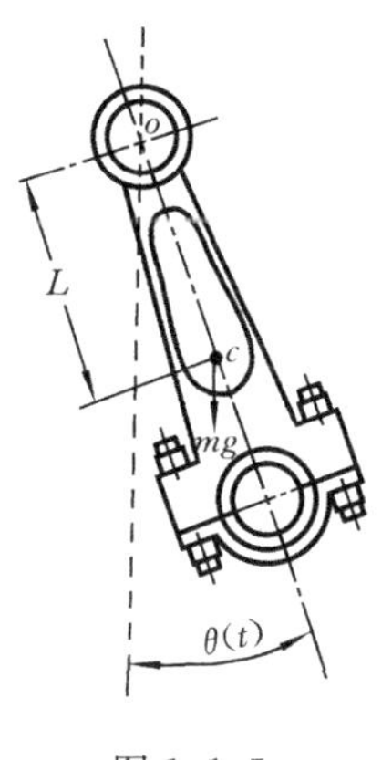

图 1.1.5

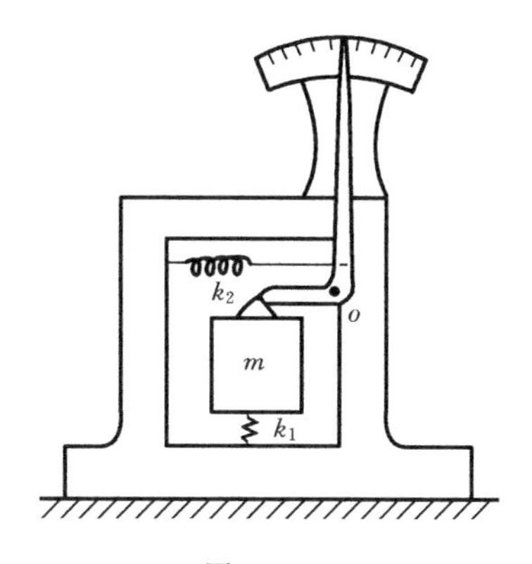

图 1.1.6

图 1.1.6 所示仪表指针的振动,也可简化为一个附有弹簧的单摆系统.

图 1.1.7 所示飞轮的扭转振动,由于飞轮的惯性矩相对于轴的惯性矩要大得多,可将轴简化为一扭转弹簧,从而得到单自由度扭振系统,该系统以角度 θ 为坐标,又称为角振动系统.

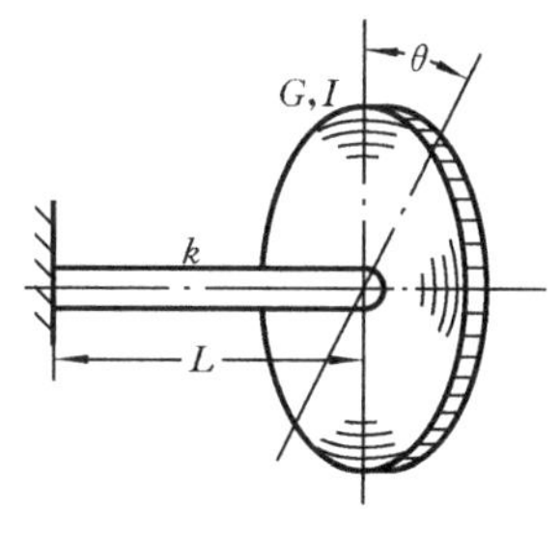

图 1.1.7

下面介绍组成振动系统的各种理想元件的意义与性质.

1.1.2　弹性元件

1. 弹性元件的意义与性质

在振动系统中,弹性元件(或弹簧)对于外力作用的响应,表现为一定的位移或变形.图 1.1.8(a)为弹性元件的示意图.弹簧所受外力 F_s 是位移 x 的函数,即

$$F_s = f(x) \tag{1.1.1}$$

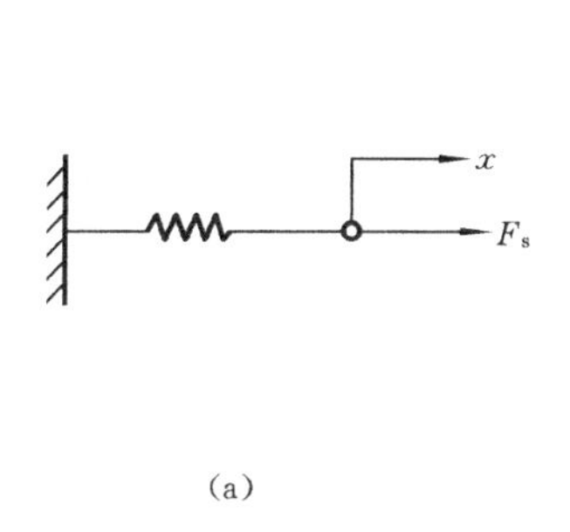

(a)

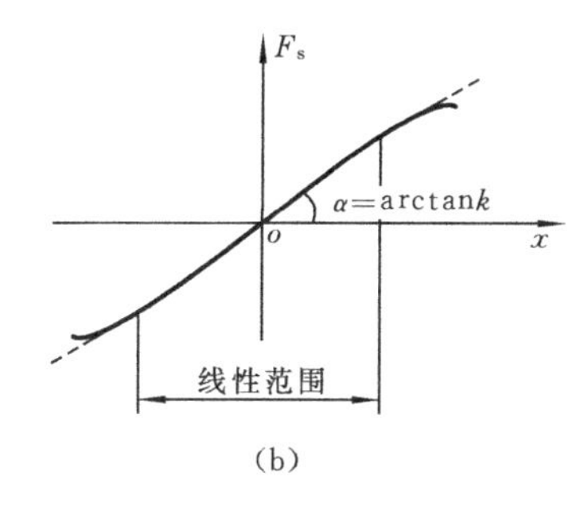

(b)

图 1.1.8

其关系如图 1.1.8(b)所示. F_s 在数量上等于弹簧的弹性恢复力,但方向相反. 在一定的范围(称为线性范围)内,F_s 是 x 的线性函数,即

$$F_s = kx \tag{1.1.2}$$

式中,k 为弹簧刚度,其量纲为$[MT^{-2}]$,通常取单位为 N/m、N/cm 或N/mm. 显然,由图 1.1.8(b),有

$$k = \tan\alpha \tag{1.1.3}$$

即弹簧刚度 k 在数值上等于使弹簧产生单位位移所需施加的力. 对于弹性元件需要指出以下几点.

(1) 通常假定弹簧是没有质量的. 而实际上,物理系统中的弹簧总是具有质量的,在处理实际问题时,若弹簧质量相对较小,则可忽略不计;否则需对弹簧质量作专门处理,或采用连续模型. 后续章节会述及这些问题.

(2) 式(1.1.2)、式(1.1.3)所示关系,是对弹簧的一种线性化处理. 工程实践表明,大多数振动系统的振幅不会超出其弹性元件的线性范围,因而,这种线性化处理符合一般机械系统的实际情况.

(3) 角振动系统的弹簧为扭转弹簧,其刚度 k 等于使弹簧产生单位角位移所需施加的力矩,其量纲为$[ML^2T^{-2}]$,通常取单位为 N·m/rad. 例如,图 1.1.7 所示的轴常可视为扭转弹簧. 与式(1.1.2)相似,在线性范围内,扭簧所承受的外力矩 M、转角 θ 与扭转刚度 k 的关系为

$$M = k\theta \tag{1.1.4}$$

(4) 实际工程结构中的许多构件,在一定的受力范围内都具有作用力与变形之间的线性关系,因此都可作为线性弹性元件处理. 例如,图 1.1.9 所示的拉杆,根据材料力学,拉力 F 与杆的变形 δ 之间具有如下关系:

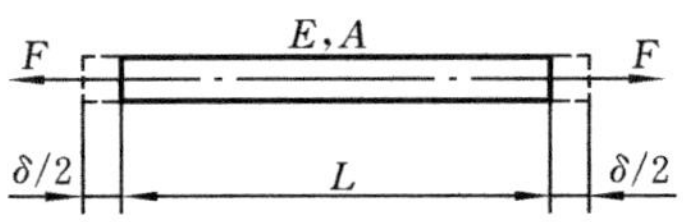

图 1.1.9

$$\delta = \frac{FL}{EA}$$

式中,L 为杆长,E 为材料的弹性模量,A 为杆的截面积. 显然,若设 $k=EA/L$,则

$$F = k\delta$$

上式与式(1.1.2)的意义和形式完全一致. 因此,拉杆相当于一个刚度为 $k=EA/L$ 的线性弹簧. 又如图 1.1.7 所示扭振系统,根据材料力学知识可知,扭转力矩 M 与角位移 θ 之间的关系为

$$\theta = \frac{ML}{GJ}$$

式中,L 为轴的长度;G 为轴的材料的剪切弹性模量;J 为轴的截面极惯性矩. 显然,如设 $k=GJ/L$,则有式(1.1.4)所示关系. 因此,一段轴相当于扭转刚度为 $k=GJ/L$ 的一个扭簧.

表 1.1.1 示出了一些简单元件的刚度. 实际机械系统中的弹性元件是多种多样的,例如,橡胶、木材、土壤、压缩空气等都经常作为弹性元件处理.

(5) 从能量的角度来看,弹性元件不消耗能量而是以势能的方式储存能量.

表 1.1.1　简单元件的刚度

	简　图	说　明	刚度 k
拉压刚度	L	等直杆:E 为材料的弹性模量;A 为杆的截面积.	$\dfrac{EA}{L}$
		圆柱形密圈弹簧:G 为材料的剪切弹性模量;d 为弹簧丝截面直径;R 为圆柱形截面半径;n 为圈数.	$\dfrac{Gd^4}{64nR^3}$
弯曲刚度	L	悬臂梁:I 为抗弯截面惯性矩	$\dfrac{3EI}{L^3}$
		悬臂梁:自由端无转角	$\dfrac{12EI}{L^3}$
	$L/2$	简支梁	$\dfrac{48EI}{L^3}$
	a　b	简支梁	$\dfrac{3EIL}{a^2b^2}, L=a+b$
	$L/2$	两端固支梁	$\dfrac{192EI}{L^3}$
	$L/2$	一端固定,一端简支梁	$\dfrac{768EI}{7L^3}$
扭转刚度		卷簧:L 为卷簧长度	$\dfrac{EI}{L}$
		圆柱形受扭转密圈弹簧	$\dfrac{Ed^4}{128nR}$
		圆柱形受弯曲密圈弹簧	$\dfrac{Ed^4}{64nR}\cdot\dfrac{1}{1+\dfrac{E}{2G}}$
	L	等直杆:J 为杆的截面极惯性矩	$\dfrac{GJ}{L}$

2. 等效刚度

机械结构中的弹性元件往往具有比较复杂的组合形式，这时可用一“等效弹簧”来取代整个组合弹簧，以简化分析. 等效弹簧的刚度称为“等效刚度”，记为 k_{eq}，必须等于组合弹簧系统的刚度.

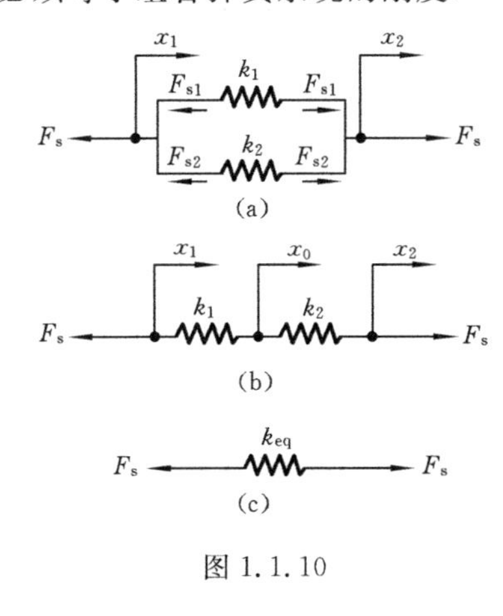

图 1.1.10

图 1.1.10 示出了弹簧的并联、串联组合方式，其等效刚度的计算方法如下.

对于图 11.1.10(a)所示的并联弹簧，若设弹簧的刚度分别为 k_1、k_2 所受到的力分别为 F_{s1}、F_{s2}，则有

$$F_{s1}=k_1(x_2-x_1) \quad F_{s2}=k_2(x_2-x_1)$$

由于总的作用力 F_s 是 F_{s1} 与 F_{s2} 之和，故有

$$F_s= F_{s1}+F_{s2} = (k_1+k_2)(x_2-x_1) = k_{eq}(x_2-x_1)$$

式中

$$k_{eq}=k_1+k_2 \tag{1.1.5}$$

将这一结论推广，若将 n 个刚度分别为 k_i $(i=1,2,\cdots,n)$的弹簧进行并联，则其等效刚度为

$$k_{eq} = \sum_{i=1}^{n} k_i \tag{1.1.6}$$

式中，如果 $k_1=k_2=\cdots=k_n=k$，则有

$$k_{eq} = nk \tag{1.1.7}$$

可见，并联弹簧的等效刚度是各弹簧刚度的总和，即并联弹簧较其中任何一个组成弹簧均“硬”.

对于图 1.1.10(b)所示的串联弹簧，由于在整个串联长度上作用力 F_s 处处相等，即

$$F_s=k_1(x_0-x_1) \quad F_s=k_2(x_2-x_0)$$

将上两式联立，消去 x_0，得到

$$F_s=\frac{k_1k_2}{k_1+k_2}(x_2-x_1)=k_{eq}(x_2-x_1)$$

式中

$$k_{eq}=\frac{k_1k_2}{k_1+k_2} \tag{1.1.8}$$

或

$$\frac{1}{k_{eq}}=\frac{1}{k_1}+\frac{1}{k_2} \tag{1.1.9}$$

将上式推广，若将 n 个刚度分别为 k_i $(i=1,2,\cdots,n)$的弹簧进行串联，则串联弹簧的等效刚度的倒数为

$$\frac{1}{k_{eq}} = \sum_{i=1}^{n} \frac{1}{k_i} \tag{1.1.10}$$

式中，如果 $k_1 = k_2 = \cdots = k_n = k$，则有

$$k_{eq} = k/n \tag{1.1.11}$$

可见，串联弹簧的等效刚度比原来各弹簧的刚度都要小，即串联弹簧较其中任何一个组成弹簧均“软”.

需要指出，确定弹性元件的组合方式是并联还是串联，关键在于看它们是“共位移”还是“共力”. 并联方式中各弹簧是“共位移”的，即各弹簧端部的位移相等；而串联方式中各弹簧是“共力”的，即各弹簧所受到的作用力相等. 只要正确地确定了弹性元件的组合方式，按式(1.1.6)、式(1.1.10)计算等效刚度是并不困难的. 例如图 1.1.11 所示的两种组合方式中，图(a)中的弹簧 k_1、k_2 的位移 x 相等，是“共位移”的，因此是并联；而图(b)中弹簧 k_1 与弹簧 k_2 中的弹性力 F_s 相等，即是“共力”的，因此是串联.

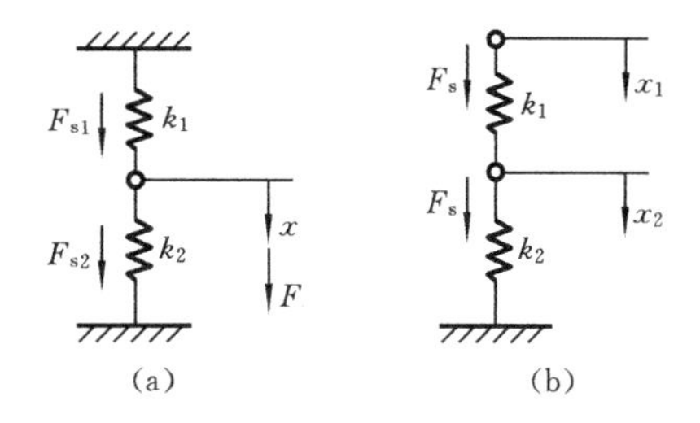

图 1.1.11

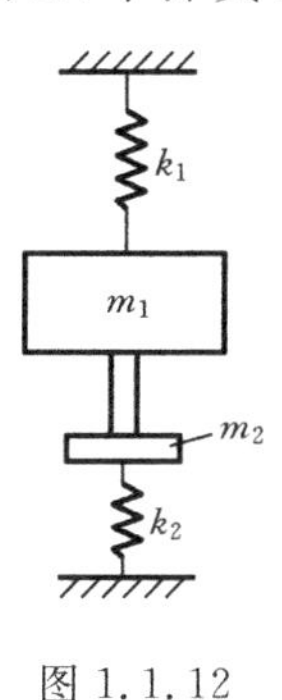

图 1.1.12

例 1.1　图 1.1.12 是利用电动式激振器测某试件固有频率的示意图. 试件简化为弹簧 k_1 和质量 m_1，试验时激振器顶杆与质块 m_1 刚性连接，激振器的可动部分质量为 m_2，弹簧刚度为 k_2，试计算系统的等效刚度.

解　由图 1.1.12 显见，m_1 与 m_2 为刚性连接，该系统与图 1.1.11(a)中系统是一致的，弹簧 k_1、k_2 是“共位移”的，为并联弹簧，由式(1.1.5)得系统的等效刚度为

$$k_{eq} = k_1 + k_2$$

例 1.2　确定图 1.1.13 所示混联弹簧的等效刚度.

解　显然，k_1、k_2 并联，k_3 再与之串联，由式(1.1.5)、式(1.1.9)有

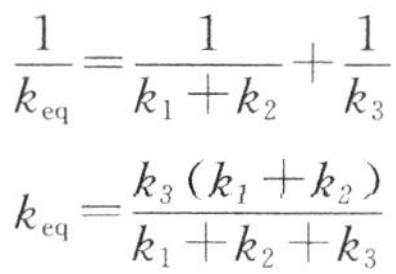

$$\frac{1}{k_{eq}} = \frac{1}{k_1 + k_2} + \frac{1}{k_3}$$

化简得

$$k_{eq} = \frac{k_3(k_1 + k_2)}{k_1 + k_2 + k_3}$$

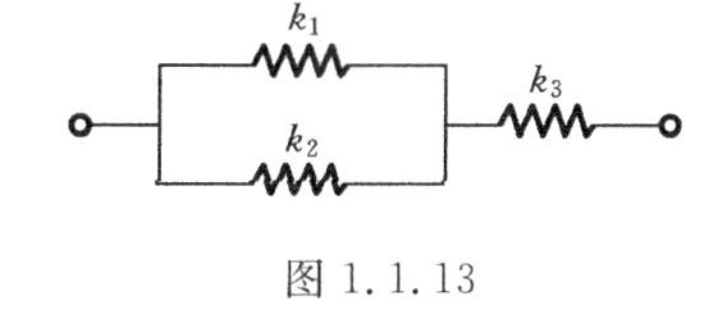

图 1.1.13

例 1.3　确定图 1.1.14(a)所示阶梯轴的等效扭转刚度.

解　设 θ_1、θ_2 分别为两段轴的右端角位移，由于扭矩 M 沿轴向不变，根据材料力学知识可知

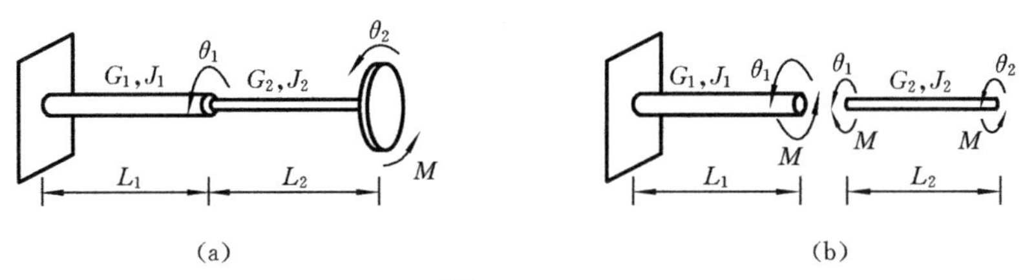

图 1.1.14

$$\theta_1 = \frac{ML_1}{G_1J_1} \quad \theta_2 - \theta_1 = \frac{ML_2}{G_2J_2}$$

由上两式化简,得圆盘的角位移为

$$\theta_2 = M\left(\frac{L_1}{G_1J_1} + \frac{L_2}{G_2J_2}\right)$$

显然,阶梯轴的等效扭转刚度的倒数为

$$\frac{1}{k_{\mathrm{eq}}} = \frac{L_1}{G_1J_1} + \frac{L_2}{G_2L_2}$$

上式表明,图示阶梯轴相当于串联的扭转弹簧.

1.1.3 阻尼元件

振动系统的阻尼特性及阻尼模型乃是振动分析中最困难的问题之一,也是当代振动研究中最活跃的方向之一.

1. 阻尼元件的意义与性质

在振动系统中,阻尼元件(或阻尼器)对于外力作用的响应,表现为其端点的一定的移动速度.图 1.1.15(a)为阻尼器的示意图.它所受到的外力 F_{d}(或者其产生的阻尼力 $-F_{\mathrm{d}}$)是振动速度 $\dot{x}$ 的函数,即

$$F_{\mathrm{d}} = f(\dot{x}) \tag{1.1.12}$$

对于线性阻尼器,F_{d} 是 $\dot{x}$ 的线性函数(见图 1.1.15(b)),即

$$F_{\mathrm{d}} = c\dot{x} \tag{1.1.13}$$

式中,c 为阻尼系数,其量纲为$[\mathrm{MT}^{-1}]$,通常取其单位为 N·s/m、N·s/cm 或 N·s/mm.阻尼系数 c 是使阻尼器产生单位速度所需施加的力.对于阻尼元件,需

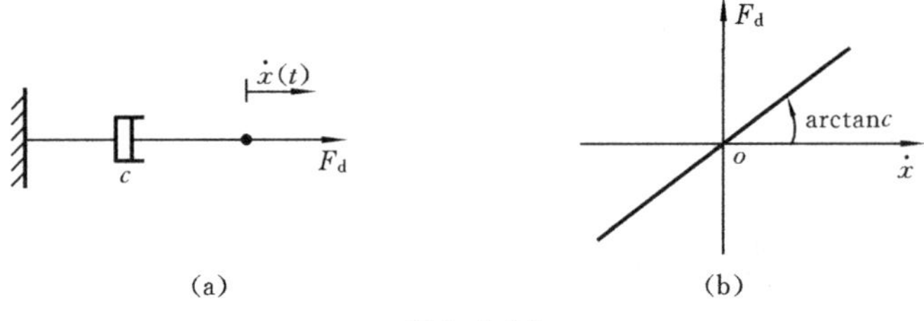

图 1.1.15

要指出以下几点.

(1) 通常假定阻尼器的质量是可以忽略不计的.

(2) 对于角振动系统,其阻尼元件为扭转阻尼器,其阻尼系数 c 是产生单位角速度 $\dot{\theta}$ 所需施加的力矩,且仍有与式(1.1.13)类似的关系,即

$$M_{\mathrm{d}} = c\dot{\theta} \tag{1.1.14}$$

式中,M_{d} 为与阻尼力矩相抗衡的外加力矩.

(3) 与弹性元件不同的是,阻尼元件是消耗能量的,它以热能、声能等方式耗散系统的机械能.

2. 非黏性阻尼

上述与速度成正比的阻尼称为黏性(viscous)阻尼,又称为线性阻尼.采用线性阻尼的模型使得振动分析的问题大为简化.工程实际中还有许多其他性质的阻尼,统称为非黏性阻尼.在处理这类问题时,通常将之折算成等效的黏性阻尼系数 c_{eq},其折算的原则是:一个振动周期内由非黏性阻尼所消耗的能量等于等效黏性阻尼所消耗的能量.

等效黏性阻尼系数 c_{eq} 的计算将在第 2 章中介绍.下面介绍几种常见的非黏性阻尼.

(1) Coulomb 阻尼,亦称干摩擦阻尼,如图1.1.16所示.振动时,质量 m 与摩擦系数为 μ 的表面间产生 Coulomb 摩擦力 $F_{\mathrm{c}} = \mu mg$,F_{c} 始终与运动速度 $\dot{x}$ 的方向相反而大小保持为常值,即

$$F_{\mathrm{c}} = -\mu mg \cdot \mathrm{sgn}\dot{x} \tag{1.1.15}$$

式中,sgn 为符号函数,这里定义为

$$\mathrm{sgn}\dot{x} = \frac{\dot{x}(t)}{|\dot{x}(t)|} \tag{1.1.16}$$

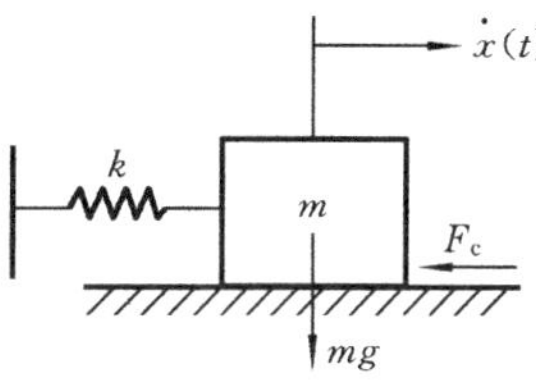

图 1.1.16

必须注意,当 $\dot{x}(t)=0$ 时,Coulomb 阻尼力是不定的,它取决于合外力的大小,而方向与之相反.

(2) 流体阻尼,即当物体以较大速度在黏性较小的流体(如气体、液体)中运动时,由流体介质所产生的阻尼.流体阻尼力 F_{n} 始终与运动速度 $\dot{x}(t)$ 方向相反,而其大小与速度的二次方成正比,即

$$F_{\mathrm{n}} = -\gamma\dot{x}^2\,\mathrm{sgn}\dot{x} \tag{1.1.17}$$

式中,γ 为常数.

(3) 结构阻尼.由材料内部摩擦所产生的阻尼称为材料阻尼,由结构各部件连接面之间相对滑动而产生的阻尼称为滑移阻尼,两者统称为结构阻尼.试验表明,对材料反复加载和卸载,其应力-应变曲线会成为一个滞后回线,如图 1.1.17 所

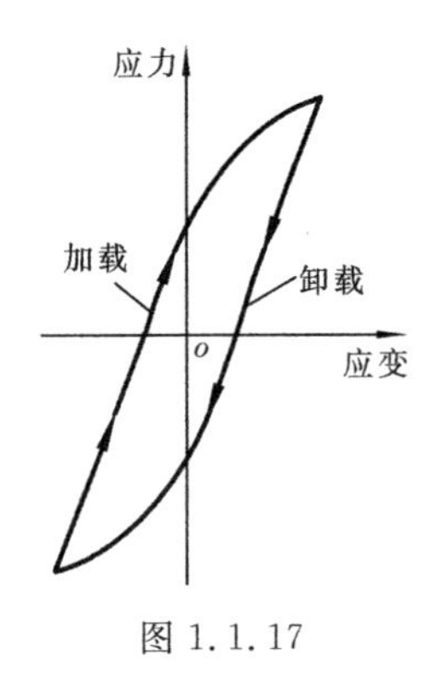

图 1.1.17

示.此回线所围的面积表示一个循环中单位体积的材料所消耗的能量,这部分能量以热能的形式耗散掉,从而对结构的振动产生阻尼.因此,这种阻尼又称为滞后阻尼.

大量实验表明,对于大多数金属结构,材料阻力在一个周期内所消耗的能量 ΔE_s 与振幅的二次方成正比,而在相当大的范围内与振动频率无关,即

$$\Delta E_s = \alpha \mid X \mid^2 \tag{1.1.18}$$

式中,α 是由材料性质所决定的常数,$|X|$ 为振幅.

1.1.4 质量元件

1. 质量元件的意义与性质

在振动系统中,质量元件(或质块)对于外力作用的响应,表现为一定的加速度,如图 1.1.18 所示.根据 Newton 定律,质块所受外力 F_m(或惯性力 $-F_m$)与加速度 $\ddot{x}(t)$ 间的关系为

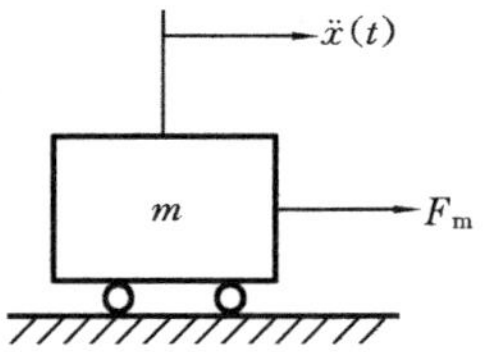

$$F_m = m\ddot{x}(t) \tag{1.1.19}$$

图 1.1.18

式中,m 为质块的质量,其量纲为[M],通常采用的单位为 kg、$N \cdot s^2/m$ 或 $N \cdot s^2/mm$.对于质量元件,需指出以下几点.

(1) 通常假定质量元件是刚体(即不具有弹性特征),不消耗能量(即不具有阻尼特性).

(2) 对于角振动系统,其质量元件以其相对于支点的转动惯量 I 来描述.力矩 M_m 与角加速度 $\ddot{\theta}(t)$ 间仍具有类似于式(1.1.19)的关系,即

$$M_m = I\ddot{\theta}(t) \tag{1.1.20}$$

综上所述,在对实际机械结构进行振动分析时,如果是突出某一部分的质量而忽略其弹性与阻尼,就得到没有弹性和阻尼的“质块”,同样可得到没有阻尼和质量的“弹簧”以及没有质量与弹性的阻尼器等各种理想化的元件.

1.2 单自由度线性系统的运动微分方程

1.2.1 单自由度线性系统运动微分方程的建立与特点

1. 运动微分方程与系统特性

图 1.2.1(a)所示是一个典型的单自由度振动系统,质块 m 直接受到外界激励

力 $F(t)$的作用.对质块 m 取脱离体,如图(b)所示,以 $x(t)$表示以 m 的静平衡位置为起点的位移,$F_s(t)$表示弹簧作用在 m 上的弹性恢复力,$F_d(t)$则表示阻尼器作用在 m 上的阻尼力,由 Newton 定律,有

$$m\ddot{x}(t) = F(t) - F_d(t) - F_s(t)$$

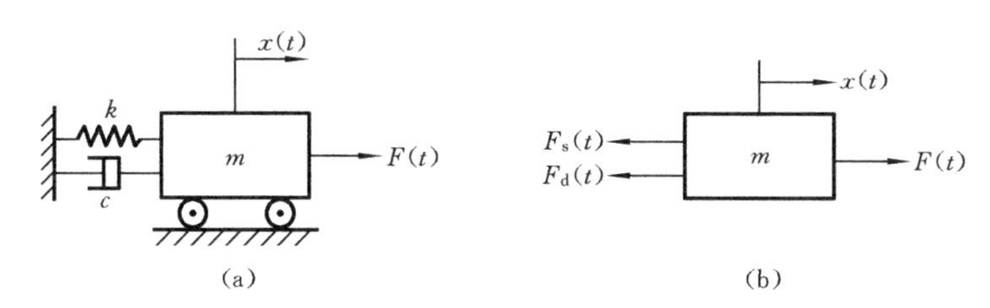

图 1.2.1

对于线性系统,以式(1.1.13)、式(1.1.2)代入上式并整理,得

$$m\ddot{x}(t) + c\dot{x}(t) + kx(t) = F(t) \tag{1.2.1}$$

上式即为单自由度线性系统的运动微分方程.从数学上看,这是一个二阶常系数非齐次线性常微分方程.方程的左边完全由系统参数 m、c 与 k 所决定,反映了振动系统本身的固有特性;方程的右边则是外加的驱动力 $F(t)$,反映了振动系统的输入特性.微分方程(1.2.1)实质上提出了这样一个问题:由 m、c、k 所代表的单自由度线性系统在激励力 $F(t)$作用下,会具有什么样的运动或响应 $x(t)$?

现在再分析图 1.2.2 所示的另一个单自由度振动系统.这时,外界对振动系统的激励是左端支承点的位移 $y(t)$.对质量 m 取脱离体,以 $x(t)$表示 m 的位移,由 Newton 定律,有

$$m\ddot{x}(t) = - F_d(t) - F_s(t)$$

但此时

$$F_d = c[\dot{x}(t) - \dot{y}(t)] \quad F_s = k[x(t) - y(t)]$$

代入上式并整理,得

$$m\ddot{x}(t) + c\dot{x}(t) + kx(t) = c\dot{y}(t) + ky(t) \tag{1.2.2}$$

将上式与式(1.2.1)比较,两者的差别在于方程的右边.显然,方程的右边不仅描述了振动系统的输入特性,还描述了系统与输入的相互联系方式.式(1.2.1)右边为 $F(t)$,表示外界激励力 $F(t)$直接作用在质量 m 上,而式(1.2.2)右边为 $c\dot{y}(t) + ky(t)$,表示外界激励位移 $y(t)$作用在阻尼器 c 和弹簧 k 上,而不是直接作用在质量 m 上.

上述分析表明,振动系统的运动微分方程全面描述了系统的动态特性:方程左边描述了系统本身所固有的、与外界环境无关的系统特性,它完全由系统参数 m、c、k 所决定;方程右边描述了系统的输入(激励)特性以及系统与输入间的相互联

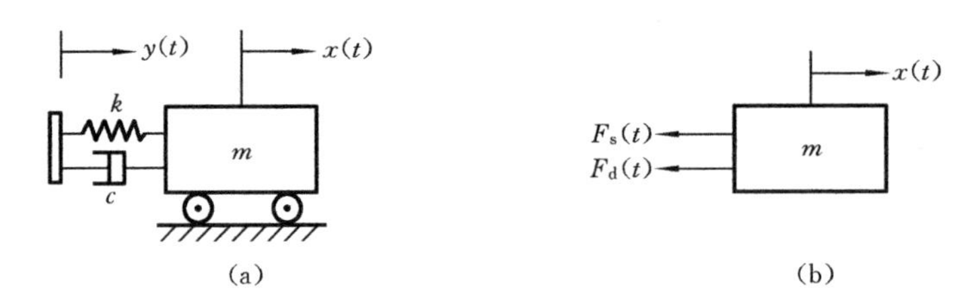

图 1.2.2

系方式,它由系统参数和输入特性两部分所决定.

2. 线性系统的运动微分方程中可略去恒力及其引起的静位移

图 1.2.1、图 1.2.2 所示两系统的弹簧与阻尼器是水平放置的,无重力的影响,系统的平衡位置与弹簧未伸长时的位置是一致的.现讨论弹簧和阻尼器竖直放置的情况,如图 1.2.3(a)、(b)所示.弹簧未变形时质块的位置为图中虚线所示.在重力作用下,弹簧受到压缩或拉伸,其静变形量为

$$\delta_{st} = mg/k$$

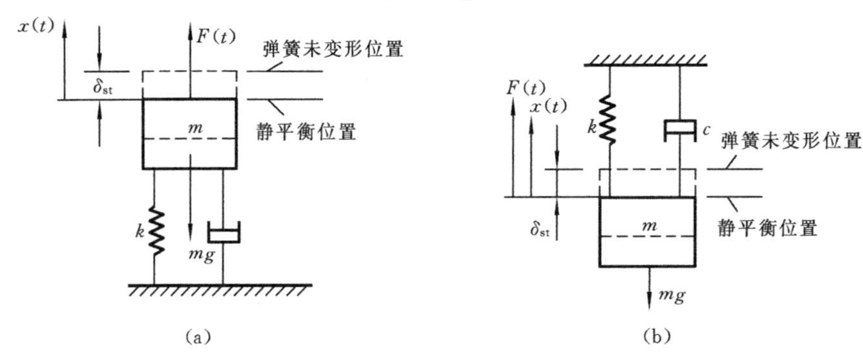

图 1.2.3

式中,g 为重力加速度.若从弹簧未变形位置计算位移,由 Newton 定律,有

$$m[\ddot{x}(t)-\ddot{\delta}_{st}] = F(t) - mg - c[\dot{x}(t)-\dot{\delta}_{st}] - k[x(t)-\delta_{st}]$$

式中,$x(t)$是从弹簧的静平衡位置计算的位移.考虑到 $\delta_{st}=mg/k$ 的关系,且 $\dot{\delta}_{st}=\ddot{\delta}_{st}=0$,则上式化简为

$$m\ddot{x}(t) + c\dot{x}(t) + kx(t) = F(t)$$

显然,上式与式(1.2.1)完全一致.这表明,在进行振动分析时,作用在线性系统上的恒力及其引起的静态位移可同时略去不计.

1.2.2　振动系统线性化处理的方法

图 1.2.4 表示一台机器放在一隔振垫上.将机器简化为一刚性质块,设其质量

为 m. 其在竖直方向的位移为 $x(t)$，从静平衡位置开始计算质块的位移. 作用在质块上的外力记为 $F(t)$，而隔振垫对机器的支反力记为 $N(t)$. 取机器为脱离体，由 Newton 定律，有

$$m\ddot{x}(t) = F(t) - N(t) \tag{1.2.3}$$

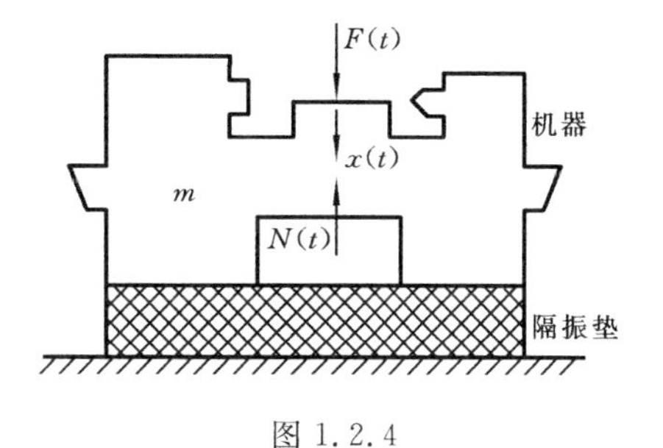

图 1.2.4

一般而言，垫子的支反力 $N(t)$ 与机器移动的位移 $x(t)$ 及速度 $\dot{x}(t)$ 有关，即

$$N = f(x,\dot{x}) \tag{1.2.4}$$

上式一般为非线性函数，但当 x、$\dot{x}$ 均较小时，可按 Taylor 级数展开，而仅取其一次项，即

$$N \approx f(0,0) + \frac{\partial f(0,0)}{\partial x}x + \frac{\partial f(0,0)}{\partial \dot{x}}\dot{x} \tag{1.2.5}$$

式中
$$\frac{\partial f(0,0)}{\partial x} = \left.\frac{\partial f(x,\dot{x})}{\partial x}\right|_{x=0,\dot{x}=0}$$

等等. 本书后面还将采用这种记法，而不再说明. 式中，$f(0,0)$ 表示一恒力，鉴于前述理由，可将之撇开. 记

$$\frac{\partial f(0,0)}{\partial x} = k \quad \frac{\partial f(0,0)}{\partial \dot{x}} = c$$

可将式(1.2.5)写成

$$N \approx kx + c\dot{x} \tag{1.2.6}$$

上式右边两项分别表示一个弹性力与一个黏性阻力. 代回式(1.2.3)，即得到运动方程

$$m\ddot{x}(t) + c\dot{x}(t) + kx(t) = F(t)$$

上式即前面已经得到的方程(1.2.1). 而系统的模型就成为图 1.2.3(a)所示的由质块 m、阻尼器 c 和弹簧 k 组成的单自由度系统. 以上推导过程表明，弹簧刚度 k 与阻尼系数 c 实质上是 Taylor 展开式中相应的一阶导数项的数值. 这表明前述运动微分方程是对振动系统的一种线性近似. 线性化处理简化了振动分析，而且，对于许多工程问题，线性化处理也足以满足精度要求.

例 1.4　对于图 1.1.1(d)所示单摆，试导出其运动微分方程.

解　如图 1.2.5 所示，对支点 o 列力矩平衡方程有

$$mL^2\ddot{\theta}(t) + mgL\sin\theta(t) = 0 \tag{a}$$

对上式进行线性化处理，考虑到当 $\theta(t)$ 较小时，有 $\sin\theta(t) \approx \theta(t)$，则得线性化的运动微分方程

$$L\ddot{\theta}(t) + g\theta(t) = 0 \tag{b}$$

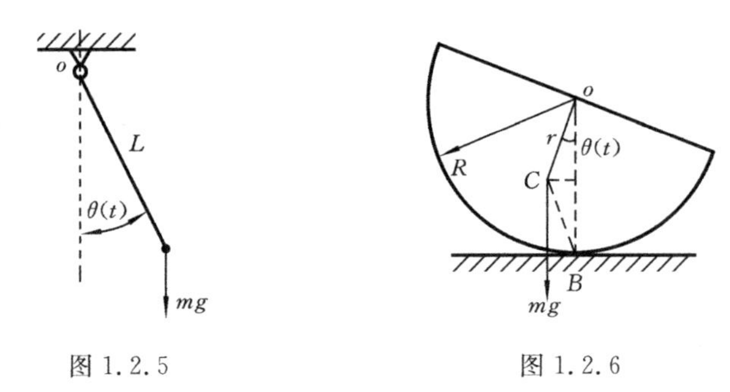

图 1.2.5　　　　图 1.2.6

例 1.5　一个质量为 m 的均匀半圆柱体在水平面上作无滑动的往复滚动，如图 1.2.6 所示. 设圆柱体半径为 R，重心在点 C，$oC=r$，物体对重心的回转半径为 l，试导出其运动微分方程.

解　设半圆柱体的角位移为 $\theta(t)$，且该瞬时与水平面的接触点为 B，对点 B 取矩，有

$$I_B\ddot{\theta}(t)+M_B=0 \tag{a}$$

式中，I_B 为半圆柱体对点 B 的转动惯量；M_B 为重力产生的恢复力矩. 记 $BC=d$，由理论力学知识，有

$$I_B=I_C+md^2=m(l^2+d^2) \tag{b}$$

其中，d^2 按余弦定理为

$$d^2=r^2+R^2-2rR\cos\theta(t) \tag{c}$$

而

$$M_B=mgr\sin\theta(t) \tag{d}$$

将式(b)、式(c)、式(d)代入式(a)，整理，得运动微分方程

$$m[l^2+r^2+R^2-2rR\cos\theta(t)]\ddot{\theta}(t)+mgr\sin\theta(t)=0 \tag{e}$$

再对式(e)进行线性化处理，考虑到对于微小振动有 $\cos\theta(t)\approx 1$，$\sin\theta(t)\approx\theta(t)$，从而得线性化的运动微分方程为

$$[l^2+(R-r)^2]\ddot{\theta}(t)+gr\theta(t)=0 \tag{f}$$

1.3　无阻尼系统的自由振动

对于式(1.2.1)所示的单自由度系统的运动微分方程，当$F(t)=0$ 时，表示外界对系统没有持续的激励作用. 但此时系统仍然可以在初速度或初位移的作用下发生振动. 这种振动称为自由振动. $c=0$ 时称为无阻尼系统，以下将首先讨论无阻尼系统的自由振动.

1.3.1　无阻尼系统的自由振动

图 1.3.1 所示为单自由度无阻尼的自由振动系统. 由式(1.2.1)，当 $c=0$、

$F(t)=0$ 时，其运动微分方程为

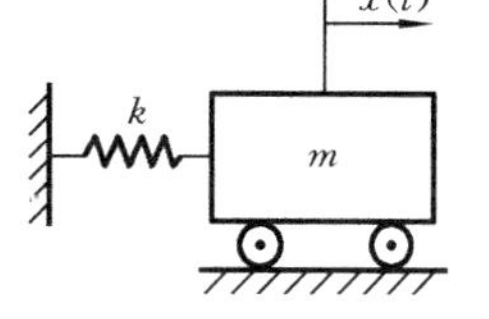

图 1.3.1

$$m\ddot{x}(t)+kx(t)=0 \tag{1.3.1}$$

或

$$\ddot{x}(t)+\omega_n^2 x(t)=0 \tag{1.3.2}$$

式中

$$\omega_n=\sqrt{k/m} \tag{1.3.3}$$

式(1.3.1)或式(1.3.2)是一个二阶常系数的齐次线性微分方程. 其通解为

$$x(t)=X_1\cos\omega_n t+X_2\sin\omega_n t \tag{1.3.4}$$

上式表明 ω_n 正是该系统自由振动的角频率，故

$$f_n=\frac{\omega_n}{2\pi}=\frac{1}{2\pi}\sqrt{\frac{k}{m}} \tag{1.3.5}$$

称为系统的无阻尼自然频率，其单位为 Hz 或 s^{-1}，意义为每秒的振动次数. 在不引起混淆的情况下，本书也称 ω_n 为系统的自然频率.

将式(1.3.1)、式(1.3.2)与例 1.4 中的式(b)、例 1.5 中的式(f)比较，可见单摆与半圆柱体都是无阻尼的自由振动系统，其自然频率分别为

$$\omega_n=\sqrt{g/L}$$

与

$$\omega_n=\sqrt{gr/[l^2+(R-r)^2]}$$

式(1.3.4)中，X_1、X_2 是由初始条件确定的常数，记初位移为 $x(0)=x_0$，初速度为 $\dot{x}(0)=v_0$，并代入式(1.3.4)，易求出

$$\left.\begin{aligned}X_1&=x_0\\X_2&=v_0/\omega_n\end{aligned}\right\} \tag{1.3.6}$$

代入式(1.3.4)，得

$$x(t)=x_0\cos\omega_n t+\frac{v_0}{\omega_n}\sin\omega_n t \tag{1.3.7}$$

上式也可改写为

$$x(t)=X\cos(\omega_n t-\psi) \tag{1.3.8}$$

式中，X 为振幅；ψ 为初相位. 有

$$\left.\begin{aligned}X&=\sqrt{x_0^2+(v_0/\omega_n)^2}\\\psi&=\arctan\frac{v_0}{\omega_n x_0}\end{aligned}\right\} \tag{1.3.9}$$

分析上述各式，可了解无阻尼自由振动的一些很重要的特性.

(1) 式(1.3.7)、式(1.3.8)表明，单自由度无阻尼系统的自由振动是以正弦或余弦函数、或统称为谐波函数表示的，故称为简谐振动，这种系统又称为谐振子.

(2) 自由振动的角频率即系统的自然频率 $\omega_n=\sqrt{k/m}$，仅由系统本身的参数

所确定,而与外界激励、初始条件等均无关.这说明自由振动显示了系统内在的特性.

(3) 无阻尼自由振动的周期为

$$T = 1/f_n = 2\pi\sqrt{m/k} \tag{1.3.10}$$

即线性系统自由振动的周期也仅由其本身的参数决定,而与初始条件及振幅的大小无关.这种现象称为谐振子振动的"等时性".

(4) 自由振动的振幅 X 和初相位 ψ 由初始条件所确定.

(5) 式(1.3.8)表明,单自由度无阻尼系统的自由振动是等幅振动,这意味着系统一旦受到初始激励就将按振幅 X 始终振动下去.这显然是一种理想情况.实际上,当一个系统的阻力很小,而需考察的振动的时间间隔又相当短时,阻尼的作用尚不明显,可近似地作为谐振子处理.而且,技术上还可采用反馈的方法使一个系统的总阻尼为零而成为谐振子,以得到稳定的等幅振动,这一点,将在第13章讲述.

1.3.2 简谐振动的旋转向量表示法

上一小节表明,谐振子振动的时间历程是时间的谐波函数,如式(1.3.7)、式(1.3.8)所示.这里来说明沿时间轴展开的谐波函数与平面上的旋转向量之间存在着严格的对应关系,因而可以用平面上的旋转向量来直观地表示简谐振动并以旋转向量的合成来表示简谐振动的和.

图1.3.2(a)表示一旋转向量 $\boldsymbol{X}$,其模为 X,以角速度 ω_n 逆时针旋转,其初始转角为 $-\psi$.易知在任一时刻 t,$\boldsymbol{X}$ 与图(a)中竖轴(x 轴)的夹角为$(\omega_n t-\psi)$,而 $\boldsymbol{X}$ 在 x 轴上的投影为 $x(t)=X\cos(\omega_n t-\psi)$,如图1.3.2(b)所示,而这正好是式(1.3.8)所表示的简谐振动.因此说旋转向量 $\boldsymbol{X}$ 与简谐振动 $x(t)$ 之间具有确切的对应关系,将这种对应关系记为 $\boldsymbol{X}\sim x(t)$,而 $\boldsymbol{X}$ 的有关参数与 $x(t)$ 的有关参数的对应关系,如表1.3.1所示.

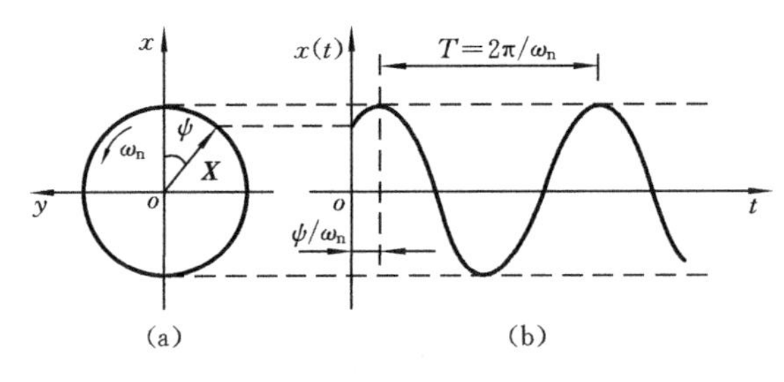

图1.3.2

如果 $\boldsymbol{X}_1$ 与 $\boldsymbol{X}_2$ 是两个以相同的角速度 ω 逆时针旋转的向量,如图1.3.3(a)所示,而且有

表 1.3.1　旋转向量与简谐振动之间的关系

参　　数	简谐振动	旋转向量
X	振幅（m）	模（m）
$-\psi$	初相位(振动的初始值与最大值之间的相位)（rad）	X 的初始位置与竖轴之间的夹角（rad）
ω_n	自然角频率（s^{-1}）	角速度（s^{-1}）
$f_n=\omega_n/(2\pi)$	自然频率（Hz）	转速（s^{-1}）
$T=2\pi/\omega_n$	周期（s）	旋转 1 周的时间（s）

$$\boldsymbol{X}_1 \sim x_1(t)=X_1\cos(\omega t+\psi_1) \quad \boldsymbol{X}_2 \sim x_2(t)=X_2\cos(\omega t+\psi_2)$$

那么根据所谓"投影定律"(即两个向量的和向量的投影,等于该两向量的投影的和),可以推知,如果

$$\boldsymbol{X} = \boldsymbol{X}_1 + \boldsymbol{X}_2 \sim x(t) = X\cos(\omega t + \psi)$$

则有

$$X\cos(\omega t + \psi) = X_1\cos(\omega t + \psi_1) + X_2\cos(\omega t + \psi_2) \tag{1.3.11}$$

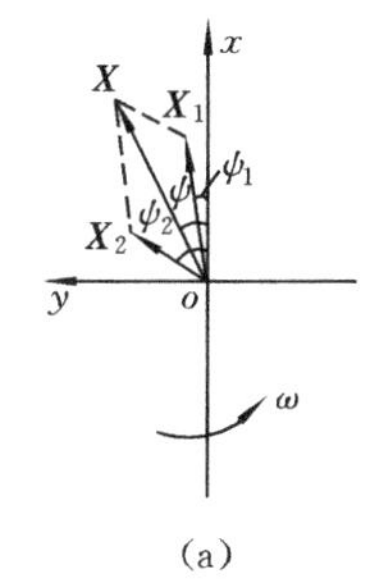

(a)

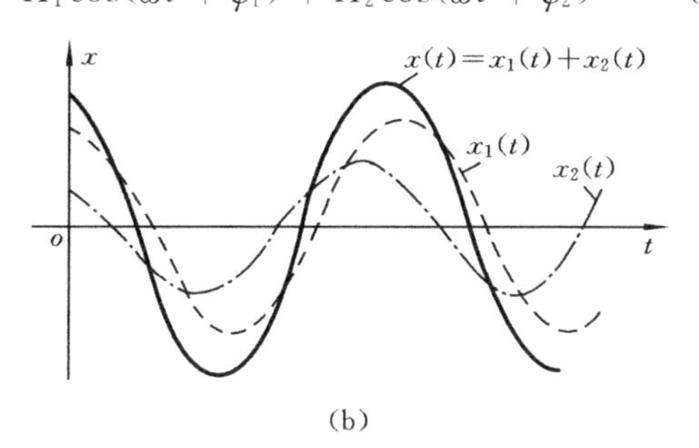

(b)

图 1.3.3

如图 1.3.3(b)所示. 显然,图(a)中平面向量的合成关系比图(b)中简谐振动的叠加关系要直观得多. 而且由图(a)中的向量合成关系,立即可求出 X、ψ 与 X_1、X_2、ψ_1、ψ_2 之间的关系,即

$$X^2 = X_1^2 + X_2^2 + 2X_1X_2\cos(\psi_2 - \psi_1)$$

$$\tan\psi = \frac{X_1\sin\psi_1 + X_2\sin\psi_2}{X_1\cos\psi_1 + X_2\cos\psi_2} \tag{1.3.12}$$

这样,就将两个简谐振动沿时间轴的叠加,转化成为两个对应的旋转向量在平面上的合成了.

1.3.3　确定自然频率的静变形法

系统的自然频率 ω_n 是系统特性的一个极其重要的参数. 对于单自由度无阻尼

系统,如果能建立系统的运动微分方程(1.3.1),再将其写成式(1.3.2)所示的标准形式,则方程中 $x(t)$ 项的系数的二次方根就是系统的自然频率.然而,静变形法不需要导出系统的运动微分方程,而直接根据静变形的关系就可确定固有频率,具有简单、方便的特点.

现以图 1.2.3 所示的单自由度系统为例,在重力作用下,弹簧受到拉伸或压缩,其静变形量 δ_{st} 与重力 mg 间的关系为

$$k\delta_{st} = mg$$

根据自然频率 ω_n 的定义,$\omega_n=\sqrt{k/m}$,将上式代入则有

$$\omega_n = \sqrt{g/\delta_{st}} \tag{1.3.13}$$

上式即为静变形法确定自然频率的公式,它指出,只要能计算出或测量出系统的静变形 δ_{st},即可按上式容易地确定出自然频率.

例 1.6　图 1.3.4 所示的等截面简支梁跨长为 L,弯曲刚度为 EI,在梁中点放一质量为 m 的物体,试用静变形法确定系统的自然频率.梁的质量与自重不计.

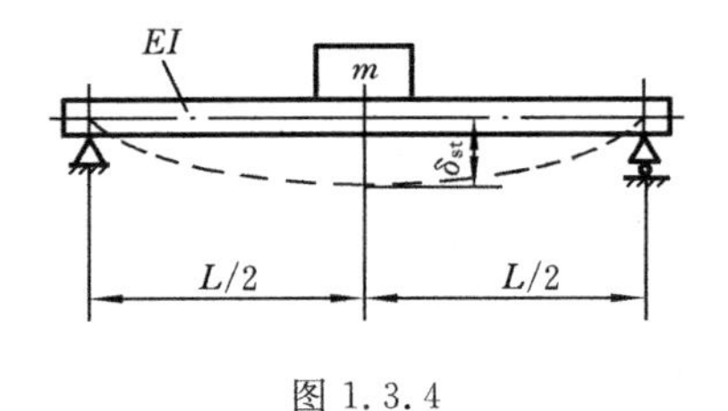

图 1.3.4

解　梁相当于一弹簧,则设系统可简化为一个单自由度无阻尼系统.在质块的重力 mg 作用下,由材料力学知识可知,梁中点的静变形量为

$$\delta_{st} = \frac{mgL^3}{48EI} \tag{a}$$

则由式(1.3.13)易得系统的自然频率为

$$\omega_n = \sqrt{\frac{48EI}{mL^3}} \tag{b}$$

将上式与式(1.3.3)比较显见,简支梁中点处的刚度为

$$k = \frac{48EI}{L^3} \tag{c}$$

例 1.7　图 1.3.5 所示的等截面悬臂梁长度为 L,弯曲刚度为 EI,在梁的悬伸端放一质量为 m 的物体,试用静变形法确定系统的自然频率.梁的质量与自重不计.

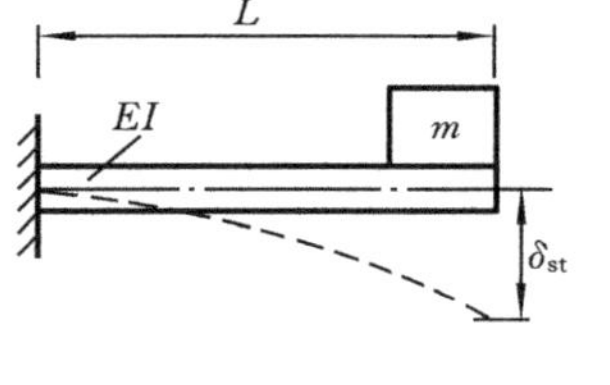

图 1.3.5

解　由材料力学知识可知,悬伸端在重力 mg 作用下的静变形量为

$$\delta_{st} = \frac{mgL^3}{3EI} \tag{a}$$

则由式(1.3.13)得系统的自然频率为

$$\omega_n = \sqrt{\frac{3EI}{mL^3}} \tag{b}$$

由上式显见，悬臂梁端点处的刚度为

$$k = 3EI/L^3 \tag{c}$$

1.3.4　确定自然频率的能量法

能量法不仅是确定系统自然频率的一种有效方法，并且也常用于推导系统的运动微分方程.

1. 用能量法确定运动微分方程

无阻尼系统的自由振动过程既没有能量损失，也无能量的输入，被称为是一个“保守系统”. 根据能量守恒定律，保守系统的总能量 E 保持不变，即

$$E = \text{const.}$$

总能量包括两部分，即质块的动能 T 和弹簧的势能 V，因此有

$$T + V = E = \text{const.} \tag{1.3.14}$$

将上式对时间 t 求导，则有

$$\frac{\mathrm{d}E}{\mathrm{d}t} = \frac{\mathrm{d}}{\mathrm{d}t}(T + V) = 0 \tag{1.3.15}$$

根据上式可导出运动微分方程. 例如，对于图 1.3.1 所示单自由度无阻尼自由振动系统，在任一时刻 t，其动能和势能分别为

$$T = \frac{1}{2}m\dot{x}^2(t) \tag{1.3.16}$$

$$V = \frac{1}{2}kx^2(t) \tag{1.3.17}$$

而总的机械能为

$$\frac{1}{2}m\dot{x}^2(t) + \frac{1}{2}kx^2(t) = E = \text{const.}$$

由式(1.3.15)，对上式求导，有

$$m\dot{x}(t)\ddot{x}(t) + kx(t)\dot{x}(t) = 0$$

消去 $\dot{x}(t)$后即得到了与式(1.3.1)完全一致的运动微分方程.

例 1.8　试用能量法导出例 1.5 中半圆柱体的运动微分方程和自然频率.

解　如图 1.2.6 所示，在任意角度 $\theta(t)$时，重心 c 的升高量为

$$\Delta = r(1 - \cos\theta) = 2r\sin^2\frac{\theta}{2} \tag{a}$$

取重心 c 的最低位置为势能零点，并进行线性化处理，则柱体的势能为

$$V = mg\Delta = 2mgr\sin^2\frac{\theta}{2} \approx \frac{1}{2}mgr\theta^2 \tag{b}$$

而柱体的动能为

$$T = \frac{1}{2} I_b \dot{\theta}^2 \tag{c}$$

将例 1.5 中式(b)、式(c)代入,并线性化,有

$$T = \frac{1}{2} m[l^2 + (R-r)^2]\dot{\theta}^2 \tag{d}$$

根据能量守恒定律,有

$$\frac{1}{2} m[l^2 + (R-r)^2]\dot{\theta}^2 + \frac{1}{2} mgr\theta^2 = E = \text{const.} \tag{e}$$

对上式求导并化简,得运动微分方程为

$$[l^2 + (R-r)^2]\ddot{\theta} + gr\theta = 0 \tag{f}$$

而系统的自然频率为

$$\omega_n = \sqrt{gr/[l^2 + (R-r)^2]} \tag{g}$$

与例 1.5 的结果完全一致.

2. 用能量法直接确定固有频率

振动时,系统的能量在动能与势能之间进行周期性的转移,但总能量始终保持不变. 设 T_1、V_1、T_2、V_2 分别是振动中两个不同时刻的动能和势能,则按式(1.3.14),有

$$T_1 + V_1 = T_2 + V_2$$

选取两个特殊时刻:在静平衡位置处,系统的势能等于零,而动能达到其最大值 $T_{\max}$;在最大位移处,系统的动能等于零,而势能达到其最大值 $V_{\max}$. 因此有

$$T_{\max} + 0 = 0 + V_{\max}$$

即

$$T_{\max} = V_{\max} \tag{1.3.18}$$

利用上式,即可方便地计算出系统的固有频率,而无须导出系统的运动方程. 对于比较复杂的系统,这种方法往往十分有效.

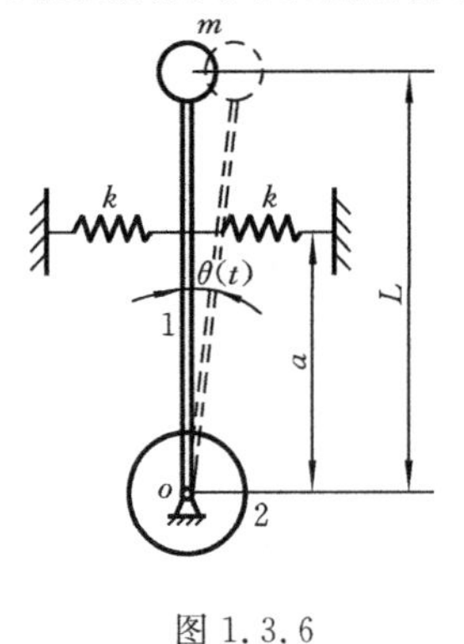

图 1.3.6

例 1.9 测量低频振幅用的传感器中的无定向摆如图 1.3.6 所示,摆轮 2 上铰接摇杆 1,其质量不计,摇杆 1 的另一端装一敏感质量 m,并在摇杆上连接刚度为 k 的两弹簧以保持摆在竖直方向的稳定位置,若记系统对点 o 的转动惯量为 I_o,其余参数如图所示,试确定系统的自然频率.

解 设摇杆偏离静平衡位置的角振动为 $\theta(t)$,由式(1.3.8),摇杆角振动的时间历程为

$$\theta(t) = \Theta\cos(\omega_n t - \psi) \tag{a}$$

而角速度为
$$\dot{\theta}(t) = -\omega_n \Theta \sin(\omega_n t - \psi) \tag{b}$$
故
$$\theta_{max} = \Theta \quad \dot{\theta}_{max} = \Theta\omega_n$$
系统的最大动能为
$$T_{max} = \frac{1}{2} I_o \dot{\theta}_{max}^2 = \frac{1}{2} I_o \Theta^2 \omega_n^2 \tag{c}$$
在摇杆摇到最大角位移 θ_{max} 处，系统的最大势能 V_{max} 包括两部分，一部分是弹簧储存的最大势能，即
$$V_{1,max} \approx 2 \times \frac{1}{2} k(\theta_{max} a)^2 = ka^2\Theta^2 \tag{d}$$
另一部分是重心下降到最低点处所失去的势能，即
$$V_{2,max} = -mgL(1-\cos\theta_{max}) = -2mgL\sin^2\frac{\theta_{max}}{2} \approx -\frac{1}{2}mgL\Theta^2 \tag{e}$$
由式(1.3.18)，有
$$\frac{1}{2} I_o \Theta^2 \omega_n^2 \approx ka^2\Theta^2 - \frac{1}{2}mgL\Theta^2$$
由上式即可解出系统的自然频率为
$$\omega_n \approx \sqrt{\frac{2ka^2 - mgL}{I_o}} \tag{f}$$

3. 用能量法计算弹簧的等效质量

利用能量法的原理，还可把弹簧的分布质量对系统振动频率的影响加以估计，从而得到比较准确的频率值.需要指出，考虑弹簧本身的质量，属于分布质量的振动问题，将在第8章、第9章中讨论.这里，基于对弹簧内部各点上变形规律的假设，将分布质量对自然频率的影响用等效质量来进行折算.这是一种近似方法.

现以图1.3.7所示的系统为例.首先假定弹簧各截面的位移与其距固定端处的原始距离成正比，即如果质块的位移为 $x(t)$、弹簧长度为 L，则距固定端 l 处的弹簧位移量为 xl/L.因此，当质量 m 在某一瞬时的速度为 $\dot{x}(t)$ 时，弹簧在 l 处的微段 $\mathrm{d}l$ 的相应速度为 $l\dot{x}(t)/L$，对于简谐振动，由式(1.3.8)，有
$$\left.\begin{aligned} x_{max} &= X \\ \dot{x}_{max} &= X\omega_n \end{aligned}\right\} \tag{1.3.19}$$
系统的最大势能仍为
$$V_{max} = \frac{1}{2}kx_{max}^2 = \frac{1}{2}kX^2 \tag{1.3.20}$$
而由于弹簧具有质量，系统的最大动能 T_{max} 中应包括质块 m 的最大动能 $T_{1,max}$ 和弹簧的最大动能

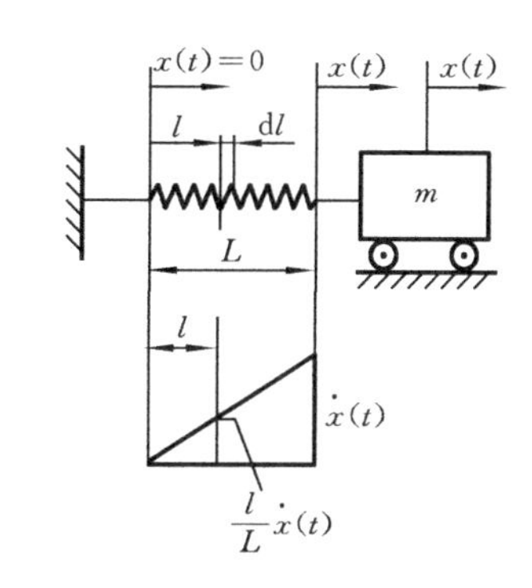

图 1.3.7

$T_{2,\max}$两部分,分别为

$$T_{1,\max} = \frac{1}{2}m\dot{X}_{\max}^2 = \frac{1}{2}mX^2\omega_n^2 \tag{1.3.21}$$

$$T_2 = \frac{1}{2}\int_0^l \rho\left(\frac{l\dot{x}}{L}\right)^2 \mathrm{d}l = \frac{1}{2}\times\frac{m'}{3}\dot{x}^2$$

则

$$T_{2,\max} = \frac{1}{2}\times\frac{m'}{3}X^2\omega_n^2 \tag{1.3.22}$$

式中,ρ为弹簧单位长度的质量;$m'=\rho L$为整个弹簧的质量.将式(1.3.20)、式(1.3.21)与式(1.3.22)代入式(1.3.18),有

$$\frac{1}{2}\left(m+\frac{m'}{3}\right)X^2\omega_n^2 = \frac{1}{2}kX^2$$

即可解得自然频率为

$$\omega_n = \sqrt{\frac{k}{m+m'/3}} \tag{1.3.23}$$

而等效质量为$m+m'/3$,即弹簧质量m'以其三分之一进入等效质量.但是需注意,这一结论是来源于弹簧各截面的位移量是线性分布的这一假设的.

例 1.10 对于例 1.6 所示中部附有质块m的简支梁系统,若梁的质量为m',线密度为$\rho=m'/L$,试用能量法确定系统的自然频率.

解 假定梁在自由振动时的动挠度曲线与简支梁中间有集中载荷mg作用下的静挠度曲线一样,如图 1.3.8 所示.由材料力学知识可知,在与点o距离为l处的梁截面的静挠度曲线为

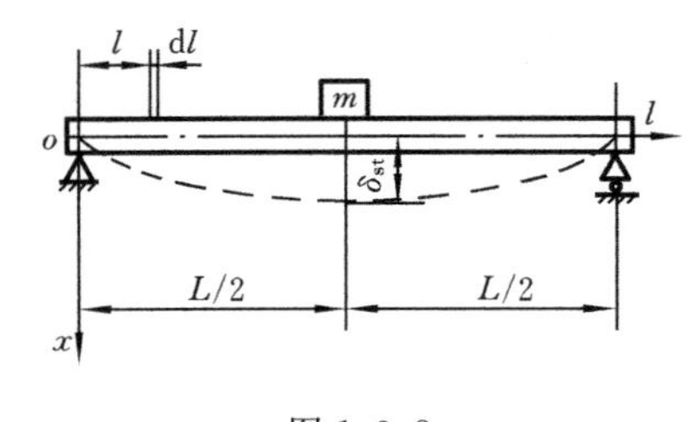

图 1.3.8

$$x_1 = \delta_{st}\frac{3L^2l-4l^3}{L^3}$$

上式适合于$l=0\sim L/2$的半段梁.式中,δ_{st}为梁中点的静挠度,其值由例 1.6 中式(a)确定,即

$$\delta_{st} = \frac{mgL^3}{48EI} \tag{a}$$

于是,动挠度曲线方程可认为与上式相似,即

$$x_1(t) = x(t)\frac{3L^2l-4l^3}{L^3} \tag{b}$$

其中,$x(t)$是中点处的振动位移,它仍然为式(1.3.8)所示的简谐振动,即有

$$x_{\max} = X \quad \dot{x}_{\max} = X\omega_n$$

与点o的距离为l处、长度为$\mathrm{d}l$的微段梁的质量为$\rho\mathrm{d}l$,由式(b),其速度为

$$\dot{x}_1(t) = \dot{x}(t)\frac{3L^2l-4l^3}{L^3}$$

故整段梁的动能为

$$2\int_0^{L/2}\frac{1}{2}\rho\dot{x}_1^2\mathrm{d}l=\frac{\rho\dot{x}^2}{L^6}\int_0^{L/2}(3L^2l-4l^3)^2\mathrm{d}l=\frac{1}{2}\times\frac{17}{35}\rho L\dot{x}^2$$

而质量 m 的动能为 $\frac{1}{2}m\dot{x}^2$，则整个系统的最大动能等于梁与质量 m 的最大动能之和，即

$$T_{\max}=\frac{1}{2}\left(m+\frac{17}{35}\rho L\right)\dot{x}_{\max}^2=\frac{1}{2}\left(m+\frac{17}{35}\rho L\right)\omega_n^2X^2 \tag{c}$$

梁的最大弹性势能仍为

$$V_{\max}=\frac{1}{2}kx_{\max}^2=\frac{1}{2}kX^2 \tag{d}$$

式中，k 为梁的弹性刚度，由例 1.6 中的式(c)确定. 将该式代入上式，并整理，得

$$V_{\max}=\frac{1}{2}\times\frac{48EI}{L^3}X^2 \tag{e}$$

则由式(1.3.18)解得系统的自然频率为

$$\omega_n=\sqrt{\frac{48EI}{L^3\left(m+\frac{17}{35}m'\right)}} \tag{f}$$

将上式与例 1.6 中的式(b)相比可见，考虑了梁的分布质量后的等效质量为 $m+\frac{17}{35}m'$，即需将梁的质量的大约一半作为一个集中质量加到质块 m 上去，且计入梁的质量后，系统的固有频率有所降低.

例 1.11　假定例 1.7 的悬臂梁的质量为 m'，密度为 $\rho=m'/L$，试用能量法确定系统的自然频率与等效质量.

解　假定梁自由振动时的动挠度曲线与在端部集中载荷作用下的静挠度曲线一样，如图 1.3.9 所示. 由材料力学知识可知，在与点 o 距离为 l 处梁的静挠度为

$$x_1=\delta_{st}\frac{3Ll^2-l^3}{2L^3}$$

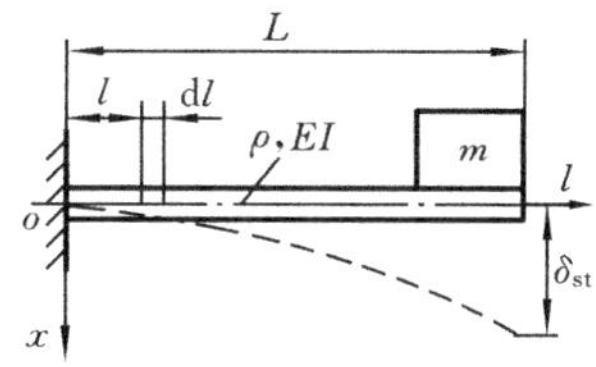

式中，δ_{st} 为梁端点的静挠度，其值仍由例 1.7 中式(a)确定，即

$$\delta_{st}=\frac{mgL^3}{3EI} \tag{a}$$

图 1.3.9

于是动挠度曲线方程可类似上式写成

$$x_1(t)=x(t)\frac{3Ll^2-l^3}{2L^3} \tag{b}$$

式中,$x(t)$是梁端点的振动值,仍然为式(1.3.8)所示的简谐振动,且有

$$x_{\max} = X \quad \dot{x}_{\max} = X\omega_{\mathrm{n}}$$

整段梁的动能为

$$T = \int_0^L \frac{1}{2}\rho\dot{x}_1^2 \mathrm{d}l = \frac{\rho\dot{x}^2}{8L^6}\int_0^L (3Ll^2 - l^3)^2 \mathrm{d}l = \frac{1}{2} \times \frac{33}{140}m'\dot{x}^2$$

而质量 m 的动能为$\frac{1}{2}m\dot{x}^2$,则整个系统的最大动能为

$$T_{\max} = \frac{1}{2}\left(m + \frac{33}{140}m'\right)X^2\omega_{\mathrm{n}}^2 \tag{c}$$

梁的最大弹性势能仍为

$$V_{\max} = \frac{1}{2}kx_{\max}^2 = \frac{1}{2}kX \tag{d}$$

式中,k 为梁的弹性刚度,由例 1.7 中的式(c)确定. 将该式代入式(d),有

$$V_{\max} = \frac{1}{2} \times \frac{3EI}{L^3}X^2 \tag{e}$$

则由式(1.3.18)解得系统的自然频率为

$$\omega_{\mathrm{n}} = \sqrt{\frac{3EI}{L^3\left(m + \frac{33}{140}m'\right)}} \tag{f}$$

显然,考虑了梁的质量后的等效质量为 $m+\frac{33}{140}m'$.

按等效质量法估算弹性体内的分布质量对系统自然频率的影响,其精度取决于对弹性变形规律的假设的正确程度. 一般,可将弹性体在某一静变形下的变形分布作为其动态条件下的变形分布,其精度大体能满足工程问题的要求. 读者还应注意,在推求系统的最大动能与最大势能时,还采用了线性系统的振动是简谐振动这一事实,从而导出了自然频率.

1.3.5 复摆

一个刚体由于本身重力作用而绕某一水平轴作微摆动,称为复摆,如图1.3.10所示. 设刚体质量为 m,对转动轴点 o 的转动惯量为 I_o,重心 c 至转动轴 o 的距离为 l. 若记复摆偏离竖直平衡位置的角度为 $\theta(t)$,重力作用将产生一个恢复力矩 $mgl\sin\theta$,可得复摆的运动微分方程为

$$I_o\ddot{\theta}(t) + mgl\sin\theta(t) = 0 \tag{1.3.24}$$

在微摆动时,可对上式进行线性化处理,即令 $\sin\theta(t) \approx \theta(t)$,则得线性运动微分方程为

$$I_o\ddot{\theta}(t) + mgl\theta(t) = 0 \tag{1.3.25}$$

或
$$\ddot{\theta}(t)+\frac{mgl}{I_o}\theta(t)=0 \tag{1.3.26}$$

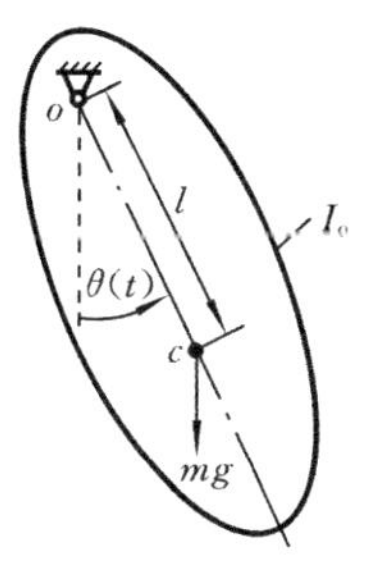

图 1.3.10

角振动的自然频率为
$$\omega_n=\sqrt{\frac{mgl}{I_o}} \tag{1.3.27}$$
当实验测得自然频率 ω_n 后，即可算得物体绕点 o 的转动惯量为
$$I_o=\frac{mgl}{\omega_n^2} \tag{1.3.28}$$
再根据转动惯量的移轴定理，可计算出刚体绕重心的转动惯量 I_c 为
$$I_c=I_o-ml^2 \tag{1.3.29}$$
实践表明，这是一种实验测定复杂形状构件转动惯量的有效方法.

1.4　有阻尼系统的自由振动

1.4.1　有阻尼系统的自由振动

图 1.4.1 为单自由度有阻尼的自由振动系统，其运动微分方程为
$$m\ddot{x}(t)+c\dot{x}(t)+kx(t)=0 \tag{1.4.1}$$
或
$$\ddot{x}(t)+2\xi\omega_n\dot{x}(t)+\omega_n^2x(t)=0 \tag{1.4.2}$$

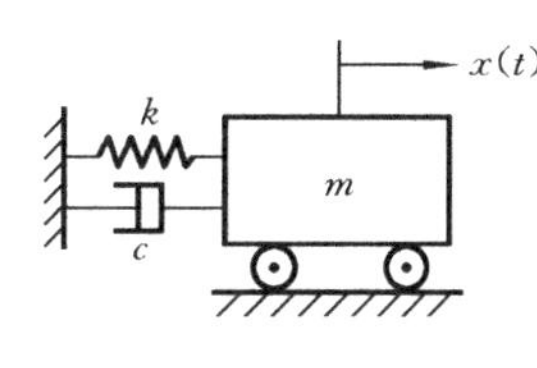

图 1.4.1

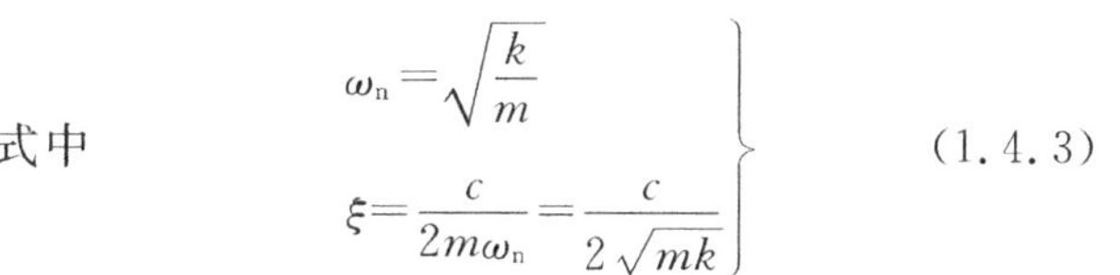
式中
$$\left.\begin{aligned}\omega_n&=\sqrt{\frac{k}{m}}\\ \xi&=\frac{c}{2m\omega_n}=\frac{c}{2\sqrt{mk}}\end{aligned}\right\} \tag{1.4.3}$$

ω_n 的意义同前，ξ 称为黏滞阻尼因子或阻尼率，它是无量纲的. 设式(1.4.2)的通解为
$$x(t)=Xe^{st} \tag{1.4.4}$$
式中，X、s 为待定常数，这里视 X 为实数，而 s 为复数. 将上式代入式(1.4.2)，得特征方程为
$$s^2+2\xi\omega_n s+\omega_n^2=0 \tag{1.4.5}$$
由上式可解得两个特征根，即
$$s_{1,2}=(-\xi\pm\sqrt{\xi^2-1})\omega_n \tag{1.4.6}$$
可见，特征根 s_1、s_2 与 ξ、ω_n 有关，但其性质主要取决于 ξ. 下面分别讨论对于 ξ 的不同取值的情况.

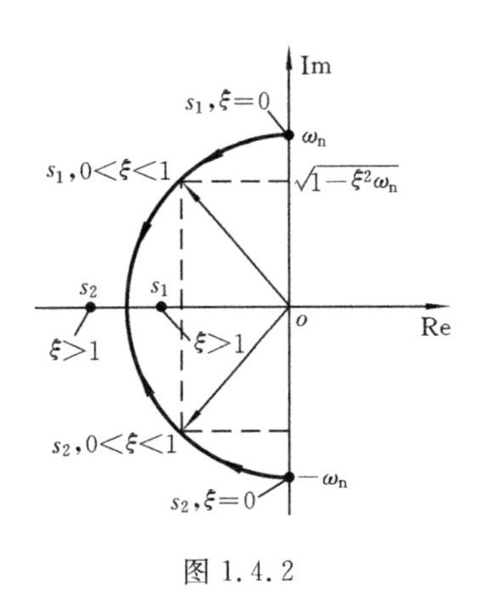

图 1.4.2

1. 无阻尼($\xi=0$)情况

显然,$\xi=0$ 即是 $c=0$,即是上一节所讨论的问题.由式(1.4.6)得此时的两特征根为虚数,即

$$s_{1,2}=\pm\mathrm{i}\omega_n \tag{1.4.7}$$

则由式(1.4.4)得运动微分方程的两个解为 $X_1\mathrm{e}^{s_1t}$、$X_2\mathrm{e}^{s_2t}$,而由于方程(1.4.2)是齐次的,因此以上两解之和仍为原方程的解,故得通解为

$$x(t)=X_1\mathrm{e}^{\mathrm{i}\omega_nt}+X_2\mathrm{e}^{-\mathrm{i}\omega_nt}$$

根据 Euler 公式将上式展开并整理,有

$$x(t)=(X_1+X_2)\cos\omega_nt+\mathrm{i}(X_1-X_2)\sin\omega_nt$$

式中,X_1、X_2 为两个待定常数.若以另两个常数 X 与 ψ 来取代 X_1、X_2,其间关系为

$$\left.\begin{aligned}X_1+X_2&=X\cos\psi\\ \mathrm{i}(X_1-X_2)&=X\sin\psi\end{aligned}\right\} \tag{1.4.8}$$

则可将 $x(t)$ 写为

$$x(t)=X\cos(\omega_nt-\psi) \tag{1.4.9}$$

可见,上式与式(1.3.8)完全一致,其中 X、ψ 由初始条件决定.如图 1.4.2 所示,这种情况下特征根 $s_1=\mathrm{i}\omega_n$,$s_2=-\mathrm{i}\omega_n$ 在复平面的虚轴上,且处于与原点对称的位置.此时 $x(t)$ 为等幅振动,如图 1.4.3(a)所示.

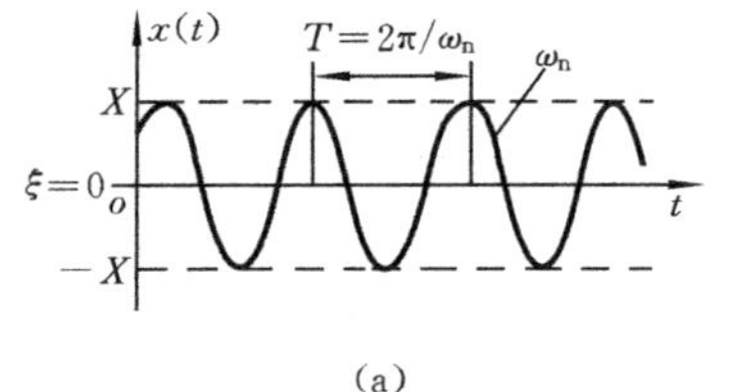

(a)

2. 小阻尼($0<\xi<1$)情况

由式(1.4.6)解得此时的两特征根为共轭复根,即

$$s_{1,2}=(-\xi\pm\mathrm{i}\sqrt{1-\xi^2})\omega_n$$

或

$$s_{1,2}=-\xi\omega_n\pm\mathrm{i}\omega_d \tag{1.4.10}$$

式中

$$\omega_d=\sqrt{1-\xi^2}\omega_n \tag{1.4.11}$$

称为有阻尼自然角频率,或简称为阻尼自然频率.将 s_1、s_2 代入式(1.4.4),有

$$\begin{aligned}x(t)&=X_1\mathrm{e}^{(-\xi\omega_n+\mathrm{i}\omega_d)t}+X_2\mathrm{e}^{(-\xi\omega_n-\mathrm{i}\omega_d)t}\\&=\mathrm{e}^{-\xi\omega_nt}[(X_1+X_2)\cos\omega_dt\\&\quad+\mathrm{i}(X_1-X_2)\sin\omega_dt]\end{aligned}$$

采用式(1.4.8)的记法并整理,有

$$x(t)=X\mathrm{e}^{-\xi\omega_nt}\cos(\omega_dt-\psi) \tag{1.4.12}$$

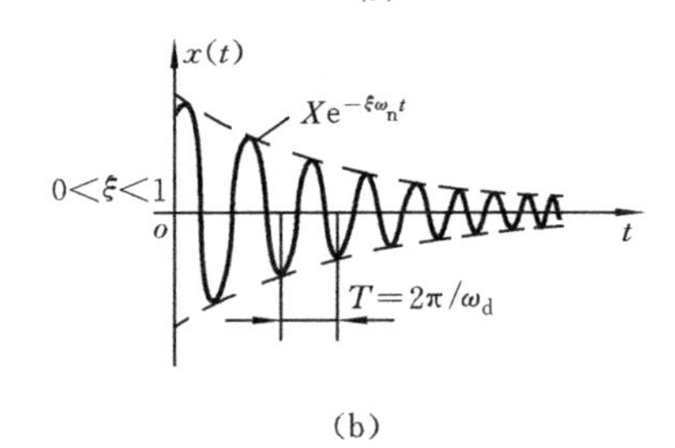

(b)

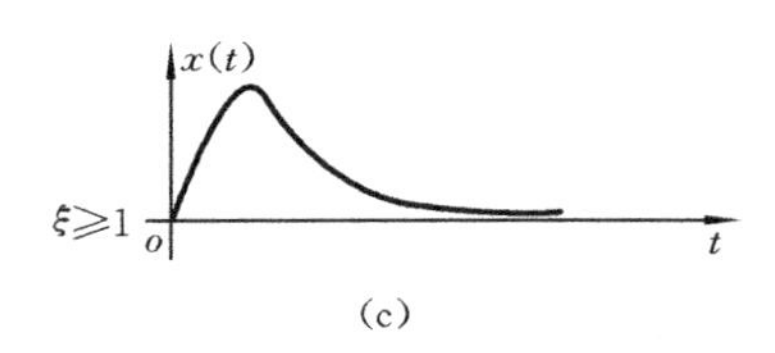

(c)

图 1.4.3

式中，X、ψ 为由初始条件 x_0、v_0 确定的常数，为

$$\left.\begin{aligned} X &= \sqrt{x_0^2 + \frac{(v_0 + \xi\omega_n x_0)^2}{\omega_d^2}} \\ \psi &= \arctan\frac{v_0 + \xi\omega_n x_0}{x_0\omega_d} \end{aligned}\right\} \tag{1.4.13}$$

显然，当 $\xi=0$ 时，式(1.4.12)即退化为式(1.3.8)的形式.

分析上述结果，有以下结论.

(1) 系统的特征根 s_1、s_2 为共轭复数，具有负实部，分别位于复平面左半面与实轴对称的位置上，如图 1.4.2 所示.

(2) 在式(1.4.12)中，若将 $Xe^{-\xi\omega_n t}$ 视为振幅，则表明有阻尼系统的自由振动是一种减幅振动，其振幅按指数规律衰减. 阻尼率 ξ 值越大，振幅衰减越快. 其时间历程如图 1.4.3(b)所示. 表现在旋转向量图中，则是旋转向量的长度按指数规律缩短，其端点画出一对数螺线. 而且，振幅的衰减程度完全由系统本身的特性决定.

(3) 特征根虚部的取值决定了自由振动的频率，且由式(1.4.11)可见，阻尼自然频率也完全由系统本身的特性决定. 该式表明 $\omega_d < \omega_n$，即阻尼自然频率低于无阻尼自然频率. 表现在旋转向量图中，则是由于阻尼的作用减慢了向量旋转的角速度.

(4) 初始条件 x_0 与 v_0 只影响有阻尼自由振动的初始振幅 X 与初相位 ψ，如式(1.4.13)所示.

3. 过阻尼($\xi>1$)情况

由式(1.4.6)解得特征根为实数，即

$$s_{1,2} = (-\xi \pm \sqrt{\xi^2 - 1})\omega_n, \quad \xi \geqslant 1 \tag{1.4.14}$$

则由式(1.4.4)，有

$$x(t) = X_1 e^{s_1 t} + X_2 e^{s_2 t} \tag{1.4.15}$$

式中，X_1、X_2 为由初始条件确定的常数. 这种条件下 s_1、s_2 均为负实数，处于复平面的实轴上，如图 1.4.2 所示. 这时系统不产生振动，很快就趋于平衡位置，如图 1.4.3(c)所示. 从物理意义上来看，阻尼较大时，由初始激励输入给系统的能量很快就被消耗掉了，而系统来不及产生往复振动.

4. 临界阻尼($\xi=1$)情况

这种情况是前述两种情况之间的分界线，由式(1.4.3)的第二式，有 $c_0 = 2\sqrt{mk}$，即临界阻尼系数 c_0 由系统的参数确定. 将上式再代回式(1.4.3)，有 $\xi = c/c_0$，这可看成阻尼率的一种定义.

由式(1.4.6)，特征根为两重根 $-\omega_n$，可以验证此时式(1.4.2)的解为

$$x(t) = (A_1 + A_2 t)e^{-\omega_n t}$$

式中,A_1、A_2 为待定常数.显然,这种情况下的运动也是非周期性的.以初始条件 x_0、v_0 代入上式,消去 A_1、A_2,得

$$x(t) = e^{-\omega_n t}[x_0 + (v_0 + \omega_n x_0)t]$$

此外,还有一种负阻尼($\xi<0$)情况,这时 s_1、s_2 处于复平面的右半平面(图1.4.2上未画出),而 $x(t)$表现为一种增幅振动.这种情况将在第13章讨论.

在上述各种情况中,振动分析所关心的主要是小的正阻尼系统的振动.

例 1.12 试分析单自由度小阻尼系统对初速度的响应.

解 当系统只受到初速度 v_0 作用时,$x_0=0$,由式(1.4.13)有

$$X = v_0/\omega_d \tag{a}$$

$$\psi = \pi/2 \tag{b}$$

由式(1.4.12)得系统对于初速度的响应为

$$x(t) = \frac{v_0}{\omega_d} e^{-\xi\omega_n t} \sin\omega_d t \tag{c}$$

例 1.13 试求单自由度小阻尼系统对初始位移的响应.

解 当系统只受到初始位移 x_0 作用时,$v_0=0$,由式(1.4.13),有

$$X = x_0 \sqrt{1 + \left(\frac{\xi\omega_n}{\omega_d}\right)^2} = \frac{x_0}{\sqrt{1-\xi^2}} \tag{a}$$

$$\psi = \arctan\frac{\xi\omega_n}{\omega_d} \tag{b}$$

则由式(1.4.12),得系统对于初始位移的响应为

$$x(t) = \frac{x_0}{\sqrt{1-\xi^2}} e^{-\xi\omega_n t} \cos(\omega_d t - \psi) \tag{c}$$

综合以上两例的结果可知,当系统同时受到初始位移 x_0 和初速度 v_0 作用时,系统的响应是

$$x(t) = \frac{x_0}{\sqrt{1-\xi^2}} e^{-\xi\omega_n t} \cos(\omega_d t - \psi) + \frac{v_0}{\omega_d} e^{-\xi\omega_n t} \sin\omega_d t \tag{1.4.16}$$

与式(1.4.12)、式(1.4.13)比较,上式即为单自由度有阻尼系统自由振动的另一种表达形式,式中第一项是由初始位移 x_0 引起的自由振动,第二项是由初速度 v_0 引起的自由振动.

1.4.2 对数衰减率

与自然频率 ω_n 一样,阻尼率 ξ 也是表征振动系统特性的一个重要参数.而且一般来说,ω_n 比较容易由实验准确地测定或辨识出,而对 ξ 的测定或辨识则较为困难.利用自由振动的衰减曲线计算 ξ 是一种常用的方法.

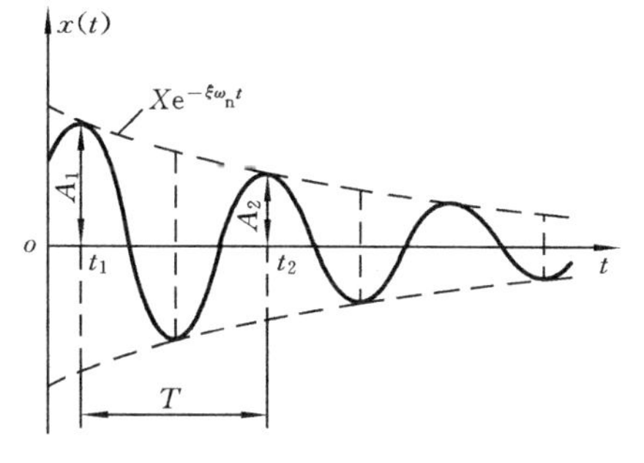

图 1.4.4

图 1.4.4 所示为单自由度系统自由振动的减幅振动曲线，这一曲线可在冲击激振实验中记录到. 在间隔一个振动周期 T 的任意两时刻 t_1、t_2，相应的振动位移为 $x(t_1)$、$x(t_2)$，由式(1.4.12)有

$$x(t_1) = Xe^{-\xi\omega_n t_1}\cos(\omega_d t_1 - \psi)$$

$$x(t_2) = Xe^{-\xi\omega_n t_2}\cos(\omega_d t_2 - \psi)$$

由于　　$t_2 = t_1 + T = t_1 + 2\pi/\omega_d$

有　　$x(t_2) = Xe^{-\xi\omega_n(t_1+T)}\cos(\omega_d t_1 - \psi)$

即有

$$\frac{x(t_1)}{x(t_2)} = e^{\xi\omega_n T} \tag{1.4.17}$$

通常，为了提高测量与计算的准确度，可将 $x(t_1)$、$x(t_2)$分别选在相应的峰值处，如图 1.4.4 所示，于是

$$A_1/A_2 = e^{\xi\omega_n T} \tag{1.4.18}$$

由于对于正阻尼恒有 $x(t_1) > x(t_2)$，上式表示振动波形按 $e^{\xi\omega_n T}$ 的比例衰减，且当阻尼率 ξ 越大时，衰减越快. 对上式取自然对数，有

$$\delta = \ln A_1 - \ln A_2 = \xi\omega_n T = \xi\omega_n \frac{2\pi}{\omega_d} = \frac{2\pi\xi}{\sqrt{1-\xi^2}} \tag{1.4.19}$$

式中，δ 为对数衰减率. 当由实验记录曲线测出 $x(t_1)$、$x(t_2)$后，容易算出对数衰减率 δ，再根据 δ 就可算出 ξ，即

$$\xi = \frac{\delta}{\sqrt{4\pi^2 + \delta^2}} \tag{1.4.20}$$

当 ξ 很小时，$\delta^2 \ll 1$，与 $4\pi^2$ 相比可略去，故 ξ 的近似计算公式为

$$\xi = \frac{\delta}{2\pi} \tag{1.4.21}$$

上面是根据相邻两个波形的幅值进行计算，但由于单个周期 T 不易测得准确，实用中可测量间隔 j 个振动周期 jT 的波形，以便更精确地计算出 δ 值. 由于相邻两振动波形的衰减比例均为 $e^{\xi\omega_n T}$，故有

$$\frac{x(t_1)}{x(t_1+jT)} = \frac{x(t_1)}{x(t_1+T)}\frac{x(t_1+T)}{x(t_1+2T)}\cdots\frac{x[t_1+(j-1)T]}{x(t_1+jT)} = e^{j\xi\omega_n T}$$

对上式取对数，并根据式(1.4.19)，有

$$\delta = \frac{1}{j}\ln\frac{x(t_1)}{x(t_1+jT)} \tag{1.4.22}$$

这样，取足够大的 j，测取振动位移 $x(t_1)$与 $x(t_1+jT)$，即可按上式与式(1.4.20)算出 ξ.

例 1.14　已知一单自由度系统,其自由振动的振幅在 5 个整周期后衰减了 50%,试计算系统的黏性阻尼率 ξ.

解　由题意知 $j=5$,$x(t_1)/x(t_1+5T)=2$,根据式(1.4.22),得对数衰减率为

$$\delta=\frac{1}{5}\ln 2=\frac{1}{5}\times 0.693=0.139$$

而由式(1.4.20),得

$$\xi=\frac{0.139}{\sqrt{4\pi^2+0.139^2}}=0.022$$

或者,由 δ 的取值可见,δ 相当小,也可按近似公式计算出

$$\xi\approx\frac{0.139}{2\pi}=0.022$$

例 1.15　在龙门起重机设计中,为避免连续启动和制动过程中引起振动,要求由启动或制动引起的振动的衰减时间不得过长.若有一 15 t 龙门起重机,其示意图为图1.4.5,在作水平方向振动时,其等效质量 $m_{eq}=273.42\ \mathrm{N\cdot s^2/cm}$,水平方向的刚度为 19.6 kN/cm,实测对数衰减率 $\delta=0.10$.若要求振幅衰减到最大振幅的 5%,所需的衰减时间应小于 30 s,试校核该设计是否满足要求.

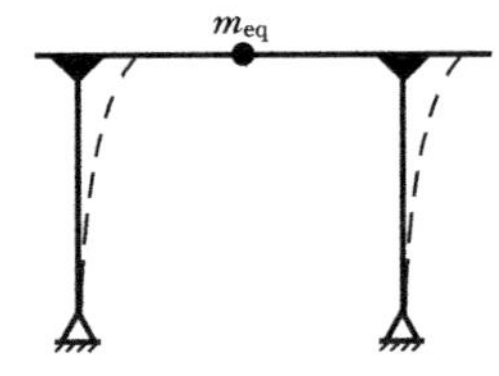

图 1.4.5

解　由式(1.4.22),有

$$j=\frac{1}{\delta}\ln\frac{x(t_1)}{x(t_1+jT)}\tag{a}$$

将已知条件代入上式,可解得振幅衰减到最大振幅的 5%时需经过的周期数 j 为

$$j=\frac{1}{0.10}\ln\frac{1}{0.05}=29.957\approx 30\tag{b}$$

而由 $\omega_n=\sqrt{k/m}$,得起重机纵向振动的自然频率和阻尼率 ξ 分别为

$$\omega_n=\sqrt{\frac{19,600}{273.42}}=8.467\tag{c}$$

$$\xi=\frac{\delta}{\sqrt{4\pi^2+\delta^2}}=\frac{0.10}{\sqrt{4\pi^2+0.10^2}}=0.0159\ \mathrm{s^{-1}}\tag{d}$$

则周期为

$$T=\frac{2\pi}{\omega_d}\approx\frac{2\pi}{\omega_n\sqrt{1-\xi^2}}=0.742\ \mathrm{s}\tag{e}$$

经过 30 个周期后所需时间为

$$t=0.742\times 30=22.26\ \mathrm{s}\tag{f}$$

可见,设计满足要求.

思　考　题

判断以下表述是否正确. 如果错误,请指出错误所在,并给出正确的表述.

1. 一个振动系统当未受到外力的持续激励时,不会发生振动.

2. 单自由度线性无阻尼系统(谐振子)的自由振动频率(即其自然频率)由系统的参数确定,与初始条件无关.

3. 线性谐振子的振动周期与其振幅有关:振幅愈大,则周期愈长.

4. 单自由度线性系统在一定初始条件作用下的自由振动与阻尼率 ξ 有关,当 $0<\xi<1$ 时,为衰减振动;当 $\xi\geqslant 1$ 时,为一种非周期运动.

5. 自由振动是初始激励激起的振动,因此,对于一个单自由度线性系统,初始条件不同,自由振动的振幅、相位、频率均不同.

6. 单自由度无阻尼系统的自由振动频率为其自然频率 ω_n,单自由度有阻尼系统(小阻尼)的自由振动频率为其阻尼自然频率 ω_d.

习　　题

1.1　图(题 1.1)所示正方结构,斜杆 AC 和 BD 的截面积均为 A,弹性模量为 E. 除斜杆外均为刚性杆. 试求该结构在点 B 水平方向的刚度. A、B、C、D 诸点均为铰接. 摩擦力不计.

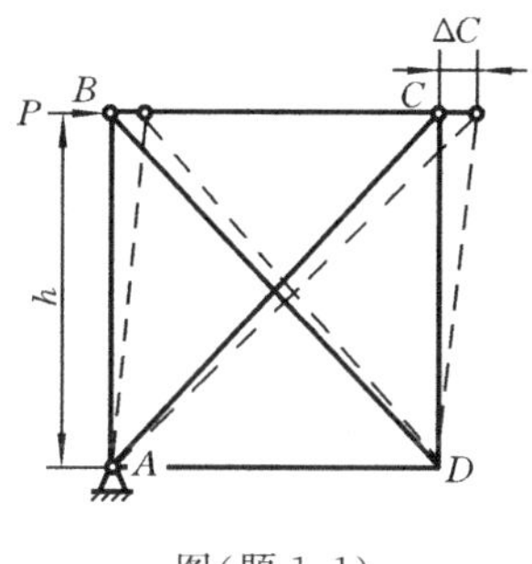

图(题 1.1)

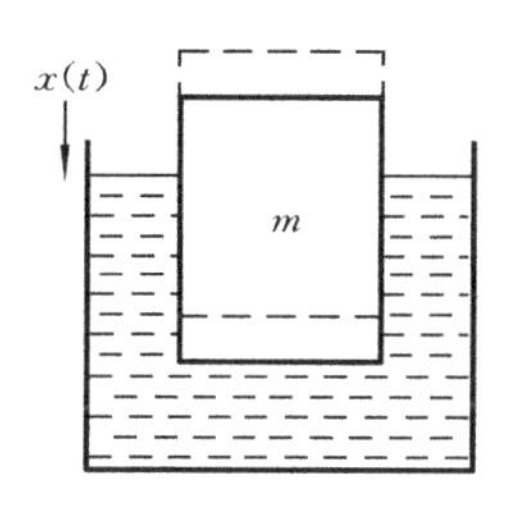

图(题 1.2)

1.2　某一横截面为 A,质量为 m 的浮标浮在密度为 ρ 的液体内,如图(题 1.2)所示,试导出其竖直方向振动的运动微分方程. 并求振动的自然频率.

1.3　图(题 1.3)所示的摆与一个刚度为 k 的弹簧相连,试用能量法导出系统的运动微分方程,并通过线性化后确定系统的自然频率.

1.4　质量为 m,长为 L 的均质杆以匀角速度 ω 绕竖轴转动,如图(题 1.4)所示,以 θ 表示杆与竖轴间的夹角.

(1) 求静平衡位置 θ_0;

(2) 导出在 θ_0 附近所作微振动 θ_1 的微分方程;

(3) 求出振动 θ_1 的自然频率 ω_n;

(4) 求当 ω 非常大时的自然频率，并分析其发展趋势.

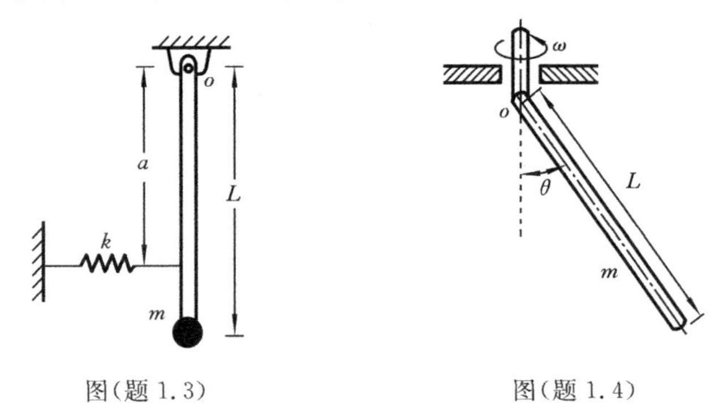

图(题 1.3)　　　　图(题 1.4)

1.5　某测振仪结构如图(题 1.5)所示.一摆重量为 Q，由一刚度为 k 的螺线弹簧连接，并维持与竖直线成 α 角的位置.摆对点 o 的转动惯量为 I_o，摆的重心与点 o 的距离为 l，若以 $\theta(t)$ 表示摆在 α 角附近的角振动，试求系统的运动微分方程和自然频率.

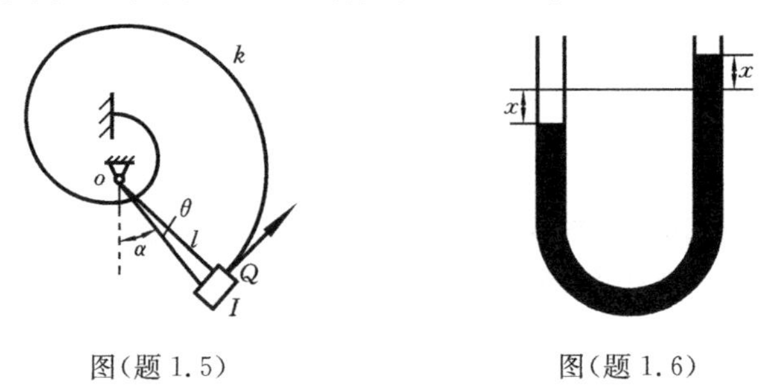

图(题 1.5)　　　　图(题 1.6)

1.6　等截面 U 形管如图(题 1.6)所示，设液柱总长度为 L，试用能量法导出系统的运动微分方程和自然频率.

1.7　质量 $m=2.5\ \text{N}\cdot\text{s}^2/\text{cm}$ 的物体用绳子悬挂，跨过半径为 $R=20$ cm 的滑轮，滑轮对中心点 o 的转动惯量为 $I_o=600\ \text{N}\cdot\text{cm}\cdot\text{s}^2$，弹簧刚度为 $k=2\ 500$ N/cm，如图(题 1.7)所示，试求系统的自然频率.

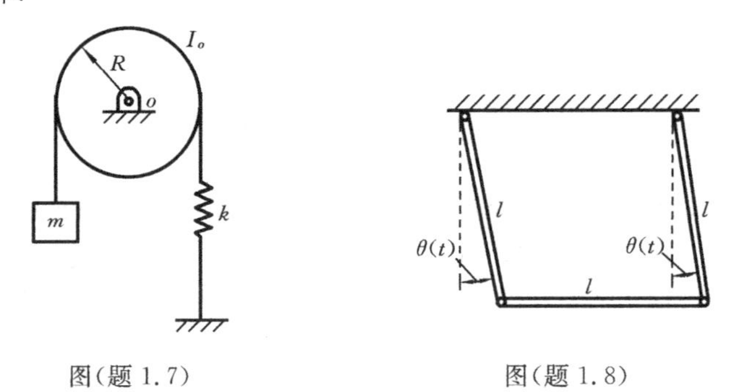

图(题 1.7)　　　　图(题 1.8)

1.8　由三根长度为 l、重量均为 W 的均质杆用铰链连接的机构如图(题 1.8)所示，求此机构作微摆动 $\theta(t)$ 时的自然频率.

1.9　两平行轴支承于轴承上，由齿轮 B、C 传递运动，两轴轴端分别装有圆盘 A 与 D，如图(题 1.9)所示. 系统进行扭转振动，已知 $I_A=I_D=1150\ \mathrm{N\cdot cm\cdot s^2}$. $l_1=l_2=150\ \mathrm{cm}$，$d_1=d_2=7.5\ \mathrm{cm}$，$r_1/r_2=0.5$，略去两齿轮和轴的转动惯量，并设轴的剪切模量为 $G=80\ \mathrm{GPa}$，试求系统扭转的自然频率.

1.10　图(题 1.10)所示，两轴与一圆盘固连，尺寸如图所示，圆盘的极惯性矩为 I，两轴的质量略去不计，试确定圆盘扭转振动的自然频率.

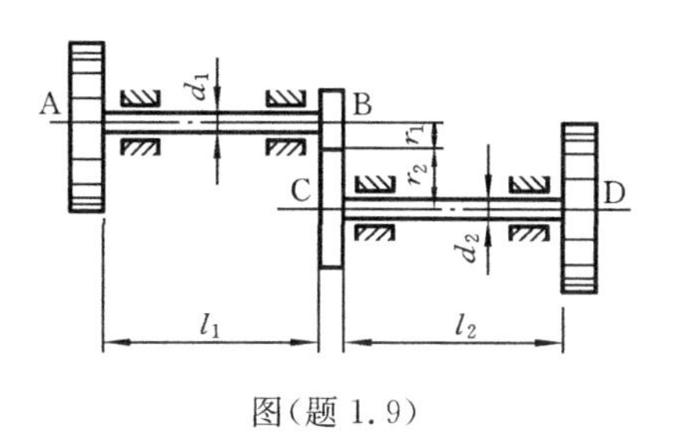

图(题 1.9)

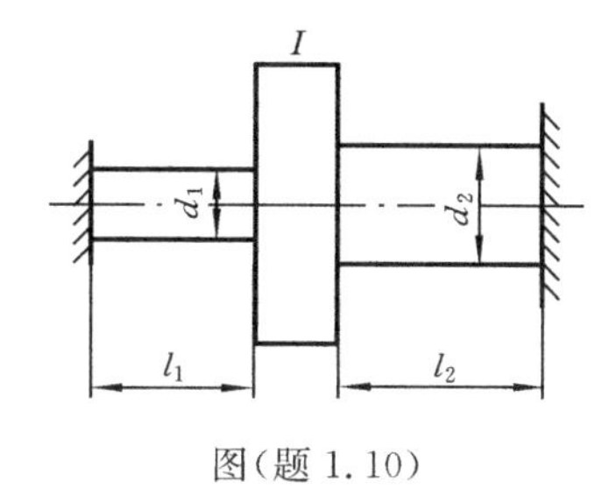

图(题 1.10)

1.11　一质量为 m 的均匀杆由两根绳子悬挂，如图(题 1.11)所示，这种系统称为双线摆. 不计绳的质量，且绳不可伸长，杆对其中心的转动惯量为 $I_c=\dfrac{1}{3}ma^2$，试导出双线摆绕其中心竖轴摆动 $\theta(t)$ 的运动微分方程和自然频率.

1.12　质量为 2 kg 的连杆悬挂在刃形支承上，如图(题 1.12)所示. 若自由振动的周期是 1.2 s，质心 c 与刃形支承的距离为 $L=18\ \mathrm{cm}$，试求杆绕其质心 c 的转动惯量 I_c.

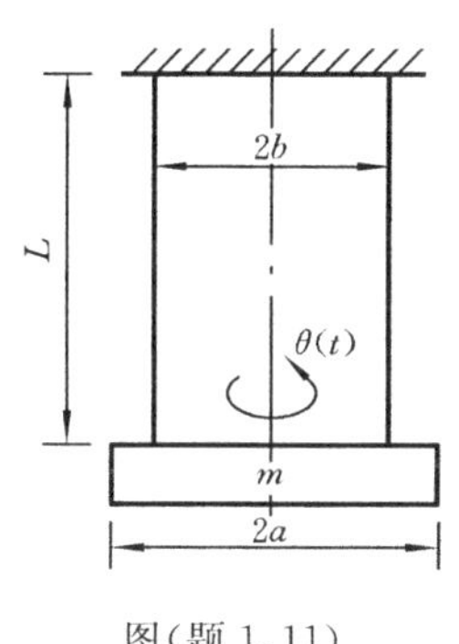

图(题 1.11)

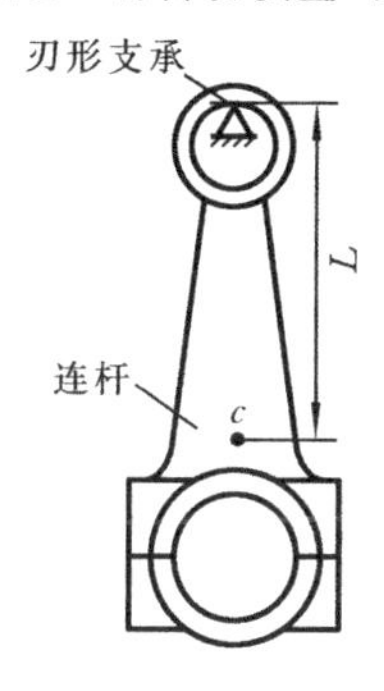

图(题 1.12)

1.13　质量线密度为 ρ 的均匀杆，其下端装有质块 m，如图(题 1.13)所示. 杆的弹性模量为 E，杆的截面积为 A_0，假定杆的伸长是线性的，即 $x/x_m=\xi/L$，试求杆纵向振动的自然频率.

1.14　单位长度上质量为 ρ 的均匀悬臂梁，如图(题 1.14)所示. 假定梁自由振动的动挠度曲线与自由端有一集中载荷所产生的静挠度曲线规律相同(参见例1.11). 求梁的自然频率与梁在自由端的等效质量.

1.15　假定动挠度曲线为 $x/x_{\max}=\xi/L$，见图(题 1.14). 重做习题 1.14. 并与习题 1.14 比较自然频率的误差百分数. 注意：由于固定端的转角必须是零，假定的动挠度曲线不满足固定端的边界条件.

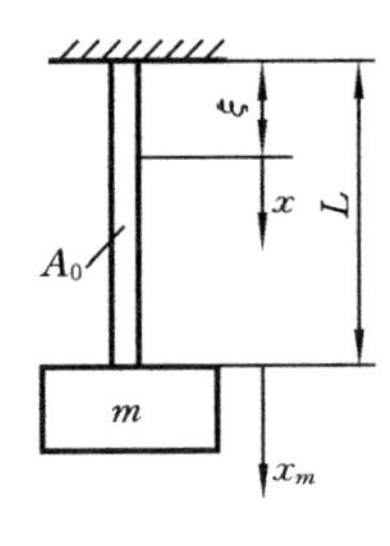

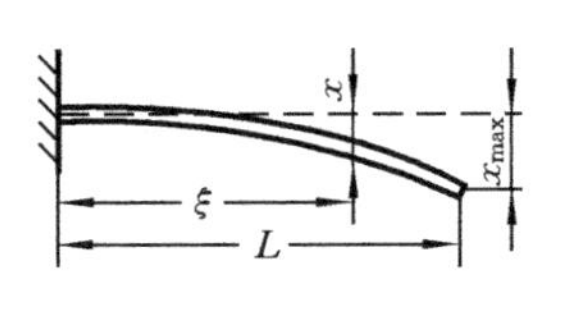

图(题 1.13)　　图(题 1.14)

1.16　已知一单自由度系统,其 $m=10\ \text{N}\cdot\text{s}^2/\text{m}$,$c=40\ \text{N}\cdot\text{s/cm}$,$k=36.055\ 5\ \text{N/cm}$,试求系统在以下初始条件激励下的自由振动:

(1) $x(0)=1$ cm,　$\dot{x}(0)=0$ cm/s

(2) $x(0)=0$ cm,　$\dot{x}(0)=2$ cm/s

(3) $x(0)=1$ cm,　$\dot{x}(0)=2$ cm/s

1.17　某一有阻尼的弹簧质量系统,质块重量 $W=98$ N,$k=10$ N/cm,处于临界阻尼状态,以初始条件 $x(0)=2.5$ cm,$\dot{x}(0)=-30$ cm/s 开始运动.问:质块将于几秒后到达静平衡位置?通过静平衡位置后最远能移动多长距离?

第2章　单自由度线性系统的强迫振动

强迫振动是指系统对于过程激励的响应.本章首先讲述谐波激励下的强迫振动和谐波分析方法,然后介绍一般周期激励和非周期激励下强迫振动的各种分析方法.

2.1　谐波激励下的强迫振动

谐波激励是最简单的激励.之所以简单,是因为系统对于谐波激励的响应仍然是频率相同的谐波;另一方面,由于线性系统满足叠加原理,因此,各种复杂的激励可先分解为一系列的谐波激励,而系统的总的响应则可由叠加各谐波响应得到.掌握了谐波响应分析方法,原则上就可以求一个线性系统在任何激励下的响应.

2.1.1　谐波响应的三角函数描述

由式(1.2.1),单自由度线性系统强迫振动的运动微分方程为

$$m\ddot{x}(t)+c\dot{x}(t)+kx(t)=F(t)=F\cos\omega t=kf(t)=kA\cos\omega t \quad (2.1.1)$$

式中,$F(t)$为谐波激励力,具有力的量纲[LMT^{-2}],而$f(t)$应具有位移量纲.这样,激励函数$f(t)$与系统的响应$x(t)$均具有位移的量纲[L],便于分析.同时,上式中F为简谐激励力的力幅,而且

$$A=F/k \quad (2.1.2)$$

是与简谐激励力的力幅F相等的恒力作用在系统上所引起的静位移.

引入式(1.4.3)的记号,得

$$\ddot{x}(t)+2\xi\omega_{\mathrm{n}}\dot{x}(t)+\omega_{\mathrm{n}}^2x(t)=\omega_{\mathrm{n}}^2f(t)=\omega_{\mathrm{n}}^2A\cos\omega t \quad (2.1.3)$$

设上式的解为

$$x(t)=X\cos(\omega t-\varphi) \quad (2.1.4)$$

代入微分方程(2.1.3),得

$$X[(\omega_{\mathrm{n}}^2-\omega^2)\cos\varphi+2\xi\omega_{\mathrm{n}}\sin\varphi]\cos\omega t$$
$$+X[(\omega_{\mathrm{n}}^2-\omega^2)\sin\varphi-2\xi\omega_{\mathrm{n}}\cos\varphi]\sin\omega t=\omega_{\mathrm{n}}^2A\cos\omega t$$

上式对于任意时刻t都成立,因此等式两边$\cos\omega t$和$\sin\omega t$项的系数必须相等,即

$$\left.\begin{aligned}X[(\omega_{\mathrm{n}}^2-\omega^2)\cos\varphi+2\xi\omega_{\mathrm{n}}\omega\sin\varphi]&=\omega_{\mathrm{n}}^2A\\X[(\omega_{\mathrm{n}}^2-\omega^2)\sin\varphi-2\xi\omega_{\mathrm{n}}\omega\cos\varphi]&=0\end{aligned}\right\} \quad (2.1.5)$$

联立两式,解得

$$X=\frac{A}{\sqrt{[1-(\omega/\omega_n)^2]^2+(2\xi\omega/\omega_n)^2}} \tag{2.1.6}$$

$$\varphi=\arctan\frac{2\xi\omega/\omega_n}{1-(\omega/\omega_n)^2} \tag{2.1.7}$$

这表明式(2.1.4)所设的解确是微分方程(2.1.3)的解,其中的 X、φ 分别由式(2.1.6)、式(2.1.7)给出.由此得出以下几点结论.

(1) 单自由度线性系统在谐波激励下的响应仍然是谐波,如图 2.1.1(b)所示.谐波响应由频率 ω、振幅 X 与相位 φ 三个参数所确定.

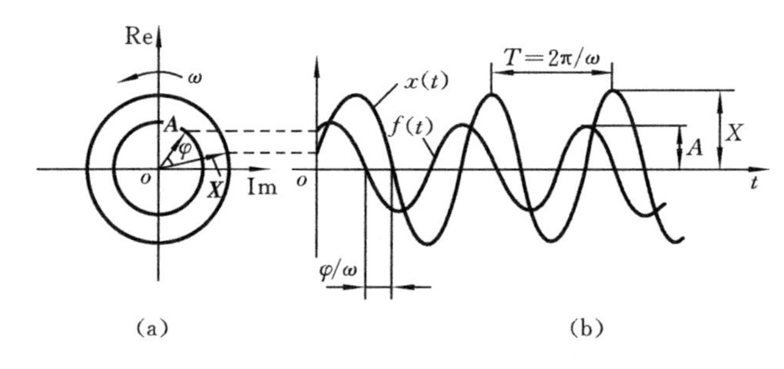

图 2.1.1

(2) 响应频率与激励频率相同.

(3) 振幅 X 与激励的幅值 A 成比例,即

$$X=|H(\omega)|A \tag{2.1.8}$$

$$|H(\omega)|=\frac{1}{\sqrt{[1-(\omega/\omega_n)^2]^2+(2\xi\omega/\omega_n)^2}} \tag{2.1.9}$$

$|H(\omega)|$是无量纲的,在物理意义上,$|H(\omega)|$表示动态振动的振幅 X 较静态位移 A 放大了多少倍,故又称为放大系数.由式(2.1.9)可见,$|H(\omega)|$不仅是系统参数 ξ、$\omega_n(m,c,k)$的函数,而且还是激励频率 ω 的函数.因此,即使对于同一系统,激励频率 ω 不同,放大系数$|H(\omega)|$的取值就不同,从而系统响应的振幅也是不相同的.

(4) 相位差 φ 表示响应滞后于激励的相位.读者不应将相位差 φ 与式(1.4.12)中的初相位 ψ 相混淆.在那里,ψ 表示系统自由振动在时刻 $t=0$ 的相位,它是由初位移与初速度的相对大小关系所决定的;而这里的相位差 φ 反映响应相对于激励的相位滞后,它是由于系统具有惯性引起的.读者须知,外加激励对一个动态系统的作用,并不能立即改变系统的响应,而是通过激励效应的累积才引起响应的变化.由此不难理解,响应一般会滞后于激励,滞后的时间为 φ/ω,如图 2.1.1(b)所示.

(5) 可用旋转向量图来表示激励 $f(t)$ 与响应 $x(t)$ 间的关系,如图 2.1.1(a)所示. $\boldsymbol{A}$ 与 $\boldsymbol{X}$ 是两个角速度 ω 相同、逆时针转动的旋转向量,两向量始终保持相位差为 φ. 显然, $\boldsymbol{A}\sim f(t)$, $\boldsymbol{X}\sim x(t)$. 激励 $f(t)$ 与响应 $x(t)$ 在时间轴上的复杂的波形的关系可在旋转向量图中简单直观地表示出来.

2.1.2　谐波响应的复向量描述

1. 谐波激励与响应的复向量表示法

前面已讲到,旋转向量与谐波函数之间存在对应关系. 另一方面,旋转向量又可用复平面上的向量来表示. 这样,谐波函数就与复向量之间存在对应关系. 例如,可以写

$$\left.\begin{aligned} f(t) &= A\mathrm{e}^{\mathrm{i}\omega t} \\ x(t) &= X\mathrm{e}^{\mathrm{i}\omega t} \end{aligned}\right\} \tag{2.1.10}$$

当然,上两式中的等号只能看成为一种"对应"的记号,实际上 $f(t)$、$x(t)$ 都只应该取所对应的复向量的实部,即

$$\left.\begin{aligned} f(t) &= \mathrm{Re}(A\mathrm{e}^{\mathrm{i}\omega t}) = A\cos\omega t \\ x(t) &= \mathrm{Re}(X\mathrm{e}^{\mathrm{i}\omega t}) = X\cos\omega t \end{aligned}\right\} \tag{2.1.11}$$

图 2.1.1(a)与(b)正表示了这种关系. 以下不再强调这一点,而是形式地将系统的激励和响应写成式(2.1.10). 将式(2.1.10)的后一式对时间微分两次,得

$$\left.\begin{aligned} \dot{x}(t) &= \mathrm{i}\omega X\mathrm{e}^{\mathrm{i}\omega t} = \mathrm{i}\omega x(t) \\ \ddot{x}(t) &= -\omega^2 X\mathrm{e}^{\mathrm{i}\omega t} = -\omega^2 x(t) \end{aligned}\right\} \tag{2.1.12}$$

将 $x(t)$、$\dot{x}(t)$、$\ddot{x}(t)$ 代入式(2.1.3),有

$$-\omega^2 X\mathrm{e}^{\mathrm{i}\omega t} + \mathrm{i}2\xi\omega_{\mathrm{n}}\omega X\mathrm{e}^{\mathrm{i}\omega t} + \omega_{\mathrm{n}}^2 X\mathrm{e}^{\mathrm{i}\omega t} = \omega_{\mathrm{n}}^2 A\mathrm{e}^{\mathrm{i}\omega t}$$

消除公共因子 $\mathrm{e}^{\mathrm{i}\omega t}$ 并整理,得

$$X[1-(\omega/\omega_{\mathrm{n}})^2 + \mathrm{i}2\xi\omega/\omega_{\mathrm{n}}] = A \tag{2.1.13}$$

若记 X 与 A 之比为 $H(\omega)$,则有

$$H(\omega) = \frac{X}{A} = \frac{1}{1-(\omega/\omega_{\mathrm{n}})^2 + \mathrm{i}2\xi\omega/\omega_{\mathrm{n}}} \tag{2.1.14}$$

$H(\omega)$ 称为系统的频率响应函数,它描述了线性系统的动态特性. 分析 $H(\omega)$,可知如下特性.

(1) 在式(2.1.14)中, A 可视为实数,而 $H(\omega)$ 一般为复数,故 X 必须为复数,称为复振幅.

(2) 由于有

$$H(\omega) = \frac{X}{A} = \frac{X\mathrm{e}^{\mathrm{i}\omega t}}{A\mathrm{e}^{\mathrm{i}\omega t}} = \frac{x(t)}{f(t)} \tag{2.1.15}$$

因此,$H(\omega)$是系统的谐波响应 $x(t)$与谐波激励 $f(t)$之比,且有

$$x(t) = H(\omega)f(t) \tag{2.1.16}$$

当系统参数 ξ_1、ω_n(m、c、k)确定后,$H(\omega)$随之确定,即可按上式求出系统在谐波 $f(t)$激励下的响应 $x(t)$. 由此可见,一个线性系统受到谐波激励时,其响应与激励之间的线性关系在复平面上表现得特别明显. 当然,此处的 $f(t)$、$x(t)$均需写成式(2.1.10)的复向量的形式.

(3) 由于 $H(\omega)$是一个复数,可将其写为复指数的形式

$$H(\omega) = |H(\omega)| e^{-i\varphi(\omega)} \tag{2.1.17}$$

式中,$|H(\omega)|$是 $H(\omega)$的模;$\varphi(\omega)$是 $H(\omega)$的辐角. 由式(2.1.14),可得

$$|H(\omega)| = \frac{1}{\sqrt{[1-(\omega/\omega_n)^2]^2+(2\xi\omega/\omega_n)^2}} \tag{2.1.18}$$

$$\varphi(\omega) = \arctan\frac{2\xi\omega/\omega_n}{1-(\omega/\omega_n)^2} \tag{2.1.19}$$

上两式与前面得到的式(2.1.9)、式(2.1.7)是完全一致的.

(4) 系统的谐波响应可表示为

$$x(t) = |H(\omega)| e^{-i\varphi} \cdot Ae^{i\omega t} = |H(\omega)| Ae^{i(\omega t-\varphi)} \tag{2.1.20}$$

当然,实际的 $x(t)$应是上式的实部.

(5) 再考虑到式(2.1.10)的第二式,有

$$x(t) = Xe^{i\omega t} = |H(\omega)| Ae^{-i\varphi} \cdot e^{i\omega t}$$

可见复振幅

$$X = |H(\omega)| Ae^{-i\varphi}$$

上式表明,复振幅 X 不仅包含了振幅的信息,同时也包含了相位的信息. 将 X 写成复指数形式,有

$$X = |X| e^{-i\varphi} \tag{2.1.21}$$

式中

$$|X| = |H(\omega)| A \tag{2.1.22}$$

显然,$|X|$即为强迫振动的振幅.

2. 幅频特性$|H(\omega)|$

根据式(2.1.22),$|H(\omega)|$与振幅$|X|$之间仅相差一个常数 A,因此,$|H(\omega)|$描述了振幅与激励频率 ω 间的函数关系,故又称$|H(\omega)|$为系统的幅频特性. 图2.1.2示出了单自由度系统对应于不同的 ξ 值的幅频特性曲线,图中横坐标为 ω/ω_n,即所谓"频率比". 图示曲线具有以下特点.

(1) 由式(2.1.18),当 $\omega=0$ 时,$|H(0)|=1$,表明所有曲线从$|H(0)|=1$ 开始. 当激励频率很低,即 $\omega \ll \omega_n$ 时,$|H(\omega)|$接近于 1,说明低频激励时的振动幅值接近于静态位移. 这时动态效应很小,强迫振动这一动态过程可近似地用静变形过

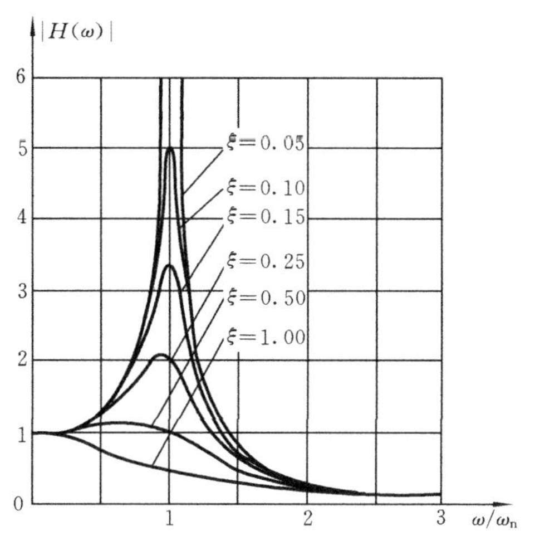

图 2.1.2

程来描述. 因此，$\omega/\omega_n \ll 1$ 的这一频率范围又被称为“准静态区”或“刚度区”. 在这一区域内，振动系统的特性主要是弹性元件作用的结果.

(2) 当激励频率 ω 很高，即 $\omega/\omega_n \gg 1$ 时，$|H(\omega)|<1$，且当 $\omega/\omega_n \to \infty$ 时，$|H(\omega)| \to 0$，说明在高频激励下，由于惯性的影响，系统来不及对高频激励作出响应，因而振幅很小. 因此，称为“惯性区”. 在这一区域内，振动系统的特性主要是质量元件作用的结果.

(3) 在激励频率 ω 与固有频率 ω_n 相近的范围内，$\omega/\omega_n \approx 1$，$|H(\omega)|$ 曲线出现峰值，说明此时动态效应很大，振动幅值高出静态位移许多倍. 然而，在这一频率范围内，$|H(\omega)|$ 曲线随阻尼率 ξ 的不同有很大的差异. 当 ξ 较大时，$|H(\omega)|$ 的峰值较低；反之 $|H(\omega)|$ 的峰值较高. 因此，这一频率范围又被称为“阻尼区”. 在这一区域内，振动系统的特性主要是阻尼元件作用的结果. 显然，在此区域中，增大系统的阻尼对振动有很强的抑制效果.

(4) 将式(2.1.18)对 ω 求导并令其等于零，得 $|H(\omega)|$ 的极大值点为

$$\omega_r = \omega_n \sqrt{1-2\xi^2} \tag{2.1.23}$$

将 ω_r 代入式(2.1.18)，得 $|H(\omega)|$ 的极大值为

$$|H(\omega_r)| = \frac{1}{2\xi\sqrt{1-\xi^2}} \tag{2.1.24}$$

当激励频率等于 ω_r 时，$|H(\omega)|$ 取得极大值 $|H(\omega_r)|$，这种情况下的强迫振动称为共振，ω_r 称为共振频率，$|H(\omega_r)|A$ 为共振振幅. 式(2.1.23)所示的共振频率 ω_r、式(1.4.11)所示的有阻尼自然频率 ω_d 和无阻尼自然频率 ω_r，三者之间有如下关系：

$$\omega_r < \omega_d < \omega_n \tag{2.1.25}$$

因此,共振并不发生在 ω_n 处,而是发生在略低于 ω_n 处,如图 2.1.2 所示. $|H(\omega)|$ 的峰值点随 ξ 的增大而向低频方向移动. 不仅如此,由式(2.1.23)还可见,当 $1-2\xi^2<0$ 即 $\xi>\sqrt{1/2}$时,ω_r 不存在,$|H(\omega)|$曲线无峰值,且$|H(\omega)|<1$. 当阻尼系数 $\xi>0.707$ 时,系统不会出现共振,且动态位移比静态位移小.

(5) 作为一种特殊情况,当 $\xi=0$ 时,共振频率 ω_r 等于自然频率 ω_n,由式(2.1.18),此时$|H(\omega_n)|=\infty$,即振幅趋于无穷大. 可以证明,在这种情况下($\xi=0$, $\omega=\omega_n$),共振振幅将随时间按线性关系增长,如图 2.1.3 所示. 用代入法不难证明,在此情况下方程(2.1.3)的特解为

$$x(t)=\frac{A}{2}\omega_n t\sin\omega_n t \tag{2.1.26}$$

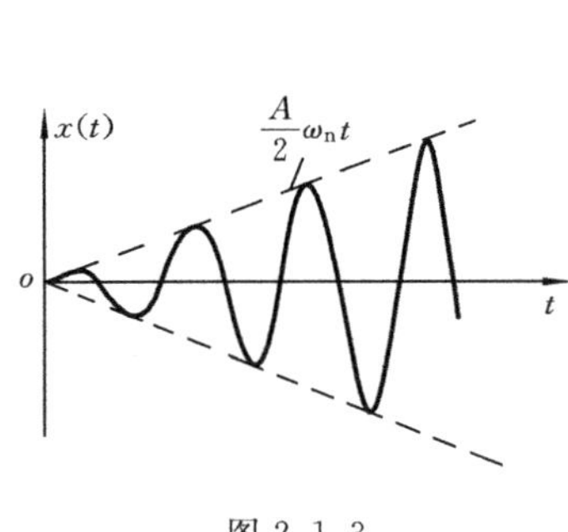

图 2.1.3

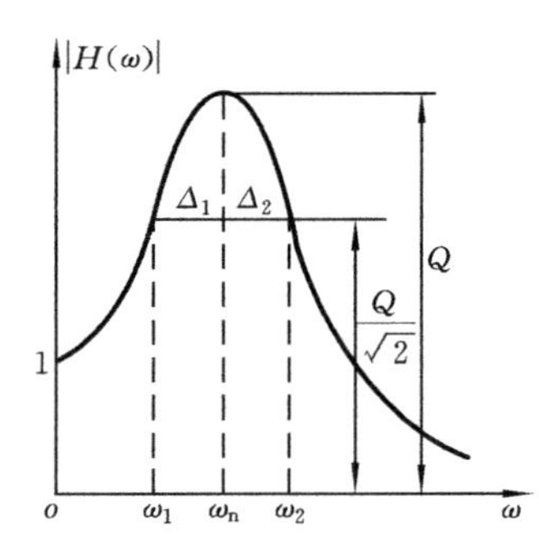

图 2.1.4

(6) 前面提到,幅频特性曲线在共振区域的形状与阻尼率 ξ 有密切关系,ξ 越小,共振峰越尖,据此,可由共振峰的形状估算 ξ. 这是由实验测定 ξ 的又一种常用方法. 由式(2.1.23)、式(2.1.24),当 ξ 很小(如 $\xi<0.05$)时,$\omega_r\approx\omega_n$,$|H(\omega_r)|\approx|H(\omega_n)|$,记 $Q=|H(\omega_n)|$,则有

$$Q=|H(\omega_n)|\approx\frac{1}{2\xi} \tag{2.1.27}$$

Q 称为品质因数(quality factor). 如图 2.1.4 所示,在峰值两边,$H(\omega)$等于与$Q/\sqrt{2}$对应的频率,ω_1、ω_2 称为半功率点(half power point),ω_1 与 ω_2 之间的频率范围 $\omega_2-\omega_1$ 称为系统的半功率带宽. 由式(2.1.18),有

$$|H(\omega_{1,2})|=\frac{1}{\sqrt{[1-(\omega_{1,2}/\omega_n)^2]^2+(2\xi\omega_{1,2}/\omega_n)^2}}=\frac{Q}{\sqrt{2}}\approx\frac{1}{2\sqrt{2}\xi}$$

对上式两边取二次方并整理,得

$$(\omega_{1,2}/\omega_n)^4+2(2\xi^2-1)(\omega_{1,2}/\omega_n)^2+(1-8\xi^2)=0$$

对$(\omega_{1,2}/\omega_n)^2$ 解此一元二次方程,得

$$(\omega_{1,2}/\omega_n)^2 = 1 - 2\xi^2 \mp 2\xi\sqrt{1+\xi^2}$$

当ξ很小时，有

$$(\omega_{1,2}/\omega_n)^2 \approx 1 \mp 2\xi$$

即

$$\omega_2^2 - \omega_1^2 \approx 4\xi\omega_n^2$$

或

$$(\omega_2 + \omega_1)(\omega_2 - \omega_1) = 4\xi\omega_n^2$$

由图2.1.4，当ξ很小时，$\Delta_1 = \Delta_2$，则近似有$\omega_2 + \omega_1 \approx 2\omega_n$，从而由上式有

$$\omega_2 - \omega_1 \approx 2\xi\omega_n$$

所以

$$\xi \approx \frac{\omega_2 - \omega_1}{2\omega_n} \tag{2.1.28}$$

这样，当通过激振实验得到$|H(\omega)|$曲线后，找出共振频率$\omega_r \approx \omega_n$和半功率带宽$(\omega_2 - \omega_1)$，即可由上式算得系统的阻尼率$\xi$.

3. 相频特性$\varphi(\omega)$

式(2.1.19)描述了振动位移、激励两信号之间的相位差与激励频率之间的函数关系，故称$\varphi(\omega)$为系统的相频特性. 图2.1.5示出了对应于不同的ξ值的相频特性曲线. 图中横坐标仍为频率比ω/ω_n. $\varphi(\omega)$曲线具有以下特点.

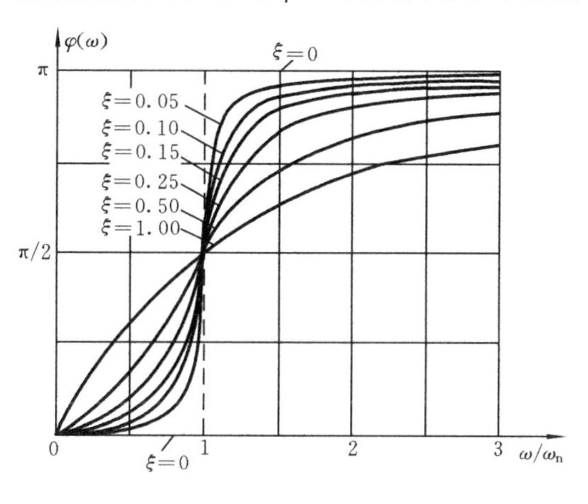

图2.1.5

(1) 由式(2.1.19)，当$\omega=0$时，$\varphi(0)=0$，即所有曲线从$\varphi(0)=0$开始. 当激励频率ω很低时，ω/ω_n取值很小，$\varphi(\omega)$接近于0，说明低频激励时振动位移$x(t)$与激励$f(t)$之间几乎是同相的，这与前述准静态区的结论是一致的.

(2) 当$\omega \gg \omega_n$时，$\varphi(\omega) \to \pi$，即$x(t)$与$f(t)$的相位相反. 这正是前述“惯性区”的特点. 因为在惯性区主要是质量在起作用，而我们知道，一质块的加速度$\ddot{x}(t)$与其所受到的力$f(t)$同相，又从式(2.1.12)知$\ddot{x}(t)$与$x(t)$正好反相，因此$x(t)$当与$f(t)$的相位相反.

(3) 当 $\omega \approx \omega_n$ 时，$\varphi(\omega) \approx \pi/2$，这正是“阻尼区”的特点. 因为阻尼器所受到的力 $f(t)$ 与其速度 $\dot{x}(t)$ 同相，而由式(2.1.12)，$\dot{x}(t)$ 与 $x(t)$ 的相差正好为 $\pi/2$. 当 $\xi \approx 0$ 时，在 ω 扫过 ω_n 时，φ 由零突跳到 π，这种现象称为“倒相”.

4. Nyquist **图**

由于频率特性函数 $H(\omega)$ 是复函数，可在复平面中对之进行描述. 以频率 ω 作为参变量，将 $H(\omega)$ 的幅值 $|H(\omega)|$ 和相位 $\varphi(\omega)$ 同时在复平面中反映出来的图形称为 Nyquist 图. 图 2.1.6 示出了典型的单自由度系统对应于不同 ξ 值的 Nyquist 曲线族. 该族曲线以 $\lambda=\omega/\omega_n$ 为参变量，其中 λ 表示频率比. 图中还给出了“等频率比”曲线族，分析图示曲线，可见 Nyquist 图具有以下特点.

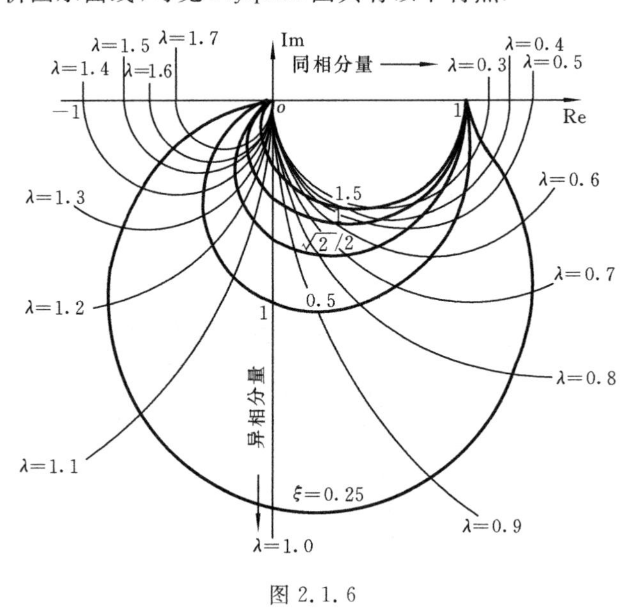

图 2.1.6

(1) 由前述，$\varphi(\omega)$ 的变化范围为 $0\sim\pi$，所以单自由度系统的 Nyquist 图位于复平面的下半平面.

(2) 随着阻尼率 ξ 的增大，Nyquist 曲线的“环”变小.

(3) 在共振区附近，$|H(\omega)|$ 取值很大，$\varphi(\omega)$ 变化剧烈，故在 Nyquist 图上，共振区的描述更加清楚，而非共振区则“缩”得很小，显然，这对于分析研究共振区附近的特性是方便的.

2.1.3　线性系统在谐波激励下的复向量平衡

由式(2.1.3)，单自由度系统在谐波激励下的运动微分方程为

$$\ddot{x}(t) + 2\xi\omega_n\dot{x}(t) + \omega_n^2 x(t) = \omega_n^2 f(t) \tag{2.1.29}$$

由式(2.1.10)、式(2.1.12)知,上式中的每一项都可以用一个复矢量来代表.因此,上式又是一个向量等式.分析等式左边的三个复向量,由式(2.1.16)、式(2.1.17),有

$$x(t) = | H(\omega) | e^{-i\varphi(\omega)} f(t)$$

上式表示,$x(t)$滞后于$f(t)$的相位差为φ,即复向量$f(t)$顺时针旋转φ角,则可与复向量$x(t)$重合,如图2.1.7所示.又由式(2.1.12)可知,振动速度$\dot{x}(t)$超前于振动位移$x(t)$的角度为$\pi/2$,振动加速度$\ddot{x}(t)$超前于振动位移$x(t)$的角度为π,即正好反相.据此可知,式(2.1.29)各复向量在某一瞬时的平衡关系如图 2.1.7 所示.需要指出,由于这些复平面上的向量都是旋转向量,因而,图 2.1.7 所示的整个向量平衡图形作为一个整体以角速度ω逆时针旋转,但在任一时刻,各向量的长度及它们之间的角度关系均保持不变.因此,在研究各向量间的相对关系时,就可以略去共同的旋转因子$e^{i\omega t}$不计,而将这些旋转向量作为静止向量来研究,实际上是研究它们的复振幅之间的关系.

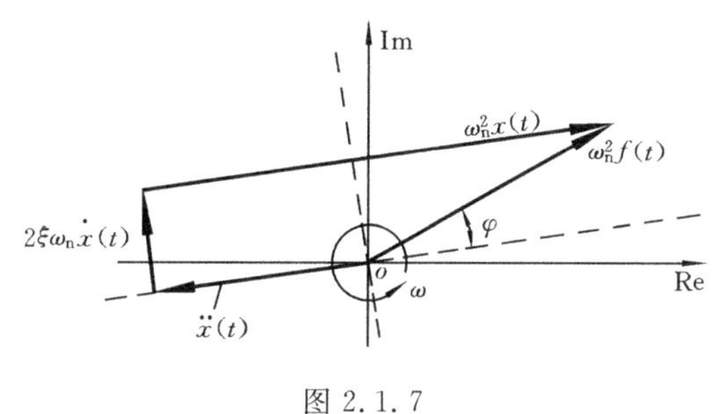

图 2.1.7

2.1.4 振动系统的全部响应

根据微分方程理论,运动微分方程(2.1.3)的解包括两部分:一部分是相应的齐次微分方程的通解,这就是第 1 章所述有阻尼系统的自由振动,由式(1.4.12)确定;另一部分是非齐次微分方程的一个特解,由式(2.1.4)、式(2.1.8)确定.综合这两部分,式(2.1.3)的全部解为

$$x(t) = Ce^{-\xi\omega_n t}\cos(\omega_d t - \psi) + A | H(\omega) | \cos(\omega t - \varphi) \qquad (2.1.30)$$

上式中第一项对应于自由振动,其中C、ψ由初始条件确定.显然,随着时间t的增长,此项将趋于零,故称此项为瞬态振动,或称为方程的瞬态解,如图 2.1.8(b)所示.上式中第二项对应于稳态的强迫振动,这是一种持续的振动,故称为稳态振动,或称为方程的稳态解,如图 2.1.8(a)所示.整个强迫振动是瞬态与稳态振动的叠加,如图 2.1.8(c)所示.

读者在这里不应发生误解,以为初始条件为零时,似乎就不会有自由振动.这

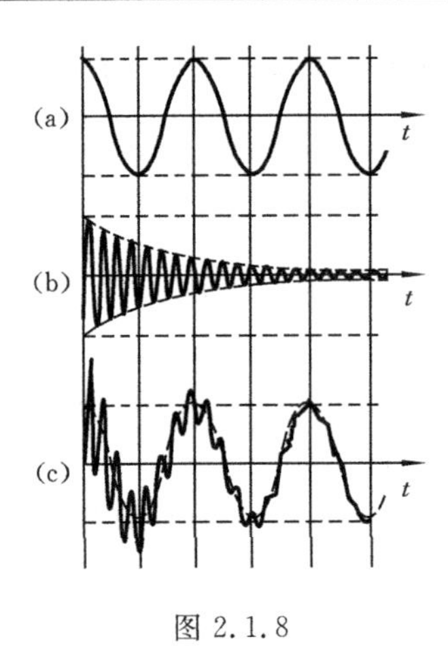

图 2.1.8

种看法是不对的，试看下例.

例 2.1　单自由度无阻尼系统从时刻 $t=0$ 开始受到 $F(t)=kA\cos\omega t$ 的激励，假定其初始条件为零，即 $x(0)=\dot{x}(0)=0$，试求系统的振动.

解　由题意知，系统的运动微分方程为

$$\ddot{x}(t)+\omega_n^2 x(t)=\omega_n^2 A\cos\omega t$$

由于 $\xi=0$，由式(2.1.14)，有

$$H(\omega)=\frac{1}{1-(\omega/\omega_n)^2} \tag{a}$$

由式(2.1.19)，激励与响应间无相位差，$\varphi=0$，再根据式(2.1.30)，得系统的振动为

$$x(t)=C\cos(\omega_n t-\psi)+A\mid H(\omega)\mid\cos\omega t$$

根据初始条件解得

$$\left.\begin{aligned}C&=-A\mid H(\omega)\mid\\ \psi&=0\end{aligned}\right\} \tag{b}$$

从而，无阻尼系统的强迫振动为

$$x(t)=A\mid H(\omega)\mid(\cos\omega t-\cos\omega_n t) \tag{c}$$

由此例可知，即使是在 $x(0)=\dot{x}(0)=0$ 条件下，响应中仍有自由振动项 $-A|H(\omega)|\cos\omega_n t$. 由于此时假定系统无阻尼，自由振动没有被衰减，强迫振动是两个同振幅而不同频率的谐波的叠加. 当 ω 与 ω_n 不可通约时，总响应甚至不是周期函数. 当然，实际系统总是存在着阻尼，自由振动部分总会被衰减掉. 在第 1 章讲过，自由振动是由初始激励 x_0 与 v_0 激起的，而且，由式(1.3.7)还可看出，当 $x_0=0$ 与 $v_0=0$ 时，自由振动不存在. 上例说明，在存在过程激励的条件下，即使初始条件为零，仍然可能有自由响应成分，这是由于稳态强迫响应的建立，需要一个过渡过程的缘故. 上例中，稳态强迫响应为

$$x(t)=\frac{A}{1-(\omega/\omega_n)^2}\cos\omega t \tag{2.1.31}$$

按此，在时刻 $t=0$ 的强迫响应的位移 $x(0)$ 与速度 $\dot{x}(0)$ 分别为

$$x(0)=\frac{A}{1-(\omega/\omega_n)^2}\quad \dot{x}(0)=0$$

显然，稳态强迫响应的初始位移与实际的初始条件 $x_0=0$ 不相符合，由于在施加过程激励的那一瞬间（即 $t=0$ 时），位移不可能从零突变到上式中的 $A/[1-(\omega/\omega_n)^2]$，因此需要一个过渡过程，而此例中的自由响应正是反映了这样的过渡过程，且由于假定 $\xi=0$，这个过渡过程又被延续了下来. 事实上，读者不妨自行证明，如果假定初始条件为 $x_0=A/[1-(\omega/\omega_n)^2]$，$v_0=0$，即正好是稳态强迫

响应所要求的初始值，那么，过渡过程就不必要了，式(2.1.30)中的自由响应项就成为零.

例 2.2　单自由度有阻尼系统受到 $F(t)=kA\cos\omega t$ 激励，系统的振动如式(2.1.30)所示，在初始条件 $x(0)=x_0$，$\dot{x}(0)=v_0$ 下，试确定式中常数 C 和 ψ.

解　式(2.1.30)中，常数 C、ψ 由初始条件确定，根据 $x(0)=x_0$，有

$$C\cos\psi + A\,|\,H(\omega)\,|\,\cos\varphi = x_0 \tag{a}$$

根据 $\dot{x}(0)=v_0$，有

$$-\xi\omega_n C\cos\psi + \omega_d C\sin\varphi + \omega A\,|\,H(\omega)\,|\,\sin\varphi = v_0 \tag{b}$$

联立以上两式，解得

$$\left.\begin{aligned} C &= \pm\left\{\left[\frac{v_0+\xi\omega_n x_0 - A\,|\,H(\omega)\,|\,(\xi\omega_n\cos\varphi+\omega\sin\varphi)}{\omega_d}\right]^2 \right. \\ &\quad \left. + [x_0 - A\,|\,H(\omega)\,|\,\cos\varphi]^2\right\}^{1/2} \\ \psi &= \arctan\frac{v_0+\xi\omega_n x_0 - A\,|\,H(\omega)\,|\,(\xi\omega_n\cos\varphi+\omega\sin\varphi)}{\omega_d[x_0 - A\,|\,H(\omega)\,|\,\cos\varphi]} \end{aligned}\right\} \tag{c}$$

上式更加清楚地表明，即使当 $x(0)=\dot{x}(0)=0$ 时，仍然可能有 $C\neq 0$，即自由振动依然存在. 特别地，当 $\xi=0$，$x_0=v_0=0$ 时，上式即退回到例 2.1 中的式(b).

2.1.5　谐波激励下的能量平衡与等效阻尼

第 1 章已经提出了等效黏性阻尼的概念，在上述谐波分析的基础上，本小节讲述线性系统在谐波激励下的能量平衡问题并介绍等效黏性阻尼的概念与计算方法.

1. 能量平衡

从能量的角度来看，在稳态强迫振动过程中，外界激励持续地向系统输入能量，这部分能量由黏性阻尼器所消耗.

现考虑一个单自由度系统，在谐波 $F(t)=kA\cos\omega t$ 激励下的稳态响应为

$$x(t) = A\,|\,H(\omega)\,|\,\cos(\omega t - \varphi) \tag{2.1.32}$$

记一个振动周期 T 当中外力 $F(t)$ 所做之功为 ΔE^+，则有

$$\begin{aligned} \Delta E^+ &= \int F(t)\,\mathrm{d}x = \int_0^T F(t)\dot{x}\,\mathrm{d}t \\ &= -\int_0^{2\pi/\omega} kA\cos\omega t \cdot A\,|\,H(\omega)\,|\,\omega\sin(\omega t-\varphi)\,\mathrm{d}t \\ &= -kA^2\,|\,H(\omega)\,|\,\omega\int_0^{2\pi/\omega}\cos\omega t\sin(\omega t-\varphi)\,\mathrm{d}t \end{aligned}$$

对上式积分，得

$$\Delta E^{+} = kA^2 \mid H(\omega) \mid \pi\sin\varphi \tag{2.1.33}$$

另一方面，考虑由于黏性阻尼的存在，在一个振动周期 T 当中所耗散的能量 ΔE^{-}. 该能量可按下式计算：

$$\Delta E^{-} = \int c\dot{x}\,\mathrm{d}x = \int_0^T c\dot{x}\dot{x}\,\mathrm{d}t = c\int_0^T \dot{x}^2\,\mathrm{d}t$$

对式(2.1.32)求导，并代入上式，得

$$\Delta E^{-} = cA^2 \mid H(\omega) \mid^2 \omega^2 \int_0^{2\pi/\omega} \sin^2(\omega t - \omega)\,\mathrm{d}t$$

积分，得

$$\Delta E^{-} = cA^2 \mid H(\omega) \mid^2 \omega\pi \tag{2.1.34}$$

由式(2.1.33)、式(2.1.34)可知，在一个振动周期内，振动系统净增加的能量为

$$\Delta E = \Delta E^{+} - \Delta E^{-} = \pi A^2 \mid H(\omega) \mid [k\sin\varphi - c\omega \mid H(\omega) \mid] \tag{2.1.35}$$

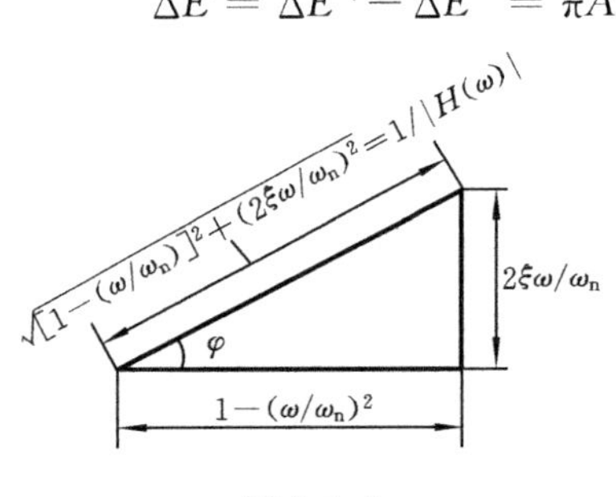

图 2.1.9

现在从能量的观点来看由式(2.1.18)、式(2.1.19)确定的稳态响应的 $|H(\omega)|$ 与 $\varphi(\omega)$ 所具有的意义. 该两式可由图 2.1.9 所示的三角形来表示，则

$$\sin\varphi = 2\xi\frac{\omega}{\omega_n} \mid H(\omega) \mid = \frac{c\omega}{k} \mid H(\omega) \mid \tag{2.1.36}$$

将上式代入式(2.1.35)，得

$$\Delta E = \pi A^2 \mid H(\omega) \mid [c\omega \mid H(\omega) \mid - c\omega \mid H(\omega) \mid] = 0$$

这表明由式(2.1.18)、式(2.1.19)给出的 $|H(\omega)|$ 与 $\varphi(\omega)$ 正好使外力 $F(t)$ 对系统所做的功 ΔE^{+} 在数量上等于由于黏性阻尼所耗散的能量，即使得振动系统的能量“收支”平衡，而能量的净增量为零. 这就是为什么在谐波力的作用下，振动系统的稳态响应为等幅的谐波振动的缘故.

将式(2.1.36)代入式(2.1.33)，并将式(2.1.22)代入式(2.1.33)与式(2.1.35)，得谐波激励下达到稳态响应时，在一个振动周期内外力做功与能量耗散为

$$\Delta E^{+} = \Delta E^{-} = c\pi\omega \mid X \mid^2 \tag{2.1.37}$$

2. Coulomb 阻尼的等效黏性阻尼系数

一般来说，摩擦表面的干摩擦力 F_c 是一个常力，$F_c = \mu mg$，在整个强迫振动过程中，其大小不变，方向与振动速度的方向相反. 易知，在一个振动周期中振动系统由于摩擦力而耗散的能量为

$$\Delta E_c^{-} = 4\mu mg \mid X \mid$$

等效黏性阻尼率折算的原则是一个振动周期内由于摩擦力 F_c 所消耗的能量 ΔE_c^{-} 等于等效黏性阻尼所消耗的能量 ΔE^{-}. 令上式与式(2.1.37)相等，解得 Coulomb

阻尼的等效阻尼系数为

$$c_{eq} = \frac{4\mu mg}{\pi\omega \mid X \mid} \tag{2.1.38}$$

3. 流体阻尼的等效黏性阻尼系数

由式(1.1.17)流体阻尼力 F_n 在一个振动周期内所耗散的能量为

$$\begin{aligned}
\Delta E_n &= 4\int_0^{T/4} \mid F_n \mid \dot{x}\mathrm{d}t = 4\int_{\varphi/\omega}^{\left(\frac{\pi}{2}+\varphi\right)/\omega} \gamma\dot{x}^3 \mathrm{d}t \\
&= 4\gamma\omega^3 \mid X \mid^3 \int_{\varphi/\omega}^{\left(\frac{\pi}{2}+\varphi\right)/\omega} \sin^3(\omega t - \varphi)\mathrm{d}t \\
&= 4\gamma\omega^3 \mid X \mid^3 \left[-\frac{1}{\omega}\sin^3(\omega t - \varphi)\cos(\omega t - \varphi) - \frac{2}{3\omega}\cos^3(\omega t - \varphi)\right]\Bigg|_{\varphi/\omega}^{\left(\frac{\pi}{2}+\varphi\right)/\omega} \\
&= \frac{8}{3}\gamma\omega^2 \mid X \mid^3
\end{aligned}$$

按照等效阻尼的折算原则,令上式与式(2.1.37)相等,可解得流体阻尼的等效阻尼系数为

$$c_{eq} = \frac{8}{3\pi}\gamma\omega \mid X \mid \tag{2.1.39}$$

4. 结构阻尼的等效阻尼系数

由式(1.1.18)和式(2.1.37)相等,有

$$\alpha \mid X \mid^2 = c\pi\omega \mid X \mid^2$$

即可得结构阻尼的等效黏性阻尼系数为

$$c_{eq} = \frac{\alpha}{\pi\omega} \tag{2.1.40}$$

根据上式,对于具有结构阻尼的单自由度振动系统,当受到谐波激励时,其运动微分方程为

$$m\ddot{x}(t) + \frac{\alpha}{\pi\omega}\dot{x}(t) + kx(t) = kf(t) = kA\cos\omega t$$

考虑到在谐波激励下,有 $\dot{x} = \mathrm{i}\omega x(t)$,上式可写为

$$m\ddot{x}(t) + k(1 + \mathrm{i}\xi')x(t) = kA\cos\omega t$$

式中
$$\xi' = \frac{\alpha}{k\pi}$$

ξ' 是无量纲系数.由上式可见,结构阻尼的系统具有复刚度 $k(1+\mathrm{i}\xi')$,其实部 k 表征真正的弹簧刚度,虚部 $k\xi'$ 表征结构阻尼的影响,考虑到式(1.4.3)和式(2.1.3)的记法,上式可写为

$$\ddot{x}(t) + \omega_n^2(1 + \mathrm{i}\xi')x(t) = \omega_n^2 f(t) \tag{2.1.41}$$

与式(2.1.16)所示黏性阻尼系统的强迫振动类似,上式的稳态解,即结构阻尼系统

的强迫振动可写为

$$x(t)=H'(\omega)f(t)$$

式中，$H'(\omega)$为结构阻尼系统的频率特性函数.将式(2.1.10)、式(2.1.12)代入式(2.1.41)，也可得到类似于式(2.1.14)的结果，即

$$H'(\omega)=\frac{1}{1-(\omega/\omega_{\mathrm{n}})^{2}+\mathrm{i}\xi'} \tag{2.1.42}$$

同样可得结构阻尼系统的放大系数，即

$$|H'(\omega)|=\frac{X}{A}=\frac{1}{\sqrt{[1-(\omega/\omega_{\mathrm{n}})^{2}]^{2}+\xi'^{2}}} \tag{2.1.43}$$

以及响应 $x(t)$相对于激励 $f(t)$的相位的滞后

$$\varphi(\omega)=\arctan\frac{\xi'}{1-(\omega/\omega_{\mathrm{n}})^{2}} \tag{2.1.44}$$

当 ξ'很小时，结构阻尼系统谐波响应的幅频特性、相频特性以及 Nyquist 图均与具有等效黏性阻尼的系统非常相近.唯结构阻尼下，幅频特性曲线的最大值一定发生在 $\omega=\omega_{\mathrm{n}}$ 处，而不管 ξ'的大小如何.但需注意，如果不是谐波激励，则结构阻尼系统的特性与黏性阻尼系统的特性会有很大的不同.

2.2 周期激励下的强迫振动——Fourier 级数法

前面分析了单自由度线性系统在谐波激励下的强迫振动.谐波是一种最简单的周期函数，但周期函数并不限于谐波.例如，图 2.2.1 所示的周期方波、周期三角波等，都是典型的周期函数.本节研究单自由度线性系统在周期激励下的强迫振动.

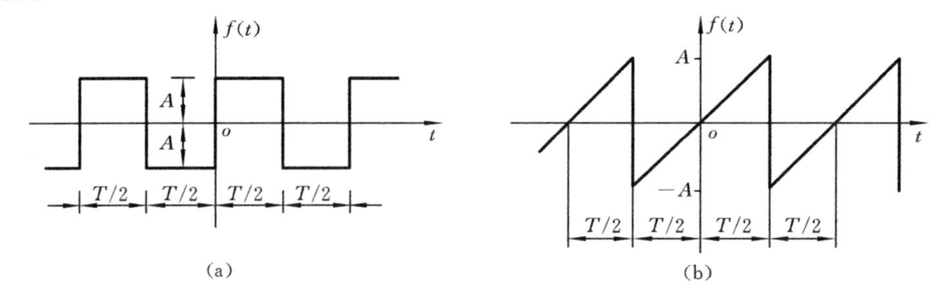

图 2.2.1

2.2.1 叠加原理

线性微分方程描述的系统是线性系统，线性系统满足所谓的叠加原理，即如果

系统在 $F_1(t)$激励下的响应为 $x_1(t)$，系统在 $F_2(t)$激励下的响应为 $x_2(t)$，则当以 $F_1(t)$、$F_2(t)$的线性组合 $C_1F_1(t)+C_2F_2(t)$激励系统时，系统的响应为 $C_1x_1(t)+C_2x_2(t)$，如图 2.2.2 所示，这里，$F_1(t)$、$F_2(t)$是指任意激励函数，而不仅只是两个特定的函数. C_1、C_2 是任意常数. 读者不难以式(2.1.1)为例检验这一原理的正确性.

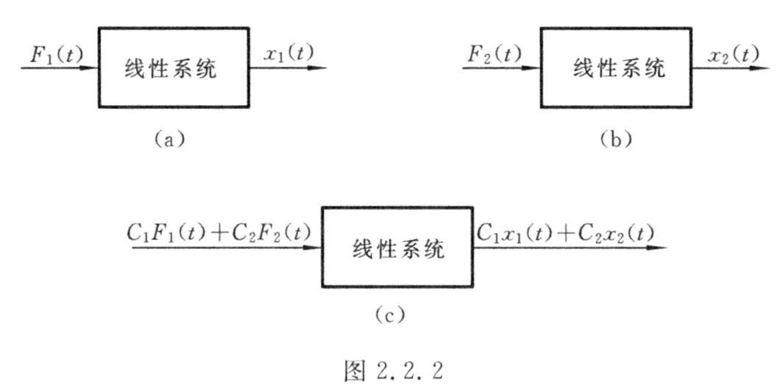

图 2.2.2

叠加原理对线性系统是极其重要的，基于这一原理，已发展了非常完善、成熟的理论和技术来处理线性系统的问题. 下面将介绍的 Fourier 级数分析法、Fourier 变换法、脉冲响应函数法就是叠加原理成功应用的典型代表.

任何复杂的激励都可分解为一系列的简单激励，再将系统对于这些简单激励的响应加以叠加，就得到了系统对于复杂激励的响应. 而根据所分解的简单激励的形式不同，出现了不同的分析方法，例如，将周期激励分解为基波及其高次谐波的组合，再将对这些谐波的响应进行叠加，就是所谓的 Fourier 级数分析法；将任意激励分解为具有所有频率成分的无限多个无限小的谐波的组合，再对这些谐波响应进行叠加，就是所谓的 Fourier 变换法；将任意激励分解为无穷多个幅值不同的脉冲的组合，再对这些脉冲的响应进行叠加，就是所谓的脉冲响应函数法. 这就是下述各种分析方法的基本思想. 其实，叠加原理也已经在前述处理谐波激励下的强迫振动问题中得到了体现：系统的全部响应正是对于初始激励的响应和对于过程激励的响应的叠加.

2.2.2　周期激励下的 Fourier 级数分析法

在数学中我们知道，一个周期激励函数 $f(t)$可展开成 Fourier 级数，即可分解成为无穷多个谐波函数的和，其频率分别为 ω_0、$2\omega_0$、$3\omega_0$ 等等. 而当每一谐波单独激励系统时，采用上一节的方法即可得到相应的谐波响应，那么，根据叠加原理，系统对于周期激励 $f(t)$的响应就是各谐波单独激励时的响应之和. 这种思想如图 2.2.3所示. 根据上述思想，可以方便地求得系统对于任意周期激励的响应.

设单自由度系统的运动微分方程为

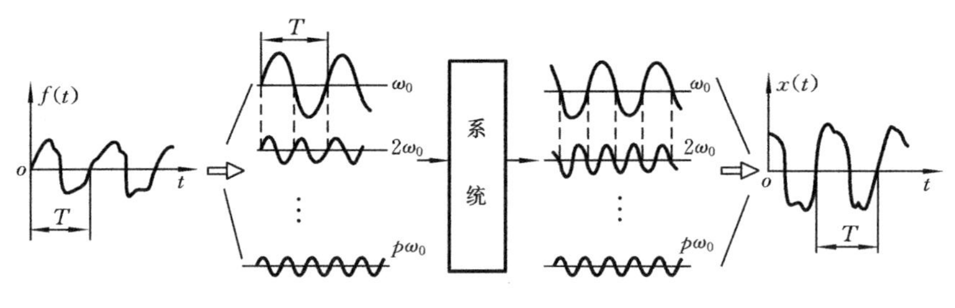

图 2.2.3

$$m\ddot{x}(t)+c\dot{x}(t)+kx(t)=kf(t)=F(t) \tag{2.2.1}$$

或

$$\ddot{x}(t)+2\xi\omega_{\mathrm{n}}\dot{x}(t)+\omega_{\mathrm{n}}x(t)=\omega_{\mathrm{n}}f(t) \tag{2.2.2}$$

式中,$f(t)$为周期函数.

前面讲过,频率 ω 的谐波激励 $f(t)$可表示为 $f(t)=A\mathrm{e}^{\mathrm{i}\omega t}$. 类似地,周期函数 $f(t)$可展开为以下的 Fourier 级数:

$$f(t)=\sum_{p=1}^{\infty}A_p\mathrm{e}^{\mathrm{i}p\omega_0 t} \tag{2.2.3}$$

式中,频率为 $\omega_0=2\pi/T$ 的成分称为“基频”,这里 T 为 $f(t)$的周期;频率为 $p\omega_0$ ($p=2,3,\cdots$)的成分称为高次谐波;A_p 是频率为 $p\omega_0$ 的 p 次谐波的幅值. 需注意,这里 A_p 一般为复数,因为其中除幅值的信息以外,还需包括相位信息. 根据 Fourier 级数的展开定理,A_p 可由 $f(t)$算得

$$A_p=\frac{2}{T}\int_{-T/2}^{T/2}f(t)\,\mathrm{e}^{-\mathrm{i}p\omega_0 t}\mathrm{d}t,\quad p=1,2,\cdots \tag{2.2.4}$$

由前所述,对于频率为 ω、幅值为 A 的谐波 $A\mathrm{e}^{\mathrm{i}\omega t}$激励,系统的响应为

$$x(t)=X\mathrm{e}^{\mathrm{i}\omega t}=H(\omega)A\mathrm{e}^{\mathrm{i}\omega t}=|H(\omega)|A\mathrm{e}^{\mathrm{i}(\omega t-\varphi)}=|X|\mathrm{e}^{\mathrm{i}(\omega t-\varphi)}$$

其中,$|H(\omega)|$、φ 分别由式(2.1.18)、式(2.1.19)给出. 类似地,对于频率为 $p\omega_0$、幅值为 A_p 的 p 次谐波激励 $A_p\mathrm{e}^{\mathrm{i}p\omega_0 t}$,系统的响应为

$$\begin{aligned}x_p(t)&=X_p\mathrm{e}^{\mathrm{i}p\omega_0 t}=H(p\omega_0)A_p\mathrm{e}^{\mathrm{i}p\omega_0 t}=|H(p\omega_0)|A_p\mathrm{e}^{\mathrm{i}(p\omega_0 t-\varphi_p)}\\&=|X_p|\mathrm{e}^{\mathrm{i}(p\omega_0 t-\varphi_p)},\quad p=1,2,\cdots\end{aligned}$$

再根据叠加原理,系统在式(2.2.3)所示的一系列谐波的激励下,其响应是这一系列谐波响应的叠加,即

$$\begin{aligned}x(t)&=\sum_{p=1}^{\infty}x_p(t)=\sum_{p=1}^{\infty}X_p\mathrm{e}^{\mathrm{i}p\omega_0 t}=\sum_{p=1}^{\infty}H(p\omega_0)A_p\mathrm{e}^{\mathrm{i}p\omega_0 t}\\&=\sum_{p=1}^{\infty}|H(p\omega_0)|A_p\mathrm{e}^{\mathrm{i}(p\omega_0 t-\varphi_p)}=\sum_{p=1}^{\infty}|X_p|\mathrm{e}^{\mathrm{i}(p\omega_0 t-\varphi_p)}\end{aligned} \tag{2.2.5}$$

由式(2.1.14)、式(2.1.18)和式(2.1.19),系统对于 p 次谐波激励的复频响应

$H(p\omega_0)$、放大系数$|H(p\omega_0)|$和相位差 $\varphi_p(p\omega_0)$分别为

$$H(p\omega_0)=\frac{\omega_n^2}{[\omega_n^2-(p\omega_0)^2]+i2\xi\omega_n p\omega_0}=\frac{1}{[1-(p\omega_0/\omega_n)^2]+i2\xi p\omega_0/\omega_n} \tag{2.2.6}$$

$$|H(p\omega_0)|=\frac{1}{\sqrt{[1-(p\omega_0/\omega_n)^2]^2+(2\xi p\omega_0/\omega_n)^2}} \tag{2.2.7}$$

$$\varphi_p(p\omega_0)=\arctan\frac{2\xi p\omega_0/\omega_n}{1-(p\omega_0/\omega_n)^2} \tag{2.2.8}$$

式中，ω_n 为单自由度系统的自然频率.

分析上述结果，系统在周期激励下的响应具有如下特点.

(1) 对于周期为 T 的激励，由于基频 $\omega_0=2\pi/T$，由式(2.2.5)，有

$$\begin{aligned}x(t+T)&=\sum_{p=1}^{\infty}|X_p|e^{i[p\omega_0(t+T)-\varphi_p]}=\sum_{p=1}^{\infty}|X_p|e^{i[p\omega_0 t+2p\pi-\varphi_p]}\\&=\sum_{p=1}^{\infty}|X_p|e^{i(p\omega_0 t-\varphi_p)}=x(t)\end{aligned}$$

即

$$x(t+T)=x(t)$$

上式表明，线性系统在周期性激励(不一定是谐波激励)下的响应仍然是周期函数，且响应的周期与激励的周期相同.

(2) 由式(2.2.7)、式(2.2.8)可见，以不同频率成分的谐波激励系统时，系统的放大倍数$|H(p\omega_0)|$和相位 $\varphi(p\omega_0)$均不同，因此，响应 $x(t)$的波形必然不同于激励 $f(t)$的波形. 这表明，尽管响应仍是与激励同周期的周期函数，但响应发生了波形的畸变. 一般而言，只有当激励不仅是周期函数而且还是谐波的情况下，线性系统的响应才不发生波形畸变.

(3) 对于无阻尼系统，由于 $\xi=0$，由式(2.2.8)，有 $\varphi_p(p\omega_0)=0$，即无阻尼系统不存在相位滞后问题，因而其复数频率响应 $H(\omega)$中虚部等于零，从而由式(2.2.6)，有

$$H(p\omega_0)=\frac{1}{1-(p\omega_0/\omega_n)^2} \tag{2.2.9}$$

由上式显见，当 $\omega_0=\omega_n/p$ 时，$|H(p\omega_0)|\to\infty$. 这表示，单自由度系统在周期激励下的共振情况比谐波激励要危险得多：当激励的基频 ω_0 是系统固有频率 ω_n 的整数分之一时，系统就可能产生共振.

另外还需要说明的是，上述分析中包括周期函数 $f(t)$的均值等于零这一假设，即假定 $f(t)$的 Fourier 展开式(2.2.3)中不含常数项. 当 $f(t)$的均值不等于零时，$f(t)$的展开式为

$$f(t)=\frac{A_0}{2}+\sum_{p=1}^{\infty}A_p\mathrm{e}^{\mathrm{i}p\omega_0 t} \tag{2.2.10}$$

式中,A_p 的算式仍同式(2.2.4).A_0 的算式为

$$A_0=\frac{2}{T}\int_{-T/2}^{T/2}f(t)\mathrm{d}t \tag{2.2.11}$$

由于 $f(t)$的均值相当于一个恒力,而我们已经知道,恒力作用到系统上,只是使得系统产生一个静变形,因此,在振动分析中可以分开处理.

例 2.3　试求单自由度无阻尼系统对图 2.2.1(a)所示周期方波激励的响应.

解　根据周期方波的图形,其在一个周期中的函数式为

$$f(t)=\begin{cases}-A, & -T/2<t<0\\ A, & 0<t<T/2\end{cases} \tag{a}$$

首先,由于 $f(t)$的均值等于零,故按式(2.2.3)将 $f(t)$展开为 Fourier 级数,注意实际的 $f(t)$是式(2.2.3)的实部,其中,各展开项的系数 A_p 按式(2.2.4)求得

$$A_p=\frac{2}{T}\int_{-T/2}^{T/2}f(t)(\cos p\omega_0 t-\mathrm{i}\sin p\omega_0 t)\mathrm{d}t$$

由于 $f(t)$为奇函数,故上式对 $f(t)\cos p\omega_0 t$ 的积分等于零,只需考虑 $\mathrm{i}f(t)\sin p\omega_0 t$ 的积分.因此

$$\begin{aligned}A_p&=\frac{2}{T}\int_{-T/2}^{T/2}f(t)(-\mathrm{i}\sin p\omega_0 t)\mathrm{d}t\\&=\frac{2\mathrm{i}}{T}\left(\int_{-T/2}^{0}A\sin p\omega_0 t\mathrm{d}t-\int_{0}^{T/2}A\sin p\omega_0 t\mathrm{d}t\right)\\&=-\frac{4}{T}\frac{A\mathrm{i}}{p\omega_0}(1-\cos p\pi)=-\frac{4A\mathrm{i}}{p\pi},\quad p=1,3,5,\cdots\end{aligned} \tag{b}$$

将 A_p 代入式(2.2.3),并取实部,得 $f(t)$的 Fourier 级数为

$$f(t)=\frac{4A}{\pi}\sum_{p=1,3,\cdots}^{\infty}\frac{1}{p}\sin p\omega_0 t,\quad \omega_0=2\pi/T \tag{c}$$

对于无阻尼系统,其频率响应函数由式(2.2.9)确定,且 $\varphi_p(p\omega_0)=0$,代入式(2.2.5)得系统对周期方波激励的响应为

$$\begin{aligned}x(t)&=\sum_{p=1,3,\cdots}^{\infty}\frac{1}{1-(p\omega_0/\omega_\mathrm{n})^2}\cdot\frac{4A}{\pi p}\sin p\omega_0 t\\&=\frac{4A}{\pi}\sum_{p=1,3,\cdots}^{\infty}\frac{\sin p\omega_0 t}{p[1-(p\omega_0/\omega_\mathrm{n})^2]}\end{aligned} \tag{d}$$

可根据周期性激励 $f(t)$展开的 Fourier 级数式(2.2.3)在频率域中画出各谐波成分的幅值与频率的关系曲线,通常称为 $f(t)$的频谱,以反映各频率成分的谐波在 $f(t)$中所占的比重.例如,根据上例中的式(b)绘制的上例中周期方波的频谱

如图 2.2.4 所示. 由图可见,因为 $f(t)$是周期函数,$f(t)$的频谱是一种离散谱. 在频率为 $p\omega_0$ 处,谱线长度对应于该频率成分的谐波的幅值,从而反映了该频率成分的谐波对 $f(t)$的“贡献”. 对于例 2.3 所涉及的方波,基波的“贡献”最大,各高次谐波的“贡献”递减. 若设系统的自然频率为 $\omega_n=4\omega_0$,由例 2.3 中的式(d),得系统的响应为

$$x(t)=\frac{4A}{\pi}\sum_{p=1,3,\cdots}^{\infty}\frac{\sin p\omega_0 t}{p[1-(p/4)^2]}$$

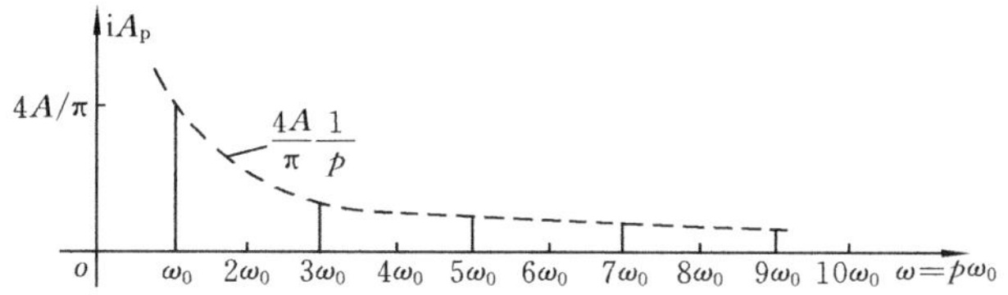

图 2.2.4

图 2.2.5 示出了按上式绘制的 $x(t)$的频谱. 由图可见,$x(t)$的频谱也是离散谱. 当 $\omega>4\omega_0$ 时,$x(t)$的幅值为负,这正是 2.1.2 小节中讲到的倒相现象*.

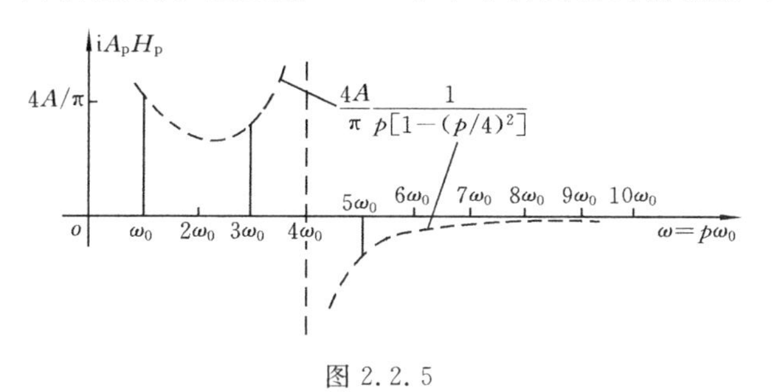

图 2.2.5

例 2.4　图 2.2.6 示出了机床凸轮进给机构的简化模型,m 代表滑台及其上刀架的质量,k、c 分别为切削刚度和阻尼,k_1 为驱动系统的刚度. 凸轮使顶杆 D 沿水平线作周期运动,运动规律为锯齿波. 已知凸轮的升程为2 cm,凸轮转速为60 r/min,试求质块的强迫振动 $x(t)$.

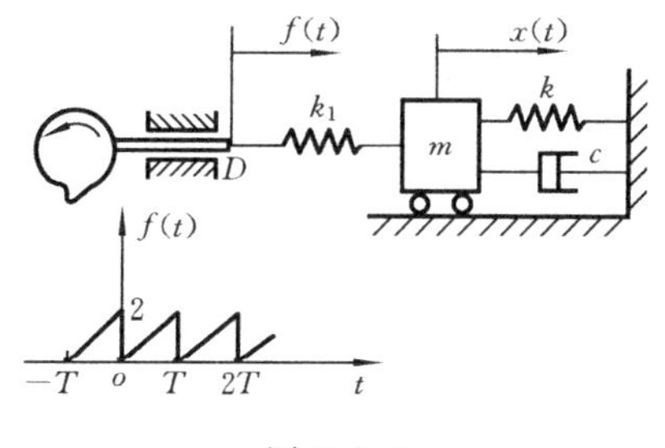

图 2.2.6

解　由题意知顶杆 D 的运动规律,即外

* 如果存在 $\omega=4\omega_0$ 的激励,则将发生共振,振幅趋于无穷大. 但此例中由于 $f(t)$的谱不存在频率为 $4\omega_0$ 的一项,因而未能发生共振.

界位移激励 $f(t)$ 的规律为

$$f(t)=\begin{cases}2+\dfrac{2}{T}t, & -\dfrac{T}{2}\leqslant t\leqslant 0\\ \dfrac{2}{T}t, & 0\leqslant t\leqslant \dfrac{T}{2}\end{cases} \tag{a}$$

考虑到凸轮转速为 60 r/min,则激励周期为 $T=1$ s.

显然,$f(t)$ 的均值不等于零,应按式(2.2.10)对 $f(t)$ 展开,由式(2.2.11),有

$$A_0=\frac{2}{T}\left[\int_{-T/2}^{0}\left(2+\frac{2}{T}t\right)\mathrm{d}t+\int_{0}^{T/2}\frac{2}{T}t\,\mathrm{d}t\right]=2 \tag{b}$$

按式(2.2.4),有

$$\begin{aligned}A_p&=\frac{2}{T}\left[\int_{-T/2}^{0}\left(2+\frac{2}{T}t\right)\mathrm{e}^{\mathrm{i}p\omega_0 t}\mathrm{d}t+\int_{0}^{T/2}\frac{2}{T}t\,\mathrm{e}^{\mathrm{i}p\omega_0 t}\mathrm{d}t\right]\\&=-\mathrm{i}\frac{2}{p\pi},\quad p=1,2,\cdots\end{aligned} \tag{c}$$

由于 A_p 为虚数,而实际的激励 $f(t)$ 应是式(2.2.10)的实部,故 $f(t)$ 只有正弦函数项,即

$$\begin{aligned}f(t)&=1-\frac{2}{\pi}\sum_{p=1}^{\infty}\frac{1}{p}\sin p\omega_0 t\\&=1-\frac{2}{\pi}\left(\sin\omega_0 t+\frac{1}{2}\sin 2\omega_0 t+\frac{1}{3}\sin 3\omega_0 t+\cdots\right)\end{aligned} \tag{d}$$

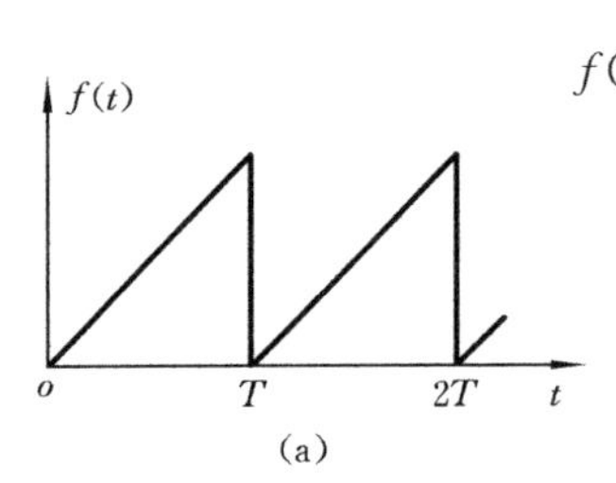

(a)

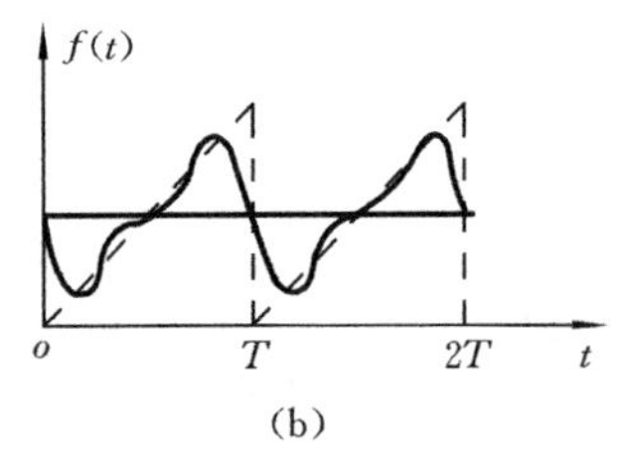

(b)

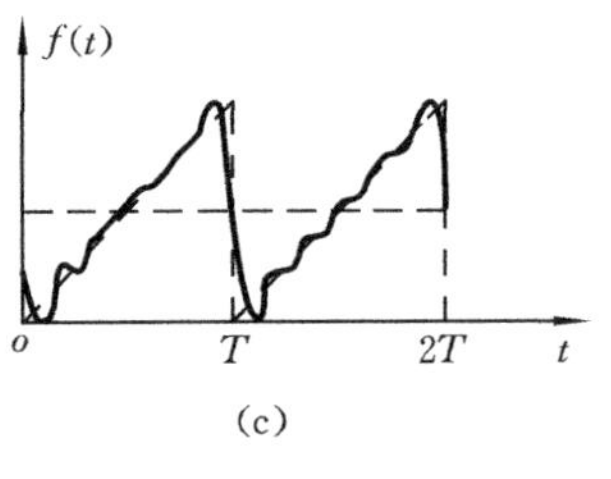

(c)

图 2.2.7

图 2.2.7(a)、(b)、(c)分别示出了 $f(t)$ 的准确波形和取前三个正弦函数,前六个正弦函数叠加后的近似波形. 再根据图 2.2.6 可知,这是一个单自由度振动系统,其运动微分方程为

$$m\ddot{x}(t)+c\dot{x}(t)+kx(t)=k_1[f(t)-x(t)]$$

将 $f(t)$ 代入上式,再考虑到 $T=1$,故 $\omega_0=2\pi$. 经整理有

$$\begin{aligned}&m\ddot{x}(t)+c\dot{x}(t)+(k_1+k)x(t)\\&=k_1-\frac{2k_1}{\pi}\sum_{p=1}^{\infty}\frac{1}{p}\sin 2p\pi t\end{aligned} \tag{e}$$

上式右边 k_1 为常数项,表示静力力幅为 k_1,由于系统的静刚度为 k_1+k,则系统的静变形量为

$$\delta_{\mathrm{st}}=\frac{k_1}{k+k_1} \tag{f}$$

式(e)右边的正弦谐波项激起系统的强迫振动,是

正弦谐波的叠加，将这部分化为式(2.2.2)所示的形式，则由式(2.2.5)得，系统的强迫振动为

$$x(t)=\sum_{p=1}^{\infty}|H(p\omega_0)|A_p\sin(2p\pi t-\varphi_p) \tag{g}$$

对照式(2.2.2)，由式(2.2.6)，得

$$H(p\omega_0)=\frac{k_1/m}{[\omega_n^2-(p\omega_0)^2]+\mathrm{i}2\xi\omega_n p\omega_0}$$

$$\omega_n=\sqrt{\frac{k+k_1}{m}}$$

代入 $\omega_0=2\pi$，得

$$|H(p\omega_0)|=\frac{k_1}{k+k_1}\cdot\frac{1}{\sqrt{[1-(2p\pi/\omega_n)^2]^2+(4\xi p\pi/\omega_n)^2}} \tag{h}$$

由式(2.2.8)，得

$$\varphi_p(p\omega_0)=\arctan\frac{4\xi p\pi/\omega_n}{1-(2p\pi/\omega_n)^2} \tag{i}$$

从而，在凸轮运动的作用下系统的稳态强迫振动为

$$x(t)=\frac{k_1}{k_1+k}\times\left\{1-\frac{2}{\pi}\sum_{p=1}^{\infty}\frac{1}{p\sqrt{[1-(2p\pi/\omega_n)^2]^2+(4\xi p\pi/\omega_n)^2}}\sin(2p\pi t-\varphi_p)\right\} \tag{j}$$

2.3　非周期激励下的强迫振动——Fourier 变换法

上节讲述的 Fourier 级数法是谐波分析的推广，而本节将讲述的 Fourier 变换法又可视为 Fourier 级数法的推广.

2.3.1　由 Fourier 级数向 Fourier 积分的过渡

由于周期激励函数可展成离散的 Fourier 级数，可以想象，当一个周期函数的周期 T 趋于无穷时，该函数就变成了一个任意的非周期函数. 与此相应，Fourier 级数就转化成连续的 Fourier 积分. 在实现由 Fourier 级数向 Fourier 积分的过渡之前，需要先将式(2.2.3)表示的 Fourier 级数式加以改造. 该式的每一项一般为复数，而如前所述，实际的激励的各频率成分只是该级数的各项的实数部分. 为了避免这种特殊的约定与不便，将式(2.2.3)表示的 Fourier 级数作如下改造：对该式中的每一项 $A_p\mathrm{e}^{\mathrm{i}p\omega_0 t}$ 再加上一个共轭项 $A_p^*\mathrm{e}^{-\mathrm{i}p\omega_0 t}$ $(p=1,2,\cdots)$，显然，这样的每

一对相互共轭项之和的一半为

$$\frac{1}{2}(A_p e^{ip\omega_0 t} + A_p^* e^{-ip\omega_0 t}) = \mathrm{Re}(A_p e^{ip\omega_0 t}),\quad p = 1,2,\cdots \tag{2.3.1}$$

即正好为级数式(2.2.3)中各项的实部,也就是激励 $f(t)$中的各谐波成分. 记

$$B_p = \frac{1}{2}A_p,\quad p = 1,2,\cdots \tag{2.3.2}$$

$$B_{-p} = \frac{1}{2}A_p^*,\quad p = 1,2,\cdots \tag{2.3.3}$$

再补充式(2.2.10)中的 A_0 这一项,并记

$$B_0 = \frac{1}{2}A_0 \tag{2.3.4}$$

则得到级数

$$f(t) = \sum_{p=-\infty}^{+\infty} B_p e^{ip\omega_0 t},\quad \omega_0 = 2\pi/T \tag{2.3.5}$$

其实,考虑到式(2.3.2)至式(2.3.4),可知

$$\sum_{p=-\infty}^{+\infty} B_p e^{ip\omega_0 t} = \frac{A_0}{2} + \mathrm{Re}\Big(\sum_{p=1}^{+\infty} A_p e^{ip\omega_0 t}\Big)$$

即级数式(2.3.5)正好是反映了 $f(t)$的均值及其各次谐波(实数),而无须再申明"取实部".

考虑式(2.2.4)、式(2.2.11)及式(2.3.2)至式(2.3.4),级数式(2.3.5)中诸系数 B,可按下式计算:

$$B_p = \frac{1}{T}\int_{-T/2}^{T/2} f(t) e^{-ip\omega_0 t}\mathrm{d}t,\quad p = \cdots,-2,-1,0,1,2,\cdots \tag{2.3.6}$$

现在以式(2.3.5)、式(2.3.6)为基础向 Fourier 积分过渡. 令

$$p\omega_0 = \omega_p \quad (p+1)\omega_0 - p\omega_0 = \omega_0 = 2\pi/T = \Delta\omega_p$$

可将式(2.3.5)、式(2.3.6)分别写成

$$f(t) = \sum_{p=-\infty}^{+\infty} \frac{1}{T}(TB_p) e^{ip\omega_0 t} = \frac{1}{2\pi}\sum_{p=-\infty}^{+\infty}(TB_p) e^{ip\omega_0 t}\Delta\omega_p \tag{2.3.7}$$

$$TB_p = \int_{-T/2}^{T/2} f(t) e^{-i\omega_p t}\mathrm{d}t \tag{2.3.8}$$

令 $T\to\infty$去掉下标 p,离散变量 ω_p 就成为连续变量,而求和变成积分,即

$$f(t) = \lim_{\substack{T\to\infty \\ \Delta\omega_p\to 0}} \frac{1}{2\pi}\sum_{p=-\infty}^{+\infty}(TB_p) e^{ip\omega_0 t}\Delta\omega_p = \frac{1}{2\pi}\int_{-\infty}^{+\infty} F(\omega) e^{i\omega t}\mathrm{d}\omega \tag{2.3.9}$$

$$F(\omega) = \lim_{\substack{T\to\infty \\ \Delta\omega_p\to 0}}(TB_p) = \int_{-\infty}^{+\infty} f(t) e^{-i\omega t}\mathrm{d}t \tag{2.3.10}$$

假定以上两积分均存在,则这两式构成 Fourier 变换和 Fourier 逆变换对,即

$$F(\omega) = \int_{-\infty}^{+\infty} f(t)\mathrm{e}^{-\mathrm{i}\omega t}\mathrm{d}t \tag{2.3.11}$$

$$f(t) = \frac{1}{2\pi}\int_{-\infty}^{+\infty} F(\omega)\mathrm{e}^{\mathrm{i}\omega t}\mathrm{d}\omega \tag{2.3.12}$$

后者又称为 $f(t)$的 Fourier 积分，它反映了 $f(t)$的频率结构. 由该式可见，$f(t)$信号处于频带 $\omega\sim\omega+\mathrm{d}\omega$ 中的成分为 $F(\omega)\mathrm{d}\omega\mathrm{e}^{\mathrm{i}\omega t}$，其中 $\mathrm{e}^{\mathrm{i}\omega t}$ 为旋转因子，而$F(\omega)\mathrm{d}\omega$为复数振幅. $F(\omega)$则为频率 ω 处单位频宽的复数振幅，故又称为“频谱密度”.

2.3.2　求解系统对于非周期激励的响应的 Fourier 变换法

Fourier 积分式(2.3.12)将激励信号 $f(t)$表示为一系列的谐波 $F(\omega)\mathrm{d}\omega\mathrm{e}^{\mathrm{i}\omega t}$之和，而由式(2.1.16)，每一个这样的谐波激励所引起的响应为 $H(\omega)F(\omega)\cdot\mathrm{d}\omega\mathrm{e}^{\mathrm{i}\omega t}$，再将所有这些响应叠加(积分)起来，即得全部响应

$$x(t) = \frac{1}{2\pi}\int_{-\infty}^{+\infty} H(\omega)F(\omega)\mathrm{e}^{\mathrm{i}\omega t}\mathrm{d}\omega \tag{2.3.13}$$

记

$$X(\omega) = H(\omega)F(\omega) \tag{2.3.14}$$

可将式(2.3.13)写成

$$x(t) = \frac{1}{2\pi}\int_{-\infty}^{+\infty} X(\omega)\mathrm{e}^{\mathrm{i}\omega t}\mathrm{d}\omega \tag{2.3.15}$$

与式(2.3.12)比较，可见式(2.3.15)中 $X(\omega)$即为响应 $x(t)$的频谱密度，而该式即为 $x(t)$的 Fourier 逆变换.

由上述可知，以 Fourier 变换法求解振动系统对于非周期激励 $f(t)$的响应，是按以下程序进行的：首先，以 Fourier 变换式(2.3.11)求出 $f(t)$的频谱密度 $F(\omega)$；其次，按式(2.3.14)计算响应的频谱密度 $X(\omega)$，其中 $H(\omega)$由式(2.1.14)给出；最后，按式(2.3.15)，以 Fourier 逆变换求出响应 $x(t)$. 这是一种迂回的解决办法，可用图2.3.1表示.

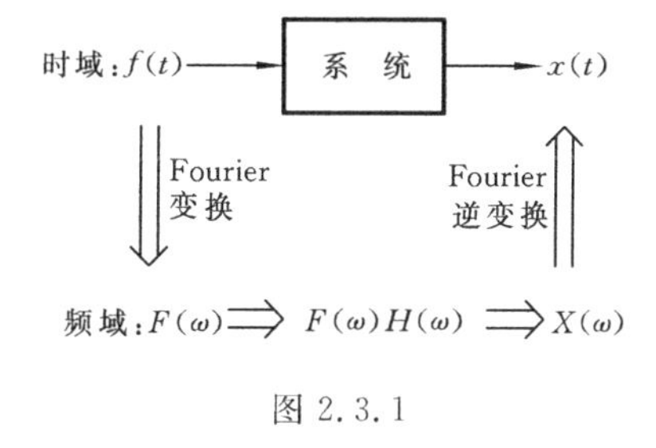

图 2.3.1

最后需说明，为了保证积分式(2.3.11)存在，$f(t)$函数需满足以下两个条件：

① 绝对收敛，即积分$\int_{-\infty}^{+\infty} |f(t)|\,\mathrm{d}t$ 是收敛的；

② Dirichlet 条件，即 $f(t)$在区间$(-\infty,+\infty)$上仅有有限个不连续点，而且没有无限个不连续点.

例 2.5　试求单自由度无阻尼系统对图 2.3.2 所示的矩形脉冲 $F(t)$的响应$x(t)$.

解　由式(2.2.1)，$kf(t)=F(t)$，所以

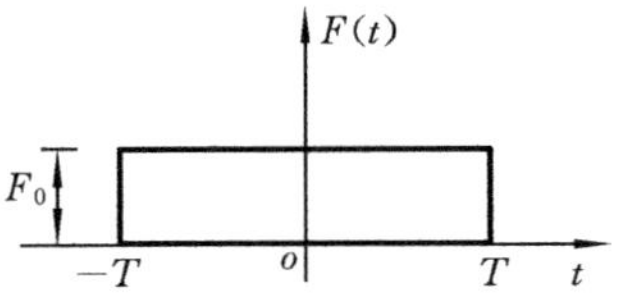

图 2.3.2

$$f(t)=\frac{1}{k}F(t)$$

则激励函数为

$$f(t)=\begin{cases}F_0/k, & |t|<T\\ 0, & |t|>T\end{cases}$$

先检查 $f(t)$ 是否绝对收敛,即

$$\int_{-\infty}^{+\infty}|f(t)|\,\mathrm{d}t=\int_{-T}^{T}\frac{F_0}{k}\mathrm{d}t=\frac{2F_0T}{k}$$

上述积分收敛,故可用 Fourier 变换法求解. 按式(2.3.11),有

$$F(\omega)=\int_{-\infty}^{+\infty}f(t)\mathrm{e}^{-\mathrm{i}\omega t}\mathrm{d}t=\frac{F_0}{k}\int_{-T}^{T}\mathrm{e}^{-\mathrm{i}\omega t}\mathrm{d}t$$

$$=\frac{F_0}{\mathrm{i}\omega k}(\mathrm{e}^{\mathrm{i}\omega T}-\mathrm{e}^{-\mathrm{i}\omega T})=\frac{2F_0\sin\omega T}{\omega k}\tag{a}$$

而由例 2.1 中的式(a),无阻尼系统的频率响应为

$$H(\omega)=\frac{1}{1-(\omega/\omega_\mathrm{n})^2}\tag{b}$$

则响应的频谱密度为

$$X(\omega)=H(\omega)F(\omega)=\frac{1}{1-(\omega/\omega_\mathrm{n})^2}\cdot\frac{2F_0\sin\omega T}{\omega k}$$

$$=\frac{2F_0\sin\omega T}{\omega k[1-(\omega/\omega_\mathrm{n})^2]}\tag{c}$$

由 Fourier 逆变换式(2.3.15),得响应为

$$x(t)=\frac{1}{2\pi}\int_{-\infty}^{+\infty}X(\omega)\mathrm{e}^{\mathrm{i}\omega t}\mathrm{d}\omega=\frac{F_0}{\mathrm{i}2\pi k}\int_{-\infty}^{+\infty}\frac{\mathrm{e}^{\mathrm{i}\omega T}-\mathrm{e}^{-\mathrm{i}\omega T}}{\omega[1-(\omega/\omega_\mathrm{n})^2]}\mathrm{e}^{\mathrm{i}\omega t}\mathrm{d}\omega\tag{d}$$

按部分分式,有

$$\frac{1}{\omega[1-(\omega/\omega_\mathrm{n})^2]}=\frac{1}{\omega}-\frac{1}{2(\omega-\omega_\mathrm{n})}-\frac{1}{2(\omega+\omega_\mathrm{n})}\tag{e}$$

代入式(d),整理,得

$$x(t)=\frac{F_0}{\mathrm{i}2\pi k}\int_{-\infty}^{+\infty}\left[\frac{1}{\omega}-\frac{1}{2(\omega-\omega_\mathrm{n})}-\frac{1}{2(\omega+\omega_\mathrm{n})}\right][\mathrm{e}^{\mathrm{i}\omega(T+t)}-\mathrm{e}^{-\mathrm{i}\omega(T+t)}]\mathrm{d}\omega\tag{f}$$

求解上式,得

$$x(t)=\begin{cases}0, & t<-T\\ \dfrac{F_0}{k}[1-\cos\omega_\mathrm{n}(t+T)], & -T<t<T\\ \dfrac{F_0}{k}[\cos\omega_\mathrm{n}(t-T)-\cos\omega_\mathrm{n}(t+T)]=\dfrac{2F_0}{k}\sin\omega_\mathrm{n}T\sin\omega_\mathrm{n}t, & t\geqslant T\end{cases}\tag{g}$$

图 2.3.3 示出了按上式绘制的 $x(t)$ 的曲线. 由图可得以下结论.

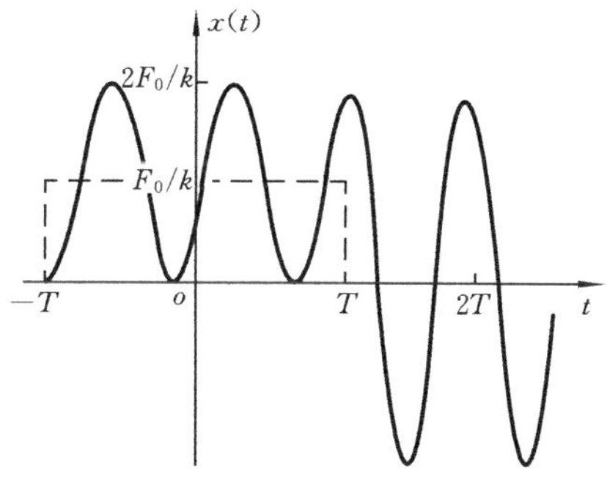

图 2.3.3

(1) 系统对于矩形激励的响应是谐波函数，振动频率即为系统的自然频率 ω_n，在 $-T<t<T$ 范围内，系统围绕其静平衡位 $\delta_{st}=F_0/k$ 振动，振幅为 F_0/k；在 $t>T$ 以后，系统围绕其静止位置 $x=0$ 振动，振幅为 $\dfrac{2F_0}{k}\sin\omega_n T$.

(2) $t>T$ 以后系统的振动可以解释为系统的自由振动，因为当 $t>T$ 后，矩形脉冲已经消失. 由式(e)中的第二式，当 $t=T$ 时，有

$$x(T)=\frac{F_0}{k}(1-\cos 2\omega_n T)$$

$$\dot{x}(T)=\frac{F_0\omega_n}{k}\sin 2\omega_n T$$

此即 $t>T$ 以后的初始位移和初速度，系统在此初始位移和初速度激励下将作自由振动，振动频率当然为系统的自然频率 ω_n.

根据式(a)、式(c)还可绘出矩形脉冲的频谱 $F(\omega)$ 及其响应的频谱 $X(\omega)$ 分别如图 2.3.4、图 2.3.5 所示. 由图可见，非周期激励与前述周期激励不同，其频谱是连续谱，表示其中包含所有的频率成分.

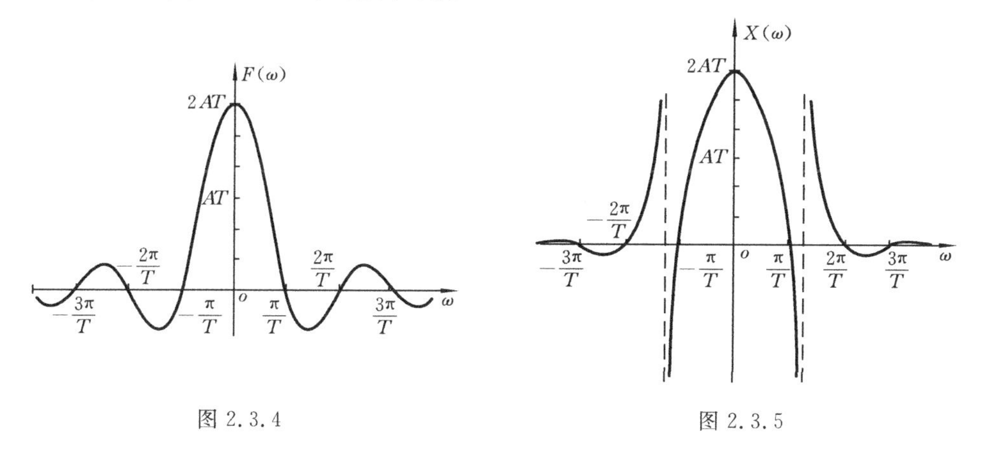

图 2.3.4　　图 2.3.5

2.4　非周期激励下的强迫振动——脉冲响应函数法

脉冲响应函数法的基本思想如图 2.4.1 所示，将激励 $f(t)$ 分解为一系列强度

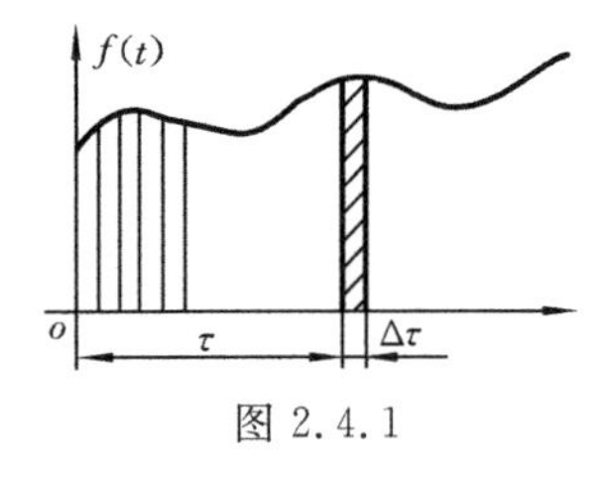

图 2.4.1

为 $f(\tau)\Delta\tau$ 的脉冲,先求得系统对每一脉冲单独激励的响应,再根据叠加原理,对这一系列脉冲响应进行叠加,从而得到系统对整个激励 $f(t)$ 的响应 $x(t)$. 下面介绍单位脉冲函数和单位脉冲响应函数,以及脉冲响应函数法及其与 Fourier 变换法之间的关系.

2.4.1 单位脉冲函数

单位脉冲函数即是 Dirac δ 函数,其定义为

$$\left.\begin{aligned} &\delta(t-a)=\begin{cases}0, & t\neq a\\ \infty, & t=a\end{cases}\\ &\int_{-\infty}^{+\infty}\delta(t-a)\mathrm{d}t=1\end{aligned}\right\} \tag{2.4.1}$$

显然,以上定义是一种理想情况,可理解为某一函数系列的极限过程. 例如,一个面积等于 1 的矩形函数(见图 2.4.2)的中心在 $t=a$ 处,若令其底边宽度 $B\to 0$,同时保持该矩形面积等于 1,则矩形高度将趋于无穷大,这种极限情况即成为一个理想的单位脉冲,此脉冲的强度为 1. 从力学定义来看,单位脉冲函数描述了一个单位冲量,此冲量由一个作用时间极其短暂而幅值又极大的冲击力产生. 因此,在 $t=a$ 时,产生一个冲量为 P_0 的力 $F(t)$ 可表示为

$$F(t)=P_0\delta(t-a) \tag{2.4.2}$$

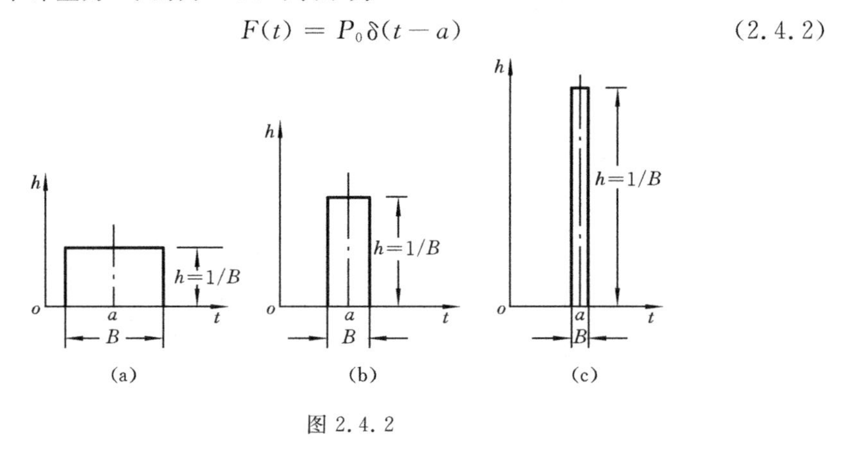

图 2.4.2

又由于式(2.4.1)中 δ 函数对时间的积分是无量纲的,因此,δ 函数的量纲为[T^{-1}],通常取单位为 s^{-1}. 上式中冲量 P_0 的量纲为[MLT^{-1}],力 $F(t)$ 的量纲为[MLT^{-2}].

2.4.2 单位脉冲响应函数

所谓单位脉冲响应函数是指系统在单位脉冲函数的激励下的响应.

1. 脉冲力作用的效果

设一个脉冲力 $F(t)=P_0\delta(t)$ 作用在单自由度系统上，如图2.4.3所示，系统的运动微分方程为

$$m\ddot{x}(t)+c\dot{x}(t)+kx(t)=P_0\delta(t) \tag{2.4.3}$$

系统的初始条件，当 $x(0)=0,\dot{x}(0)=v_0=0$，即系统原来是静止的，而在时刻 $t=0$，突然受到脉冲力 $F(t)=P_0\delta(t)$ 的作用. 由于该脉冲力作用的时间极其短促，因此，可以将作用以后的时刻记为 $t=0^+$. 按冲量定理(物体动量的增量等于作用力的冲量)，有

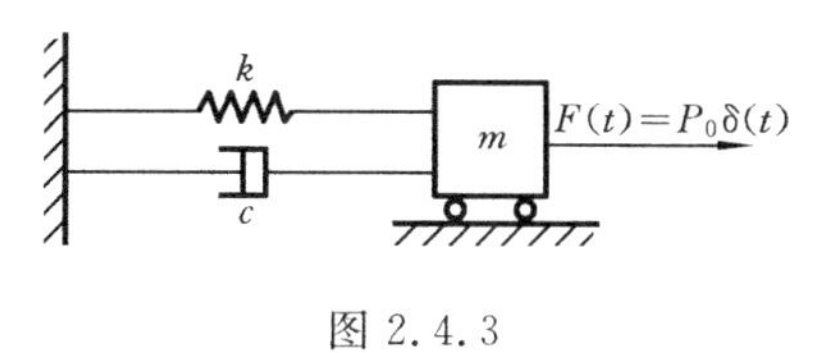

图2.4.3

$$m\dot{x}(0^+)-m\dot{x}(0)=P_0$$

由于 $\dot{x}(0)=v_0=0$，因此得出结论：在脉冲力 $F(t)=P_0\delta(t)$ 作用以后，系统获得了一个初速度，即

$$\dot{x}(0^+)=v_0{}^+=\frac{P_0}{m} \tag{2.4.4}$$

这表明，$F(t)=P_0\delta(t)$ 在形式上虽然是一种过程激励，但由于这一过程激励的作用时间极短，其效果就相当于一个初速度激励，从而可以将系统对过程激励的强迫振动问题转化为系统对初始激励的自由振动问题来处理，这正是下面解决问题的关键.

在 $t=0$ 到 $t=0^+$ 的一瞬间，系统的速度发生了突变，这是由于在该时刻力的幅值无限大，因而加速度无限大的缘故. 可是由于速度是有限的，因而在由 $t=0$ 到 $t=0^+$ 这样短暂的时间内来不及积累成为位移的变化，因此仍有 $x(0^+)=0$.

2. 脉冲响应

由以上分析可知，脉冲力 $P_0\delta(t)$ 对系统的作用效果相当于初速度 $v(0^+)=P_0/m$ 对系统的作用. 因此，在 $v_0=P_0/m,x_0=0$ 的初始条件下系统的自由振动即为系统对于冲量为 P_0 的脉冲力激励的响应. 以 $v_0=P_0/m$ 代入例1.12中的式(b)，得

$$X(t)=\frac{P_0}{m\omega_{\mathrm{d}}}\mathrm{e}^{-\xi\omega_{\mathrm{n}}t}\sin\omega_{\mathrm{d}}t \tag{2.4.5}$$

3. 单位脉冲响应函数

令式(2.4.5)中 $P_0=1$，得系统对于单位脉冲激励的响应为

$$h(t)=\frac{1}{m\omega_{\mathrm{d}}}\mathrm{e}^{-\xi\omega_{\mathrm{n}}t}\sin\omega_{\mathrm{d}}t$$

考虑到当 $t<0$ 时，应有 $h(t)=0$，因此，系统的单位脉冲响应 $h(t)$ 可更完整地表示为

$$h(t)=\begin{cases}0, & t<0\\ \dfrac{1}{m\omega_{\mathrm{d}}}\mathrm{e}^{-\xi\omega_{\mathrm{n}}t}\sin\omega_{\mathrm{d}}t, & t\geqslant 0\end{cases} \tag{2.4.6}$$

如果引入单位阶跃函数

$$u(t)=\begin{cases}0, & t<0\\ 1, & t>0\end{cases} \tag{2.4.7}$$

可将式(2.4.6)所示的单位脉冲响应函数 $h(t)$ 写成更为简洁的形式,即

$$h(t)=\left(\frac{1}{m\omega_{\mathrm{d}}}\mathrm{e}^{-\xi\omega_{\mathrm{n}}t}\sin\omega_{\mathrm{d}}t\right)u(t) \tag{2.4.8}$$

对于时刻 $t=0$ 作用的单位脉冲 $\delta(t)$,系统的响应为 $h(t)$;对于时刻 $t=a$ 的单位脉冲 $\delta(t-a)$,系统的响应可简单地表为 $h(t-a)$. 它们分别如图 2.4.4(a)与(b)所示.

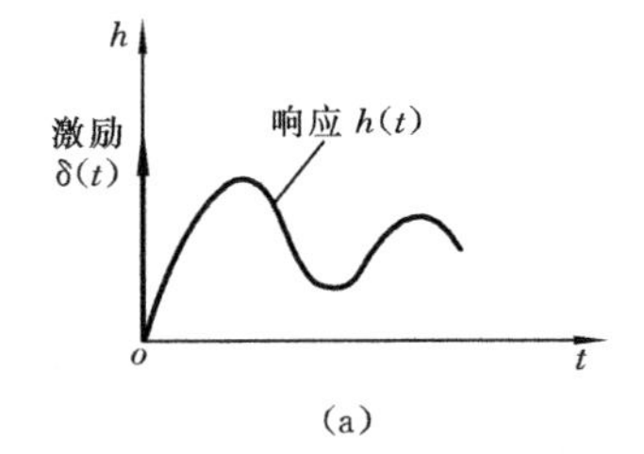

(a)

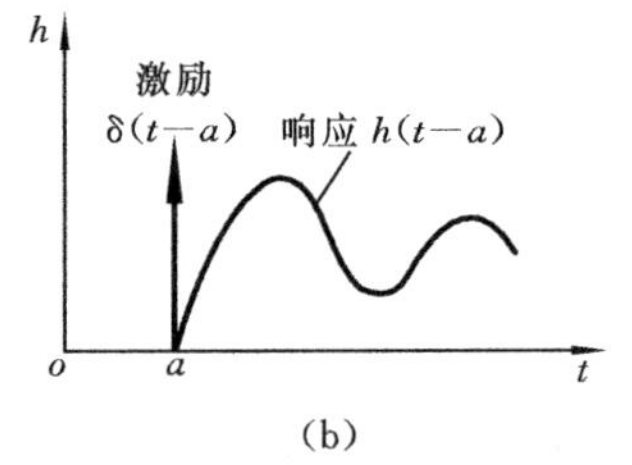

(b)

图 2.4.4

2.4.3 脉冲响应函数法

图 2.4.5 所示的任意激励函数 $F(t)$ 可以看做是一系列的脉冲的组合. 先考虑任意时刻 τ,该时刻的脉冲力为 $F(\tau)\cdot\Delta\tau\delta(t-\tau)$,其中 $F(\tau)\Delta\tau$ 相当于冲量值. 已知系统对于时刻 τ 的单位脉冲 $\delta(t-\tau)$ 的响应为 $h(t-\tau)$,因此,系统对于冲量为 $F(\tau)\Delta\tau$ 的脉冲力激励的响应为 $F(\tau)\Delta\tau h(t-\tau)$.

再考虑任意时刻 t,由于时刻 t 以前各时刻 τ 的脉冲力 $F(\tau)\Delta\tau\delta(t-\tau)$ 均会影响时刻 t 的响应 $x(t)$,因此,系统在时刻 t 的响应 $x(t)$ 应是对于从 0 到 t 这段时间内各时刻 τ 的脉冲激励的响应的叠加,如图 2.4.5 所示,即

$$x(t)=\sum_{\tau=0}^{t}F(\tau)\Delta\tau h(t-\tau)$$

式中,τ 是积分变量. 再令 $\Delta\tau\rightarrow 0$,则以上求和式变成积分式,即

$$x(t)=\int_{0}^{t}F(\tau)h(t-\tau)\mathrm{d}\tau \tag{2.4.9}$$

又根据式(2.4.6),当 $t-\tau<0$ 即 $\tau>t$ 时,$h(t-\tau)=0$,故可将上式的积分上限由 t 扩展为 $+\infty$;又由于当 $\tau<0$ 时 $F(\tau)=0$,所以还可将上式的积分下限由零扩展为

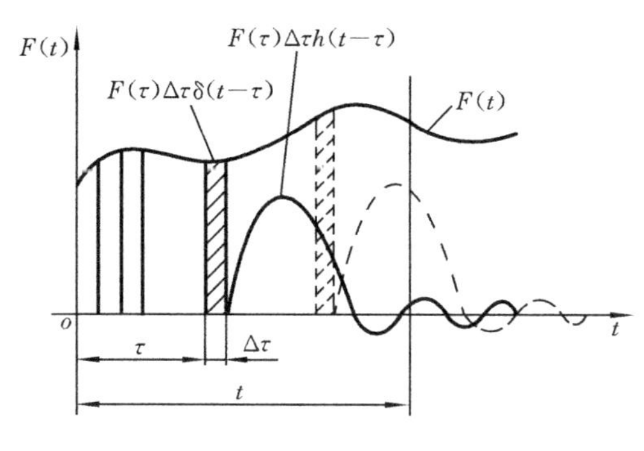

图 2.4.5

$-\infty$，从而将上式写成

$$x(t)=\int_{-\infty}^{+\infty}F(\tau)h(t-\tau)\mathrm{d}\tau \tag{2.4.10}$$

上式称为卷积积分，记为

$$x(t)=F(t)*h(t) \tag{2.4.11}$$

对式(2.4.9)作变量代换，令 $\lambda=t-\tau$，注意其中 t 为常量，τ 为积分变量，则 $\mathrm{d}\tau=-\mathrm{d}\lambda$；相应地，$\lambda$ 的积分上、下限变为 0、t，从而，式(2.4.9)变为

$$x(t)=\int_t^0F(t-\lambda)h(\lambda)(-\mathrm{d}\lambda)=\int_0^t h(\lambda)F(t-\lambda)\mathrm{d}\lambda$$

再将积分变量 λ 换回为 τ，上式即为

$$x(t)=\int_0^t h(\tau)F(t-\tau)\mathrm{d}\tau \tag{2.4.12}$$

比较上式与式(2.4.9)可见，$h(t)$ 与 $F(t)$ 是完全对称的. 将式(2.4.8)所示的 $h(t-\tau)$ 代入式(2.4.9)，即得单自由度系统对于非周期激励的响应为

$$x(t)=\frac{1}{m\omega_{\mathrm{d}}}\int_0^t F(\tau)\mathrm{e}^{-\xi\omega_{\mathrm{n}}(t-\tau)}\sin\omega_{\mathrm{d}}(t-\tau)\mathrm{d}\tau \tag{2.4.13}$$

由上述可见，脉冲响应函数法是将任意激励 $F(t)$ 分解为一系列脉冲激励，再将诸脉冲响应叠加而得到总的响应. 但是需要指出，以上是假定初始条件为零的情况，若系统除受到过程激励 $F(t)$ 作用外，还存在初始激励，就还应考虑系统的初位移 $x(0)=x_0$、初速度 $\dot{x}(0)=v_0$ 的影响，这时，综合式(2.4.13)与式(1.4.16)，得单自由度系统的全部响应为

$$x(t)=\frac{1}{m\omega_{\mathrm{d}}}\int_0^t F(\tau)\mathrm{e}^{-\xi\omega_{\mathrm{n}}(t-\tau)}\sin\omega_{\mathrm{d}}(t-\tau)\mathrm{d}\tau$$

$$+\frac{x_0}{\sqrt{1-\xi^2}}\mathrm{e}^{-\xi\omega_{\mathrm{n}}t}\cos(\omega_{\mathrm{d}}-\psi)+\frac{v_0}{\omega_{\mathrm{d}}}\mathrm{e}^{-\xi\omega_{\mathrm{n}}t}\sin\omega_{\mathrm{d}}t \tag{2.4.14}$$

对以上所述进行分析，可以得到以下结论.

(1) 脉冲响应函数法表明,任意形式的过程激励 $F(t)$都可分解为一系列的脉冲激励 $F(\tau)\Delta\tau\delta(t-\tau)$,而每一脉冲激励又可转化为该时刻的初始激励,这一初始激励使得系统按照自由振动的规律运动发展下去,以影响系统后来的运动.系统在时刻 t 位移 $x(t)$正是在该时刻之前所有脉冲响应在时刻 t 取值的叠加.这也说明,某一时刻的外加激励决不只影响系统在该时刻的状态,而且还影响系统后来的状态.这就是外加激励对动态系统影响的“后效性”.另外,一个动态系统在任一时刻的响应绝不只与该时刻的激励值有关,而且还与此时刻以前系统经受的载荷的全部历程有关.这也可以称为动态系统响应的“记忆效果”.而一个静态系统,例如一个理想的弹簧,其任何时刻的响应(变形量)只反映该时刻的载荷量.

(2) 这里的分析还说明了强迫响应与自由响应之间的关系.前面说过,当系统具有阻尼时,其自由振动部分会很快衰减掉,此后只剩下强迫响应,但是,读者不要误以为系统的自由响应似乎只在很短时间内起作用.其实,从式(2.4.14)可以看出,自由响应在系统受到激励与产生响应的整个过程中都在起作用.自由响应是强迫响应的基础,任一时刻的强迫响应其实只是该时刻前被激起的一系列自由响应的叠加.

(3) 由式(2.4.9)可见,外界激励对系统的影响方式是通过系统的单位脉冲响应函数 $h(t)$决定的,而式(2.4.8)表明,$h(t)$完全由系统参数 m、ω_d、ω_n、ξ 所决定,由此说明,外界激励通过系统本身的内在特性而起作用,引起系统的强迫振动.

例 2.6 用脉冲函数法求单自由度无阻尼系统对谐波激励

$$F(t)=\begin{cases}kA\cos\omega t, & t>0\\ 0, & t<0\end{cases} \tag{a}$$

的响应.

解 对于无阻尼系统,$\xi=0$,$\omega_d=\omega_n$,由式(2.4.13),有

$$\begin{aligned}x(t)&=\frac{1}{m\omega_n}\int_0^t kA\cos\omega\tau\sin\omega_n(t-\tau)\mathrm{d}\tau\\&=\frac{kA}{m\omega_n}\left\{\sin\omega_n t\left[\frac{\sin(\omega+\omega_n)\tau}{2(\omega+\omega_n)}+\frac{\sin(\omega-\omega_n)\tau}{2(\omega-\omega_n)}\right]\right.\\&\qquad\left.+\cos\omega_n t\left[\frac{\cos(\omega_n+\omega)\tau}{2(\omega_n+\omega)}+\frac{\cos(\omega_n-\omega)\tau}{2(\omega_n-\omega)}\right]\right\}\Bigg|_0^t\\&=\frac{A}{[1-(\omega/\omega_n)^2]}(\cos\omega t-\cos\omega_n t)\end{aligned} \tag{b}$$

再考虑到 $t<0$ 时,$x(t)=0$,引入单位阶跃函数 $u(t)$,从而得系统对于式(a)谐波激励的响应为

$$x(t)=\frac{A}{[1-(\omega/\omega_n)^2]}(\cos\omega t-\cos\omega_n t)u(t) \tag{c}$$

例 2.7　试用脉冲响应函数法求单自由度有阻尼系统对于单位阶跃激励$u(t)$的响应函数.

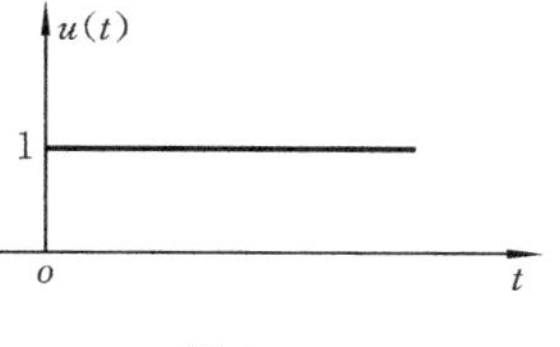

图 2.4.6

解　式(2.4.7)所示的单位阶跃力 $u(t)$如图2.4.6所示,此即系统的激励 $F(t)=u(t)$,记单位阶跃响应为$g(t)$,根据式(2.4.13),有

$$g(t)=\frac{1}{m\omega_d}\int_0^t e^{-\xi\omega_n(t-\tau)}\sin\omega_d(t-\tau)d\tau \tag{a}$$

由于

$$\sin\omega_d(t-\tau)=\frac{1}{2i}\left[e^{i\omega_d(t-\tau)}-e^{-i\omega_d(t-\tau)}\right] \tag{b}$$

并设 $\lambda=t-\tau$,则 $d\tau=-d\lambda$,式(a)可改写为

$$\begin{aligned}
g(t)&=\frac{1}{i2m\omega_d}\int_0^t e^{-\xi\omega_n\lambda}\left[e^{i\omega_d\lambda}-e^{-i\omega_d\lambda}\right]d\lambda\\
&=\frac{1}{i2m\omega_d}\left[e^{-\xi\omega_n\lambda}\left(\frac{-e^{i\omega_d\lambda}}{\xi\omega_n-i\omega_d}+\frac{e^{-i\omega_d\lambda}}{\xi\omega_n+i\omega_d}\right)\right]\Bigg|_0^t\\
&=\frac{-1}{m[(\xi\omega_n)^2+\omega_d^2]}\left[e^{-\xi\omega_n\lambda}\left(\cos\omega_d\lambda+\frac{\xi\omega_n}{\omega_d}\sin\omega_d\lambda\right)\right]\Bigg|_0^t\\
&=\frac{1}{k}\left[1-e^{-\xi\omega_n t}\left(\cos\omega_d t+\frac{\xi\omega_n}{\omega_d}\sin\omega_d t\right)\right]
\end{aligned} \tag{c}$$

由于 $t<0$ 时,$F(t)=u(t)=0$,上式只是当 $t>0$ 以后系统的响应,故还需采用单位阶跃函数,将上式更严格地表示为

$$g(t)=\frac{1}{k}\left[1-e^{-\xi\omega_n t}\left(\cos\omega_d t+\frac{\xi\omega_n}{\omega_d}\sin\omega_d t\right)\right]u(t) \tag{d}$$

按上式绘制的 $g(t)$曲线如图 2.4.7 所示,该图表明,由于单位阶跃力 $u(t)$的作用,系统围绕其静变形量 $\delta_{st}=1/k$ 位置进行自由振动. 当系统的自由振动被阻尼衰减掉以后,系统就只剩下静变形,在这一静变形位置上平衡下来.

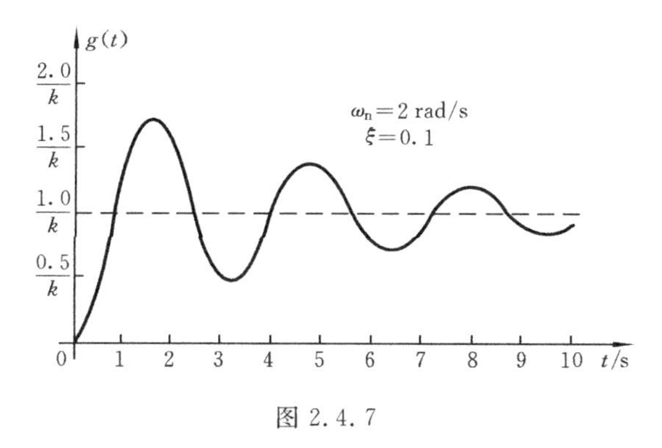

图 2.4.7

例 2.8　试采用上例中得到的单位阶跃响应函数 $g(t)$求解例 2.5.

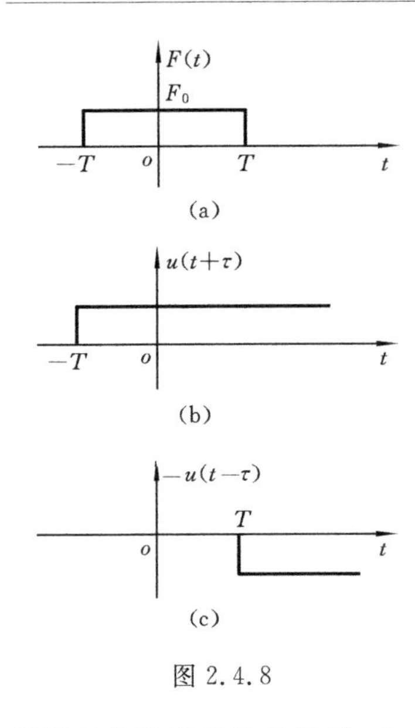

图 2.4.8

解　图 2.3.2 所示的矩形脉冲可用阶跃函数表示为

$$F(t)=F_0[u(t+T)-u(t-T)] \tag{a}$$

其意义如图 2.4.8 所示. 对于无阻尼系统,由上例中的式(b),其单位阶跃响应函数为

$$g(t)=\frac{1}{k}(1-\cos\omega_n t)u(t) \tag{b}$$

系统对于 $u(t+T)$、$u(t-T)$ 的响应应是 $g(t+T)$、$g(t-T)$,从而,根据叠加原理,单自由度无阻尼系统对于矩形脉冲的响应为

$$\begin{aligned}x(t)&=F_0[g(t+T)-g(t-T)]\\&=\frac{F_0}{k}\{[1-\cos\omega_n(t+T)]u(t+T)\\&\quad-[1-\cos\omega_n(t-T)]u(t-T)\}\end{aligned} \tag{c}$$

根据单位阶跃函数的性质,上式与例 2.5 中的式(g)是完全一致的.

例 2.9　图 2.4.9 为一单自由度系统,其基础有阶跃加速度 $bu(t)$,初始条件为 $x(0)=0,\dot{x}(t)=0$,求质量 m 的相对位移.

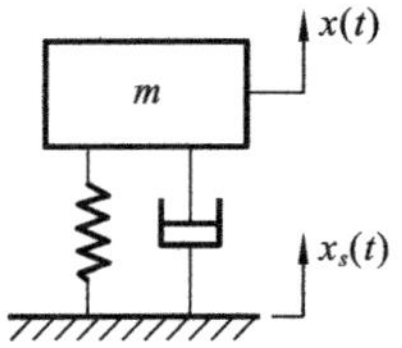

解　由 Newton 定律,可得系统的微分方程为

$$m\ddot{x}(t)=-c[\dot{x}(t)-\dot{x}_s(t)]-k[x(t)-x_s(t)] \tag{a}$$

令 $x_r(t)=x(t)-x_s(t)$,则

$$m\ddot{x}_r(t)+c\dot{x}_r(t)+kx_r(t)=-mbu(t) \tag{b}$$

图 2.4.9

于是可得响应为

$$\begin{aligned}x_r(t)&=\frac{1}{m\omega_d}\int_0^t(-mb)e^{-\xi\omega_n(t-\tau)}\sin\omega_d(t-\tau)d\tau\\&=-\frac{b}{\omega_d}e^{-\xi\omega_n t}\left[\frac{\xi\omega_n}{(\xi\omega_n)^2+\omega_d^2}e^{\xi\omega_n\tau}\sin\omega_d(t-\tau)+\frac{\omega_d}{(\xi\omega_n)^2+\omega_d^2}e^{\xi\omega_n\tau}\cos\omega_d(t-\tau)\right]\Bigg|_0^t\\&=-\frac{b}{(\xi\omega_n)^2+\omega_d^2}\left[1-\frac{\xi\omega_n}{\omega_d}e^{-\xi\omega_n t}\sin\omega_d t+e^{-\xi\omega_n t}\cos\omega_d t\right]\end{aligned} \tag{c}$$

其中

$$\omega_d=\omega_n\sqrt{1-\xi^2}\quad \omega_n^2=\frac{k}{m}\quad 2\xi\omega_n=\frac{c}{m}$$

2.4.4　脉冲响应函数法与 Fourier 变换法之间的关系

分析脉冲响应函数法与 Fourier 变换法可以看出,此两法是解决同一问题(非周期激励下的强迫振动)的两种不同的方法. 从物理意义上来看,其根本不同在于

对非周期函数 $f(t)$进行分解的方式不同：Fourier 变换法是将 $f(t)$分解成为一系列的谐波，而脉冲响应函数法则是将 $f(t)$分解成为一系列脉冲. 不过，尽管处理问题的方式不同，但是此两法的基础都是叠加原理. 从数学处理方法上来看，Fourier 变换法是求得 $f(t)$的 Fourier 变换 $F(\omega)$，再在频域中由复频响函数$H(\omega)$与 $F(\omega)$的乘积而求得响应的频谱函数，即

$$X(\omega)=F(\omega)H(\omega) \tag{2.4.15}$$

最后，再求 $X(\omega)$的 Fourier 逆变换而得到响应 $x(t)$. 脉冲响应函数法则是直接在时间域中求激励函数 $f(t)$与系统的单位脉冲响应函数 $h(t)$的卷积而得到

$$x(t)=f(t)*h(t) \tag{2.4.16}$$

为了以下表达方便，上式中已将 $F(t)$改记为 $f(t)$. 为了比较式(2.4.15)和式(2.4.16)，先将式(2.4.16)作 Fourier 变换，并注意到两函数的卷积的 Fourier 变换，等于该两函数的 Fourier 变换之乘积，此即所谓“卷积定理”. 由于 $X(\omega)$、$F(\omega)$分别是 $x(t)$与 $f(t)$的 Fourier 变换，再与式(2.4.15)比较，可知 $H(\omega)$必然是 $h(t)$的 Fourier 变换，即

$$H(\omega)=\int_{-\infty}^{+\infty}h(t)\mathrm{e}^{-\mathrm{i}\omega t}\,\mathrm{d}t \tag{2.4.17}$$

反之，有

$$h(t)=\frac{1}{2\pi}\int H(\omega)\mathrm{e}^{\mathrm{i}\omega t}\,\mathrm{d}\omega \tag{2.4.18}$$

即一个系统的单位脉冲响应函数 $h(t)$与其复频率响应函数 $H(\omega)$之间存在着Fourier 变换和 Fourier 逆变换的关系. 从物理概念上来看，$h(t)$和 $H(\omega)$都是由系统参数所确定，所以，$h(t)$和 $H(\omega)$分别是在时域和频域中用以描述系统动态特性的函数.

2.5　冲击与系统的冲击响应

系统受到瞬态激励，其位移、速度或加速度发生突然变化的现象称为冲击. 冲击的特点是：冲击作用时，系统之间传递动能的时间远较系统振动的周期短.

冲击载荷在某些结构(如车辆、桥式吊车等)的设计中是十分重要的. 在冲击载荷下，结构将在很短的时间内达到最大响应，而在此短促的时间中，结构的阻尼还来不及吸收较多的能量，因此，与稳态振动问题的研究不同，对承受冲击载荷的结构来说，阻尼在控制结构的最大响应中所起的作用就显得不太重要. 也正因为如此，冲击问题中一般采用无阻尼系统的模型，而研究其冲击响应的最大峰值.

下面以半正弦波脉冲的冲击激励为例，介绍分析冲击问题的基本方法.

2.5.1　系统对半正弦脉冲冲击的响应

单自由度无阻尼系统原来静止，受到如图2.5.1所示的半正弦脉冲 $F(t)$的冲

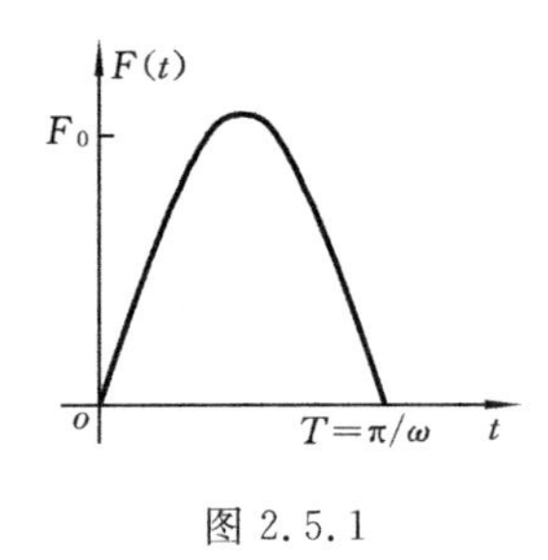

图 2.5.1

击,即

$$F(t)=\begin{cases}F_0\sin\omega t, & 0<t<\pi/\omega\\ 0, & 其他\end{cases} \tag{2.5.1}$$

此时,系统的响应分为两个阶段:载荷作用阶段($0<t<\pi/\omega$)和载荷拆除后的自由振动阶段($t>\pi/\omega$).

1. 载荷作用阶段的冲击响应

系统在载荷作用阶段($0<t<\pi/\omega$)的响应为

$$\begin{aligned}x(t)&=\frac{F_0}{m\omega_n}\int_0^t\sin\omega\tau\sin\omega_n(t-\tau)\mathrm{d}\tau\\&=\frac{F_0}{k}\cdot\frac{1}{1-(\omega/\omega_n)^2}\left(\sin\omega t-\frac{\omega}{\omega_n}\sin\omega_n t\right),\quad 0<t<\pi/\omega\end{aligned} \tag{2.5.2}$$

由于感兴趣于冲击响应的最大峰值,对上式求导,得

$$\dot{x}(t)=\frac{F_0}{k}\cdot\frac{\omega}{1-(\omega/\omega_n)^2}(\cos\omega t-\cos\omega_n t) \tag{2.5.3}$$

令上式等于零,并根据三角函数的和差化积公式

$$\cos\alpha-\cos\beta=-2\sin\frac{\alpha+\beta}{2}\sin\frac{\alpha-\beta}{2}$$

有

$$\sin\frac{\omega_n+\omega}{2}t\sin\frac{\omega_n-\omega}{2}t=0$$

由上式可解得 $x(t)$ 取极值时的两族极值点 t_m'、t_m'',分别为

$$t_m',t_m''=\frac{2p\pi}{\omega_n\pm\omega},\quad p=1,2,\cdots \tag{2.5.4}$$

将上式所示极值点分别代入式(2.5.2),可得 $x(t)$ 的极值为

$$\left.\begin{aligned}x(t_m')&=\frac{F_0}{k(1-\omega/\omega_n)}\sin\frac{2p\pi\omega/\omega_n}{1+\omega/\omega_n}\\x(t_m'')&=\frac{F_0}{k(1+\omega/\omega_n)}\sin\frac{2p\pi\omega/\omega_n}{1-\omega/\omega_n}\end{aligned}\right\} \tag{2.5.5}$$

而 t_m' 应在半正弦脉冲作用期间,由式(2.5.4)有

$$0<\frac{2p\pi}{\omega_n+\omega}<\frac{\pi}{\omega},\quad 即\quad 0<p<\frac{1}{2}\left(1+\frac{\omega_n}{\omega}\right)$$

在以上条件下分析式(2.5.5),可以发现实际上总是 $x(t_m')$ 为大,因此在载荷作用阶段内,系统冲击响应的最大峰值为

$$x_{\max}=x(t_m')=\frac{F_0\omega_n/\omega}{k[(\omega_n/\omega)-1]}\sin\frac{2p\pi}{1+\omega_n/\omega},\quad p<\frac{1}{2}\left(1+\frac{\omega_n}{\omega}\right) \tag{2.5.6}$$

2. 载荷拆除后的自由振动

在载荷拆除后,系统以载荷作用阶段结束时刻 $t=\pi/\omega$ 的位移 $x(\pi/\omega)$ 和速度

$\dot{x}(\pi/\omega)$作为其初始激励，进行自由振动. 由式(1.4.16)，当 $\xi=0$ 时，系统在此阶段的自由振动为

$$x(t)=x(\pi/\omega)\cos\omega_n t+\frac{\dot{x}(\pi/\omega)}{\omega_n}\sin\omega_n t,\quad t>\pi/\omega \tag{2.5.7}$$

根据式(2.5.2)，有

$$x(\pi/\omega)=\frac{F_0\omega_n/\omega}{k[1-(\omega_n/\omega)^2]}\sin\frac{\omega_n\pi}{\omega}$$

根据式(2.5.3)，有

$$\dot{x}(\pi/\omega)=\frac{F_0\omega_n^2/\omega}{k[1-(\omega_n/\omega)^2]}\left(1+\cos\frac{\omega_n\pi}{\omega}\right)$$

将 $x(\pi/\omega)$、$\dot{x}(\pi/\omega)$代入式(2.5.7)并整理，得系统在载荷拆除后的自由振动为

$$x(t)=\frac{F_0\omega_n/\omega}{k[1-(\omega_n/\omega)^2]}\left[\sin\omega_n t+\sin\omega_n\left(t+\frac{\pi}{\omega}\right)\right],\quad t>\pi/\omega \tag{2.5.8}$$

同理，仍需求自由振动的最大峰值. 对上式求导，得

$$\dot{x}(t)=\frac{F_0\omega_n^2/\omega}{k[1-(\omega_n/\omega)^2]}\left[\cos\omega_n t+\cos\omega_n\left(t+\frac{\pi}{\omega}\right)\right] \tag{2.5.9}$$

令上式等于零，再利用和差化积公式

$$\cos\alpha+\cos\beta=2\cos\frac{\alpha+\beta}{2}\cos\frac{\alpha-\beta}{2}$$

有

$$\cos\left[\omega_n\left(t+\frac{\pi}{2\omega}\right)\right]\cos\left(\frac{\omega_n\pi}{2\omega}\right)=0$$

由上式可解得极值点为

$$t_m=\frac{\pi}{2}\left(\frac{2p-1}{\omega_n}-\frac{1}{\omega}\right),\quad p=1,2,\cdots \tag{2.5.10}$$

将上式代入式(2.5.8)并整理，得系统自由振动的最大峰值为

$$x_{max}=\frac{2F_0\omega_n/\omega}{k[1-(\omega_n/\omega)^2]}\cos\frac{\pi\omega_n}{2\omega} \tag{2.5.11}$$

2.5.2 冲击谱

系统冲击响应的最大峰值 x_{max} 与自然频率 ω_n 的关系称为冲击谱或响应谱. 一般在绘制冲击谱和响应谱时，将纵坐标取为 $x_{max}k/F_0$，横坐标取为 ω_n/ω，以得到无量纲化的曲线.

例如，按式(2.5.6)、式(2.5.11)绘制的单自由度系统对于半正弦脉冲的冲击谱如图 2.5.2 所示. 一般，当 $\omega_n<\omega$ 时，冲击响应的最大峰值由式(2.5.11)给出；当 $\omega_n>\omega$ 时，冲击响应的最大峰值由式(2.5.6)、式(2.5.11)给出，而起作用的是其中的大者. 在图 2.5.2 的情况下，当 $\omega_n<\omega$ 时(即冲击波的持续时间 T 较短时)，响应

最大值发生在冲击作用结束以后($t_m>T$),由式(2.5.11)给出;而当 $\omega_n>\omega$(即 T 较长时),最大的冲击发生在冲击作用的时间中($t_m<T$),由式(2.5.6)给出.

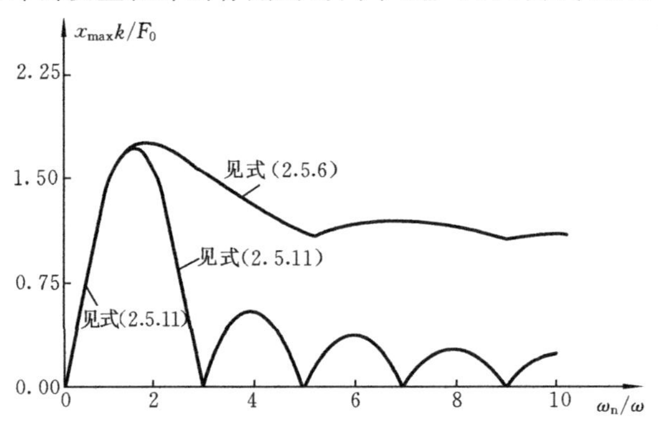

图 2.5.2

除了这里讲的半正弦波冲击以外,还可以有三角脉冲、矩形脉冲等不同形状的冲击.对它们也都可绘制相应的响应谱.该谱图的横坐标可以取为 T/T_n 或 $2T/T_n$,其中 T 为冲击波形持续的时间,而 $T_n=2\pi/\omega_n$.

例 2.10 试求无阻尼系统在图 2.5.3 所示重复冲击下的稳态振动.每次冲击的冲量值为常数 P_0,冲力持续时间 ε 可略去不计,相邻两次冲击的间隔时间为 T.

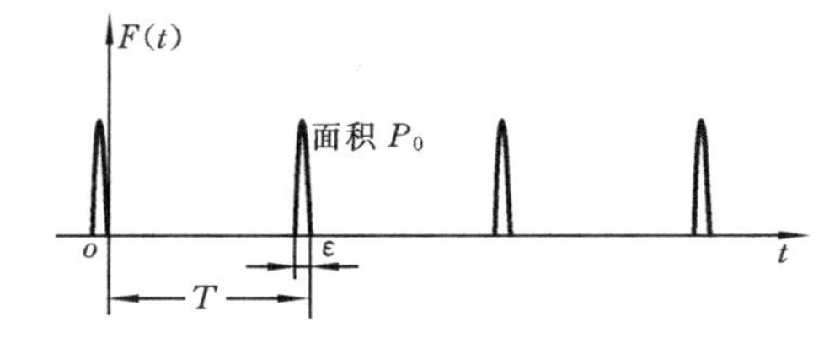

图 2.5.3

解 脉冲激励力相当于给系统提供了初速度 P_0/m,系统将产生自由振动.取某次冲击终止的瞬时为 $t=0$,则在受到下一次冲击之前,无阻尼系统的自由振动位移和速度可表示为

$$x(t)=|X|\cos(\omega_n t-\psi) \tag{a}$$

$$\dot{x}(t)=-\omega_n|X|\sin(\omega_n t-\psi) \tag{b}$$

在时刻 $t=0$,系统以上一次冲击振动的位移和速度为初始条件,有

$$x(0)=|X|\cos\psi \tag{c}$$

$$\dot{x}(0)=\omega_n|X|\sin\psi \tag{d}$$

在下一次冲击之前的时刻 $t=T$,有

$$x(T)=|X|\cos(\omega_n T-\psi) \tag{e}$$

$$\dot{x}(T) = -\omega_n \mid X \mid \sin(\omega_n T - \psi) \tag{f}$$

在下一次冲击之后，系统的位移和速度又会回到式(c)、式(d)，因为已假定在重复冲击下，系统的运动已达到稳定. 由于冲量 P_0 使质量 m 产生速度增量 P_0/m，故有

$$\dot{x}(0) = \dot{x}(T) + \frac{P_0}{m} \tag{g}$$

将式(d)和式(f)代入上式，并整理，得

$$\sin\psi = \frac{P_0}{m\omega_n \mid X \mid} - \sin(\omega_n T - \psi) \tag{h}$$

但由于冲量作用时间 ε 极其短暂，速度还来不及积累成为位移，故有

$$x(0) = x(T)$$

将式(c)和式(e)代入上式，并整理，得

$$\cos\psi = \cos(\omega_n T - \psi) \tag{i}$$

将式(h)、式(i)改写为

$$\sin\frac{\omega_n T}{2}\cos\left(\frac{\omega_n T}{2} - \psi\right) = \frac{P_0}{2m\omega_n \mid X \mid} \tag{j}$$

$$\sin\frac{\omega_n T}{2}\sin\left(\frac{\omega_n T}{2} - \psi\right) = 0 \tag{k}$$

由式(k)，由于 $\sin\dfrac{\omega_n T}{2}$ 不可能对任意的 T 都等于零，故应有

$$\sin\left(\frac{\omega_n T}{2} - \psi\right) = 0 \quad 或 \quad \psi = \frac{\omega_n T}{2}$$

代入式(j)后解得振幅为

$$\mid X \mid = \frac{P_0}{2m\omega_n\sin(\omega_n T/2)} = \frac{P_0}{2\sqrt{mk}\sin(\omega_n T/2)}$$

从而，无阻尼系统的稳态振动为

$$x(t) = \frac{P_0}{2\sqrt{mk}\sin\dfrac{\omega_n T}{2}}\cos\omega_n\left(t - \frac{T}{2}\right) \tag{l}$$

上式对 t 求导，得

$$\dot{x}(t) = \frac{P_0\omega_n}{2\sqrt{mk}\sin(\omega_n T/2)}\left[-\sin\omega_n\left(t - \frac{T}{2}\right)\right] \tag{m}$$

由式(m)，当某次冲击刚过去($t=0$)，有 $\dot{x}(0)=P_0/(2m)$；当下一次冲击即将来临($t=T$)时，有 $\dot{x}(T)=-P_0/(2m)$；而冲击以后又回复到 $\dot{x}(0)=P_0/(2m)$. 冲击前后系统动量之差为 $\dot{x}(0)m-\dot{x}(T)m=P_0$，即正好为系统所承受的冲量. 可是，冲击并未引起系统动能的变化，因为冲击前后的动能均为

$$\frac{1}{2}m\dot{x}^2(0) = \frac{1}{2}m\dot{x}^2(T) = \frac{P_0^2}{8m}$$

同时,由于 $x(0)=x(T)$,因而冲击也并未改变系统的势能.

系统按上式规律振动时,若记弹簧的最大弹性力为 $F_{k,\max}$,则有

$$F_{k,\max} = k\mid X\mid = \frac{P_0\omega_n}{2\sin(\omega_n T/2)} = \frac{P_0}{T}\cdot\frac{\omega_n T/2}{\sin(\omega_n T/2)} \tag{n}$$

当 $\omega_n T$ 很小时,$\frac{\omega_n T/2}{\sin(\omega_n T/2)}\approx 1$,$F_{k,\max}\approx\frac{P_0}{T}$即最大弹性力接近于冲力在时间间隔 T 中的平均值,而当 $\omega_n T/2=p\pi$ $(p=1,2,\cdots)$即 $T=2p\pi/\omega_n$ 时,$\sin(\omega_n T/2)=0$,$F_{k,\max}$将很大.所以,在重复冲击激励下,冲击时间间隔 T 应合适,否则,将可能使振动系统中的弹性元件因受力过大而产生破坏.

思 考 题

判断下列表述是否正确.如果错误,请指出错误所在,并给出正确的表述.

1. 单自由度线性系统在谐波激励下的稳态强迫振动的频率等于外界激励的频率,与系统的自然频率无关.

2. 单自由度线性系统的运动微分方程为 $\ddot{x}(t)+2\xi\omega_n\dot{x}(t)+\omega_n^2x(t)=\omega_n^2f(t)$,如果 $x(t)$的量纲是[L],那么 ξ 的量纲是$[\mathrm{MT}^{-1}]$,$f(t)$的量纲是$[\mathrm{MLT}^{-2}]$.

3. 一个谐波激振力作用到线性系统上,所得到的稳态响应将与激振力有相同的频率与相位.

4. 一个单自由度线性系统当阻尼率 $\xi\geqslant 1$ 时,其谐波响应为非周期运动.

5. 当激振力的频率等于单自由度线性阻尼系统的自然频率 ω_n 时,其振幅达最大值.

6. 如果单自由度系统的复数频率响应为 $H(\omega)=\frac{1}{(1-\omega^2/\omega_n^2)+2\mathrm{i}\xi\omega/\omega_n}$,而激振力为$f(t)=A\cos\omega t$,那么,其响应 $x(t)$可表示为 $x(t)=\mathrm{Re}[H(\omega)\cdot A\cos\omega t]$.

7. 一个周期激振力作用到单自由度线性系统上,系统响应的波形与激振力的波形相同,只是两波形间有一定的相位差.

8. 周期激励相当于用基频 ω_0 谐波与其各个高次谐波 $p\omega_0$ $(p=2,3,\cdots)$激励系统,非周期激励相当于用所有频率 ω 的谐波激励系统.

9. 冲击响应的最大峰值一定发生在冲击作用的时间内,而不能发生在冲击结束以后.

10. 一个无阻尼系统在多次冲击作用下不可能有一种稳态的响应,因为每冲击一次,势必要使系统的速度发生突然改变,因为其动能增加,而系统并无能量耗散,由于能量的积累,势必愈振愈猛.

11. 当初始条件为零,即 $x_0=v_0=0$ 时,系统不会有自由振动项.

12. 由于阻尼作用,系统的自由响应只是在很短的时间内起作用,而强迫激励的响应与自由响应无关.

习　　题

2.1　试用谐波分析法求单自由度有阻尼系统对谐波激励 $F(t)=F_0\sin\omega t$ 的响应.

2.2　图(题 2.2)所示系统模拟在粗糙道路上运动的车辆,车辆速度 v 为常数,试计算响应 $z(t)$ 和传给车辆的力.

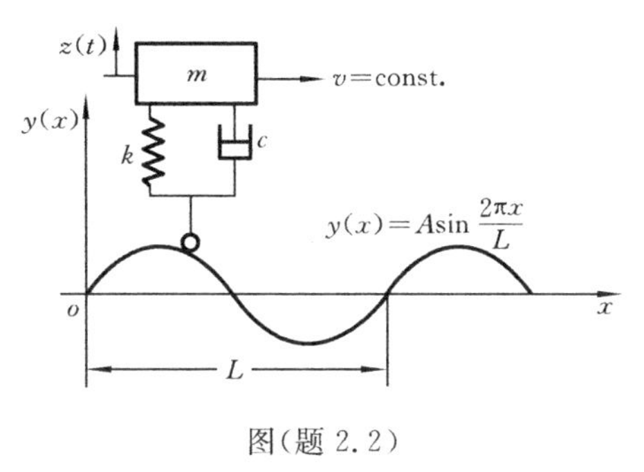

图(题 2.2)

2.3　图(题 2.3)所示的黏性阻尼摆的支承作谐波振动,试导出系统的运动微分方程,并求强迫运动.

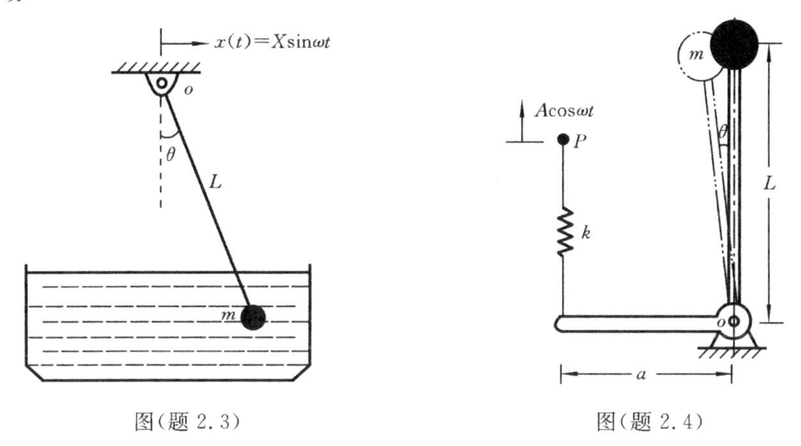

图(题 2.3)　　　　图(题 2.4)

2.4　试导出图(题 2.4)所示点 P 激励倒置摆的运动微分方程,并求微幅振动时的解 $\theta(t)$.

2.5　写出图(题 2.5)所示系统的运动微分方程,并求稳态振动的解.

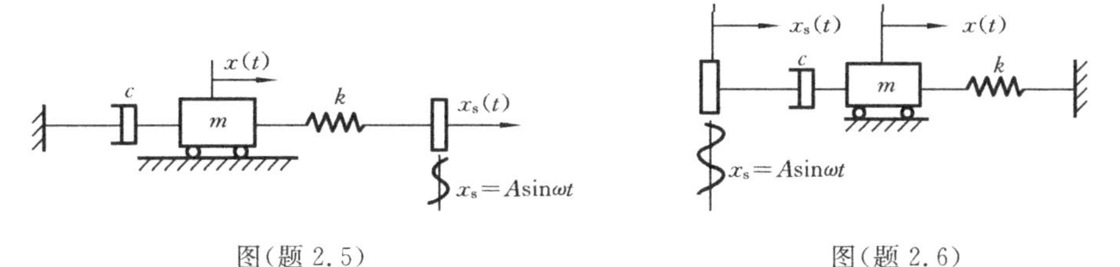

图(题 2.5)　　　　图(题 2.6)

2.6　写出图(题 2.6)所示系统的运动微分方程,并求稳态振动的解.

2.7　图(题 2.7)中的凸轮给系统下端以周期性锯齿函数形式的位移 $y(t)$,试用 Fourier 分析法求响应 $x(t)$.

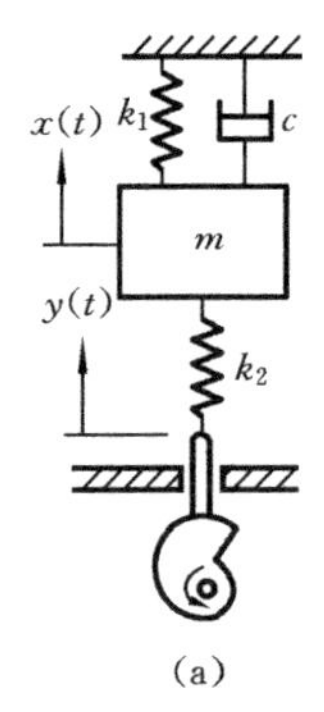

(a)

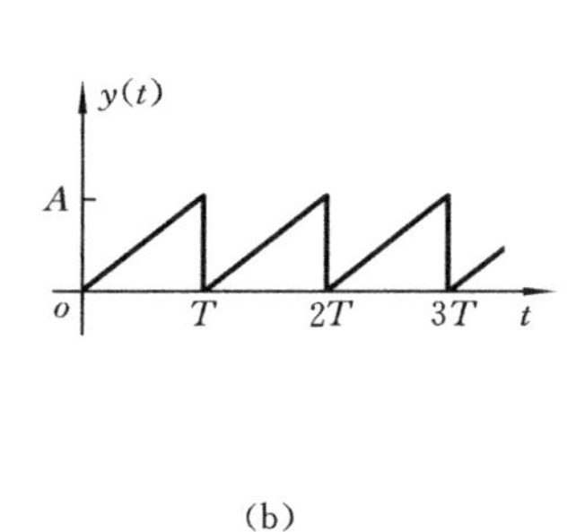

(b)

图(题 2.7)

2.8　求单自由度无阻尼系统对图(题 2.8)所示矩形激励力的响应.

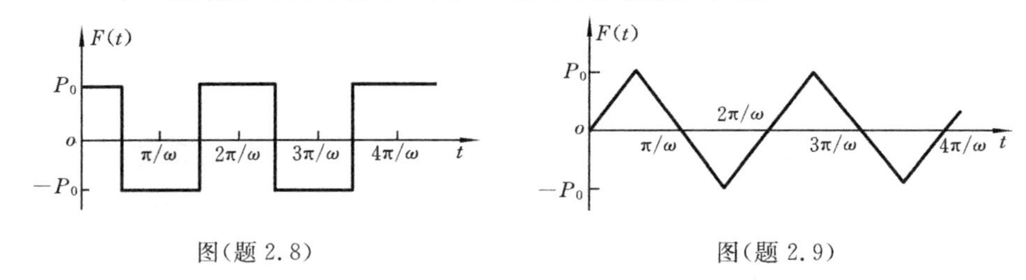

图(题 2.8)　　　　图(题 2.9)

2.9　求单自由度无阻尼系统对图(题 2.9)所示三角激励力的响应.

2.10　用脉冲响应函数法求单自由度阻尼系统在激励力 $kf(t)$ 作用下的响应,$f(t)$ 为斜坡函数,如图(题 2.10)所示.

2.11　用 Fourier 积分法求单自由度阻尼系统对脉冲函数 $kf(t)=P_0\delta(t)$ 激励的响应.

2.12　用脉冲响应函数法证明单自由度无阻尼系统对单边正弦激励力 $F(t)=P_0\sin\omega t u(t)$ 激励的响应为

$$x(t)=\frac{P_0}{k}\cdot\frac{1}{1-(\omega/\omega_n)^2}\left(\sin\omega t-\frac{\omega}{\omega_n}\sin\omega_n t\right)u(t)$$

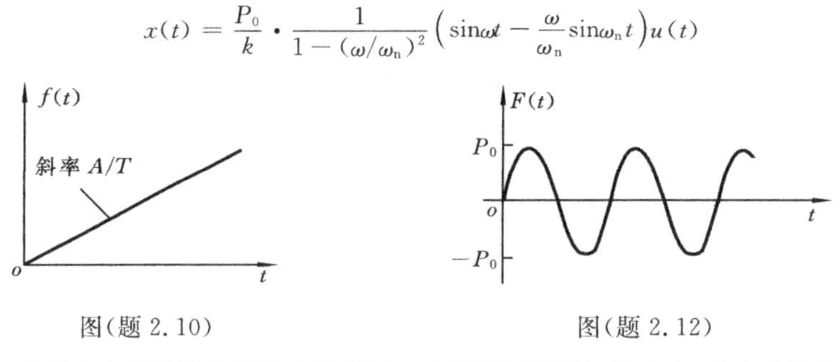

图(题 2.10)　　　　图(题 2.12)

2.13　求单自由度无阻尼系统对图(题 2.13)所示矩形脉冲的响应,画出系统的冲击谱,并与 2.5 节的结果比较进行分析.

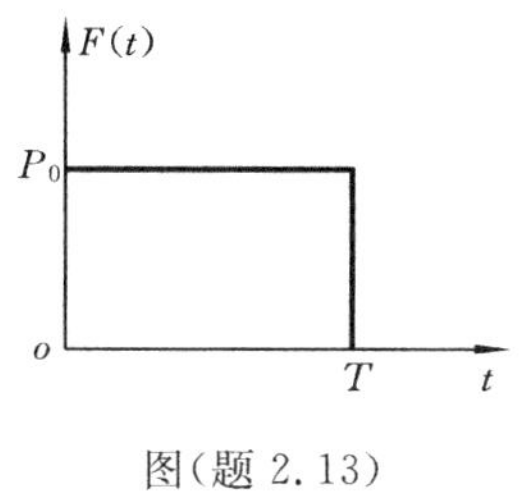

图(题 2.13)

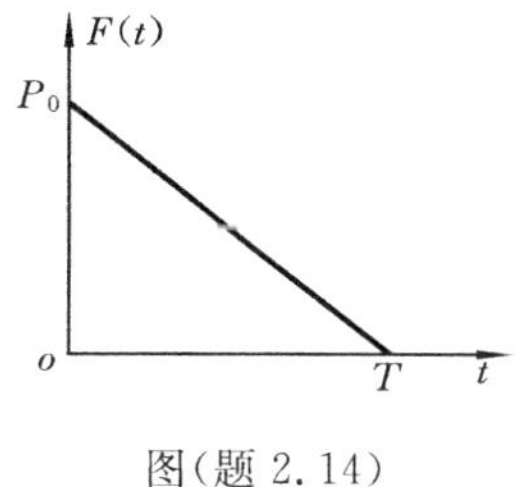

图(题 2.14)

2.14　求单自由度无阻尼系统对图(题 2.14)所示三角形脉冲的响应,画出系统的冲击谱,并与 2.5 节的结果比较进行分析.

2.15　用脉冲响应函数法求单自由度无阻尼系统对图(题 2.15)所示三角脉冲力 $F(t)$激励的响应.

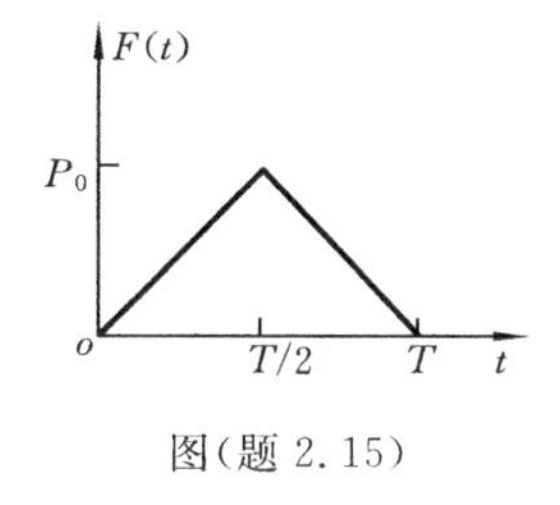

图(题 2.15)

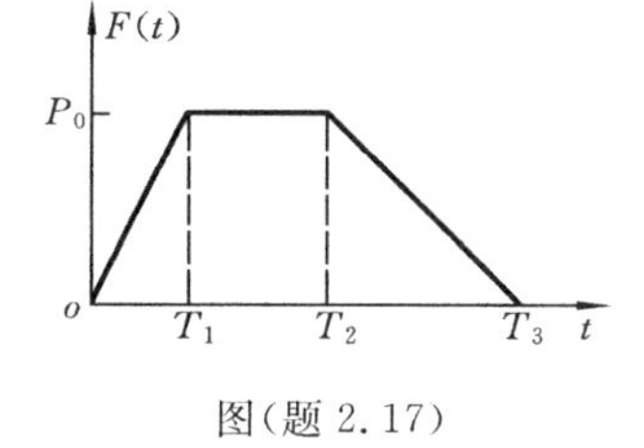

图(题 2.17)

2.16　求上题系统的冲击谱.

2.17　用脉冲响应函数法求单自由度无阻尼系统对图(题 2.17)所示梯形脉冲力 $F(t)$激励的响应.

2.18　求上题中梯形脉冲力的冲击谱.

第3章　两自由度系统的振动

前两章分别讨论了单自由度系统的自由振动和强迫振动，但工程中大量的复杂振动系统往往需要简化成多自由度系统才能反映实际问题的物理本质.两自由度系统是多自由度系统的一个最简单的特例.与单自由度系统比较，两自由度系统在概念上有一些本质的不同，需要新的分析方法.而由两自由度系统到更多自由度系统，则主要只是量的扩充，在问题的表述，求解的方法以及在最主要的振动性态上没有本质的区别.因此，本章讲述两自由度系统的振动，介绍一些新的基本概念，作为下一章研究多自由度系统的基础.另外，两自由度系统的振动理论本身也有重要的工程应用.

振动系统的"自由度"定义为描述振动系统的位置或形状所需要的独立坐标的个数.需要用两个独立坐标来描述其运动的振动系统称为两自由度振动系统.本章先导出两自由度系统的一般运动方程，然后讨论其自由振动和强迫振动.

3.1　两自由度振动系统的运动微分方程

图3.1.1(a)所示为一个典型的两自由度振动系统的力学模型，质量为 m_1 和 m_2 的质块分别与刚度为 k_1 的弹簧、阻尼为 c_1 的阻尼器和刚度为 k_3 的弹簧、阻尼为 c_3 的阻尼器连接于左、右侧的支承点，并与刚度为 k_2 的弹簧、阻尼为 c_2 的阻尼器相互连接，两质块可沿光滑水平面移动，它们在任何时刻的位置由独立坐标 $x_1(t)$、$x_2(t)$完全确定.

选取 m_1 与 m_2 的静平衡位置为坐标 $x_1(t)$、$x_2(t)$的原点，那么在任一时刻，当 m_1、m_2 的位移分别为 $x_1(t)$、$x_2(t)$时，在水平方向上，m_1 承受弹性恢复力 $k_1x_1(t)$、$k_2[x_2(t)-x_1(t)]$，阻尼力 $c_1\dot{x}_1(t)$、$c_2[\dot{x}_2(t)-\dot{x}_1(t)]$，外界激励力 $F_1(t)$；m_2 承受弹性恢复力 $k_3x_2(t)$、$k_2[x_2(t)-x_1(t)]$，阻尼力 $c_3\dot{x}_2(t)$、$c_2[\dot{x}_2(t)-\dot{x}_1(t)]$，外界激励力 $F_2(t)$（见图3.1.1(b)中的 m_1、m_2 的脱离体图）.根据Newton运动定律，可得到系统的两个运动微分方程，即

$$\begin{aligned}m_1\ddot{x}_1(t) &= -c_1\dot{x}_1(t)+c_2[\dot{x}_2(t)-\dot{x}_1(t)]-k_1x_1(t)\\&\quad +k_2[x_2(t)-x_1(t)]+F_1(t)\\m_2\ddot{x}_2(t) &= -c_3\dot{x}_2(t)+c_2[\dot{x}_1(t)-\dot{x}_2(t)]-k_3x_2(t)\\&\quad +k_2[x_1(t)-x_2(t)]+F_2(t)\end{aligned}$$

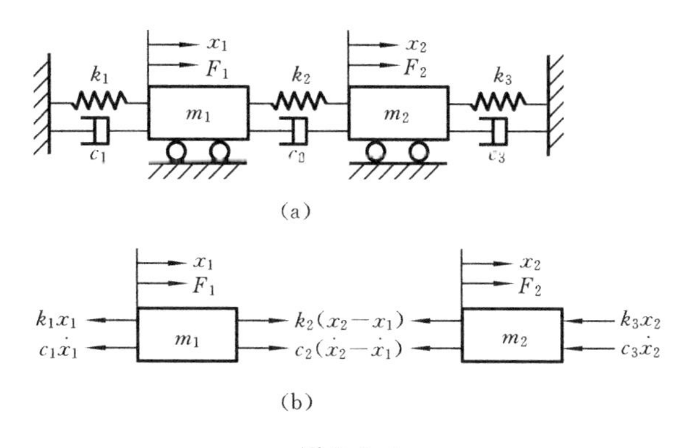

图 3.1.1

移项，得

$$\left.\begin{aligned}m_1\ddot{x}_1(t)+(c_1+c_2)\dot{x}_1(t)-c_2\dot{x}_2(t)+(k_1+k_2)x_1(t)-k_2x_2(t)=F_1(t)\\m_2\ddot{x}_2(t)+(c_2+c_3)\dot{x}_2(t)-c_2\dot{x}_1(t)+(k_2+k_3)x_2(t)-k_2x_1(t)=F_2(t)\end{aligned}\right\}\tag{3.1.1}$$

从方程(3.1.1)可以看到：对 m_1 取脱离体的方程中包含了 $x_2(t)$、$\dot{x}_2(t)$，而对 m_2 取脱离体的方程中包含了 $x_1(t)$、$\dot{x}_1(t)$，这就使方程(3.1.1)成为联立方程，而坐标 $x_1(t)$、$x_2(t)$则称为是耦合的，m_1 和 m_2 的运动是通过耦合项相互影响的. 显然，当耦合项为零时，即 $c_2=k_2=0$ 时，原来的两自由度系统就成为两个单自由度系统. 一般情况下，运动方程(3.1.1)为常系数二阶线性联立微分方程组，对之可采用消去法求解其中的两未知函数 $x_1(t)$、$x_2(t)$，但会使方程的阶数升高，同时不易体现方程中的物理意义. 因此，多自由度系统的振动分析，一般都要采用下面讲述的方法来解除坐标耦合.

方程(3.1.1)可写为紧凑的矩阵形式，为此设

$$\left.\begin{aligned}&\begin{bmatrix}m_1 & 0\\0 & m_2\end{bmatrix}=[m]\quad\begin{bmatrix}c_1+c_2 & -c_2\\-c_2 & c_2+c_3\end{bmatrix}=[c]\\&\begin{bmatrix}k_1+k_2 & -k_2\\-k_2 & k_2+k_3\end{bmatrix}=[k]\\&\begin{Bmatrix}x_1(t)\\x_2(t)\end{Bmatrix}=\{x(t)\}\\&\begin{Bmatrix}F_1(t)\\F_2(t)\end{Bmatrix}=\{F(t)\}\end{aligned}\right\}\tag{3.1.2}$$

于是，方程(3.1.1)成为

$$[m]\{\ddot{x}(t)\}+[c]\{\dot{x}(t)\}+[k]\{x(t)\}=\{F(t)\}\tag{3.1.3}$$

其中，常数矩阵$[m]$、$[c]$、$[k]$分别称为质量矩阵、阻尼矩阵和刚度矩阵. 由式

(3.1.2)可见,它们都是对称矩阵.当且仅当它们都是对角矩阵时,方程(3.1.3)才是无耦合的,而二维向量$\{x(t)\}$、$\{F(t)\}$分别称为位移向量和激振力向量.注意,这里的向量是一种广义向量,其实它只是一种同类量的组合与排列,而并不表示在空间“有方向的量”.后面将频繁地使用运动方程的矩阵形式(见式(3.1.3)).在形式上,它适合任何自由度线性系统的运动方程,只不过矩阵和向量的维数需要与系统的自由度数相等.

以下先简后繁,即首先忽略系统的阻尼,研究系统的自由振动.在很多实际工程问题中,阻尼对系统运动的影响很小,可以忽略不计.

3.2 无阻尼系统的自由振动及自然模态

当不考虑图3.1.1(a)所示两自由度系统的阻尼和外界激励时,得到图3.2.1所示的两自由度无阻尼自由振动系统.令式(3.1.1)中$c_1=c_2=c_3=0$,$F_1(t)=F_2(t)=0$,得到系统的运动微分方程为

$$\left.\begin{aligned}m_1\ddot{x}_1(t)+(k_1+k_2)x_1(t)-k_2x_2(t)=0\\m_2\ddot{x}_2(t)+(k_2+k_3)x_2(t)-k_2x_1(t)=0\end{aligned}\right\}\tag{3.2.1}$$

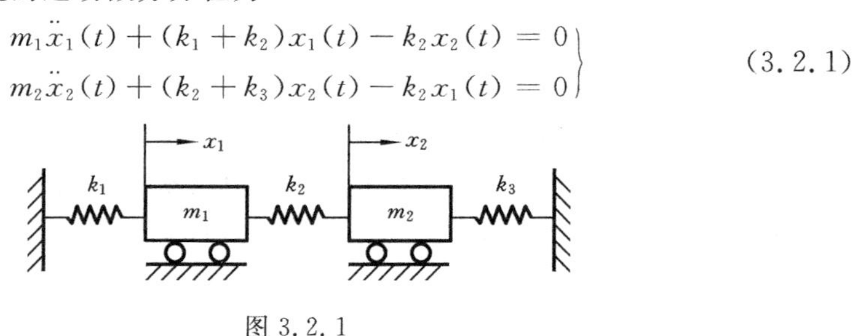

图 3.2.1

为书写方便,采用下列符号

$$a=\frac{k_1+k_2}{m_1}\quad b=\frac{k_2}{m_1}\quad c=\frac{k_2}{m_2}\quad d=\frac{k_2+k_3}{m_2}$$

则系统的方程可写为

$$\left.\begin{aligned}\ddot{x}_1(t)+ax_1(t)-bx_2(t)=0\\\ddot{x}_2(t)-cx_1(t)+dx_2(t)=0\end{aligned}\right\}\tag{3.2.2}$$

上式是一个二阶常系数线性齐次微分方程组.为了研究它的解,先试探一种最简单的、特殊形式的解:m_1 和 m_2 合拍地进行运动,即坐标之比 $x_2(t)/x_1(t)$等于常数,称这种运动为同步运动.可将同步解写为

$$\left.\begin{aligned}x_1(t)=u_1f(t)\\x_2(t)=u_2f(t)\end{aligned}\right\}\tag{3.2.3}$$

其中,振幅 u_1、u_2 和时间函数 $f(t)$待定.显然,这种形式的解确实满足上述 $x_2/x_1=u_2/u_1=\text{const.}$ 的要求.为了探讨这种形式的解存在的可能性,以及确定 u_1、u_2 与

$f(t)$，将式(3.2.3)代入式(3.2.2)，得

$$\left.\begin{aligned} u_1 \ddot{f}(t) + (au_1 - bu_2)f(t) = 0 \\ u_2 \ddot{f}(t) + (du_2 - cu_2)f(t) = 0 \end{aligned}\right\} \tag{3.2.4}$$

从而有

$$\left.\begin{aligned} -\frac{\ddot{f}(t)}{f(t)} = \frac{au_1 - bu_2}{u_1} \\ -\frac{\ddot{f}(t)}{f(t)} = \frac{du_2 - cu_1}{u_2} \end{aligned}\right\} \tag{3.2.5}$$

因为 a、b、c、d 及 u_1、u_2 均为常数，所以 $-\ddot{f}(t)/f(t)$ 亦应为实常数，不妨记为 λ，则有

$$\ddot{f}(t) + \lambda f(t) = 0 \tag{3.2.6}$$

同时有

$$\left.\begin{aligned} (a-\lambda)u_1 - bu_2 = 0 \\ (d-\lambda)u_2 - cu_1 = 0 \end{aligned}\right\} \tag{3.2.7}$$

方程(3.2.6)是最简单的二阶齐次常微分方程，它的解具有下列形式：

$$f(t) = C_1 e^{\sqrt{-\lambda}t} + C_2 e^{\sqrt{-\lambda}t} \tag{3.2.8}$$

由于已假定所研究的系统既没有内部阻尼，又不受外界激励，即是保守系统，因此，$x_1(t)$、$x_2(t)$以及 $f(t)$都应该是有限值，从而式(3.2.8)中的 λ 必须为正数，不妨设 $\lambda=\omega^2$，这里 ω 为正实数. 这样，方程(3.2.6)便成为一个谐振子系统的运动方程. 对此，在第 1 章已讨论过，且已知其解为

$$f(t) = C\cos(\omega t - \psi) \tag{3.2.9}$$

式中，C 为任意常数；ω 为简谐运动频率；ψ 为初相位.

从上面的分析看到，如果系统的同步运动确实能够存在，则它对时间的依赖应是简谐的，且方程(3.2.7)须成立. 用 ω^2 取代方程(3.2.7)中的 λ，得

$$\left.\begin{aligned} (a-\omega^2)u_1 - bu_2 = 0 \\ -cu_1 + (d-\omega^2)u_2 = 0 \end{aligned}\right\} \tag{3.2.10}$$

这是关于 u_1、u_2 的线性齐次代数方程组. $u_1=u_2=0$ 显然是它的一组解，但这组解仅表明 $x_1(t)=x_2(t)=0$，即系统处于平衡状态，我们对此解不感兴趣. 所需要探求的是 u_1、u_2 存在非零解即不全为零的情况. 为此，方程(3.2.10)的系数行列式必须等于零，即

$$\Delta(\omega^2) = \begin{vmatrix} a-\omega^2 & -b \\ -c & d-\omega^2 \end{vmatrix} = 0 \tag{3.2.11}$$

$\Delta(\omega^2)$称为特征行列式，它给出了同步解的简谐振动频率与系统物理参数之间的确定性关系. 展开上式，得

$$\omega^4 - (a+d)\omega^2 + (ad-bc) = 0 \tag{3.2.12}$$

上式是关于 ω^2 的二次代数方程，称为系统的特征方程或频率方程. 由此可解出 ω^2 的两个根为

$$\omega_{1,2}^2=\frac{1}{2}(a+d)\mp\frac{1}{2}\sqrt{(a+d)^2-4(ad-bc)} \tag{3.2.13a}$$

或

$$\omega_{1,2}^2=\frac{1}{2}(a+d)\mp\frac{1}{2}\sqrt{(a-d)^2+4bc} \tag{3.2.13b}$$

因为系统的刚度、质量恒为正值，由它们按式(3.2.1)确定的 a、b、c、d 也为正值，故从式(3.2.13b)可知 ω_1^2、ω_2^2 都是实根；又因为 $ad>bc$，故式(3.2.13a)右边的第二项小于第一项，所以 ω_1^2 和 ω_2^2 都取正值，方程(3.2.12)只存在这样两个正实根. 这表明，系统可能有的同步运动不仅是简谐的，而且只可能存在 ω_1 和 ω_2 两种频率的简谐运动. ω_1 和 ω_2 由 a、b、c、d，即由系统的参数 k_1、k_2、k_3、m_1、m_2 所唯一确定，称为系统的固有频率或自然频率. 可以看到，两自由度系统有两个自然频率.

下面求 u_1、u_2. 方程(3.2.10)是齐次的，不能完全确定振幅 u_1 和 u_2，只可能确定它们的比值 u_2/u_1. 在满足方程(3.2.11)的条件下，联立方程(3.2.10)成为同解方程，即由该两式求出的 u_2/u_1 是相等的. 于是，将 ω_1^2 和 ω_2^2 分别代入方程(3.2.10)中的任一式，可得

$$\left.\begin{aligned}r_1&=\frac{u_2^{(1)}}{u_1^{(1)}}=\frac{a-\omega_1^2}{b}=\frac{c}{d-\omega_1^2}\\r_2&=\frac{u_2^{(2)}}{u_1^{(2)}}=\frac{a-\omega_2^2}{b}=\frac{c}{d-\omega_2^2}\end{aligned}\right\} \tag{3.2.14}$$

上式表明：系统按其任一固有频率作简谐同步运动时，m_1 和 m_2 运动的振幅之比也由系统本身的物理性质所决定，对于特定系统，它是一个确定的量. 另外，从式(3.2.3)还可知：由于 m_1 和 m_2 作同步运动，它们在任意时刻的位移比 $x_2(t)/x_1(t)$ 等于振幅比 u_2/u_1，从而也是一个确定的值. 这样，当系统以频率 ω_1 或 ω_2 作同步简谐运动时，具有确定比值的一对常数 $u_1^{(1)}$、$u_2^{(1)}$ 或 $u_1^{(2)}$、$u_2^{(2)}$ 可以确定系统的振动形态，称之为固有振型. 可用向量形式表示为

$$\left.\begin{aligned}\{u^{(1)}\}&=\begin{Bmatrix}u_1^{(1)}\\u_2^{(1)}\end{Bmatrix}=u_1^{(1)}\begin{Bmatrix}1\\r_1\end{Bmatrix}\\\{u^{(2)}\}&=\begin{Bmatrix}u_1^{(2)}\\u_2^{(2)}\end{Bmatrix}=u_1^{(2)}\begin{Bmatrix}1\\r_2\end{Bmatrix}\end{aligned}\right\} \tag{3.2.15}$$

$\{u^{(1)}\}$和$\{u^{(2)}\}$称为系统的模态向量. 每一个模态向量和相应的自然频率构成系统的一个自然模态. $\{u^{(1)}\}$对应于较低的自然频率 ω_1(亦称为基频)，它们组成第一阶模态，$\{u^{(2)}\}$与 ω_2 则构成第二阶模态. 两自由度系统正好有两个自然模态，它们代表两种形式的同步运动. 不难证明：$r_1>0$，$r_2<0$. 这说明，系统按第一阶模态进行

同步运动时，m_1 和 m_2 在任一瞬时的运动方向相同，而按第二阶模态进行运动时，m_1 和 m_2 运动方向相反.

后面将会看到，系统的模态数一般与其自由度数相等.

经过上述分析，可以写出两个同步解的具体形式为

$$\left.\begin{aligned} x_1^{(1)}(t) &= u_1^{(1)} C_1 \cos(\omega_1 t - \psi_1) \\ x_2^{(1)}(t) &= u_1^{(1)} r_1 C_1 \cos(\omega_1 - \psi_1) \end{aligned}\right\} \tag{3.2.16a}$$

$$\left.\begin{aligned} x_1^{(2)}(t) &= u_1^{(2)} C_2 \cos(\omega_2 t - \psi_2) \\ x_2^{(2)}(t) &= u_1^{(2)} r_2 C_2 \cos(\omega_2 t - \psi_2) \end{aligned}\right\} \tag{3.2.16b}$$

式中，$u_1^{(1)} C_1$、ψ_1 和 $u_1^{(2)} C_2$、ψ_2 为任意常数. 式(3.2.16a)和式(3.2.16b)都是齐次微分方程组(3.2.2)的解，将它们叠加可得到该微分方程组的通解

$$\left.\begin{aligned} x_1(t) &= C_1 \cos(\omega_1 t - \psi_1) + C_2 \cos(\omega_2 t - \psi_2) \\ x_2(t) &= C_1 r_1 \cos(\omega_1 t - \psi_1) + C_2 r_2 \cos(\omega_2 t - \psi_2) \end{aligned}\right\} \tag{3.2.17}$$

这里将式(3.2.16)的 $u_1^{(1)} C_1$ 和 $u_1^{(2)} C_2$ 分别写成 C_1、C_2，将式(3.2.17)写成向量形式，有

$$\{x(t)\} = C_1 \begin{Bmatrix} 1 \\ r_1 \end{Bmatrix} \cos(\omega_1 t - \psi_1) + C_2 \begin{Bmatrix} 1 \\ r_2 \end{Bmatrix} \cos(\omega_2 t - \psi_2) \tag{3.2.18}$$

上式表明，在一般情况下，两自由度系统自由振动是两个自然模态振动的叠加，即是两个不同频率的简谐运动的叠加，其结果一般不是简谐运动.

式(3.2.17)中的 ω_1、ω_2 及 r_1 和 r_2 都决定于系统的物理特性，分别由式(3.2.13)、式(3.2.14)确定，而 C_1、C_2 和 ψ_1、ψ_2 由系统运动的初始条件确定，设 $t=0$ 时，m_1、m_2 的位移和速度分别为 x_{10}、x_{20}、$\dot{x}_{10}$、$\dot{x}_{20}$，将它们代入式(3.2.17)，得

$$\left.\begin{aligned} x_1(0) &= C_1 \cos\psi_1 + C_2 \cos\psi_2 = x_{10} \\ x_2(0) &= C_1 r_1 \cos\psi_1 + C_2 r_2 \cos\psi_2 = x_{20} \\ \dot{x}_1(0) &= C_1 \omega_1 \sin\psi_1 + C_2 \omega_2 \sin\psi_2 = \dot{x}_{10} \\ \dot{x}_2(0) &= C_1 r_1 \omega_1 \sin\psi_1 + C_2 r_2 \omega_2 \sin\psi_2 = \dot{x}_{20} \end{aligned}\right\} \tag{3.2.19}$$

这是以 C_1、C_2、ψ_1、ψ_2 为未知量的代数方程组，解得

$$\left.\begin{aligned} C_1 &= \frac{1}{|r_2 - r_1|} \sqrt{(r_2 x_{10} - x_{20})^2 + \frac{(r_2 \dot{x}_{10} - \dot{x}_{20})^2}{\omega_1^2}} \\ C_2 &= \frac{1}{|r_2 - r_1|} \sqrt{(x_{20} - r_1 x_{10})^2 + \frac{(\dot{x}_{20} - r_1 \dot{x}_{10})^2}{\omega_2^2}} \\ \psi_1 &= \arctan \frac{r_2 \dot{x}_{10} - \dot{x}_{20}}{\omega_1 (r_2 x_{10} - x_{20})} \\ \psi_2 &= \arctan \frac{r_1 \dot{x}_{10} - \dot{x}_{20}}{\omega_2 (r_1 x_{10} - x_{20})} \end{aligned}\right\} \tag{3.2.20}$$

式(3.2.17)、式(3.2.20)给出了系统对初始激励的响应.在特定的初始条件下,若 $C_2=0$,则系统按第一阶模态进行振动;若 $C_1=0$,则系统按第二阶模态进行振动;若 C_1、C_2 都不为零,系统的运动是两个自然模态振动的叠加.C_1、C_2 决定了在系统的总振动中第一阶模态和第二阶模态的振动所占比例的大小.读者需要将它们与 r_1、r_2 区分开,后者分别表示在一阶模态中与二阶模态中,两个自由度的振幅之比.

例 3.1 在图 3.2.1 所示的两自由度系统中,已知 $m_1=m,m_2=2m,k_1=k_2=k,k_3=2k$,求振动系统的自然模态.

解 利用式(3.2.13a),将 $a=2k/m,b=k/m,c=k/(2m),d=3k/(2m)$ 代入,得

$$\omega_{1,2}^2=\left[\frac{1}{2}\left(2+\frac{3}{2}\right)\mp\frac{1}{2}\sqrt{\left(2-\frac{3}{2}\right)^2+2}\,\right]\frac{k}{m}=\left(\frac{7}{4}\mp\frac{3}{4}\right)\frac{k}{m} \tag{a}$$

系统的自然频率为

$$\omega_1=\sqrt{k/m}\quad \omega_2=1.581\,1\sqrt{k/m}$$

将 ω_1、ω_2 代入式(3.2.14),得

$$r_1=\frac{2k/m-k/m}{k/m}=1 \tag{b}$$

$$r_2=\frac{2k/m-5k/(2m)}{k/m}=-\frac{1}{2} \tag{c}$$

按式(3.2.15),系统的模态向量为

$$\{u^{(1)}\}=\begin{Bmatrix}1\\1\end{Bmatrix}\quad \{u^{(2)}\}=\begin{Bmatrix}1\\-0.5\end{Bmatrix}$$

为简便起见,将式(3.2.15)中的 $u_1^{(1)}$、$u_1^{(2)}$ 都取为 1.这当然是允许的,因为模态向量的"长度"并无实质意义,而重要的是其各分量之间的比例关系,即它的"方向".若以横轴表示系统各点的静平衡位置,纵轴表示各点的振幅,则可画出系统振型或模态的形状,如图 3.2.2 所示.第二阶模态有一个零位移点,这种点称为节点,这意味着系统按此模态运动时,弹簧 k_2 上有一个始终保持不动的点.

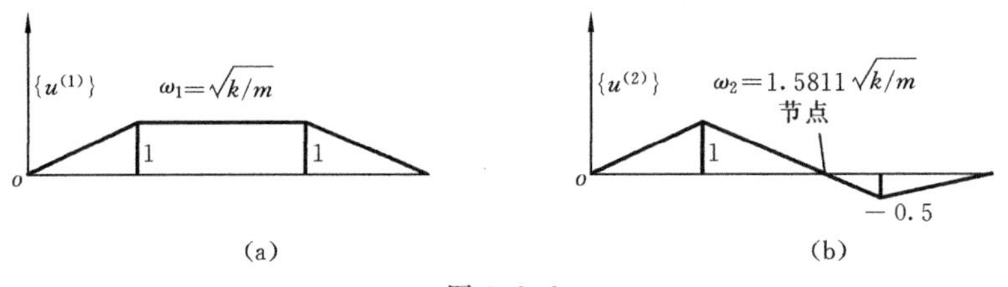

图 3.2.2

例 3.2 在例 3.1 中,已知

(1) $x_{10}=1.2,\ x_{20}=\dot{x}_{10}=\dot{x}_{20}=0$ (2) $x_{10}=x_{20}=1.2,\ \dot{x}_{10}=\dot{x}_{20}=0$

求系统的响应.

解　由例 3.1 得 $\omega_1=\sqrt{k/m}$，$\omega_2=1.5811\sqrt{k/m}$，$r_1=1$，$r_2=-0.5$.

(1) 将初始条件 $x_{10}=1.2$、$x_{20}=\dot{x}_{10}=\dot{x}_{20}=0$ 代入式(3.2.20)可求出

$$C_1=\frac{1}{1/2+1}\left(\frac{1}{2}\times 1.2\right)=0.4 \quad C_2=\frac{1}{1/2+1}(1\times 1.2)=0.8$$

$$\psi_1=0 \quad \psi_2=0$$

从而根据式(3.2.17)可写出系统的响应

$$x_1=0.4\cos\sqrt{k/m}t+0.8\cos(1.58\sqrt{k/m}t) \tag{a}$$

$$x_2=0.4\cos\sqrt{k/m}t-0.4\cos(1.58\sqrt{k/m}t) \tag{b}$$

(2) 将初始条件 $x_{10}=x_{20}=1.2$、$\dot{x}_{10}=\dot{x}_{20}=0$ 代入式(3.2.20)可求出

$$C_1=\frac{1}{1/2+1}\left(\frac{1}{2}\times 1.2+1.2\right)=1.2 \quad C_2=0$$

$$\psi_1=\psi_2=0$$

按式(3.2.17)可写出系统的响应

$$x_1=1.2\cos\sqrt{k/m}t \quad x_2=1.2\cos\sqrt{k/m}t$$

即只有第一阶模态的振动，这是由于初始条件正好构成第一阶振型的缘故. 如果初始条件构成第二阶振型，即令初始条件为 $x_{10}=1$，$x_{20}=-0.5$，$\dot{x}_{10}=\dot{x}_{20}=0$，则系统将只有第二阶模态的振动. 读者可自行验证.

3.3　坐标变换与坐标耦合

即使是对于同一个两自由度系统，也可以选取不同的独立坐标来描述它的运动，从而得到不同的运动微分方程. 值得注意的是，当采用不同的坐标时，运动方程表现为不同的耦合方式，甚至表现为耦合的有无. 以下通过一个例子来说明这一问题.

图 3.3.1(a)所示系统可看做是车辆的车身、前后车轮及其悬挂装置构成的系统或机器与其隔振装置组成的系统的简化模型.

设刚性杆质量为 m，绕质心 c 的转动惯量为 I_c，质心 c 与弹簧 k_1、k_2 的距离分别为 l_1 和 l_2. 取质心 c 的竖直位移 x 和绕质心的转角 θ 为坐标，x 的坐标原点取在系统的静平衡位置. 这里设 x 和 θ 都是微小位移，对刚性杆应用质心运动定律和刚体转动定律，得到关于 x 和 θ 的两个运动微分方程为

$$\left.\begin{aligned}-k_1(x-l_1\theta)-k_2(x+l_2\theta)&=m\ddot{x}\\ k_1(x-l_1\theta)l_1-k_2(x+l_2\theta)l_2&=I_c\ddot{\theta}\end{aligned}\right\} \tag{3.3.1}$$

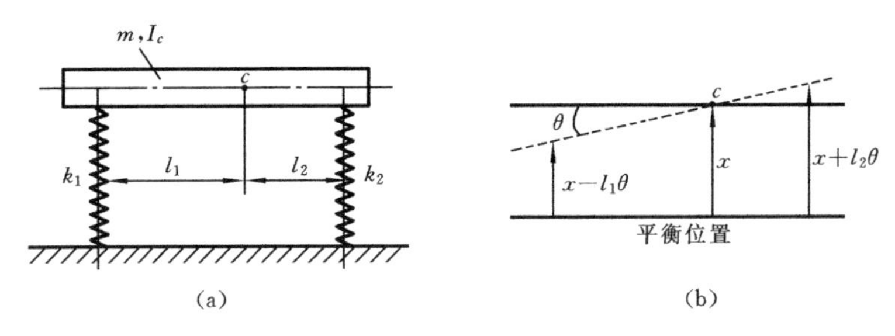

图 3.3.1

$$
\text{或}\quad \left.\begin{aligned} m\ddot{x} + (k_1 + k_2)x - (k_1 l_1 - k_2 l_2)\theta = 0 \\ I_c\ddot{\theta} - (k_1 l_1 - k_2 l_2)x + (k_1 l_1^2 + k_2 l_2^2)\theta = 0 \end{aligned}\right\} \tag{3.3.2}
$$

其矩阵形式为

$$
\begin{bmatrix} m & 0 \\ 0 & I_c \end{bmatrix}\begin{Bmatrix} \ddot{x} \\ \ddot{\theta} \end{Bmatrix} + \begin{bmatrix} k_1 + k_2 & -(k_1 l_1 - k_2 l_2) \\ -(k_1 l_1 - k_2 l_2) & k_1 l_1^2 + k_2 l_2^2 \end{bmatrix}\begin{Bmatrix} x \\ \theta \end{Bmatrix} = \begin{Bmatrix} 0 \\ 0 \end{Bmatrix} \tag{3.3.3}
$$

由于在一般情况下 $k_1 l_1 \neq k_2 l_2$,因而刚度矩阵是非对角的,即两方程通过坐标 x、θ 而相互耦合.这种耦合称为弹性耦合或静力耦合.

现在选取不同的坐标来建立该系统的运动方程.选取另一组坐标 x_1、θ,如图 3.3.2(b)所示,θ 仍为杆在图示平面中的转角,x_1 是杆上点 o 的竖直位移,而点 o 是当刚性杆在竖直方向平动时弹簧 k_1、k_2 合力的作用点,k_1、k_2 满足条件 $k_1 l_1' = k_2 l_2'$.设 I_o 为杆对点 o 的转动惯量,对系统分别采用质心运动定律和刚体转动定律,有

$$
\left.\begin{aligned} -k_1(x_1 - l'\theta) - k_2(x_1 + l'\theta) = m[\ddot{x}_1 + (l_1 - l_1')\ddot{\theta} \\ k_1(x_1 - l_1'\theta)l_1' - k_2(x_1 + l_2'\theta)l_2' - m\ddot{x}_1(l_1 - l_1') = I_o\ddot{\theta} \end{aligned}\right\} \tag{3.3.4}
$$

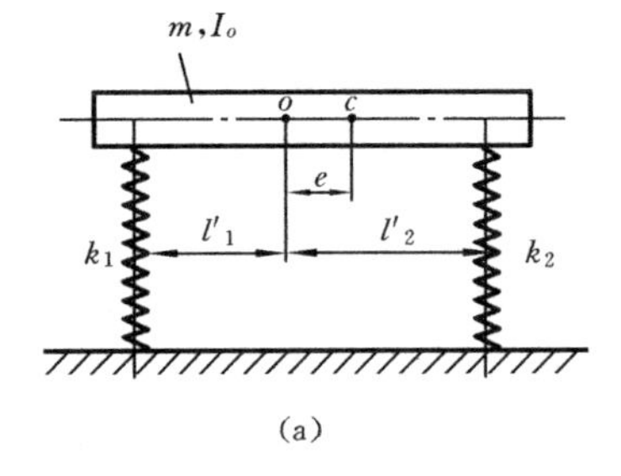

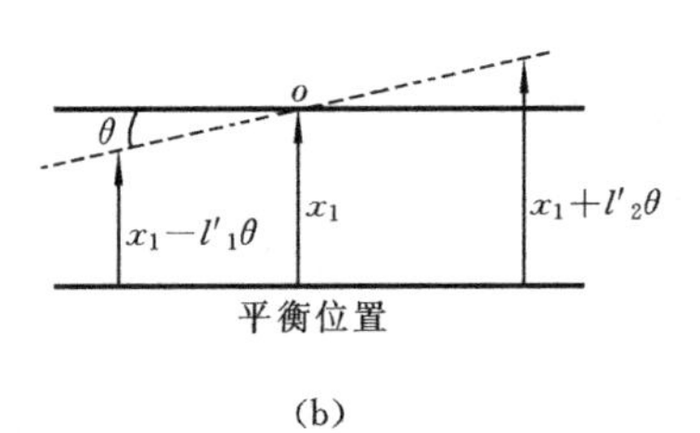

图 3.3.2

设 $e = l_1 - l_1'$,e 为点 o 与点 c 之间的距离,式(3.3.4)可整理成

$$
\left.\begin{aligned} m\ddot{x}_1 + me\ddot{\theta} + (k_1 + k_2)x_1 = 0 \\ me\ddot{x}_1 + I_o\ddot{\theta} + (k_1 l_1'^2 + k_2 l_2'^2)\theta = 0 \end{aligned}\right\} \tag{3.3.5}
$$

或写成矩阵形式

$$\begin{bmatrix} m & me \\ me & I_o \end{bmatrix}\begin{Bmatrix} \ddot{x}_1 \\ \ddot{\theta} \end{Bmatrix}+\begin{bmatrix} k_1+k_2 & 0 \\ 0 & k_1 l_1'^2+k_2 l_2'^2 \end{bmatrix}\begin{Bmatrix} x_1 \\ \theta \end{Bmatrix}=\begin{Bmatrix} 0 \\ 0 \end{Bmatrix} \tag{3.3.6}$$

上式中刚度矩阵成为对角矩阵，即已解除耦合. 可是质量矩阵却变成了非对角矩阵，即两方程通过加速度 $\ddot{x}_1$ 与 $\ddot{\theta}$ 而相互耦合. 这种耦合称为惯性耦合或动力耦合.

比较式(3.3.3)与式(3.3.6)两方程可见，耦合的方式(是弹性耦合还是惯性耦合)是依所选取的坐标而定的，而坐标选取是研究者的主观抉择，并非系统的本质特性. 从这个意义上讲，这里应该说“坐标的耦合方式”或“运动方程的耦合方式”，而不应该说“系统的耦合方式”.

一般情况下，运动方程中既存在弹性耦合，又存在惯性耦合，即刚度矩阵和质量矩阵都是非对角矩阵. 读者不妨自行验证，当取两弹簧处的竖直位移作为独立坐标时，就正是这种情况.

那么，从另一个角度提一个问题：一个系统是否存在一组特定的坐标，使得运动方程既无弹性耦合又无惯性耦合，即刚度矩阵与质量矩阵均成为对角矩阵呢? 答案是肯定的，这一组特定的坐标称为“自然坐标”或“主坐标”.

3.4　自 然 坐 标

考虑图 3.2.1 所示的系统，其坐标为 $x_1(t)$、$x_2(t)$，运动方程为式(3.2.2)，其通解为式(3.2.17)，该式可写成如下形式：

$$\left.\begin{aligned} x_1(t) &= q_1(t)+q_2(t) \\ x_2(t) &= r_1 q_1(t)+r_2 q_2(t) \end{aligned}\right\} \tag{3.4.1}$$

式中

$$\left.\begin{aligned} q_1(t) &= C_1\cos(\omega_1 t-\psi_1) \\ q_2(t) &= C_2\cos(\omega_2 t-\psi_2) \end{aligned}\right\} \tag{3.4.2}$$

将式(3.4.1)写成矩阵形式，有

$$\begin{Bmatrix} x_1(t) \\ x_2(t) \end{Bmatrix}=\begin{bmatrix} 1 & 1 \\ r_1 & r_2 \end{bmatrix}\begin{Bmatrix} q_1(t) \\ q_2(t) \end{Bmatrix} \tag{3.4.3}$$

可以将 $q_1(t)$、$q_2(t)$看做是另一组独立坐标，而上式即为(x_1,x_2)与(q_1,q_2)两组坐标之间的变换关系. 需注意，这里的坐标变换矩阵为

$$[u]=\begin{bmatrix} 1 & 1 \\ r_1 & r_2 \end{bmatrix}=[\{u^{(1)}\},\{u^{(2)}\}] \tag{3.4.4}$$

有一点特殊，即它的各列正好为相应的模态向量. 此矩阵称为模态矩阵. 为了弄清楚在这一坐标变换下系统的运动方程(3.2.2)会变成什么形式，将式(3.4.1)代入式(3.2.2)，得

$$\left.\begin{aligned}\ddot{q}_1(t)+\ddot{q}_2(t)+a(q_1(t)+q_2(t))-b(r_1q_1(t)+r_2q_2(t))=0\\ r_1\ddot{q}_1(t)+r_2\ddot{q}_2(t)-c(q_1(t)+q_2(t))+d(r_1q_1(t)+r_2q_2(t))=0\end{aligned}\right\}$$

用 r_2 乘以上式的第一式，然后与第二式相减，得

$$(r_2-r_1)\ddot{q}_1(t)+(ar_2+c-br_2r_1-dr_1)q_1(t)$$
$$+(ar_2+c-br_2^2-dr_2)q_2(t)=0$$

类似可得
$$(r_1-r_2)\ddot{q}_2(t)+(ar_1+c-br_1^2-dr_1)q_1(t)$$
$$+(ar_1+c-br_1r_2-dr_2)q_2(t)=0$$

利用式(3.2.13)与式(3.2.14)，对上两式进行化简，得

$$\left.\begin{aligned}\ddot{q}_1(t)+\omega_1^2q_1(t)=0\\ \ddot{q}_2(t)+\omega_2^2q_2(t)=0\end{aligned}\right\} \tag{3.4.5}$$

由上式可见，以 $q_1(t)$、$q_2(t)$ 为坐标的运动方程不存在任何形式的耦合. 事实上，将上式写成矩阵形式，有

$$\begin{bmatrix}1 & 0\\ 0 & 1\end{bmatrix}\begin{Bmatrix}\ddot{q}_1\\ \ddot{q}_2\end{Bmatrix}+\begin{bmatrix}\omega_1^2 & 0\\ 0 & \omega_2^2\end{bmatrix}\begin{Bmatrix}q_1\\ q_2\end{Bmatrix}=\begin{Bmatrix}0\\ 0\end{Bmatrix} \tag{3.4.6}$$

即质量矩阵与刚度矩阵均成为对角矩阵. 因此坐标(q_1, q_2)正好是前面所要求的自然坐标. $q_1(t)$、$q_2(t)$ 一般并无明显的物理意义，但它们由式(3.4.3)给出了确切的数学定义，因而与物理坐标(x_1, x_2)一样，可以用来精确地描述系统的运动.

方程(3.4.5)的解即为式(3.4.2)，以此式代回坐标变换式(3.4.1)，即得由物理坐标描述的解

$$\left.\begin{aligned}x_1(t)=C_1\cos(\omega_1t-\psi_1)+C_2\cos(\omega_2t-\psi_2)\\ x_2(t)=C_1r_1\cos(\omega_1t-\psi_1)+C_2r_2\cos(\omega_2t-\psi_2)\end{aligned}\right\} \tag{3.4.7}$$

或
$$\{x(t)\}=C_1\begin{Bmatrix}1\\ r_1\end{Bmatrix}\cos(\omega_1t-\psi_1)+C_2\begin{Bmatrix}1\\ r_2\end{Bmatrix}\cos(\omega_2t-\psi_2) \tag{3.4.8}$$

上式与式(3.2.17)或式(3.2.18)相同，但是这里是以不同的观点——以坐标变换的观点取代了前面的模态叠加的观点在考察这一问题.

以上讨论表明，如果以一个系统的模态矩阵作为坐标变换矩阵，将物理坐标(x_1, x_2)变为自然坐标(q_1, q_2)，那么系统的运动方程即会解除耦合.

例 3.3 图 3.4.1 中所示均匀杆质量为 200 kg，两端用弹簧支承，总长度为 $L=1.5$ m，$k_1=18$ kN/m，$k_2=22$ kN/m，试确定系统的自然模态和自然坐标.

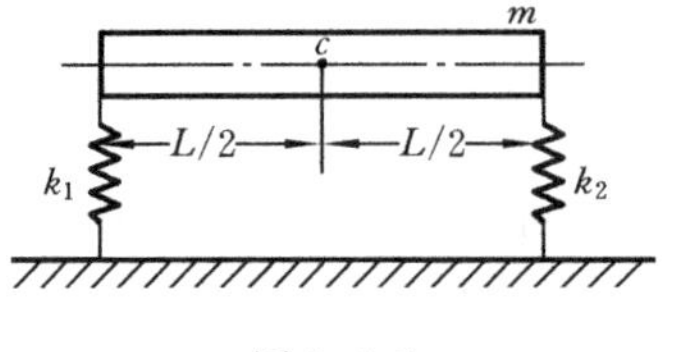

图 3.4.1

解 设杆的重心(中点)为 c，取点 c 的竖直位移 x 和杆的转角 θ 为广义坐标.

$$I_c=\frac{1}{12}mL^2=37.5\ \text{kg}\cdot\text{m}^2$$

将给出的有关参数代入式(3.3.3)，得

$$\begin{bmatrix}200 & 0\\ 0 & 37.5\end{bmatrix}\begin{Bmatrix}\ddot{x}\\ \ddot{\theta}\end{Bmatrix}+10^3\begin{bmatrix}40 & 3\\ 3 & 22.5\end{bmatrix}\begin{Bmatrix}x\\ \theta\end{Bmatrix}=\begin{Bmatrix}0\\ 0\end{Bmatrix} \tag{a}$$

对应的特征值问题的方程为

$$-\omega^2\begin{bmatrix}200 & 0\\ 0 & 37.5\end{bmatrix}\begin{Bmatrix}u_1\\ u_2\end{Bmatrix}+10^3\begin{bmatrix}40 & 3\\ 3 & 22.5\end{bmatrix}\begin{Bmatrix}u_1\\ u_2\end{Bmatrix}=\begin{Bmatrix}0\\ 0\end{Bmatrix}$$

频率方程为

$$\Delta(\omega)=\begin{vmatrix}4\times10^3-200\omega^2 & 3\times10^3\\ 3\times10^3 & 22.5\times10^3-37.5\omega^2\end{vmatrix}=0$$

由上式解得自然频率为 $\omega_1=14.036\ \mathrm{s}^{-1}$，$\omega_2=24.6\ \mathrm{s}^{-1}$. 按式(3.2.14)，振幅比为

$$r_1=\frac{u_2^{(1)}}{u_1^{(1)}}=\frac{40\times10^3-200\times14.036^2}{-3\times10^3}=-0.199$$

$$r_2=\frac{u_2^{(2)}}{u_1^{(2)}}=\frac{40\times10^3-200\times24.6^2}{-3\times10^3}=26.9$$

按式(3.4.4)，坐标变换矩阵为

$$[u]=\begin{bmatrix}1 & 1\\ r_1 & r_2\end{bmatrix}=\begin{bmatrix}1 & 1\\ -0.199 & 26.9\end{bmatrix}$$

设系统的自然坐标为(q_1,q_2)，则根据式(3.4.3)，有

$$\begin{Bmatrix}x\\ \theta\end{Bmatrix}=\begin{bmatrix}1 & 1\\ r_1 & r_2\end{bmatrix}\begin{Bmatrix}q_1\\ q_2\end{Bmatrix}=\begin{bmatrix}1 & 1\\ -0.199 & 26.9\end{bmatrix}\begin{Bmatrix}q_1\\ q_2\end{Bmatrix}$$

将上式代入以坐标(x,θ)表示的运动方程(a)，可得到以自然坐标表示的运动方程

$$\ddot{q}_1(t)+14.036^2q_1(t)=0$$

$$\ddot{q}_2(t)+24.6^2q_1(t)=0$$

上述方程已经解耦，其解为

$$q_1(t)=C_1\cos(14.036t-\psi_1)$$

$$q_2(t)=C_2\cos(24.6t-\psi_2)$$

从而以坐标(x,θ)表示的系统的运动为

$$\begin{Bmatrix}x\\ \theta\end{Bmatrix}=\begin{bmatrix}1 & 1\\ r_1 & r_2\end{bmatrix}\begin{Bmatrix}q_1\\ q_2\end{Bmatrix}$$

$$=C_1\begin{Bmatrix}1\\ -0.199\end{Bmatrix}\cos(14.036t-\psi_1)+C_2\begin{Bmatrix}1\\ 26.9\end{Bmatrix}\cos(24.6t-\psi_2)$$

若已知初始条件，可按式(3.2.20)求出 C_1、C_2、ψ_1、ψ_2.

3.5　拍击现象

当两自由度系统的两个自然频率很接近时,将会出现振幅以一种很低的频率周期变化的现象,即所谓拍击现象,它是一种振幅自动调制的现象.

图 3.5.1(a)所示为用一弹簧连接两个相同的摆所组成的双摆系统,取(θ_1,θ_2)为系统的独立坐标,θ_1、θ_2 均为微小量且以逆时针方向为正.图 3.5.1(b)为一个单摆的脱离体图,根据定轴刚体转动定律,可写出摆的运动微分方程为

$$\left.\begin{aligned}mL^2\ddot{\theta}_1&=-mgL\theta_1+ka^2(\theta_2-\theta_1)\\mL^2\ddot{\theta}_2&=-mgL\theta_2-ka^2(\theta_2-\theta_1)\end{aligned}\right\}\tag{3.5.1}$$

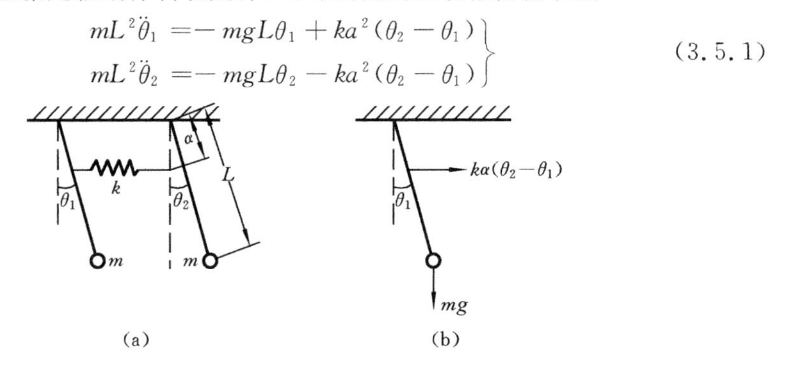

图 3.5.1

写成矩阵形式为

$$\begin{bmatrix}mL^2&0\\0&mL^2\end{bmatrix}\begin{Bmatrix}\ddot{\theta}_1\\\ddot{\theta}_2\end{Bmatrix}+\begin{bmatrix}mgL+ka^2&-ka^2\\-ka^2&mgL+ka^2\end{bmatrix}\begin{Bmatrix}\theta_1\\\theta_2\end{Bmatrix}=\begin{Bmatrix}0\\0\end{Bmatrix}\tag{3.5.2}$$

这是一个具有静力耦合的微分方程,可以利用上节介绍的方法求出自然模态.但利用方程(3.5.1)的特点可以更简便地找出自然坐标:将方程(3.5.1)的两式相加和相减后得到两个新的方程,即

$$\left.\begin{aligned}mL^2(\ddot{\theta}_1+\ddot{\theta}_2)&=-mgL(\theta_1+\theta_2)\\mL^2(\ddot{\theta}_1-\ddot{\theta}_2)&=-mgL(\theta_1-\theta_2)-2ka^2(\theta_1-\theta_2)\end{aligned}\right\}\tag{3.5.3}$$

令 $\varphi_1=\theta_1+\theta_2$,$\varphi_2=\theta_1-\theta_2$,代入上式得

$$\left.\begin{aligned}mL^2\ddot{\varphi}_1&=-mgL\varphi_1\\mL^2\ddot{\varphi}_2&=-mgL\varphi_2-2ka^2\varphi_2\end{aligned}\right\}\tag{3.5.4}$$

或

$$\left.\begin{aligned}&\ddot{\varphi}_1+\frac{g}{L}\varphi_1=0\\&\ddot{\varphi}_2+\left(\frac{g}{L}+\frac{2ka^2}{mL^2}\right)\varphi_2=0\end{aligned}\right\}\tag{3.5.5}$$

显然式(3.5.5)中的两个方程已解除耦合,而 $o\varphi_1\varphi_2$ 是系统的自然坐标,故有

$$\left.\begin{aligned} \omega_1 &= \sqrt{g/L} \\ \omega_2 &= \sqrt{\frac{g}{L}\left(1+\frac{2ka^2}{mgL}\right)} \end{aligned}\right\} \tag{3.5.6}$$

方程(3.5.5)的解为

$$\varphi_1 = C_1\cos(\omega_1 t-\psi_1) \quad \varphi_2 = C_2\cos(\omega_2 t-\psi_2)$$

从而系统以坐标 θ_1、θ_2 表示的解为

$$\left.\begin{aligned} \theta_1 &= \frac{1}{2}(\varphi_1+\varphi_2) = \frac{1}{2}C_1\cos(\omega_1 t-\psi_1)+\frac{1}{2}C_2\cos(\omega_2 t-\psi_2) \\ \theta_2 &= \frac{1}{2}(\varphi_1-\varphi_2) = \frac{1}{2}C_1\cos(\omega_1 t-\psi_1)-\frac{1}{2}C_2\cos(\omega_2 t-\psi_2) \end{aligned}\right\} \tag{3.5.7}$$

或

$$\begin{Bmatrix}\theta_1\\ \theta_2\end{Bmatrix} = \frac{1}{2}C_1\begin{Bmatrix}1\\ 1\end{Bmatrix}\cos(\omega_1 t-\psi_1)+\frac{1}{2}C_2\begin{Bmatrix}1\\ -1\end{Bmatrix}\cos(\omega_2 t-\psi_2) \tag{3.5.8}$$

当 $\theta_{10}=\theta_{20}=\theta_0$，$\dot\theta_{10}=\dot\theta_{20}=0$ 时，式(3.5.7)成为

$$\theta_1 = \theta_0\cos\omega_1 t \quad \theta_2 = \theta_0\cos\omega_1 t$$

系统按第一阶模态振动，中间弹簧不产生变形，两个摆的振动同单摆一样，其自然频率同单摆的自然频率相同. 当 $\theta_{10}=\theta_0$，$\theta_{20}=-\theta_0$，$\dot\theta_{10}=\dot\theta_{20}=0$ 时，式(3.5.7)成为

$$\theta_1 = \theta_0\cos\omega_2 t \quad \theta_2 = -\theta_0\cos\omega_2 t$$

系统按第二阶模态振动，弹簧中有一个不动的节点，此时可将两个摆的振动看做彼此独立，而在弹簧的原连接处连接了一个刚度为 $2k$ 的弹簧. 在任意的初始条件下，系统的响应一般为两个自然模态振动的叠加，设初始条件为 $\theta_{10}=\theta_0$，$\theta_{20}=\dot\theta_{10}=\dot\theta_{20}=0$，式(3.5.7)成为

$$\left.\begin{aligned} \theta_1 &= \frac{1}{2}\theta_0(\cos\omega_1 t+\cos\omega_2 t) = \theta_0\cos\frac{\omega_2-\omega_1}{2}t\cos\frac{\omega_2+\omega_1}{2}t \\ \theta_2 &= \frac{1}{2}\theta_0(\cos\omega_1 t-\cos\omega_2 t) = \theta_0\sin\frac{\omega_2-\omega_1}{2}t\sin\frac{\omega_2+\omega_1}{2}t \end{aligned}\right\} \tag{3.5.9}$$

令

$$\left.\begin{aligned} \Delta\omega &= \omega_2-\omega_1 \approx \frac{k}{m}\frac{a^2}{\sqrt{gL^3}} \\ \omega_a &= \frac{\omega_2+\omega_1}{2} \approx \sqrt{g/L}+\frac{1}{2}\frac{k}{m}\frac{a^2}{\sqrt{gL^3}} \end{aligned}\right\} \tag{3.5.10}$$

则式(3.5.9)成为

$$\left.\begin{aligned} \theta_1(t) &= \theta_0\cos\frac{\Delta\omega}{2}t\cos\omega_a t \\ \theta_2(t) &= \theta_0\sin\frac{\Delta\omega}{2}t\sin\omega_a t \end{aligned}\right\} \tag{3.5.11}$$

上式表明，两个摆的运动可看做频率为 ω_a 的简谐振动，而其振幅则按谐波函数

$\theta_0\cos\dfrac{\Delta\omega}{2}t$ 与 $\theta_0\sin\dfrac{\Delta\omega}{2}t$ 缓慢变化.当弹簧 k 很小时,双摆间的耦合比较弱,更确切地说,当 ka^2 比 mgL 小得多时,从式(3.5.6)可知 ω_2 接近 ω_1,从而由式(3.5.10)可知 $\Delta\omega\ll\omega_a$,即振幅的变化速度远比 θ_1、θ_2 变化的速度慢,如图3.5.2所示,即形成了所谓的拍击现象.由图 3.5.2 可知,左边的摆从振幅 θ_0 开始摆动,而此时右边的摆静止,接着左边的摆的振幅逐渐减小,右边的摆开始摆动且振幅逐渐增大,到 $t=\pi/\Delta\omega$ 时,左边的摆振幅为零,右边的摆达到最大值 θ_0,到 $t=2\pi/\Delta\omega$ 时,左边摆的振幅又达到 θ_0,右边摆的振幅为零,如此循环不断.两摆运动的交替转换实际上是能量的相互转换,每一个时间间隔 $t=\pi/\Delta\omega$ 内,能量从一个摆转移给另一个摆,使两摆振幅交替地消长,这种现象称为拍击.式(3.5.10)中的 $\Delta\omega$ 称为拍频,拍的周期为 $T=2\pi/\Delta\omega$.

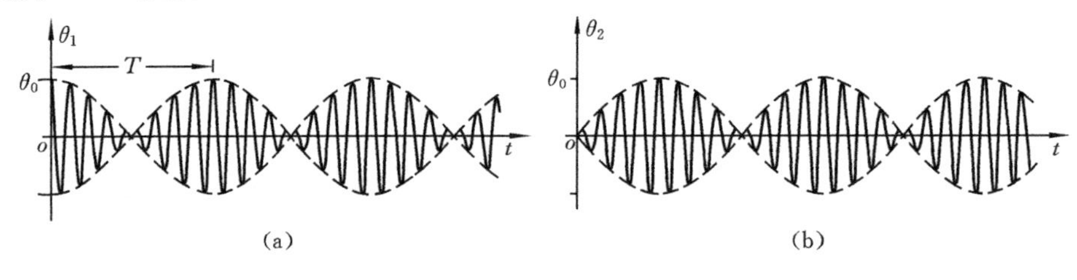

图 3.5.2

拍击现象不仅出现在上述弱耦合的双摆系统中,也可能出现在其他两自由度振动系统中,是一种普遍的物理现象.其实,频率很接近的任何两个简谐振动的叠加都可能产生拍击现象.双螺旋桨的轮船及双发动机螺旋桨飞机产生的时强时弱的噪声都是拍击现象.

拍击现象形象地说明在多自由度系统的振动过程中,不仅存在着动能与势能之间的转换,而且存在着能量在各自由度之间的转移.

3.6 两自由度系统在谐波激励下的强迫振动

研究图 3.1.1 所示的系统,考虑谐波激励 $F_1(t)=F_1\mathrm{e}^{\mathrm{i}\omega t}$,$F_2(t)=F_2\mathrm{e}^{\mathrm{i}\omega t}$,运动方程(3.1.3)成为

$$\begin{bmatrix} m_{11} & m_{12} \\ m_{21} & m_{22} \end{bmatrix}\begin{Bmatrix} \ddot{x}_1 \\ \ddot{x}_2 \end{Bmatrix}+\begin{bmatrix} c_{11} & c_{12} \\ c_{21} & c_{22} \end{bmatrix}\begin{Bmatrix} \dot{x}_1 \\ \dot{x}_2 \end{Bmatrix}+\begin{bmatrix} k_{11} & k_{12} \\ k_{21} & k_{22} \end{bmatrix}\begin{Bmatrix} x_1 \\ x_2 \end{Bmatrix}=\begin{Bmatrix} F_1 \\ F_2 \end{Bmatrix}\mathrm{e}^{\mathrm{i}\omega t} \tag{3.6.1}$$

这是一个二阶线性常系数非齐次方程组,其通解由两部分组成,一是对应于齐次方程的解,即前面讨论过的自由振动,当系统存在阻尼时,这一自由振动经过一段时间后就逐渐衰减掉了,因而可略去不计.通解的另一部分是该非齐次方程的一个特

解，它是由激励引起的强迫振动，即稳态振动. 对谐波激励，下面采用第 2 章曾使用过的复向量方法求解，设其稳态响应为

$$\left.\begin{aligned} x_1(t) &= X_1 e^{i\omega t} \\ x_2(t) &= X_2 e^{i\omega t} \end{aligned}\right\} \tag{3.6.2}$$

其中 X_1、X_2 为复数振幅. 将式(3.6.2)代入方程(3.6.1)，得

$$-\omega^2\begin{bmatrix} m_{11} & m_{12} \\ m_{21} & m_{22} \end{bmatrix}\begin{Bmatrix} X_1 \\ X_2 \end{Bmatrix} + i\omega\begin{bmatrix} c_{11} & c_{12} \\ c_{21} & c_{22} \end{bmatrix}\begin{Bmatrix} X_1 \\ X_2 \end{Bmatrix} + \begin{bmatrix} k_{11} & k_{12} \\ k_{21} & k_{22} \end{bmatrix}\begin{Bmatrix} X_1 \\ X_2 \end{Bmatrix} = \begin{Bmatrix} F_1 \\ F_2 \end{Bmatrix} \tag{3.6.3}$$

或写为

$$([k] + i\omega[c] - \omega^2[m])\{X\} = \{F\} \tag{3.6.4}$$

令

$$[z(\omega)] = [k] + i\omega[c] - \omega^2[m] \tag{3.6.5}$$

$[z(\omega)]$称为阻抗矩阵，它的元素

$$z_{ij} = k_{ij} - \omega^2 m_{ij} + i\omega c_{ij} \tag{3.6.6}$$

称为机械阻抗，在第 6 章还将详细讲解这个概念.

将式(3.6.5)代入方程(3.6.4)，然后用$[z(\omega)]^{-1}$左乘方程两边，得

$$\{X\} = [z(\omega)]^{-1}\{F\} \tag{3.6.7}$$

其中

$$[z(\omega)]^{-1} = \begin{bmatrix} z_{11} & z_{12} \\ z_{21} & z_{22} \end{bmatrix}^{-1} = \frac{1}{z_{11}z_{22} - z_{12}^2}\begin{bmatrix} z_{22} & -z_{12} \\ -z_{12} & z_{11} \end{bmatrix} \tag{3.6.8}$$

将式(3.6.8)代入式(3.6.7)，展开可得

$$\left.\begin{aligned} X_1(\omega) &= \frac{z_{22}(\omega)F_1 - z_{12}(\omega)F_2}{z_{11}(\omega)z_{22}(\omega) - z_{12}^2(\omega)} \\ X_2(\omega) &= \frac{-z_{21}(\omega)F_1 + z_{11}(\omega)F_2}{z_{11}(\omega)z_{22}(\omega) - z_{12}^2(\omega)} \end{aligned}\right\} \tag{3.6.9}$$

再将式(3.1.2)中矩阵$[k]$、$[m]$、$[c]$的元素代入式(3.6.6)，可得

$$\begin{gathered} z_{11}(\omega) = k_1 + k_3 - \omega^2 m_1 + i\omega(c_1 + c_2) \\ z_{21}(\omega) = z_{12}(\omega) = -k_2 - i\omega c_2 \\ z_{22}(\omega) = k_2 + k_3 - \omega^2 m_2 + i\omega(c_2 + c_3) \end{gathered}$$

于是式(3.6.9)成为

$$\left.\begin{aligned} X_1(\omega) = {} & \{[k_2 + k_3 - \omega^2 m_2 + i\omega(c_2 + c_3)]F_1 + (k_2 + i\omega c_2)F_2\} \\ & /\{[k_1 + k_2 - \omega^2 m_1 + i\omega(c_1 + c_2)][k_2 + k_3 - \omega^2 m_2 \\ & + i\omega(c_2 + c_3)] - (k_2 + i\omega c_2)^2\} \\ X_2(\omega) = {} & \{(k_2 + i\omega c_2)F_1 + [k_1 + k_2 - \omega^2 m_1 + i\omega(c_1 + c_2)]F_2\} \\ & /\{[k_1 + k_2 - \omega^2 m_1 + i\omega(c_1 + c_2)][k_2 + k_3 - \omega^2 m_2 \\ & + i\omega(c_2 + c_3)] - (k_2 + i\omega c_2)^2\} \end{aligned}\right\} \tag{3.6.10}$$

上式比较复杂，这里先研究图 3.2.1 所示的无阻尼系统，此时，上式成为

$$\left.\begin{aligned} X_1 &= \frac{(d-\omega^2)F_1 + bF_2}{(a-\omega^2)(d-\omega^2)-bc} \\ X_2 &= \frac{cF_1 + (a-\omega^2)F_2}{(a-\omega^2)(d-\omega^2)-bc} \end{aligned}\right\} \tag{3.6.11}$$

这时，X_1、X_2 均成为实数.

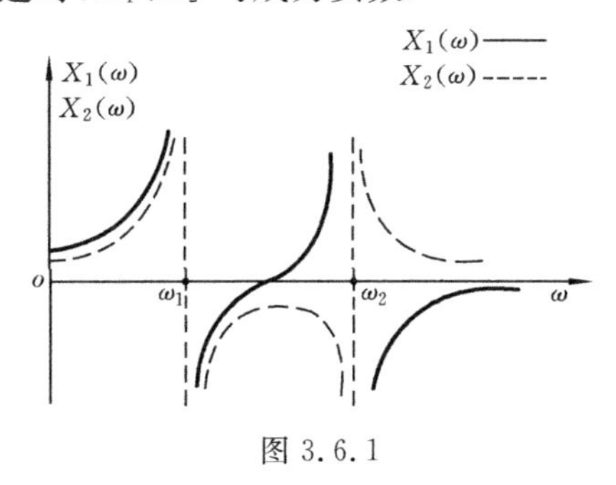

图 3.6.1

按式(3.6.11)可画出两个质块的响应幅值 $X_1(\omega)$、$X_2(\omega)$ 随 ω 变化的曲线，即幅频响应曲线. 图 3.6.1 是典型的两自由度系统幅频响应曲线.

由式(3.6.11)和式(3.6.2)可知，两自由度系统无阻尼受迫振动的运动规律是简谐振动，频率与激振力频率相同，振幅取决于激振力的幅值与系统本身的物理参数以及激振力的频率. 从式(3.6.11)可知，令该式的分母为零，即得到频率方程(3.2.12). 因而当 $\omega=\omega_1$ 或 $\omega=\omega_2$ 时，即激振力频率等于系统第一或第二阶自然频率时，系统出现共振，其振幅 X_1、X_2 趋于无穷大. 所以两自由度系统有两个共振区，在跨越共振区时，X_1、X_2 将会反号，即出现倒相. 读者需注意图 3.6.1 与图 2.1.2之间的区别，前者表示的是 X_1、X_2 的代数值与激振频率 ω 之间的关系，而后者是放大系数 $|H(\omega)|$ 或者绝对值 $|X|$ 与 ω 之间的关系.

现在来略为详细地考察一下共振时的振幅. 由式(3.6.11)得

$$\frac{X_2}{X_1} = \frac{cF_1 + (a-\omega^2)F_2}{(d-\omega^2)F_1 + bF_2} \tag{3.6.12}$$

上式表明在一定的激振频率下，两个质块的振幅比是一个确定值，当激振频率 ω 等于第一阶自然频率 ω_1 时，两个质块的振幅比为

$$\left(\frac{X_2}{X_1}\right)_{\omega_1} = \frac{cF_1 + (a-\omega_1^2)F_2}{(d-\omega_1)F_1 + bF_2} \tag{3.6.13}$$

注意到式(3.2.14)，并采用比例式相加法则，有

$$r_1 = \frac{a-\omega_1^2}{b} = \frac{c}{d-\omega^2} = \frac{(a-\omega_1^2)F_2 + cF_1}{bF_2 + (d-\omega_1^2)F_1}$$

因此
$$\left(\frac{X_2}{X_1}\right)_{\omega_1} = r_1$$

同理有
$$\left(\frac{X_2}{X_1}\right)_{\omega_2} = r_2$$

上式表明，在谐波激励下，系统在其任一自然频率上发生共振时，其振幅在各自由度上正是按对应的那一阶自然模态的振型进行分配的. 当然，其振幅会不断增大，

直至系统破坏或超出线性范围.

例 3.4　在例 3.1 中,设作用在质块 m_1 上的激振力为 $F_1\sin\omega t$,作用在质块 m_2 上的激振力为零,试画出幅频响应曲线.

解　从例 3.1 中已求出 $\omega_1=\sqrt{k/m}$,$\omega_2=1.5811\sqrt{k/m}$,利用式(3.2.12)、式(3.2.13),有

$$(a-\omega^2)(d-\omega^2)-bc=(\omega^2-\omega_1^2)(\omega^2-\omega_2^2)$$

将有关数据代入方程(3.6.11),得

$$X_1=\frac{\left(\frac{3k}{2m}-\omega^2\right)\frac{F_1}{m}}{(\omega^2-\omega_1^2)(\omega^2-\omega_2^2)}=\frac{2F_1\left[\frac{3}{2}-\left(\frac{\omega}{\omega_1}\right)^2\right]}{5k\left[1-\left(\frac{\omega}{\omega_1}\right)^2\right]\left[1-\left(\frac{\omega}{\omega_2}\right)^2\right]}$$

$$X_2=\frac{\frac{k}{2m}\frac{F_1}{m}}{(\omega^2-\omega_1^2)(\omega^2-\omega_2^2)}=\frac{F_1}{5k\left[1-\left(\frac{\omega}{\omega_1}\right)^2\right]\left[1-\left(\frac{\omega}{\omega_2}\right)^2\right]}$$

图 3.6.2(a)、(b)分别示出了 $X_1(\omega)$、$X_2(\omega)$对 ω/ω_1 的频响曲线. 由图可见,两自由度系统的任一质块在每个自然模态附近的响应和频率之间的关系,类似于一个单自由度系统的频响曲线.

从图 3.6.2(a)看到,在激振频率 $\omega'=\sqrt{3k/(2m)}$时,质块 m_1 的振幅为零,这种现象通常称为反共振. 第 15 章中将详细讨论的动力消振器就是应用这个原理来设计的.

注意,本章讲述了振动系统的"模态"的基本概念,但略去了系统阻尼的作用. 在强迫振动方面,也只讲解了系统对谐波激励的响应,至于对任意激励的响应,也未讲到. 这些问题将在第 4 章讲述.

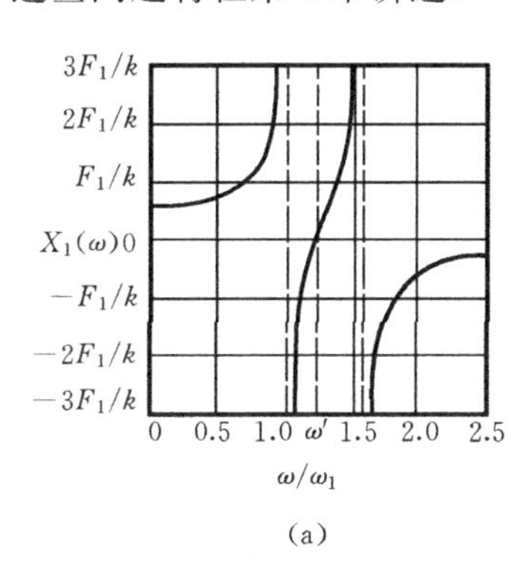

(a)

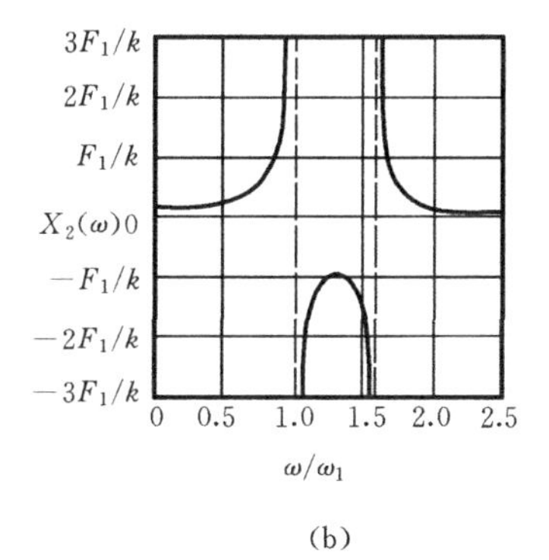

(b)

图 3.6.2

思 考 题

判断下列表述是否正确.如果错误,请给出正确的表述.

1. 两自由度系统有两个自然频率 ω_1、ω_2,在自由振动时,系统的第一个坐标按自然频率 ω_1 作简谐振动,第二个坐标按自然频率 ω_2 作简谐振动.

2. 可以按耦合的方式及耦合与否将两自由度系统划分为惯性耦合系统,即弹性耦合系统和无耦合系统.

3. 振型向量或模态向量是由初始条件决定的.

4. 任何无阻尼两自由度线性系统的运动方程均可以通过坐标变换使之解除耦合.

5. 无阻尼两自由度系统在作自由振动时,其某一自由度上的机械能并不守恒.

习 题

3.1 图(题 3.1)所示的两个质块 m_1 和 m_2 系于张力为 T 的无质量弦上,假如质块作横向微振动时,弦中的张力不变.试导出振动微分方程.

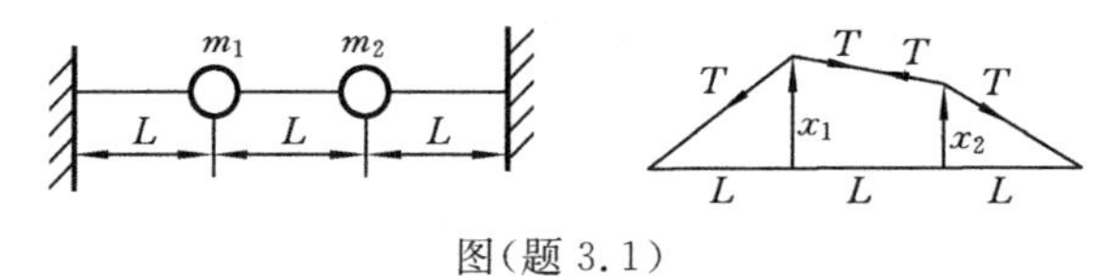

图(题 3.1)

3.2 分别导出图(题 3.2)(a)、(b)所示两种双摆系统的振动微分方程,并加以线性化.

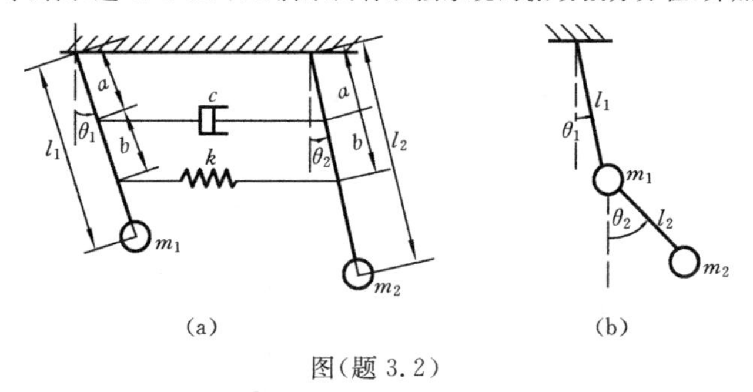

图(题 3.2)

3.3 图(题 3.3)所示的扭转振动系统由无质量的轴和两个刚性圆盘所组成.轴的扭转刚度分别为 GJ_1 和 GJ_2,圆盘的转动惯量分别为 I_1 和 I_2,试列出扭振系统的运动微分方程.

3.4 图(题 3.4)所示为一两自由度振动系统,试导出系统的运动微分方程.

3.5 在风洞实验中,可以将机翼翼段简化为图(题 3.5)(a)或(b)所示平面内的刚体,其中图(a)由刚度为 k_1 的弹簧和刚度为 k_θ 的扭簧所支持,重心 G 与支持点的距离为 e;图(b)由两个刚度分别为 k_1 和 k_2 的弹簧所支持,k_1 系于重心 G,k_2 系于与点 G 距离为 e 处.已知翼段的质量为 m,绕重心 G 的转动惯量为 I_G,试导出系统的振动微分方程.

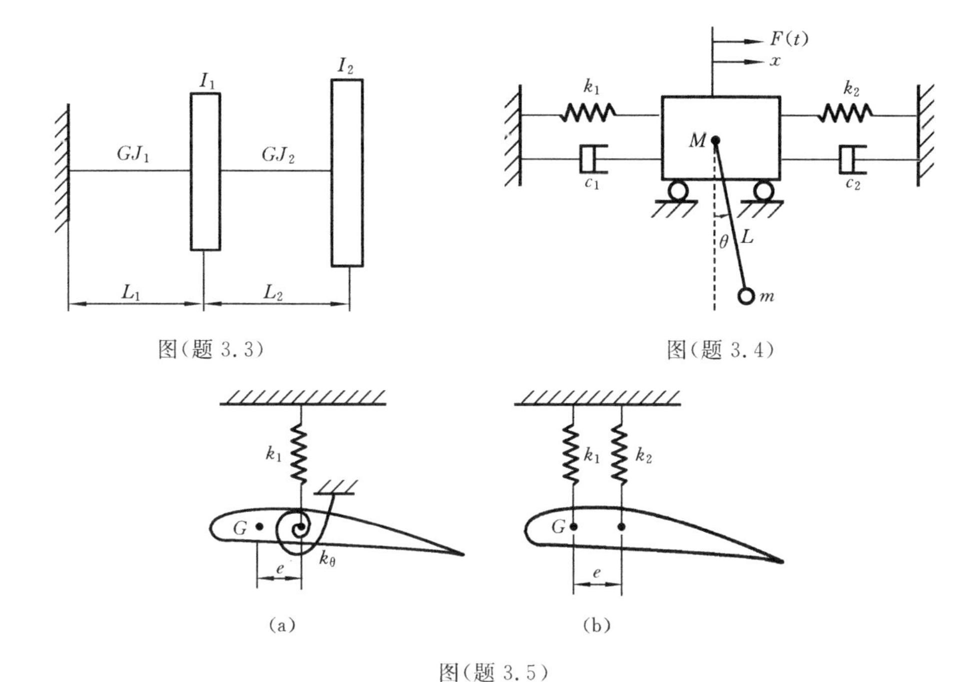

图(题 3.3)　　图(题 3.4)

图(题 3.5)

3.6　设在习题 3.1 的系统中，$m_1=m_2=m$，试计算其固有频率和固有振型，画出振型图.

3.7　设在习题 3.3 的系统中，$I_1=I_2=I, GJ_1=GJ_2=GJ, L_1=L_2=L$，试计算其自然模态，并画出振型图.

3.8　对图(题 3.8)所示系统，假设无质量刚性杆上连接两个集中质量，并由两个弹簧支承. 试以表示点 A 移动和绕点 A 转动的两坐标写出振动微分方程，计算其固有频率和固有振型，并画出振型图.

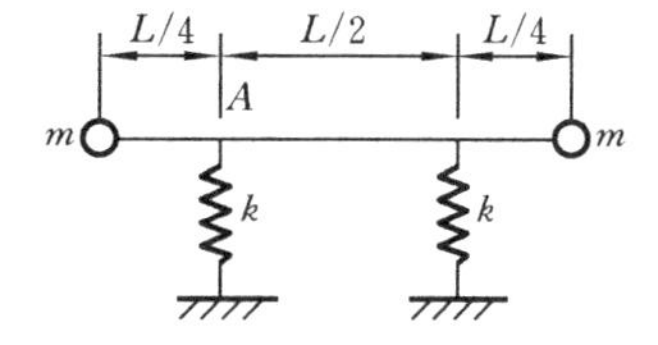

图(题 3.8)

3.9　利用主坐标，重做习题 3.8.

3.10　方程(3.2.2)可写成如下矩阵形式：

$$\begin{bmatrix}1 & 0\\0 & 1\end{bmatrix}\begin{Bmatrix}\ddot{x}_1(t)\\\ddot{x}_2(t)\end{Bmatrix}+\begin{bmatrix}a & -b\\-c & d\end{bmatrix}\begin{Bmatrix}x_1(t)\\x_2(t)\end{Bmatrix}=\begin{Bmatrix}0\\0\end{Bmatrix}$$

在上面的方程中引进线性变换，变换矩阵取为模态矩阵，即

$$\begin{Bmatrix}x_1(t)\\x_2(t)\end{Bmatrix}=\begin{bmatrix}1 & 1\\r_1 & r_2\end{bmatrix}\begin{Bmatrix}q_1(t)\\q_2(t)\end{Bmatrix}$$

试用方程(3.2.13)、方程(3.2.14)证明方程(3.4.5).

3.11　求出习题 3.6 中的系统对初始激励 $y_1(0)=1.0, y_2(0)=-1.0, \dot{y}_1(0)=\dot{y}_2(0)=0$ 的响应，解释所得结果.

3.12　设习题 3.7 中的系统有下列扭矩作用：

$$M_1(t)=0 \quad M_2(t)=M\mathrm{e}^{\mathrm{i}\omega t}$$

求其频率响应 $\Theta_1(\omega)$ 和 $\Theta_2(\omega)$ 的表达式.画出 $\Theta_1(\omega)$ 和 $\Theta_2(\omega)$ 对 ω 的曲线图.

3.13 两层建筑简化成图(题 3.13)所示一两自由度振动系统,这里 $m_1=m_2/2, k_1=k_2/2$,试证明它的自然模态是

$$\omega_1=\sqrt{\frac{k_1}{2m_1}} \quad \{u^{(1)}\}=\begin{Bmatrix}2\\1\end{Bmatrix}$$

$$\omega_2=\sqrt{\frac{2k_1}{m_1}} \quad \{u^{(2)}\}=\begin{Bmatrix}1\\-1\end{Bmatrix}$$

假定由于地震时地壳在水平方向振荡,其相应的方程为:$x_g=X_g\sin\omega t$,求建筑的频率响应 $x_1(\omega)$ 和 $x_2(\omega)$ 的表达式,并绘出 x_1、x_2 对 ω/ω_1 的曲线图.

3.14 图(题 3.14)所示为一个在不平道路上行驶的拖车的简化模型,设拖车车厢质量为 m,车轮的质量为 m_1,拖车对点 o(拖挂点)的转动惯量为 I_o,板簧的刚度为 k,轮胎的刚度为 k_1,拖车的牵引速度为 v.可视点 o 无竖直位移,路面波形状由公式

$$h=h_0\left(1-\cos\frac{2\pi x}{l_1}\right)$$

表示,其中 $x=vt$.当拖车厢在板簧上摇摆时,车厢与车轮间的摩擦阻尼与它们之间的相对垂直速度成正比,试列出系统的振动微分方程,求出当系统共振时拖车的牵引速度(临界牵引速度).

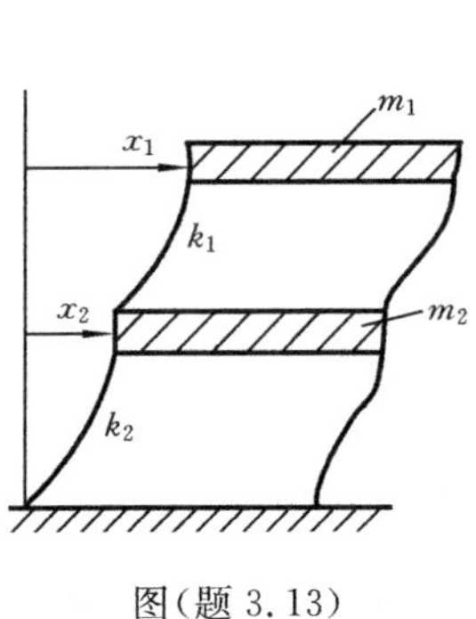

图(题 3.13)

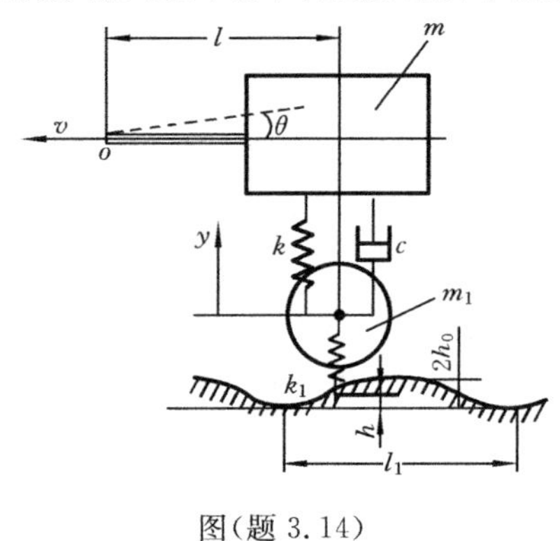

图(题 3.14)

第 4 章　多自由度系统振动的基本知识

本章将第 3 章介绍的最简单的多自由度系统——两自由度系统的概念引申到一般多自由度系统，并在概念与处理技巧上作了扩充与深化.

一般而言，工程实际中的振动系统都是连续弹性体，其质量与刚度具有分布的性质，只有掌握无限个点在每瞬时的运动情况，才能全面描述系统的振动. 因此，理论上它们都属于无限多自由度的系统，需要用连续模型才能加以描述. 但实际上往往可通过适当的简化，归结为有限多个自由度的模型来进行分析，即将系统抽象为由一些集中质块和弹性元件组成的模型. 如果简化的系统模型中有 n 个集中质量，一般它便是一个 n 自由度的系统，需要 n 个独立坐标来描述它们的运动，系统的运动方程是 n 个二阶互相耦合(联立)的常微分方程.

第 3 章中介绍的处理两自由度系统的分析方法也可以用来处理多自由度系统，但当自由度数目增加时，推导与分析将变得十分繁杂. 因此，必须采用矩阵这个有力工具来将振动微分方程表达成简明的形式，并用线性代数、矩阵理论来进行分析，从而在总体的层次上进行处理与讨论，清晰地导出振动系统的基本性态，而避免纠缠于细节. 此外，求多自由度系统数值解所需的计算量非常大，势必采用计算机，而线性代数理论则可为数值计算提供算法. 实际上在第 3 章中已开始使用了矩阵的表达与处理方法，本章将大为拓展使用矩阵方法的广度和技巧.

对于多自由度系统的振动微分方程，有必要采用第 3 章讲述的模态分析的方法，就是以模态矩阵(其各列由系统的模态向量构成)作为变换矩阵，将原来的物理坐标变换到自然坐标上，而使系统在原来坐标下的耦合方程组变成一组互相独立的二阶常微分方程，后者的每一个方程便可以像一个单自由度系统的振动方程一样来求解，得到系统各阶模态的振动后可以通过坐标变换或模态叠加，回到原来的物理坐标上. 这种方法能方便地应用于分析系统对任意激励的响应，而且能清晰地显示系统总运动的构成及其与系统结构的关系.

本章首先导出一般的多自由度系统的运动方程及其简洁的矩阵形式；接着讨论无阻尼情况下的自由振动，引出多自由度振动系统的特征值问题方程，着重介绍自然模态的概念、特性和求法以及自然坐标的概念；最后介绍模态分析并应用于求解考虑阻尼影响的特殊多自由度系统的一般响应.

本章可以说是机械振动学的核心内容，振动系统的性质和分析方法在本章中体现得最为充分和典型.

4.1　广义坐标

集中参数系统的自由度和广义坐标是与系统的约束有连带关系的两个概念.先来看一个例子,图4.1.1所示为一个双摆,质量m_1、m_2限制在图示平面内摆动.可以用四个直角坐标(x_1,y_1)、(x_2,y_2)来描述它的运动,但是这四个直角坐标并不独立,实际上它们满足约束方程

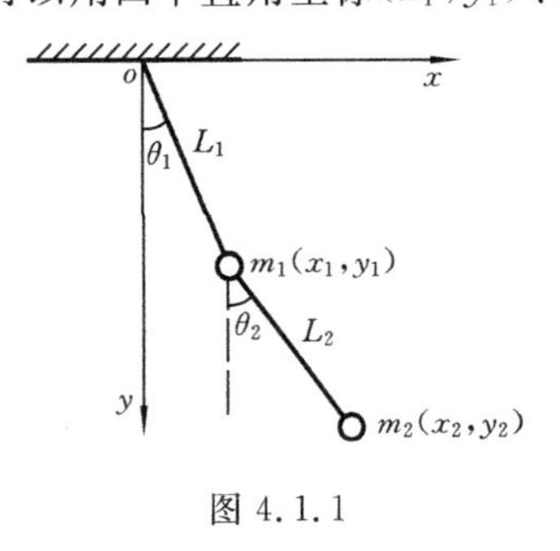

图4.1.1

$$x_1^2+y_1^2=L_1^2 \tag{4.1.1}$$

$$(x_2-x_1)^2+(y_2-y_1)^2=L_2^2 \tag{4.1.2}$$

因此,其中只有两个是独立的.其实,这个系统只有两个自由度,只需要两个参变量,例如图上的两个摆角θ_1与θ_2,就可以完全描述它的运动.把能完备地描述系统运动的一组独立参变量称为系统的广义坐标.这里所谓的"完备"是指完全地确定系统在任一时刻的位置或形状,所谓"独立"是指各个坐标都能在一定范围内任意取值,其间不存在函数关系.广义坐标可以是长度,也可以是角度,它在数目上与系统的自由度数目是一致的.如果所选的坐标数目小于系统的自由度数,那它们一定是不完备的;否则是不独立的.

一个系统的广义坐标不是唯一的,固然各组广义坐标都可用以描述系统的振动,但以各组坐标写出的运动方程的繁简及其耦合方式,却并不相同.因此,应用中需要仔细选择合适的广义坐标.

各组广义坐标之间存在确定的函数关系.例如,在图示的双摆系统中,可以选择独立参变量(x_1,x_2)为广义坐标,也可以选择(y_1,y_2)为广义坐标,但更为方便的是选取(θ_1,θ_2)为广义坐标.显然它们之间存在下列关系:

$$\left.\begin{array}{ll} x_1=L_1\sin\theta_1 & y_1=L_1\cos\theta_1 \\ x_2=L_1\sin\theta_1+L_2\sin\theta_2 & y_2=L_1\cos\theta_1+L_2\cos\theta_2 \end{array}\right\} \tag{4.1.3}$$

系统广义坐标的总体构成"位形向量",位形向量所存在的空间称为"位形空间".

4.2　线性系统的运动方程及其矩阵表达式

研究图4.2.1所示典型的由质块、弹簧与阻尼器构成的多自由度振动系统的力学模型,采用广义坐标q_i $(i=1,2,\cdots,n)$来描述系统的运动,这里n是系统的自由度数,系统受到的外界激励以广义力Q_i $(i=1,2,\cdots,n)$来表示,广义力Q_i的选

择需与对应的广义坐标 q_i 相适应，使得 q_iQ_i 的量纲为$[ML^2T^{-2}]$. 显然，当 q_i 为线性位移时，Q_i 即为力，而当 q_i 为角位移时，Q_i 则为力矩.

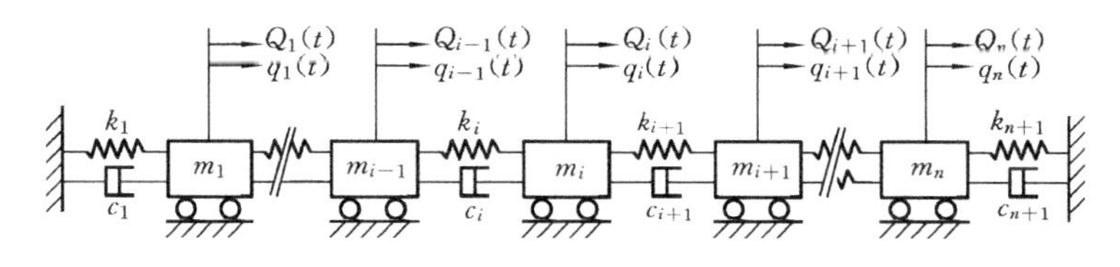

图 4.2.1

设在系统的平衡位置有 $q_1=q_2=\cdots=q_n=0$，即选取系统的静平衡位置为广义坐标的坐标原点，则各集中质量偏离平衡位置的位移可用 $q_1,q_2,\cdots,q_n$ 来描述. 假定所有的广义位移、广义速度都是微小的，这样便可确保弹性力和阻尼力分别是广义坐标和广义速度的线性函数，从而使系统的微分方程是线性的.

为了导出图 4.2.1 所示系统的运动方程，可以用类似于第 3 章的方法，分别对系统中的各质块取脱离体，并应用 Newton 定律列出方程. 但对于许多复杂的问题，采用以下介绍的关于刚度系数、阻尼系数和质量系数的定义，来导出运动方程的方法，比较方便适用.

4.2.1　刚度矩阵、阻尼矩阵与质量矩阵

刚度系数 k_{ij} 定义为只在坐标 q_j 上产生单位位移(其他坐标上的位移为零)而在坐标 q_i 上需要加的力为

$$k_{ij}=Q_i\Big|_{\substack{q_j=1\\ q_r=0\quad(r=1,2,\cdots,n,r\neq j)}} \tag{4.2.1}$$

当系统是单自由度系统时，以上定义即为第 1 章中关于弹簧刚度的定义. 对图 4.2.1所示的系统，假设质量 m_j 上有 $q_j=1$ 的位移，其余的坐标上位移为零，为了使系统处于这种状态，则必须在系统上施加一定的外力. 由于弹簧 k_j 和 k_{j+1} 的变形都为单位长度，其余弹簧没有变形，如果约定向右为正，那么作用于质量 m_{j-1} 上的弹性恢复力为 k_j，作用于质量 m_j 上的弹性恢复力为 $-k_j-k_{j+1}$，作用于质量 m_{j+1} 上的弹性恢复力为 k_{j+1}，其余质量上没有弹性力作用. 因此，为了使系统处于上述状态，所需施加的与弹性恢复力相平衡的外力为：在 m_{j-1} 上加外力 $Q_{j-1}=-k_j$，在 m_j 上加外力 $Q_j=k_j+k_{j+1}$，在 m_{j+1} 上加外力 $Q_{j+1}=-k_{j+1}$，而在其余质量上不加力：$Q_i=0$ $(i\neq j-1,j,j+1)$. 据此，按刚度系数的定义，可得到系统的刚度系数为

$$\left.\begin{aligned}k_{j-1,j}=-k_j\quad k_{jj}=k_j+k_{j+1}\quad k_{j+1,j}=-k_{j+1}\quad k_{ij}=0\\ i=1,2,\cdots,j-2,j+2,\cdots,n;j=1,2,\cdots,n\end{aligned}\right\} \tag{4.2.2}$$

一个 n 自由度系统，共有 $n\times n$ 个刚度系数，将它们排列起来，便组成系统的刚度矩

阵$[k]=[k_{ij}]$.

对于图4.2.1所示的系统,按式(4.2.2),其刚度矩阵为

$$[k]=\begin{bmatrix} k_1+k_2 & -k_2 & & \\ -k_2 & k_2+k_3 & -k_3 & \\ & \ddots & \ddots & \ddots \\ & & -k_n & k_n+k_{n+1} \end{bmatrix} \tag{4.2.3}$$

一般$[k]$是一个对称矩阵,即

$$[k]=[k]^{\mathrm{T}}$$

阻尼系数定义为只在坐标q_j上有单位速度(其他坐标上的速度为零)时,在坐标q_i上所需施加的力为

$$c_{ij}=Q_i\Big|_{\substack{\dot{q}_j=1\\ \dot{q}_r=0\ (r=1,2,\cdots,n,r\neq j)}} \tag{4.2.4}$$

质量系数定义为只在坐标q_j上有单位加速度(而其他坐标上的加速度为零)时,在坐标q_i上所需施加的力,即

$$m_{ij}=Q_i\Big|_{\substack{\ddot{q}_j=1\\ \ddot{q}_r=0\ (r=1,2,\cdots,n,r\neq j)}} \tag{4.2.5}$$

类似刚度系数的求法,可以求出图4.2.1所示系统的阻尼系数为

$$\left.\begin{array}{r} c_{j-1,j}=-c_j \quad c_{jj}=c_j+c_{j+1} \quad c_{j+1,j}=-c_{j+1} \quad c_{ij}=0 \\ i=1,2,\cdots,j-2,j+2,\cdots,n;j=1,2,\cdots,n \end{array}\right\} \tag{4.2.6}$$

质量系数为

$$m_{ij}=\delta_{ij}m_i,\quad i,j=1,2,\cdots,n \tag{4.2.7}$$

式中,δ_{ij}是kronecker符号,δ_{ij}除$i=j$时等于1外,其他情况均为零.

同样,可以将阻尼系数及质量系数分别综合成阻尼矩阵$[c]$及质量矩阵$[m]$.对于图4.2.1所示的系统,有

$$[c]=[c_{ij}]=\begin{bmatrix} c_1+c_2 & -c_2 & & \\ -c_2 & c_2+c_3 & -c_3 & \\ & \ddots & \ddots & \ddots \\ & & -c_n & c_n+c_{n+1} \end{bmatrix} \tag{4.2.8}$$

$$[m]=[m_{ij}]=\begin{bmatrix} m_1 & & & \\ & m_1 & & \\ & & \ddots & \\ & & & m_n \end{bmatrix} \tag{4.2.9}$$

图4.2.1所示的这类弹簧-质量-阻尼系统一般存在下述规律:

(1) 刚度矩阵(或阻尼矩阵)中的对角元素k_{ii}(或c_{ii})为连接在质量m_i上的所有弹簧刚度(或阻尼系数)的和;

(2) 刚度矩阵(或阻尼矩阵)中的非对角元素 k_{ij}(或 c_{ij})为直接连接在质量 m_i 与 m_j 之间的弹簧刚度(或阻尼系数),取负值;

(3) 一般而言,刚度矩阵和阻尼矩阵都是对称矩阵;

(4) 如果将系统质心作为坐标原点,则质量矩阵是对角矩阵.但一般情况下质量矩阵并不一定是对角矩阵.

4.2.2　柔度矩阵

在 4.2.1 小节中所定义的刚度系数又称为刚度影响系数,它反映了系统的刚度特性.下面定义柔度影响系数.

对图 4.2.1 所示的多自由度系统,柔度影响系数 a_{ij} 定义为在坐标 $q_j(t)$ 处作用单位力 $Q_j(t)=1$,而在坐标 $q_i(t)$ 处所引起的位移,它表征了线性系统在外力作用下的变形情况,即柔度特性.

现来考察多自由度系统的柔度影响系数与刚度影响系数的关系.对于图4.2.1所示系统,按柔度影响系数的定义,在 $q_j(t)$ 处的力 $Q_j(t)$ 所引起的 $q_i(t)$ 处的位移为 $a_{ij}Q_j(t)$,应用叠加原理,系统在各个自由度上的作用力 $Q_j(t)$ $(j=1,2,\cdots,n)$ 在 $q_i(t)$ 上所产生的位移应为

$$q_i(t)=\sum_{j=1}^{n}a_{ij}Q_j(t),\quad i=1,2,\cdots,n \tag{4.2.10}$$

$q_i(t)$ 是广义坐标,$Q_j(t)$ 是广义力.以 $\{q(t)\}$、$\{Q(t)\}$ 表示系统的广义坐标列向量和广义力列向量.式(4.2.10)写成矩阵形式为

$$\{q(t)\}=[a]\{Q(t)\} \tag{4.2.11}$$

式中,$[a]$ 为由柔度影响系数 a_{ij} $(i,j=1,2,\cdots,n)$ 组成的 $n\times n$ 矩阵,称为柔度矩阵.根据刚度系数的定义,可得弹性恢复力平衡的广义力为

$$Q_i(t)=\sum_{j=1}^{n}k_{ij}q_j(t),\quad i=1,2,\cdots,n \tag{4.2.12}$$

将上式写成矩阵形式,即

$$\{Q(t)\}=[k]\{q(t)\} \tag{4.2.13}$$

式中,$[k]$ 为系统的刚度矩阵.将式(4.2.13)代入式(4.2.11),得

$$\{q(t)\}=[a][k]\{q(t)\}$$

故有

$$[a][k]=[1] \tag{4.2.14}$$

由上式可知,当 $[k]$ 存在逆矩阵时,柔度矩阵 $[a]$ 与刚度矩阵 $[k]$ 互为逆矩阵,即

$$[a]=[k]^{-1}\quad 或 \quad [k]=[a]^{-1}$$

这一性质与单自由度系统的刚度系数 k 和柔度系数 a 之间的关系非常相似,

它们是互为倒数的,即 $a=1/k$,或 $k=1/a$.

4.2.3　多自由度系统的运动微分方程

现根据上面关于刚度、阻尼、质量系数的定义,来分析计算作用在质块 m_i 上的力,并由此导出系统的运动方程.由前述,当质块 j 有单位位移 $q_j=1$ 时,在 m_i 上需加上的与弹性恢复力相抗衡的力为 k_{ij},而弹性恢复力则为 $-k_{ij}$,如果 $q_j\neq1$,那么由于系统是线性的,因而可以将 m_i 上受到的弹性恢复力写成 $-k_{ij}q_j(t)$.根据叠加原理可写出当各个质块 m_j 上的位移为 $q_j(t)$ $(j=1,2,\cdots,n)$时,作用在 m_i 上的弹性恢复力为 $-\sum\limits_{j=1}^{n}k_{ij}q_j(t)$.以同样的方式,可推得作用在质块 m_i 上的阻尼力为 $-\sum\limits_{j=1}^{n}c_{ij}\dot{q}_j(t)$,惯性力为 $-\sum\limits_{j=1}^{n}m_{ij}\ddot{q}_j(t)$.而外加激励力为 $Q_i(t)$.应用 D'Alembert 原理,作用在 m_i 上的弹性恢复力、阻尼力、惯性力和外加激励力组成一个平衡力系,从而可直接写出平衡方程,即

$$-\sum_{j=1}^{n}m_{ij}\ddot{q}_j(t)-\sum_{j=1}^{n}c_{ij}\dot{q}_j(t)-\sum_{j=1}^{n}k_{ij}q_j(t)+Q_i(t)=0 \tag{4.2.15}$$

上式应对每一质块 m_i 成立,因而其中的下标 i 应遍取 $1,2,\cdots,n$ 的数值,从而得到 n 个等式,将之移项、整理,得

$$\sum_{j=1}^{n}[m_{ij}\ddot{q}_j(t)+c_{ij}\dot{q}_j(t)+k_{ij}q_j(t)]=Q_i(t),\quad i=1,2,\cdots,n \tag{4.2.16}$$

它是关于 $q_i(t)$ $(i=1,2,\cdots,n)$的一组 n 个联立的二阶常系数线性微分方程.方程(4.2.16)可综合成矩阵形式,即

$$[m]\{\ddot{q}(t)\}+[c]\{\dot{q}(t)\}+[k]\{q(t)\}=\{Q(t)\} \tag{4.2.17}$$

式中

$$\{q(t)\}=\{q_1(t),q_2(t),\cdots,q_n(t)\}^{\mathrm{T}}$$

$$\{Q(t)\}=\{Q_1(t),Q_2(t),\cdots,Q_n(t)\}^{\mathrm{T}}$$

分别是广义位移列向量和广义力列向量;而$[m]$、$[c]$与$[k]$就是前面定义的质量矩阵、阻尼矩阵和刚度矩阵,它们完全决定了线性振动系统的动态特性.

例 4.1　根据 Newton 定律导出图 4.2.2(a)所示的三自由度系统的运动微分方程,并与前述 D'Alembert 方法导出的结果相比较.

解　以质块 m_1、m_2、m_3 的水平位移 $x_1(t)$、$x_2(t)$、$x_3(t)$为广义坐标,所受的外部激励力 $F_1(t)$、$F_2(t)$、$F_3(t)$为广义力,根据图 4.2.2(b)的脱离体图,分别对质块 m_1、m_2、m_3 应用 Newton 定律,得系统的运动方程为

$$\begin{aligned}&F_1(t)+c_2[\dot{x}_2(t)-\dot{x}_1(t)]+k_2[x_2(t)-x_1(t)]-c_1\dot{x}_1(t)-k_1x_1(t)\\&=m_1\ddot{x}_1(t)\end{aligned} \tag{a}$$

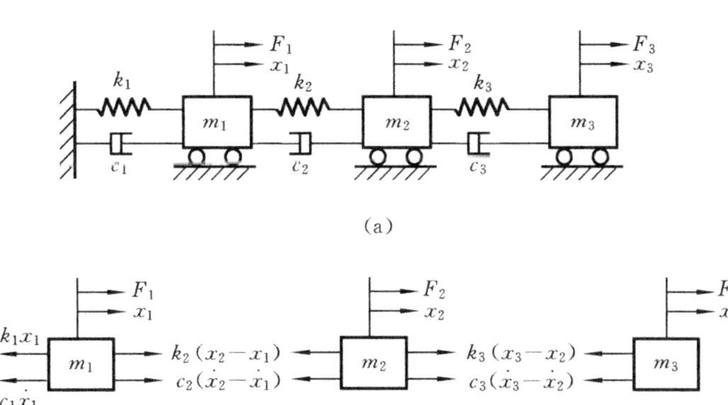

(b)

图 4.2.2

$$F_2(t)+c_3[\dot{x}_3(t)-\dot{x}_2(t)]+k_3[x_3(t)-x_2(t)]-c_2[\dot{x}_2(t)-\dot{x}_1(t)]$$
$$-k_2[x_2(t)-x_1(t)]=m_2\ddot{x}_2(t) \tag{b}$$

$$F_3(t)-c_3[\dot{x}_3(t)-\dot{x}_2(t)]-k_3[x_3(t)-x_2(t)]=m_3\ddot{x}_3(t) \tag{c}$$

整理,得

$$m_1\ddot{x}_1(t)+(c_1+c_2)\dot{x}_1(t)-c_2\dot{x}_2(t)+(k_1+k_2)x_1(t)-k_2x_2(t)=F_1(t) \tag{d}$$

$$m_2\ddot{x}_2(t)+(c_2+c_3)\dot{x}_2(t)-c_2\dot{x}_1(t)-c_3\dot{x}_3(t)+(k_2+k_3)x_2(t)$$
$$-k_2x_1(t)-k_3x_3(t)=F_2(t) \tag{e}$$

$$m_3\ddot{x}_3(t)+c_3\dot{x}_3(t)-c_3\dot{x}_2(t)+k_3x_3(t)-k_3x_2(t)=F_3(t) \tag{f}$$

写成矩阵形式为

$$[m]\{\ddot{x}(t)\}+[c]\{\dot{x}(t)\}+[k]\{x(t)\}=\{F(t)\} \tag{g}$$

式中

$$[m]=\begin{bmatrix} m_1 & & \\ & m_2 & \\ & & m_3 \end{bmatrix}\quad [k]=\begin{bmatrix} k_1+k_2 & -k_2 & 0 \\ -k_2 & k_2+k_3 & -k_3 \\ 0 & -k_3 & k_3 \end{bmatrix}$$

$$[c]=\begin{bmatrix} c_1+c_2 & -c_2 & 0 \\ -c_2 & c_2+c_3 & -c_3 \\ 0 & -c_3 & c_3 \end{bmatrix}\quad \{x(t)\}=\begin{Bmatrix} x_1(t) \\ x_2(t) \\ x_3(t) \end{Bmatrix}\quad \{F(t)\}=\begin{Bmatrix} F_1(t) \\ F_2(t) \\ F_3(t) \end{Bmatrix}$$

读者可自行验证,采用上述关于刚度系数、阻尼系数和质量系数的定义以及D'Alembert方法,也可得到完全相同的结果.

例 4.2　图 4.2.3 示出了由实际齿轮传动系统简化成的三自由度模型,它由不计质量的弹性轴带有三个刚性圆盘构成,试求该扭转振动系统的刚度矩阵.

解　设 $\theta_1=1,\theta_2=\theta_3=0$,则盘 1 承受弹性恢复力矩 $-k-k=-2k$,盘 2 承受弹性恢复力矩 k,盘 3 不受弹性力矩作用. 为了维持上述条件下的平衡,必须在盘 1

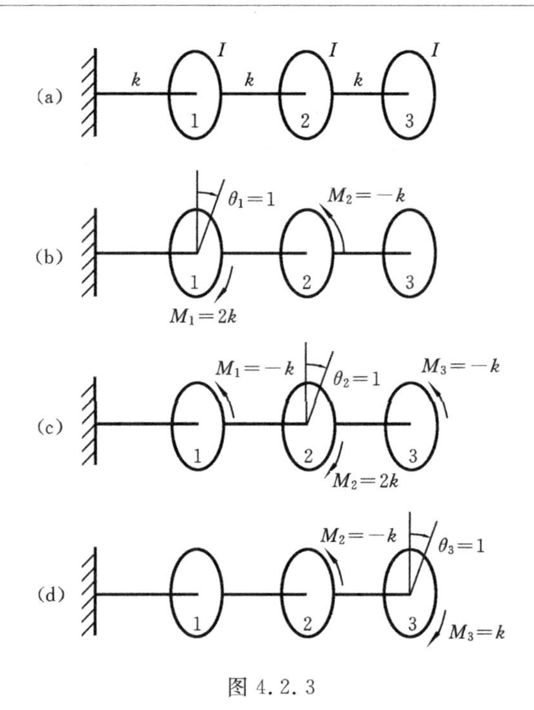

图 4.2.3

上加力矩 $M_1=2k$，在盘 2 上加力矩 $M_2=-k$，故可得 $k_{11}=2k$，$k_{21}=-k$，$k_{31}=0$，同理，分别设 $\theta_2=1$，$\theta_1=\theta_3=0$ 和 $\theta_3=1$，$\theta_1=\theta_2=0$ 推得 $k_{12}=-k$，$k_{32}=-k$，$k_{22}=2k$ 及 $k_{13}=0$，$k_{23}=-k$，$k_{33}=k$. 将求得的刚度系数写成刚度矩阵，即

$$[k]=k\begin{bmatrix}2 & -1 & 0\\ -1 & 2 & -1\\ 0 & -1 & 1\end{bmatrix}$$

例 4.3　图 4.2.4 所示为一带有分支系统的弹簧质量系统，其广义坐标为 x_1、x_2、x_3、x_4，试求系统的质量矩阵、阻尼矩阵和刚度矩阵.

解　利用关于质量矩阵、阻尼矩阵和刚度矩阵的有关规律，可直接写出

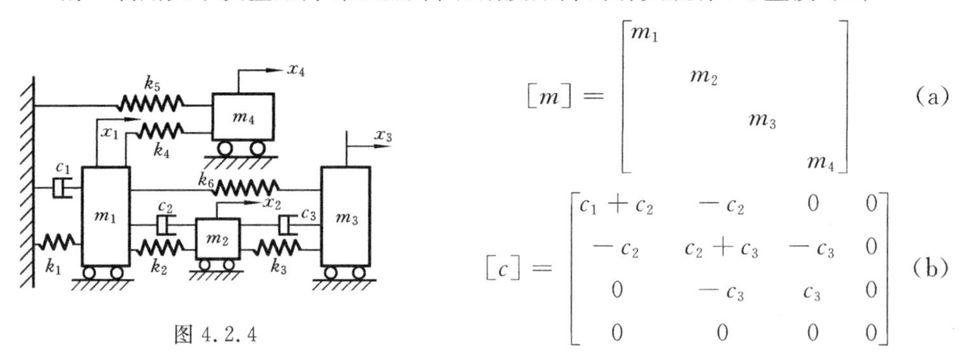

图 4.2.4

$$[m]=\begin{bmatrix}m_1 & & & \\ & m_2 & & \\ & & m_3 & \\ & & & m_4\end{bmatrix} \tag{a}$$

$$[c]=\begin{bmatrix}c_1+c_2 & -c_2 & 0 & 0\\ -c_2 & c_2+c_3 & -c_3 & 0\\ 0 & -c_3 & c_3 & 0\\ 0 & 0 & 0 & 0\end{bmatrix} \tag{b}$$

$$[k]=\begin{bmatrix} k_1+k_2+k_4+k_6 & -k_2 & -k_6 & -k_4 \\ -k_2 & k_2+k_3 & -k_3 & 0 \\ -k_6 & -k_3 & k_3+k_6 & 0 \\ -k_4 & 0 & 0 & k_4+k_5 \end{bmatrix} \tag{c}$$

读者可自行验证,使用其他方法也可得到上述结果,但较烦琐.

例 4.4　求例 4.1 所示系统的柔度矩阵.

解　先计算 a_{i1} $(i=1,2,3)$. 在 m_1 上施加外力 $F_1=1$,此时各质块的位移为

$$x_1=x_2=x_3=F_1/k_1=1/k_1 \tag{a}$$

按柔度系数的定义,可得

$$a_{11}=x_1=1/k_1 \quad a_{21}=x_2=1/k_1 \quad a_{31}=x_3=1/k_1$$

再计算 a_{i2} $(i=1,2,3)$. 在 m_2 上施加外力 $F_2=1$,此时各质块的位移为

$$x_1=F_2/k_1=1/k_1 \tag{b}$$

$$x_2=F_2/k_1+F_2/k_1=1/k_1+1/k_2 \tag{c}$$

$$x_3=x_2=1/k_1+1/k_2 \tag{d}$$

从而

$$a_{12}=x_1=1/k_1$$

$$a_{22}=x_2=1/k_1+1/k_2$$

$$a_{32}=x_3=1/k_1+1/k_2$$

最后在 m_3 上施加外力 $F_3=1$,则

$$x_1=F_3/k_1=1/k_1 \tag{e}$$

$$x_2=F_3/k_1+F_3/k_2=1/k_1+1/k_2 \tag{f}$$

$$x_3=F_3/k_1+F_3/k_2+F_3/k_3=1/k_1+1/k_2+1/k_3 \tag{g}$$

从而　$a_{13}=1/k_1 \quad a_{23}=1/k_1+1/k_2 \quad a_{33}=1/k_1+1/k_2+1/k_3$

系统的柔度矩阵为

$$[a]=\begin{bmatrix} 1/k_1 & 1/k_1 & 1/k_1 \\ 1/k_1 & 1/k_1+1/k_2 & 1/k_1+1/k_2 \\ 1/k_1 & 1/k_1+1/k_2 & 1/k_1+1/k_2+1/k_3 \end{bmatrix} \tag{h}$$

读者可自行验证,上面求出的柔度矩阵[a]与例 4.1 中求出的[k]有下列关系:

$$[k]^{-1}=[a]$$

例 4.5　两端简支梁上有三个集中质量 m、$2m$、m,如图 4.2.5(a)所示,梁的弯曲刚度为 EI,取三集中质量处的挠度 y_1、y_2、y_3 为系统的广义坐标,试求其柔度矩阵.

解　简支梁在单位集中力作用下的挠度公式为

$$\delta=\frac{ax}{6EIl}(l^2-x^2-b^2) \tag{a}$$

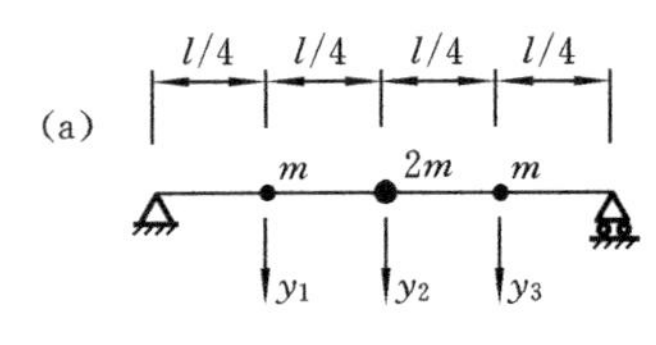

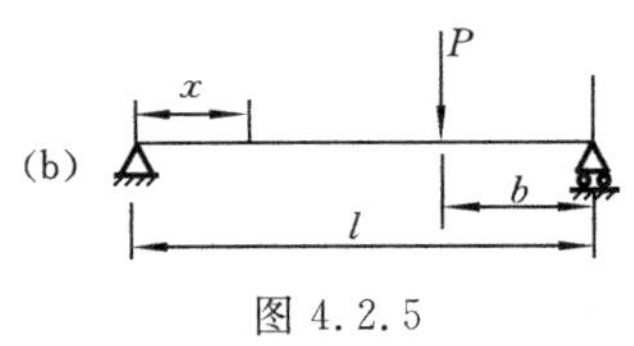

图 4.2.5

式中,b 为集中力作用点距右端支承的距离,如图 4.2.5(b)所示.利用上式可直接求出柔度影响系数,即

$$a_{11}=\frac{3l^3}{256EI}\quad a_{13}=\frac{7l^3}{768EI}$$

$$a_{12}=\frac{11l^3}{768EI}\quad a_{22}=\frac{l^3}{48EI}$$

$$a_{31}=a_{13}\quad a_{33}=a_{11}\quad a_{32}=a_{23}=a_{21}=a_{12}$$

从而可写出柔度矩阵,即

$$[a]=\frac{l^3}{768EI}\begin{bmatrix}9 & 11 & 7\\ 11 & 16 & 11\\ 7 & 11 & 9\end{bmatrix}\tag{b}$$

4.3　线性变换与坐标耦合

方程(4.2.16)或方程(4.2.17)是一个二阶常系数线性联立微分方程组,其求解的困难主要在于各个方程是彼此耦合的.在介绍模态分析法求解方程(4.2.16)之前,先讨论耦合的概念及消除耦合的方法.

先研究无阻尼系统,略去方程(4.2.17)中的阻尼项,得

$$[m]\{\ddot{q}(t)\}+[k]\{q(t)\}=\{Q(t)\}\tag{4.3.1}$$

式中,$[m]$、$[k]$是对称的常数方阵.在第3章已述及,同一个振动系统可以选用不同的广义坐标来建立其运动方程.选用坐标的不同,得到的运动方程及其耦合方式也不同,因此,运动方程的耦合不是振动系统本身的性态,而是广义坐标选择的结果.自然坐标是能使运动方程不存在耦合的一组广义坐标,而任意一组广义坐标通过以模态矩阵作为变换矩阵的线性变换,就可变换到自然坐标,从而使方程解除耦合,这些结论对多自由度系统也都适用.

现考虑采用另一组广义坐标 $\eta_j(t)$ $(j=1,2,\cdots,n)$来取代方程(4.3.1)中的广义坐标 $q_i(t)$ $(i=1,2,\cdots,n)$.对于线性振动系统,两组广义坐标之间的关系应该是一种线性变换关系.换言之,坐标 $q_i(t)$ $(i=1,2,\cdots,n)$可用坐标 $\eta_j(t)$ $(j=1,2,\cdots,n)$的线性组合来表示,即

$$\{q(t)\}=[U]\{\eta(t)\}\tag{4.3.2}$$

式中

$$\{\eta(t)\}=\{\eta_1(t),\eta_2(t),\cdots,\eta_n(t)\}^{\mathrm{T}}$$

是由新的广义坐标组成的列阵;$[U]$称为线性变换矩阵,它是一个非奇异的 $n\times n$

常数矩阵.因为$[U]$是一个常数方阵,所以有

$$\left.\begin{aligned}\{\dot{q}(t)\} &= [U]\{\dot{\eta}(t)\} \\ \{\ddot{q}(t)\} &= [U]\{\ddot{\eta}(t)\}\end{aligned}\right\} \tag{4.3.3}$$

将式(4.3.2)、式(4.3.3)代入方程(4.3.1),得

$$[m][U]\{\ddot{\eta}(t)\} + [k][U]\{\eta(t)\} = \{Q(t)\}$$

为保持运动方程的对称性,将上面的方程两边左乘$[U]^{\mathrm{T}}$,可得

$$[U]^{\mathrm{T}}[m][U]\{\ddot{\eta}(t)\} + [U]^{\mathrm{T}}[k][U]\{\eta(t)\} = [U]^{\mathrm{T}}\{Q(t)\}$$

或写成

$$[M]\{\ddot{\eta}(t)\} + [K]\{\eta(t)\} = \{N(t)\} \tag{4.3.4}$$

式中

$$\left.\begin{aligned}[M] &= [U]^{\mathrm{T}}[m][U] \\ [K] &= [U]^{\mathrm{T}}[k][U]\end{aligned}\right\} \tag{4.3.5}$$

分别称为在广义坐标$\{\eta(t)\}$下的质量矩阵与刚度矩阵.因为$[m]$、$[k]$都是对称的,易知$[M]$、$[K]$也都是对称的.由此可知,坐标变换对运动方程的影响表现为质量矩阵和刚度矩阵按式(4.3.5)进行变换,方程(4.3.4)中的

$$\{N(t)\} = [U]^{\mathrm{T}}\{Q(t)\} \tag{4.3.6}$$

称为广义坐标$\{\eta(t)\}$所对应的广义力向量.由此,通过坐标变换,已将原来以广义坐标$\{q(t)\}$表达的运动方程变换到以$\{\eta(t)\}$表达的方程.这种变换当然不会改变系统的性质,但由于改变了质量矩阵和刚度矩阵,因而可能改变其运动方程的耦合情况.

例 4.6 试对图 3.5.1 所示的双摆系统的运动方程进行坐标变换,即

$$\begin{Bmatrix}\theta_1 \\ \theta_2\end{Bmatrix} = \begin{bmatrix}1 & 1 \\ 1 & -1\end{bmatrix}\begin{Bmatrix}\psi_1 \\ \psi_2\end{Bmatrix} \tag{a}$$

计算变换以后的质量矩阵$[M]$和刚度矩阵$[K]$.

解 将式(a)及式(3.5.2)中的$[m]$、$[k]$矩阵代入式(4.3.5),得

$$[M] = \begin{bmatrix}1 & 1 \\ 1 & -1\end{bmatrix}\begin{bmatrix}mL^2 & 0 \\ 0 & mL^2\end{bmatrix}\begin{bmatrix}1 & 1 \\ 1 & -1\end{bmatrix} = \begin{bmatrix}2mL^2 & 0 \\ 0 & 2mL^2\end{bmatrix} \tag{b}$$

$$[K] = \begin{bmatrix}1 & 1 \\ 1 & -1\end{bmatrix}\begin{bmatrix}mgL + ka^2 & -ka^2 \\ -ka^2 & mgL + ka^2\end{bmatrix}\begin{bmatrix}1 & 1 \\ 1 & -1\end{bmatrix} = \begin{bmatrix}2mgL & 0 \\ 0 & 2mgL\end{bmatrix} \tag{c}$$

变换的结果是把原方程的弹性耦合解除了,而又并未造成新的惯性耦合.实际上,这里的变换矩阵就是双摆系统的模态矩阵,它由双摆系统的两个模态向量组成.这种变换使运动微分方程完全解除了耦合.

为了从一般意义上研究多自由度线性系统运动方程的坐标变换与解耦问题,需要从自由振动与特征值问题讲起.

4.4　无阻尼自由振动和特征值问题

考虑 n 自由度无阻尼系统的自由振动,其运动微分方程为

$$[m]\{\ddot{q}(t)\}+[k]\{q(t)\}=\{0\} \tag{4.4.1}$$

或展开为

$$\sum_{j=1}^{n} m_{ij}\ddot{q}_j(t)+\sum_{j=1}^{n} k_{ij}q_j(t)=0,\quad i=1,2,\cdots,n \tag{4.4.2}$$

我们仍然用第 3 章中所述的方法来寻找方程(4.4.2)的同步解,即设

$$q_j(t)=u_j f(t),\quad j=1,2,\cdots,n \tag{4.4.3}$$

式中,u_j $(j=1,2,\cdots,n)$是一组常数;$f(t)$是依赖时间的实函数,对所有坐标都相同.由此可推出

$$\frac{q_j(t)}{q_i(t)}=\frac{u_j}{u_i}=\text{const.},\quad i,j=1,2,\cdots,n \tag{4.4.4}$$

即任意两坐标上的位移之比值都是与时间无关的常数,这表明各坐标是在成比例地运动.

将式(4.4.3)代入方程(4.4.2),得

$$\ddot{f}(t)\sum_{j=1}^{n} m_{ij}u_j+f(t)\sum_{j=1}^{n} k_{ij}u_j=0,\quad i=1,2,\cdots,n$$

将上式分离变量,得

$$-\frac{\ddot{f}(t)}{f(t)}=\frac{\sum_{j=1}^{n} k_{ij}u_j}{\sum_{j=1}^{n} m_{ij}u_j},\quad i=1,2,\cdots,n \tag{4.4.5}$$

方程(4.4.5)的左边仅与时间 t 有关,右边仅与位移(坐标)有关,为使该等式能成立,其两边都必须等于一个常数;由于 $f(t)$是实函数,故该常数必为实数,不妨假定为 λ,于是有

$$\ddot{f}(t)+\lambda f(t)=0 \tag{4.4.6a}$$

$$\sum_{j=1}^{n}(k_{ij}-\lambda m_{ij})u_j=0,\quad i=1,2,\cdots,n \tag{4.4.6b}$$

对于方程(4.4.6a),第 3 章已详细讨论过,已知它的解为

$$f(t)=C\cos(\omega t-\psi) \tag{4.4.7}$$

式中,$\omega^2=\lambda$,而 ω 是实数,为简谐运动的频率;C 和 ψ 是任意常数.

频率 ω(或 λ)不能是任意的,它的确定应该考虑到使方程(4.4.6b)有非零解.将方程(4.4.6b)写成矩阵形式,即

$$[k]\{u\}-\omega^2[m]\{u\}=0 \tag{4.4.8a}$$

或
$$([k]-\omega^2[m])\{u\}=\{0\} \tag{4.4.8b}$$
这是一个关于$\{u\}$的n元线性齐次代数方程组，该方程组有非零解的充要条件是它的系数行列式等于零，即
$$\Delta(\omega^2)=|\,k_{ij}-\omega^2 m_{ij}\,|=0 \tag{4.4.9}$$
上式称为系统频率方程，该行列式称为特征行列式. 将它展开后可得到关于ω^2的n次代数方程
$$\omega^{2n}+a_1\omega^{2(n-1)}+a_2\omega^{2(n-2)}+\cdots+a_{n-1}\omega^2+a_n=0 \tag{4.4.10}$$

假定系统的质量矩阵与刚度矩阵都是正定的实对称矩阵. 在数学上可以证明，在这一条件下，频率方程(4.4.10)的n个根均为正实根，它们对应于系统的n个自然频率. 这里假设各根互不相等，即没有重根，因而可由小到大按次序排列为
$$\omega_1^2<\omega_2^2<\cdots<\omega_n^2$$
式中，最低的频率ω_1称为基频，在工程应用中它是最重要的一个自然频率.

将各特征根$\lambda_r=\omega_r^2$分别代入方程(4.4.8)便可求得各相应的解$\{u^{(r)}\}$，此解称为系统的模态向量或振型向量. 自然频率ω_r和模态向量$\{u^{(r)}\}$构成了系统的第r阶自然模态，它表征了系统的一种基本运动模式，即一种同步运动. 显然，n自由度系统一般有n种同步运动，每一种均为简谐运动，但频率ω_r不同，而且其振幅在各自由度上的分配方式，即模态向量$\{u^{(r)}\}$也不同. 每一种同步运动可写为
$$\{q(t)^{(r)}\}=\{u^{(r)}\}\cos(\omega_r t-\psi_r),\quad r=1,2,\cdots,n \tag{4.4.11}$$
由于式(4.4.1)或式(4.4.2)是齐次方程，因此以上n个解的线性组合仍为原方程的解，由此得系统自由振动的通解为
$$\{q(t)\}=\sum_{r=1}^{n}C_r\{q(t)^{(r)}\}=\sum_{r=1}^{n}C_r\{u^{(r)}\}\cos(\omega_r t-\psi_r) \tag{4.4.12}$$
式中，ω_r、$\{u^{(r)}\}$($r=1,2,\cdots,n$)由系统参数决定；ψ_r、C_r ($r=1,2,\cdots,n$)为待定常数，由初始条件决定.

从数学角度说，方程(4.4.8)定义了一个n维广义特征值问题，由它确定的特征值$\lambda_r=\omega_r^2$与特征向量$\{u^{(r)}\}$ ($r=1,2,\cdots,n$)分别与运动方程(4.4.1)所描述的n自由度系统的n个自然频率及模态向量相对应.

还需说明，一个特征值问题只能确定特征向量的方向，而不能确定其绝对长度. 事实上，由于式(4.4.8)是齐次代数方程组，因此，如果$\{u\}$是它的一个解，那么$a\{u\}$也必为其解，这里a是任意实数. 对应于振动问题，就是说模态向量的方向(即它的各分量的比值)是由系统的参数与特性所确定的，即它的振型的形状是确定的；而振型向量的“长度”，即振幅的大小，却不能由特征值问题本身，即不能由运动方程给出唯一的答案. 因此可以人为地选取模态向量的长度，这一过程叫做模态向量的“正规化”. 正规化的方法之一是令模态向量的某一个分量取值为1. 试见

下例.

例 4.7　图 4.4.1 为一个三自由度系统,$k_1=3k$,$k_2=2k$,$k_3=k$,$m_1=2m$,$m_2=1.5m$,$m_3=m$,求系统的自然频率与模态向量.

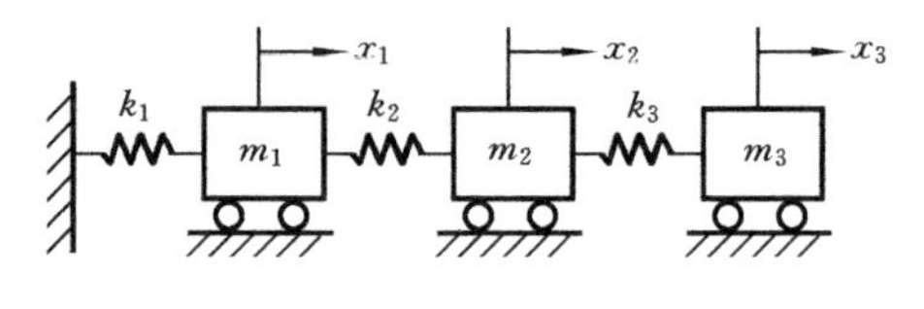

图 4.4.1

解　取质块 m_1、m_2、m_3 的水平位移 x_1、x_2、x_3 为广义坐标,根据例 4.1 的结果可以直接写出系统的质量矩阵$[m]$和刚度矩阵$[k]$,即

$$[m]=\begin{bmatrix}2m & & \\ & 1.5m & \\ & & m\end{bmatrix}\quad [k]=\begin{bmatrix}5k & -2k & 0\\ -2k & 3k & -k\\ 0 & -k & k\end{bmatrix}$$

将$[m]$、$[k]$代入方程(4.4.8),得系统的特征值问题方程,对应的系统频率方程为

$$\Delta(\omega^2)=\begin{vmatrix}5k-2m\omega^2 & -2k & 0\\ -2k & 3k-1.5m\omega^2 & -k\\ 0 & -k & k-m\omega^2\end{vmatrix}=0 \tag{a}$$

将上式展开得

$$\omega^6-5.5(k/m)\omega^4+7.5(k/m)^2\omega^2-2(k/m)^3=0 \tag{b}$$

用数值法可求出它的三个特征根为

$$\left.\begin{aligned}\lambda_1&=\omega_1^2=0.351465k/m\\ \lambda_2&=\omega_2^2=1.606599k/m\\ \lambda_3&=\omega_3^2=3.541936k/m\end{aligned}\right\} \tag{c}$$

系统的自然频率为

$$\omega_1=0.592845\sqrt{k/m}\quad \omega_2=1.267517\sqrt{k/m}\quad \omega_3=1.882003\sqrt{k/m}$$

为求出模态向量,将自然频率代入方程(4.4.8),此例中方程(4.4.8)仅有两个是独立的,可从中任取两个.若取其前两个,即

$$(5k-2m\omega^2)u_1-2ku_2=0$$

$$-2ku_1+(3k-1.5m\omega^2)u_2-ku_3=0$$

取 $u_3=1$,以使模态向量正规化,分别将 ω_1、ω_2、ω_3 代入上式,求得

$$u_1^{(1)}=0.301850\quad u_1^{(2)}=-0.678977\quad u_1^{(3)}=2.439628$$

$$u_2^{(1)}=0.648535\quad u_2^{(2)}=-0.606599\quad u_2^{(3)}=-2.541936$$

从而得三个模态向量为

$$\{u^{(1)}\}=\begin{Bmatrix}0.301850\\0.648535\\1\end{Bmatrix}\quad\{u^{(2)}\}=\begin{Bmatrix}-0.678977\\-0.606599\\1\end{Bmatrix}\quad\{u^{(3)}\}=\begin{Bmatrix}2.439628\\-2.541936\\1\end{Bmatrix}$$

图 4.4.2 示出了系统的三阶自然模态. 注意到第二阶模态有一次符号变化，在质块 m_2 与 m_3 之间有一个节点；第三阶模态有两次符号变化，在质块 m_1 与 m_2、m_2 与 m_3 之间各有一个节点.

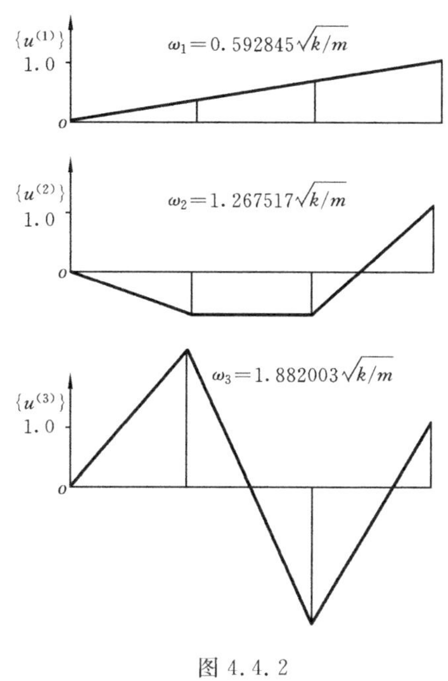

图 4.4.2

4.5　模态向量的正交性与展开定理

本节讨论系统模态向量的正交性，利用这一性质，可以大为简化对于线性振动系统的分析.

4.5.1　模态向量的正交性与正规化

1. 正交性

设 ω_r、ω_s 及 $\{u^{(r)}\}$、$\{u^{(s)}\}$ 分别是多自由度系统的某两个模态的自然频率和模态向量，且 $\omega_r\neq\omega_s$，它们都满足系统的特征值问题方程(4.4.8a)，即有

$$[k]\{u^{(r)}\}=\omega_r^2[m]\{u^{(r)}\}\tag{4.5.1}$$

$$[k]\{u^{(s)}\}=\omega_s^2[m]\{u^{(s)}\}\tag{4.5.2}$$

将式(4.5.1)两边左乘$\{u^{(s)}\}^{\mathrm{T}}$,式(4.5.2)两边左乘$\{u^{(r)}\}^{\mathrm{T}}$,得

$$\{u^{(s)}\}^{\mathrm{T}}[k]\{u^{(r)}\} = \omega_r^2\{u^{(s)}\}^{\mathrm{T}}[m]\{u^{(r)}\} \tag{4.5.3}$$

$$\{u^{(r)}\}^{\mathrm{T}}[k]\{u^{(s)}\} = \omega_s^2\{u^{(r)}\}^{\mathrm{T}}[m]\{u^{(s)}\} \tag{4.5.4}$$

将式(4.5.3)取转置,注意到$[m]$、$[k]$都是对称矩阵,故有

$$\{u^{(r)}\}^{\mathrm{T}}[k]\{u^{(s)}\} = \omega_r^2\{u^{(r)}\}^{\mathrm{T}}[m]\{u^{(s)}\} \tag{4.5.5}$$

将式(4.5.5)与式(4.5.4)相减得

$$(\omega_r^2 - \omega_s^2)\{u^{(r)}\}^{\mathrm{T}}[m]\{u^{(s)}\} = 0 \tag{4.5.6}$$

由于$\omega_s \neq \omega_r$,故必有

$$\{u^{(r)}\}^{\mathrm{T}}[m]\{u^{(s)}\} = 0,\quad r,s = 1,2,\cdots,n;r \neq s \tag{4.5.7}$$

将上式代回式(4.5.4)得

$$\{u^{(r)}\}^{\mathrm{T}}[k]\{u^{(s)}\} = 0,\quad r,s = 1,2,\cdots,n;r \neq s \tag{4.5.8}$$

式(4.5.7)与式(4.5.8)分别称为模态向量对于质量矩阵与对于刚度矩阵的正交性.这是对于通常意义下的正交性

$$\{u^{(r)}\}^{\mathrm{T}}\{u^{(s)}\} = u_1^{(r)}u_1^{(s)} + u_2^{(r)}u_2^{(s)} + \cdots + u_n^{(r)}u_n^{(s)} = 0 \tag{4.5.9}$$

的一种自然的推广,即分别以$[m]$、$[k]$作为权矩阵的一种正交性.当$[m]$、$[k]$为单位矩阵时,式(4.5.7)、式(4.5.8)就退化为式(4.5.9).

2. 模态质量与模态刚度

设

$$\{u^{(r)}\}^{\mathrm{T}}[m]\{u^{(r)}\} = M_r,\quad r = 1,2,\cdots,n \tag{4.5.10}$$

由于$[m]$是正定的,故M_r为一个正实数,称为第r阶模态质量;同理,设

$$\{u^{(r)}\}^{\mathrm{T}}[k]\{u^{(r)}\} = K_r,\quad r = 1,2,\cdots,n \tag{4.5.11}$$

由于已假定$[k]$是正定,K_r也是一个正实数,称为第r阶模态刚度.

实际上,将式(4.5.1)两边左乘$\{u^{(r)}\}^{\mathrm{T}}$,得

$$\{u^{(r)}\}^{\mathrm{T}}[k]\{u^{(r)}\} = \omega_r^2\{u^{(r)}\}^{\mathrm{T}}[m]\{u^{(r)}\}$$

从而有

$$\omega_r^2 = \frac{\{u^{(r)}\}^{\mathrm{T}}[k]\{u^{(r)}\}}{\{u^{(r)}\}^{\mathrm{T}}[m]\{u^{(r)}\}} = \frac{K_r}{M_r},\quad r = 1,2,\cdots,n \tag{4.5.12}$$

即第r阶自然频率的二次方值等于K_r除以M_r,这与单自由度系统的情况,即式(1.3.3)是相似的.

3. 正规化

前面讲过,模态向量$\{u^{(r)}\}$的长度其实是不定的,因此可按以下方法加以正规化,即将之除以对应的模态质量的二次方根$\sqrt{M_r}$.显然,对于经过正规化以后的模态向量,有

$$\{u^{(r)}\}^{\mathrm{T}}[m]\{u^{(r)}\} = 1 \tag{4.5.13}$$

而由式(4.5.12),有

$$\{u^{(r)}\}^{\mathrm{T}}[k]\{u^{(r)}\} = \omega_r^2 \tag{4.5.14}$$

上两式称为模态向量的一种正规化条件.

综上所述,模态向量的正交性与正规化条件可归纳为

$$\{u^{(r)}\}^{\mathrm{T}}[m]\{u^{(s)}\} = \delta_{rs}, \quad r,s = 1,2,\cdots,n \tag{4.5.15}$$

$$\{u^{(r)}\}^{\mathrm{T}}[k]\{u^{(s)}\} = \delta_{rs}\omega_r^2, \quad r,s = 1,2,\cdots,n \tag{4.5.16}$$

以上是假定系统的 n 个自然频率各不相等的情况,至于有相等自然频率的情况,将在4.9节中讨论.

4. 模态矩阵

将 n 个正规化的模态向量顺序排列成一个方阵,就构成了 $n\times n$ 模态矩阵,即

$$[u] = [\{u^{(1)}\},\{u^{(2)}\},\cdots,\{u^{(n)}\}]$$

引入模态矩阵 $[u]$ 以后,可以将式(4.5.15)及式(4.5.16)的 $2n^2$ 个等式归纳成两个矩阵等式,即

$$[u]^{\mathrm{T}}[m][u] = [1] \tag{4.5.17}$$

$$[u]^{\mathrm{T}}[k][u] = \left[\diagdown\omega_r^2\diagdown\right] \tag{4.5.18}$$

式中

$$\left[\diagdown\omega_r^2\diagdown\right] = \begin{bmatrix} \omega_1^2 & & & \\ & \omega_2^2 & & \\ & & \ddots & \\ & & & \omega_n^2 \end{bmatrix}$$

称为系统的特征值矩阵.而特征值问题可综合成

$$[k][u] = [m][u]\left[\diagdown\omega_r^2\diagdown\right] \tag{4.5.19}$$

4.5.2 展开定理

式(4.4.12)表明了各种可能的同步运动的任意线性组合都是系统自由振动的解;这里要证明的是系统自由振动的任何一个解,都必然是同步运动的某种线性组合.因此,研究同步运动的组合可以毫无遗漏地概括一个线性系统自由振动的所有的解.

1. 坐标基

n 自由度系统的 n 个模态向量 $\{u^{(1)}\},\{u^{(2)}\},\cdots,\{u^{(n)}\}$ 正好在 n 维线性空间(即系统的位形空间)中构成一组坐标基.我们知道,n 维线性空间中的 n 个向量,只有当它们是线性独立时,才能够成为坐标基.因此,为了表明 n 个模态向量确实可构成一组坐标基,必须证明它们之间是线性独立的.事实上,可以由模态向量的两两正交性证明它们之间的线性独立性,即证明不存在一组不全为零的系数 c_1,

$c_2,\cdots,c_n$,使得

$$c_1\{u^{(1)}\}+c_2\{u^{(2)}\}+\cdots+c_n\{u^{(n)}\}=\{0\} \tag{4.5.20}$$

采用反证法来证明这一点,即暂先假定有一组不全为零的系数 $c_1,c_2,\cdots,c_n$,使上式成立,那么将该式各项左乘$\{u^{(s)}\}^{\mathrm{T}}[m]$,得

$$\sum_{r=1}^{n}c_r\{u^{(s)}\}^{\mathrm{T}}[m]\{u^{(r)}\}=0$$

式中,r 为求和的流动下标,而 s 为某一选定的下标. 由正交关系式(4.5.7)可知,上式中 $r\neq s$ 的各项为零,而只剩下 $r=s$ 的那一项不为零. 于是,上式成为

$$c_s\{u^{(s)}\}^{\mathrm{T}}[m]\{u^{(s)}\}=0$$

可是由式(4.5.13)知$\{u^{(s)}\}^{\mathrm{T}}[m]\{u^{(s)}\}=1$,故必有 $c_s=0$. 又由于 s 可任意选取,故有 $c_1=c_2=\cdots=c_n=0$,而这与 $c_1,c_2,\cdots,c_n$ 不全为零的假设相矛盾,故式(4.5.20)不能成立,即诸模态向量之间线性独立,因而可以构成一组坐标基.

2. 展开定理

既然诸模态向量构成了一组坐标基,因而系统在任一时刻的位形向量$\{u\}$可以按该坐标基展开,即写成诸模态向量的线性组合,即

$$\{u\}=c_1\{u^{(1)}\}+c_2\{u^{(2)}\}+\cdots+c_n\{u^{(n)}\} \tag{4.5.21}$$

式中,系数 $c_1,c_2,\cdots,c_n$ 反映了各模态向量在构成位形向量$\{u\}$时的参与程度,可以利用正交关系求出. 将上式各项左乘$\{u^{(r)}\}^{\mathrm{T}}[m]$,得

$$\{u^{(r)}\}^{\mathrm{T}}[m]\{u\}=\sum_{i=1}^{n}c_i\{u^{(r)}\}^{\mathrm{T}}[m]\{u^{(i)}\}$$

利用正交关系式(4.5.7),即得

$$c_r=\{u^{(r)}\}^{\mathrm{T}}[m]\{u\} \tag{4.5.22}$$

式(4.5.21)、式(4.5.22)即为展开定理(expansion theorem). 此定理表明系统的任何位形向量都可以以唯一的方式表示成为诸模态向量的线性组合.

3. 系统的通解

由展开定理可以导出系统通解的表达式. 式(4.5.21)中$\{u\}$为系统在某一时刻(记为 $t=t_1$)的位形向量,为了强调这一点,将它记为$\{q(t_1)\}$,而诸系数 $c_1,c_2,\cdots,c_n$ 也应该与时刻 t_1 相对应,即随时间而变化. 为了表明这一点,将它们分别记为 $\eta_1(t_1),\eta_2(t_1),\cdots,\eta_n(t_1)$,于是式(4.5.21)成为

$$\{q(t_1)\}=\sum_{r=1}^{n}\eta_r(t_1)\{u^{(r)}\}$$

由于时刻 t_1 可任意选取,故可略去 t_1 的下标,而写成

$$\{q(t)\}=\sum_{r=1}^{n}\eta_r(t)\{u^{(r)}\} \tag{4.5.23}$$

而相应地，式(4.5.22)成为

$$\eta_r(t)=\{u^{(r)}\}^{\mathrm{T}}[m]\{q(t)\} \tag{4.5.24}$$

如果记

$$\{\eta(t)\}=\{\eta_1(t),\eta_2(t),\cdots,\eta_n(t)\}^{\mathrm{T}}$$

并代入模态矩阵

$$[u]=[\{u^{(1)}\},\{u^{(2)}\},\cdots,\{u^{(n)}\}]$$

则可将式(4.5.23)写为

$$\{q(t)\}=[u]\{\eta(t)\} \tag{4.5.25}$$

式(4.5.23)、式(4.5.25)两式都是由展开定理推出的必然结论，它们从不同的角度反映了多自由度线性系统自由振动的通解. 式(4.5.23)将通解表示为各模态运动的叠加，而式(4.5.25)则将通解表示为自然坐标的线性变换，变换矩阵则为模态矩阵. 为了求出自然坐标$\{\eta(t)\}$的确切表达式，可以将式(4.5.25)代入自由振动的运动方程式(4.4.1)，即

$$[m][u]\{\ddot{\eta}(t)\}+[k][u]\{\eta(t)\}=\{0\}$$

将上式左乘$[u]^{\mathrm{T}}$，得

$$[u]^{\mathrm{T}}[m][u]\{\ddot{\eta}(t)\}+[u]^{\mathrm{T}}[k][u]\{\eta(t)\}=\{0\}$$

利用正交关系式(4.5.17)、式(4.5.18)，得

$$\{\ddot{\eta}(t)\}+\left[\diagdown\ \omega_r^2 \diagdown\right]\{\eta(t)\}=\{0\}$$

展开上式，得到 n 个独立的微分方程，即

$$\ddot{\eta}_r(t)+\omega_r^2\eta_r(t)=0,\quad r=1,2,\cdots,n \tag{4.5.26}$$

现又回到了式(4.4.6a). 已知上式的通解为

$$\eta_r(t)=C_r\cos(\omega_r t-\psi_r),\quad r=1,2,\cdots,n \tag{4.5.27}$$

代回式(4.5.23)，得通解的表达式为

$$\{q(t)\}=\sum_{r=1}^{n}C_r\{u^{(r)}\}\cos(\omega_r t-\psi_r) \tag{4.5.28}$$

这也就是前面得到的式(4.4.12). 前面是从试探微分方程的同步解得出的，而这里是从展开定理与模态向量的正交关系推得了有关的等式.

式(4.5.28)中的$\{u^{(r)}\}$、ω_r 由系统的参数，即由$[m]$、$[k]$矩阵确定，而 C_r、ψ_r 则由初始条件确定. 这里 $r=1,2,\cdots,n$.

4.6　系统对初始激励的响应

下面求在给定初始条件$\{q(0)\}=\{q_0\}$、$\{\dot{q}(0)\}=\{\dot{q}_0\}$下系统的自由振动，即系统对于初始激励的响应. 前面已经求出多自由度系统自由振动的通解式(4.5.28)，

因此直接将初始条件代入，求解 $2n$ 个联立方程，就可确定自由振动通解中的 $2n$ 个待定常数 C_r、ψ_r $(r=1,2,\cdots,n)$，但这样的做法有较大的工作量. 采用模态分析的方法将系统原来的广义坐标变换到自然坐标，可避免联立方程组的求解.

根据式(4.5.23)至式(4.5.28)，先确定在自然坐标下的初始条件. 由式(4.5.24)，以物理坐标下的初始条件$\{q_0\}$、$\{\dot{q}_0\}$代入，得自然坐标下的初始条件

$$\left.\begin{aligned}\eta_r(0) &= \{u^{(r)}\}^{\mathrm{T}}[m]\{q_0\}\\ \dot{\eta}_r(0) &= \{u^{(r)}\}^{\mathrm{T}}[m]\{\dot{q}_0\}\end{aligned}\right\} \tag{4.6.1}$$

将式(4.6.1)分别代入式(4.5.27)，可得

$$C_r\cos\psi_r = \{u^{(r)}\}^{\mathrm{T}}[m]\{q_0\}$$

$$C_r\sin\psi_r = \frac{1}{\omega_r}\{u^{(r)}\}^{\mathrm{T}}[m]\{\dot{q}_0\}$$

将上两式代入式(4.5.28)，得以初始条件表示的系统的自由振动为

$$\{q(t)\} = \sum_{r=1}^{n}\left(\{u^{(r)}\}^{\mathrm{T}}[m]\{q_0\}\cos\omega_r t + \{u^{(r)}\}^{\mathrm{T}}[m]\{\dot{q}_0\}\frac{1}{\omega_r}\sin\omega_r t\right)\{u^{(r)}\} \tag{4.6.2}$$

上式表明，在总的振动中，第 r 阶模态被激发的程度由$\{u^{(r)}\}^{\mathrm{T}}[m]\{q_0\}$、$\{u^{(r)}\}^{\mathrm{T}}[m]\{\dot{q}_0\}$决定. 特殊地，如果$\{q_0\}$正好是第 s 阶模态向量，即

$$\{q_0\} = q_0\{u^{(s)}\}$$

而

$$\{\dot{q}_0\} = \{0\}$$

利用正交性，式(4.6.2)成为

$$\begin{aligned}\{q(t)\} &= \sum_{r=1}^{n}(q_0\{u^{(r)}\}^{\mathrm{T}}[m]\{u^{(s)}\}\cos\omega_r t)\{u^{(r)}\}\\ &= \sum_{r=1}^{n}q_0\delta_{rs}\{u^{(r)}\}\cos\omega_r t = q_0\{u^{(s)}\}\cos\omega_s t\end{aligned}$$

上式表明，系统完全按第 s 阶模态进行振动.

例 4.8 对例 4.7 中的系统，求对初始条件 $x_1(0)=1$，$x_2(0)=x_3(0)=0$，$\dot{x}_1(0)=\dot{x}_2(0)=0$，$\dot{x}_3(0)=1$ 的响应.

解 利用例 4.7 求得的系统的自然频率和模态向量，根据式(4.5.10)可求第一阶模态质量为

$$\begin{aligned}M_1 &= \{u^{(1)}\}^{\mathrm{T}}[m]\{u^{(1)}\}\\ &= \begin{Bmatrix}0.301850\\0.648535\\1\end{Bmatrix}^{\mathrm{T}}\begin{bmatrix}2m & & \\ & 1.5m & \\ & & m\end{bmatrix}\begin{Bmatrix}0.301850\\0.648535\\1\end{Bmatrix} = 1.813124m\end{aligned} \tag{a}$$

同理可求出第二、三阶模态质量为

$$M_2 = 2.473965m \tag{b}$$

$$M_3 = 22.59572m \tag{c}$$

从而可得按式(4.5.13)求出正规化的模态向量为

$$\{u^{(1)}\} = \frac{1}{\sqrt{M_1}}\{u^{(1)}\} = \frac{1}{1.346523\sqrt{m}}\begin{Bmatrix}0.301850\\0.648535\\1\end{Bmatrix} \tag{d}$$

$$\{u^{(2)}\} = \frac{1}{\sqrt{M_2}}\{u^{(2)}\} = \frac{1}{1.572884\sqrt{m}}\begin{Bmatrix}-0.678977\\-0.606599\\1\end{Bmatrix} \tag{e}$$

$$\{u^{(3)}\} = \frac{1}{\sqrt{M_3}}\{u^{(3)}\} = \frac{1}{4.753496\sqrt{m}}\begin{Bmatrix}2.439628\\-2.541936\\1\end{Bmatrix} \tag{f}$$

根据式(4.6.1)，可求出对应于自然坐标的初始条件为

$$\eta_1(0) = \{u^{(1)}\}^{\mathrm{T}}[m]\{x_0\}$$

$$= \frac{1}{\sqrt{m}}\begin{Bmatrix}0.224170\\0.481637\\0.742654\end{Bmatrix}^{\mathrm{T}}\begin{bmatrix}2m & & \\ & 1.5m & \\ & & m\end{bmatrix}\begin{Bmatrix}1\\0\\0\end{Bmatrix} = 0.448340\sqrt{m} \tag{g}$$

同理可求出

$$\eta_2(0) = \{u^{(2)}\}^{\mathrm{T}}[m]\{x_0\} = -0.863353\sqrt{m} \tag{h}$$

$$\eta_3(0) = \{u^{(3)}\}^{\mathrm{T}}[m]\{x_0\} = 1.026456\sqrt{m} \tag{i}$$

$$\dot{\eta}_1(0) = \{u^{(1)}\}^{\mathrm{T}}[m]\{\dot{x}_0\}$$

$$= \frac{1}{\sqrt{m}}\begin{Bmatrix}0.224170\\0.481637\\0.742654\end{Bmatrix}^{\mathrm{T}}\begin{bmatrix}2m & & \\ & 1.5m & \\ & & m\end{bmatrix}\begin{Bmatrix}0\\0\\1\end{Bmatrix} = 0.742654\sqrt{m} \tag{j}$$

$$\dot{\eta}_2(0) = \{u^{(2)}\}^{\mathrm{T}}[m]\{\dot{x}_0\} = 0.635775\sqrt{m} \tag{k}$$

$$\dot{\eta}_3(0) = \{u^{(3)}\}^{\mathrm{T}}[m]\{\dot{x}_0\} = 0.210347\ 1\sqrt{m} \tag{l}$$

从而由式(4.6.2)，有

$$\{x(t)\} = \sum_{r=1}^{3}\left(\{u^{(r)}\}^{\mathrm{T}}[m]\{x_0\}\cos\omega_r t + \{u^{(r)}\}^{\mathrm{T}}[m]\{\dot{x}_0\}\frac{\sin\omega_r t}{\omega_r}\right)\{u^{(r)}\}$$

$$= \left(0.448340\sqrt{m}\cos\omega_1 t + \frac{0.742654\sqrt{m}}{\omega_1}\sin\omega_1 t\right)\begin{Bmatrix}0.224170\\0.481637\\0.742654\end{Bmatrix}$$

$$+ \left(-0.863353\sqrt{m}\cos\omega_2 t + \frac{0.635775\sqrt{m}}{\omega_2}\sin\omega_2 t\right)\begin{Bmatrix}-0.431677\\-0.385660\\0.635775\end{Bmatrix}$$

$$+\left(1.026456\sqrt{m}\cos\omega_3 t+\frac{0.210371\sqrt{m}}{\omega_3}\sin\omega_3 t\right)\begin{Bmatrix}0.513228\\-0.534751\\0.210371\end{Bmatrix}\quad(\text{m})$$

4.7 有阻尼多自由度系统的自由振动

前面各节讨论了无阻尼多自由度系统的自由振动,而在实际机械系统中,总是存在各种阻尼力的作用.阻尼力的机理比较复杂,迄今对它的研究还不充分.在进行振动分析计算时,往往采用线性黏性阻尼模型,即将各种阻尼力简化为与速度成正比.黏性阻尼系数往往按工程中的实际结果拟合,拟合的方法已在第1章、第2章中初步作了介绍,在第14章还会进一步介绍有关的测试与拟合技巧.

对 n 自由度系统,4.2节中已导出其运动微分方程,即

$$[m]\{\ddot{q}(t)\}+[c]\{\dot{q}(t)\}+[k]\{q(t)\}=\{\boldsymbol{Q}(t)\}\tag{4.7.1}$$

其中,$[c]$为阻尼矩阵.在一般情况下,它是 $n\times n$ 正定或半正定的对称矩阵.下面来研究带有黏性阻尼的多自由度系统的自由振动.其运动方程为

$$[m]\{\ddot{q}(t)\}+[c]\{\dot{q}(t)\}+[k]\{q(t)\}=0\tag{4.7.2}$$

采用自然坐标,将式(4.5.25)代入上式,有

$$[m][u]\{\ddot{\eta}(t)\}+[c][u]\{\dot{\eta}(t)\}+[k][u]\{\eta(t)\}=\{0\}\tag{4.7.3}$$

用$[u]^{\mathrm{T}}$左乘上式两边,得

$$[u]^{\mathrm{T}}[m][u]\{\ddot{\eta}(t)\}+[u]^{\mathrm{T}}[c][u]\{\dot{\eta}(t)\}+[u]^{\mathrm{T}}[k][u]\{\eta(t)\}=\{0\}$$

再利用式(4.5.7)、式(4.5.8),可得

$$\{\ddot{\eta}(t)\}+[C]\{\dot{\eta}(t)\}+\left[\diagdown\omega_r^2\diagdown\right]\{\eta(t)\}=\{0\}\tag{4.7.4}$$

即质量矩阵与刚度矩阵均已对角化,但阻尼矩阵

$$[C]=[u]^{\mathrm{T}}[c][u]$$

一般不是对角矩阵.这样,方程(4.7.4)虽已转换到模态坐标,但仍是一组通过速度项互相耦合的微分方程式,对它求解还是相当困难.要从根本上克服这一困难,使得有阻尼的多自由度系统的自由振动运动方程解耦,就需要采用复模态的分析方法.本书不涉及复模态的内容,下面仅介绍一些将矩阵$[C]$对角化的近似方法.

如果在原来坐标中的阻尼矩阵$[c]$可以近似地表示为质量矩阵$[m]$与刚度矩阵$[k]$的线性组合,即

$$[c]=\alpha[m]+\beta[k]$$

其中,α、β是大于或等于零的常数.这种阻尼称比例阻尼.在这种特殊情况下,当坐标转换到自然坐标后,对应的阻尼矩阵$[C]$也将是一个对角矩阵.

$$[C]=[u]^{\mathrm{T}}[c][u]=\alpha[1]+\beta\begin{bmatrix}\ddots & & \\ & \omega_r^2 & \\ & & \ddots\end{bmatrix}$$

$$=\begin{bmatrix}\alpha+\beta\omega_1^2 & & & \\ & \alpha+\beta\omega_2^2 & & \\ & & \ddots & \\ & & & \alpha+\beta\omega_n^2\end{bmatrix}$$

令 $\alpha+\beta\omega_r^2=2\xi_r\omega_r$，则 $\xi_r=\dfrac{\alpha+\beta\omega_r}{2\omega_r}$，称为第 r 阶模态的阻尼率. 从而

$$[C]=\begin{bmatrix}\ddots & & \\ & 2\xi_r\omega_r & \\ & & \ddots\end{bmatrix} \tag{4.7.5}$$

工程中大多数机械振动系统的阻尼都是非常小的. 在这种情况下，虽然 $[C]$ 不是对角的，仍可以用一个对角矩阵形式的阻尼矩阵来近似代替 $[C]$，最简单的方法就是将 $[C]$ 的非对角元素改为零值. 因为 $[C]$ 的非对角元素引起的方程中的微小阻尼力耦合项的影响一般远比系统的非耦合项的作用(弹性力、惯性力、阻尼力)要小，可以作为次要的影响，将它略去后仍可得到合理的近似.

在上述两种情况下，将模态坐标下的阻尼矩阵用式(4.7.5)表达，运动方程(4.7.3)就成为 n 个互相独立的方程

$$\ddot{\eta}_r(t)+2\xi_r\omega_r\eta_r(t)+\omega_r\eta_r(t)=0,\quad r=1,2,\cdots,m \tag{4.7.6}$$

这些方程都类似于第 1 章中研究过的单自由度系统的运动方程，因而按式(1.4.12)得

$$\eta_r(t)=C_r\mathrm{e}^{-\xi_r\omega_r t}\cos(\omega_{\mathrm{d}r}t-\psi_r) \tag{4.7.7}$$

其中，$\omega_{\mathrm{d}r}=\omega_r\sqrt{1-\xi_r}$；$C_r$、$\psi_r$ 是待定常数，由初始条件决定. 如果已知系统的初始条件

$$\{q(0)\}=\{q_0\}\quad\{\dot{q}(0)\}=\{\dot{q}_0\}$$

那么，采用类似 4.6 节中的推导，有

$$\left.\begin{aligned}\eta_r^{(0)}&=\{u^{(r)}\}^{\mathrm{T}}[m]\{q_0\}\\ \dot{\eta}_r^{(0)}&=\{u^{(r)}\}^{\mathrm{T}}[m]\{\dot{q}_0\}\end{aligned}\right\} \tag{4.7.8}$$

将式(4.7.8)代入式(4.7.7)，可确定

$$\left.\begin{aligned}C_r\cos\psi_r&=\{u^{(r)}\}^{\mathrm{T}}[m]\{q_0\}\\ -C_r\sin\psi_r&=\frac{1}{\omega_{\mathrm{d}r}}(\{u^{(r)}\}^{\mathrm{T}}[m]\{\dot{q}_0\}+\xi_r\omega_r\{u^{(r)}\}^{\mathrm{T}}[m]\{q_0\})\end{aligned}\right\} \tag{4.7.9}$$

将式(4.7.9)代入式(4.7.7)，就可确定 $\eta_r(t)$，即得 $\{\eta(t)\}$，最后代回坐标变换式(4.5.25)，得物理坐标下的响应，即

$$\{q(t)\}=[u]\{\eta(t)\}=\sum_{r=1}^{n}\eta_r(t)\{u^{(r)}\}$$

$$= \sum_{r=1}^{n} e^{-\xi_r\omega_r t}[\{u^{(r)}\}^T[m]\{q_0\}\cos\omega_{dr}t + \frac{1}{\omega_{dr}}(\{u^{(r)}\}^T[m]\{\dot{q}_0\}$$

$$+ \xi_r\omega_r\{u^{(r)}\}^T[m]\{q_0\})\sin\omega_{dr}t]\{u^{(r)}\} \tag{4.7.10}$$

式(4.7.10)是比例阻尼或小阻尼情况下多自由度系统的自由振动响应.由此式可知,系统每个坐标的运动都是 n 个模态振动的叠加,而每个模态的振动都是衰减的简谐振动.一般低频衰减较慢,高频衰减较快.

在具体应用中,$[m]$、$[k]$往往可由计算分析并结合实验得到,而$[c]$一般难以由分析方法求出.可以通过实验模态分析(见第 14 章),直接测定各个模态的阻尼率 ξ_r,然后将它直接引入自然坐标下的解耦微分方程(4.7.6),而采用坐标逆变换,即可推求在原来的广义坐标中系统的阻尼矩阵.

4.8 多自由度系统的一般响应

本节介绍用模态分析的方法来求多自由度系统对任意激励的响应.对 n 自由度线性系统,其运动微分方程在 4.2 节中已导出,即

$$[m]\{\ddot{q}(t)\} + [c]\{\dot{q}(t)\} + [k]\{q(t)\} = \{Q(t)\} \tag{4.8.1}$$

式中,$[m]$、$[c]$及$[k]$是实对称矩阵,而且假定它们是正定的.我们只讨论小阻尼或比例阻尼的情况.

模态分析的基本原理就是经坐标变换,用自然坐标来代替原来的物理坐标,而使运动微分方程解耦,使联立方程组变成 n 个独立的微分方程,从而可采用“各个击破”的方法逐一求解.

为了用自然坐标代替原来的物理坐标,需要以模态矩阵作为变换矩阵.为此,需先求解系统的特征值问题.有

$$[k]\{u\} = \omega^2[m]\{u\}$$

求出系统的各阶自然模态 ω_r、$\{u^{(r)}\}$,$r=1,2,\cdots,n$.将模态向量组合在一起构成系统的模态矩阵,即

$$[u] = [\{u^{(1)}\},\{u^{(2)}\},\cdots,\{u^{(n)}\}]$$

正规化的模态矩阵满足下列正交条件:

$$[u]^T[m][u] = [1]$$

$$[u]^T[k][u] = \left[\diagdown \omega_r^2 \diagdown\right] \tag{4.8.2}$$

又由于系统是比例阻尼或小阻尼,故有

$$[u]^T[c][u] = \left[\diagdown 2\xi_r\omega_r \diagdown\right] \tag{4.8.3}$$

采用下列线性坐标变换：

$$\{q(t)\} = [u]\{\eta(t)\} \tag{4.8.4}$$

因为$[u]$为常数矩阵，故有

$$\left.\begin{aligned}\{\dot{q}(t)\} &= [u]\{\dot{\eta}(t)\}\\ \{\ddot{q}(t)\} &= [u]\{\ddot{\eta}(t)\}\end{aligned}\right\} \tag{4.8.5}$$

将式(4.8.4)、式(4.8.5)代入式(4.8.1)，左乘$[u]^{\mathrm{T}}$，考虑到式(4.8.2)及式(4.8.3)，得

$$\{\ddot{\eta}(t)\} + \left[\diagdown 2\xi_r\omega_r \diagdown\right]\{\dot{\eta}(t)\} + \left[\diagdown \omega_r^2 \diagdown\right]\{\eta(t)\} = \{N(t)\} \tag{4.8.6}$$

其中，$\{N(t)\}=[u]^{\mathrm{T}}\{Q(t)\}$是自然坐标$\{\eta(t)\}$下的 n 维广义力向量.

方程(4.8.6)可分开写成

$$\ddot{\eta}_r(t) + \omega_r\eta_r(t) + 2\xi_r\omega_r\dot{\eta}_r(t) = N_x(t),\quad r = 1,2,\cdots,n \tag{4.8.7}$$

其中，$\eta_r(t)$为第 r 阶模态坐标.

方程(4.8.7)相当于 n 个单自由度系统的运动方程，可用 2.4 节介绍的脉冲响应函数法求解：假定初始条件为零，根据式(2.4.13)，令 $m=1$，$\omega_{\mathrm{d}}=\omega_{\mathrm{d}r}$，$\omega_n=\omega_r$，$F(\tau)=N_r(\tau)$，$\xi=\xi_r$，可写出系统受过程激励 $N_r(\tau)$作用的响应为

$$\eta_r(t) = \frac{1}{\omega_{\mathrm{d}r}}\int_0^t N_r(\tau)\mathrm{e}^{-\xi_r\omega_r(t-\tau)}\sin\omega_{\mathrm{d}r}(t-\tau)\mathrm{d}\tau,\quad r = 1,2,\cdots,n \tag{4.8.8}$$

其中，$\omega_{\mathrm{d}r}=\omega_r\sqrt{1-\xi_r^2}$是第 r 阶模态的阻尼自由振动频率.

再按式(4.8.4)，即得原来坐标下过程激励的响应，即

$$\begin{aligned}\{q(t)\} &= [u]\{\eta(t)\} = \sum_{r=1}^{n}\eta_r(t)\{u^{(r)}\}\\ &= \sum_{r=1}^{n}\frac{1}{\omega_{\mathrm{d}r}}\{u^{(r)}\}\int_0^t N_r(\tau)\mathrm{e}^{-\xi_r\omega_r(t-\tau)}\sin\omega_{\mathrm{d}r}(t-\tau)\mathrm{d}\tau\end{aligned} \tag{4.8.9}$$

方程(4.8.1)的解是由其一个特解和对应的齐次方程的通解构成的，其齐次方程的通解与初始条件有关，是自由衰减振动，在 4.7 节中已讨论过，式(4.7.10)即其表达式. 而对应于过程激励$\{Q(t)\}$或$\{N(t)\}$的特解是系统的强迫振动，它已表达成卷积积分的形式(见式(4.8.9))，因此，多自由度系统对于初始激励和过程激励的全部响应为

$$\begin{aligned}\{q(t)\} = \sum_{r=1}^{n}\{u^{(r)}\}\Bigg\{&\frac{1}{\omega_{\mathrm{d}r}}\int_0^t N_r(\tau)\mathrm{e}^{-\xi_r\omega_r(t-\tau)}\sin\omega_{\mathrm{d}r}(t-\tau)\mathrm{d}\tau\\ &+ \mathrm{e}^{-\xi_r\omega_r t}\Big[\{u^{(r)}\}^{\mathrm{T}}[m]\{q_0\}\cos\omega_{\mathrm{d}r}t + \frac{1}{\omega_{\mathrm{d}r}}(\{u^{(r)}\}^{\mathrm{T}}[m]\{\dot{q}_0\}\\ &+ \xi_r\omega_r\{u^{(r)}\}^{\mathrm{T}}[m]\{q_0\})\sin\omega_{\mathrm{d}r}t\Big]\Bigg\}\end{aligned} \tag{4.8.10}$$

下面讨论一种最简单的情况，假定$\{Q(t)\}=\{Q_0\}\sin\omega t$，即各广义坐标$\{q(t)\}$上作用的激励为同频同相的简谐力，那么，对应于模态坐标的广义力为

$$\{N(t)\}=[u]^{\mathrm{T}}\{Q(t)\}=\{N_0\}\sin\omega t \tag{4.8.11}$$

将上式代入式(4.8.8)，得稳态强迫振动响应

$$\left.\begin{aligned}\eta_r(t)&=\frac{N_{0r}/\omega_r^2}{\sqrt{[1-(\omega/\omega_r)^2]^2+[2\xi_r\omega/\omega_r]^2}}\sin(\omega t-\psi_r), \quad r=1,2,\cdots,n\\ \psi_r&=\arctan\frac{2\xi_r\omega/\omega_r}{1-(\omega/\omega_r)^2}, \quad r=1,2,\cdots,n\end{aligned}\right\} \tag{4.8.12}$$

将上式代入式(4.8.9)就可得在系统物理坐标下的稳态响应

$$\{q(t)\}=\sum_{r=1}^{n}\{u^{(r)}\}\frac{N_{0r}/\omega_r^2}{\sqrt{[1-(\omega/\omega_r)^2]^2+[2\xi_r\omega/\omega_r^2]^2}}\sin(\omega t-\psi_r) \tag{4.8.13}$$

由上式可知，当激励频率ω与系统第r ($r=1,2,\cdots,n$)阶自然频率ω_r相近时，第r阶模态$\eta_r(t)$的稳态响应振幅很大，是系统响应的主要成分. 这时式(4.8.13)可近似写为

$$\{q(t)\}\approx\{u^{(r)}\}\frac{N_{0r}}{2\xi_r\omega_r}\sin\left(\omega_r t-\frac{\pi}{2}\right) \tag{4.8.14}$$

上式表明，当激振频率与系统第r阶自然频率ω_r相近时，各坐标的振幅组成的向量接近于系统的第r阶模态向量$\{u^{(r)}\}$，系统按第r阶自然模态的方式进行振动，这是模态试验方法的基础.

例 4.9 对图 4.8.1 所示的两自由度系统，设在m_2上作用激励力$F(t)=F_0u(t)$，$u(t)$为阶跃函数. 求系统的响应.

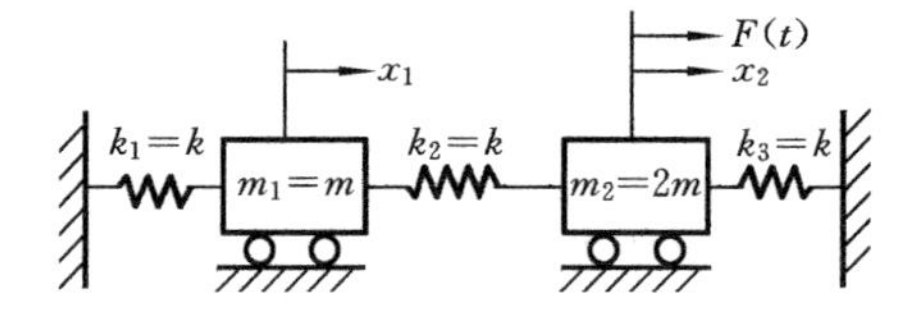

图 4.8.1

解 系统的运动方程为

$$\left.\begin{aligned}m_1\ddot{x}_1(t)+(k_1+k_2)x_1(t)-k_2x_2(t)&=0\\ m_2\ddot{x}(t)+(k_2+k_3)x_2(t)-k_2x_1(t)&=F_0u(t)\end{aligned}\right\} \tag{a}$$

将$m_1=m$、$m_2=2m$、$k_1=k$、$k_2=k$、$k_3=k$代入式(a)，并写成矩阵形式，得

$$[m]\{\ddot{x}(t)\}+[k]\{x(t)\}=\{F(t)\} \tag{b}$$

其中

$$[m]=m\begin{bmatrix}1&0\\0&2\end{bmatrix}\quad[k]=k\begin{bmatrix}2&-1\\-1&2\end{bmatrix}$$

$$\{x(t)\} = \begin{Bmatrix} x_1(t) \\ x_2(t) \end{Bmatrix} \quad \{F(t)\} = \begin{Bmatrix} 0 \\ F_0 u(t) \end{Bmatrix}$$

方程(b)对应的特征值问题为

$$[k]\{u\} = \omega^2 [m]\{u\} \tag{c}$$

其频率方程为

$$\Delta(\omega^2) = \begin{vmatrix} 2k - \omega^2 m & -k \\ -k & 2k - 2\omega^2 m \end{vmatrix} = 2m^2\omega^4 - 6km\omega^2 + 3k^2 = 0$$

由此解得　　$\omega_1 = 0.796226\sqrt{k/m} \quad \omega_2 = 1.538188\sqrt{k/m}$

分别将 ω_1、ω_2 代回方程(c)，求得系统的模态向量为

$$\{u^{(1)}\} = \begin{Bmatrix} 1.0000 \\ 1.366025 \end{Bmatrix} \quad \{u^{(2)}\} = \begin{Bmatrix} 1.0000 \\ -0.366025 \end{Bmatrix}$$

按$\{u^{(1)}\}^{\mathrm T}[m]\{u^{(1)}\}=1$ 条件进行正规化，得

$$\{u^{(1)}\} = \frac{1}{\sqrt{m}}\begin{Bmatrix} 0.459701 \\ 0.627963 \end{Bmatrix} \quad \{u^{(2)}\} = \frac{1}{\sqrt{m}}\begin{Bmatrix} 0.888074 \\ -0.325057 \end{Bmatrix}$$

因而模态矩阵为

$$[u] = [\{u^{(1)}\}, \{u^{(2)}\}] = \frac{1}{\sqrt{m}}\begin{bmatrix} 0.459701 & 0.888074 \\ 0.627963 & -0.325057 \end{bmatrix} \tag{d}$$

引入线性变换

$$\{x(t)\} = [u]\{\eta(t)\} \tag{e}$$

将其代入方程(b)，并左乘$[u]^{\mathrm T}$，得

$$\{\ddot{\eta}(t)\} + \begin{bmatrix} \omega_1^2 & 0 \\ 0 & \omega_2^2 \end{bmatrix}\{\eta(t)\} = \{N(t)\} \tag{f}$$

其中　　$\{N(t)\} = [u]^{\mathrm T}\{F(t)\} = \dfrac{F_0}{\sqrt{m}}\begin{Bmatrix} 0.627963 \\ -0.325057 \end{Bmatrix} u(t)$

从而根据式(4.8.8)，有

$$\begin{aligned} \eta_1(t) &= \frac{1}{\omega_1}\int_0^t N_1(\tau)\sin\omega_1(t-\tau)\mathrm{d}\tau \\ &= \frac{0.627963F_0}{\omega_1\sqrt{m}}\int_0^t u(\tau)\sin\omega_1(t-\tau)\mathrm{d}\tau = \frac{0.627963F_0}{\omega_1^2\sqrt{m}}(1-\cos\omega_1 t) \end{aligned} \tag{g}$$

同理得　　$$\eta_2(t) = \frac{-0.325057F_0}{\omega_2^2\sqrt{m}}(1-\cos\omega_2 t) \tag{h}$$

将式(g)、式(h)代入式(e)，得

$$x_1(t) = \frac{F_0}{k}[0.455295(1-\cos 0.796266\sqrt{k/m}t)$$

$$-0.122009(1-\cos 1.538188\sqrt{k/m}t)]$$

$$x_2(t)=\frac{F_0}{k}[0.621945(1-\cos 0.796266\sqrt{k/m}t)$$

$$+0.044658(1-\cos 1.538188\sqrt{k/m}t)]$$

4.9 多自由度振动系统的几种特殊情况

前述均属于多自由度系统的一般情况,即$[k]$、$[m]$矩阵均为$n\times n$实对称正定矩阵,且特征方程无重根的情况.如果以上条件不满足,即矩阵$[k]$或$[m]$半正定,或特征方程存在重根,则为特殊的多自由度系统,分别称为半定系统、具有“纯静态自由度”的系统和简并(degenerate)系统.本节简要介绍这三种系统的特点与性质.

4.9.1 半定系统

1. 势能与刚度矩阵的符号确定性

多自由度线性系统的势能可以表示成为以刚度矩阵为系数矩阵的位移向量的二次型,即

$$V=\frac{1}{2}\{u\}^{\mathrm{T}}[k]\{u\}$$

如果势能函数从不为负,只有当$\{u\}=\{0\}$时,才有$V=0$,那么称势能函数为正定的;如果势能函数从不为负,而除了$\{u\}=\{0\}$以外,在位移向量$\{u\}$的其他某些取值下,也可能有$V=0$,则称势能函数为半正定的.

势能函数的正定性或半正定性,显然由其系数矩阵,即刚度矩阵$[k]$完全确定.由此,又引出刚度矩阵本身的符号确定性的概念,即保证势能函数为正定(半正定)的刚度矩阵称为正定的(半正定的).

一个矩阵是否是正定的,可以按 Sylvester 判据来加以判断.此判据说:一实对称矩阵$[k]$是正定的充要条件是它的所有主行列式都是正的,而半正定的充要条件是它为降秩的(即 $\det[k]=0$),而且一切主行列式都是非负的.

例 4.10 试判断以下两刚度矩阵的符号确定性:

$$[k]_1=\begin{bmatrix}k_1+k_2 & -k_2 & 0\\ -k_2 & k_2+k_3 & -k_3\\ 0 & -k_3 & k_3\end{bmatrix}\tag{a}$$

$$[k]_2=\begin{bmatrix}k_2 & -k_2 & 0\\ -k_2 & k_2+k_3 & -k_3\\ 0 & -k_3 & k_3\end{bmatrix}\tag{b}$$

解　先看式(a)，有

$$\det[k_1+k_2]=k_1+k_2>0$$

$$\det\begin{bmatrix}k_1+k_2 & -k_2\\ -k_2 & k_2+k_3\end{bmatrix}=k_1k_2+k_1k_3+k_2k_3>0$$

$$\det\begin{bmatrix}k_1+k_2 & -k_2 & 0\\ -k_2 & k_2+k_3 & -k_3\\ 0 & -k_3 & k_3\end{bmatrix}=k_1k_2k_3>0$$

因此$[k]_1$是正定的. 再看式(b)，有

$$\det[k_2]=k_2>0\quad \det\begin{bmatrix}k_2 & -k_2\\ -k_2 & k_2+k_3\end{bmatrix}=k_2k_3>0$$

$$\det\begin{bmatrix}k_2 & -k_2 & 0\\ -k_2 & k_2+k_3 & -k_3\\ 0 & -k_3 & k_3\end{bmatrix}=0$$

因此$[k]_2$是半正定的.

除了上述“正定”与“半正定”的情况以外，二次型函数或实对称矩阵还有“负定”、“半负定”以及“不定”等情况. 由于后三种情况在振动系统的弹性势能函数中不会出现，因此不再详细讨论.

2. 半定系统

质量矩阵$[m]$是正定的而刚度矩阵$[k]$是半正定的系统，称为半定系统. 由上面的讨论可知，半定系统在位形向量$\{u\}$不为零的情况下，弹性势能却可以为零，这表明该系统可作为一个刚体进行运动，而无弹性变形. 由此，可得出结论：半定系统是一种约束不充分而存在刚体运动的系统.

试看图 4.9.1(a)、(b)中的两个系统，其中图(a)中的系统受到充分的约束，不存在刚体运动. 而如果去掉其中的弹簧k_1，即得到图(b)，该系统作为一个整体并未定位，因此存在刚体运动，即三质块均以相同的位移x_0运动，亦即

$$\{x\}=\{x_1,x_2,x_3\}^{\mathrm{T}}=\{x_0,x_0,x_0\}^{\mathrm{T}}\neq\{0\}$$

而弹性势能$V=0$.

事实上，此两系统的刚度矩阵分别对应于上例中的式(a)与式(b)，该例中已判定其一为正定的，而另一为半正定的.

由图 4.9.1(b)可知，对半定系统来说，所有的柔度影响系数均为无穷大，因而柔度矩阵$[a]$不存在. 这一点是易于理解的，因为系统的刚度矩阵并非满秩的，即$\det[k]=0$，所以其逆矩阵$[a]$不存在. 这使得对于半定系统的分析与处理存在某些特殊之处，而需要采用一些专门的方法与技巧.

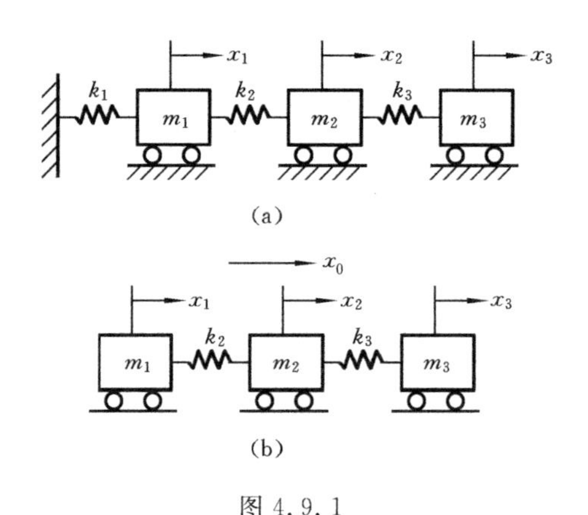

图 4.9.1

3. 刚体模态

半定系统存在刚体模态. 下面以图 4.9.1(b)所示的系统为例来说明这一概念,并讨论如何处理这类问题. 在一般情况下,该系统的运动是刚性运动和弹性变形运动的合成,取三质块的水平位移 x_1、x_2、x_3 为广义坐标,组成位移向量$\{x\}=\{x_1,x_2,x_3\}^{\mathrm{T}}$,可得该系统的运动方程为

$$[m]\{\ddot{x}(t)\}+[k]\{x(t)\}=\{0\} \tag{4.9.1}$$

其中

$$[m]=\begin{bmatrix} m_1 & & \\ & m_2 & \\ & & m_3 \end{bmatrix}\quad [k]=\begin{bmatrix} k_2 & -k_2 & 0 \\ -k_2 & k_2+k_3 & -k_3 \\ 0 & -k_3 & k_3 \end{bmatrix}$$

易于检验,$[m]$是正定的,而已知$[k]$是半正定的,故该系统是半定系统.

假定系统的同步运动为

$$\{x(t)\}=\{X\}f(t) \tag{4.9.2}$$

可推得与此问题相联系的特征值问题为

$$\omega^2[m]\{X\}=[k]\{X\} \tag{4.9.3}$$

任取代表刚体运动的模态向量$\{X^{(0)}\}=X_0\{1,1,1\}^{\mathrm{T}}$,其中 X_0 为不等于零的常数,此模态向量表示各质块以相同的位移作平动,因而不存在弹性变形. 容易验证

$$\{X^{(0)}\}^{\mathrm{T}}[k]\{X^{(0)}\}=0 \tag{4.9.4}$$

$$\{X^{(0)}\}^{\mathrm{T}}[m]\{X^{(0)}\}=(m_1+m_2+m_3)X_0^2>0 \tag{4.9.5}$$

将式(4.9.3)左乘$\{X\}^{\mathrm{T}}$,并以$\{X^{(0)}\}$代入,再利用式(4.9.1)、式(4.9.5),得

$$\omega^2\sum_{i=1}^{3}m_i=0$$

但 $\sum_{i=1}^{3}m_i>0$,故必有 $\omega=0$,即与刚体模态相对应的自然频率为零,记为 $\omega_0=0$,因

此刚体模态又称为“零模态”.

因为系统的刚体模态必定与系统其他的模态正交,因此

$$\{X^{(0)}\}^{\mathrm{T}}[m]\{X^{(r)}\}=0 \tag{4.9.6}$$

将上式展开,得

$$m_1X_1+m_2X_2+m_3X_3=0 \tag{4.9.7}$$

将上式两边乘以 $f(t)$,由式(4.9.2)得

$$m_1x_1(t)+m_2x_2(t)+m_3x_3(t)=0 \tag{4.9.8}$$

对 t 求导,得

$$m_1\dot{x}_1(t)+m_2\dot{x}_2(t)+m_3\dot{x}_3(t)=0 \tag{4.9.9}$$

上式表征的物理意义是:系统的动量必须恒等于零. 因而,这里诸模态与刚体模态的正交性等价于动量守恒定律.

我们知道,图 4.9.1(b)所示的系统之所以成为半定系统,是由于它缺少一个水平移动的“几何约束”,这样就出现了零模态,而这一模态的出现,按正交性条件,又给系统的运动自然地补充了“动量守恒”这一“物理约束”,这里体现了自然规律的和谐与优美,是耐人寻味的.

需要说明,对于以角度为广义坐标的半定系统,相应的“物理约束”是系统的动量矩守恒定律.

引入“物理约束”式(4.9.8),就可以排除问题中的刚体运动成分,使得$[k]$不再奇异.

由式(4.9.8)得

$$x_3=-\frac{m_1}{m_3}x_1-\frac{m_2}{m_3}x_2 \tag{4.9.10}$$

利用上式,可将 x_3 消去,从而将坐标压缩到两个,即

$$\begin{Bmatrix}x_1\\x_2\\x_3\end{Bmatrix}=\begin{bmatrix}1 & 0\\0 & 1\\-m_1/m_3 & -m_2/m_3\end{bmatrix}\begin{Bmatrix}x_1\\x_2\end{Bmatrix} \tag{4.9.11}$$

记 $\{x_1,x_2,x_3\}^{\mathrm{T}}=\{x\}\quad\{x_1,x_2\}^{\mathrm{T}}=\{x\}'$

$$[B]=\begin{bmatrix}1 & 0\\0 & 1\\-m_1/m_3 & -m_2/m_3\end{bmatrix}$$

式(4.9.11)成为

$$\{x\}=[B]\{x\}' \tag{4.9.12}$$

将上式代入式(4.9.1),并左乘$[B]^{\mathrm{T}}$,得

$$[M]\{\ddot{x}(t)\}'+[K]\{x(t)\}'=\{0\} \tag{4.9.13}$$

式中
$$[M]=[B]^{\mathrm{T}}[m][B]=\frac{1}{m_3}\begin{bmatrix} m_1m_3+m_3^2 & m_1m_2 \\ m_1m_2 & m_2m_3+m_3^2 \end{bmatrix}$$

$$\begin{aligned}[K]&=[B]^{\mathrm{T}}[k][B]\\ &=\frac{1}{m_3^2}\begin{bmatrix} k_1m_3^2+k_2m_1^2 & -k_1m_3^2+k_2m_1(m_2+m_3) \\ -k_1m_3^2+k_2m_1(m_2+m_3) & (k_1+k_2)m_3^2+k_2m_2(2m_3+m_2) \end{bmatrix}\end{aligned}$$

都是 2×2 对称正定矩阵,对应式(4.9.13)的特征值问题方程为

$$\omega^2[M]\{u\}=[K]\{u\} \tag{4.9.14}$$

它是一个二自由度正定系统,可以解得系统的自然模态 ω_1、$\{u_1^{(1)},u_2^{(1)}\}^{\mathrm{T}}$ 及 ω_2、$\{u_1^{(2)},u_2^{(2)}\}^{\mathrm{T}}$,然后代回式(4.9.12),得原坐标下的特征向量为

$$\{X^{(1)}\}=\begin{Bmatrix} X_1^{(1)} \\ X_2^{(1)} \\ X_3^{(1)} \end{Bmatrix}=[B]\begin{Bmatrix} u_1^{(1)} \\ u_2^{(1)} \end{Bmatrix}=[B]\{u^{(1)}\}$$

$$\{X^{(2)}\}=\begin{Bmatrix} X_1^{(2)} \\ X_2^{(2)} \\ X_3^{(2)} \end{Bmatrix}=[B]\begin{Bmatrix} u_1^{(2)} \\ u_2^{(2)} \end{Bmatrix}=[B]\{u^{(2)}\}$$

由此求出的 ω_1、$\{X^{(1)}\}$ 及 ω_2、$\{X^{(2)}\}$ 为系统的两个弹性模态,与前面的刚体模态 ω_0、$\{X^{(0)}\}$ 组合为三个自然模态.

例 4.11　对于图 4.9.1(b)所示系统,设 $k_2=k_3=k$,$m_1=m_2=m_3=m$,求系统的模态.

解　按式(4.9.1),可写出该系统的运动方程

$$[m]\{\ddot{x}(t)\}+[k]\{x(t)\}=\{0\} \tag{a}$$

式中
$$[m]=\begin{bmatrix} m & & \\ & m & \\ & & m \end{bmatrix}\quad [k]=\begin{bmatrix} k & -k & 0 \\ -k & 2k & -k \\ 0 & -k & k \end{bmatrix}$$

其特征值问题为

$$\begin{bmatrix} k-m\omega^2 & -k & 0 \\ -k & 2k-m\omega^2 & -k \\ 0 & -k & k-m\omega^2 \end{bmatrix}\begin{Bmatrix} X_1 \\ X_2 \\ X_3 \end{Bmatrix}=\begin{Bmatrix} 0 \\ 0 \\ 0 \end{Bmatrix} \tag{b}$$

频率方程为

$$\Delta(\omega^2)=\begin{vmatrix} k-m\omega^2 & -k & 0 \\ -k & 2k-m\omega^2 & -k \\ 0 & -k & k-m\omega^2 \end{vmatrix}=(k-m\omega^2)(m\omega^2-3k)\omega^2=0$$

故得
$$\omega_1=0 \quad \omega_2=\sqrt{k/m} \quad \omega_3=\sqrt{3k/m}$$
将它们分别代回方程(b)，得到对应的模态向量为
$$\{X^{(1)}\}=\{1,1,1\}^{\mathrm{T}} \quad \{X^{(2)}\}=\{1,0,-1\}^{\mathrm{T}} \quad \{X^{(3)}\}=\{1,-2,1\}^{\mathrm{T}}$$

下面按坐标缩减的方法求解这个问题. 由式(4.9.11)可写出约束方程
$$[B]=\begin{bmatrix}1 & 0\\ 0 & 1\\ -1 & -1\end{bmatrix} \tag{c}$$
按式(4.9.13)可得坐标缩减后的方程
$$[M]\{\ddot{x}(t)\}'+[K]\{x(t)\}'=\{0\} \tag{d}$$
其中
$$\{x(t)\}'=\{x_1(t),x_2(t)\}^{\mathrm{T}}$$
$$[M]=[B]^{\mathrm{T}}[m][B]=m\begin{bmatrix}2 & 1\\ 1 & 2\end{bmatrix}$$
$$[K]=[B]^{\mathrm{T}}[k][B]=k\begin{bmatrix}2 & 1\\ 1 & 5\end{bmatrix}$$
方程(d)可化为
$$[D]\{\ddot{x}(t)\}'+\{x(t)\}'=\{0\} \tag{e}$$
其中
$$[D]=[K]^{-1}[M]=\frac{m}{9k}\begin{bmatrix}9 & 3\\ 0 & 3\end{bmatrix}$$
方程(e)对应的标准特征值问题为
$$[D]\{u\}=\frac{1}{\omega^2}\{u\}$$
或
$$\begin{bmatrix}9 & 3\\ 0 & 3\end{bmatrix}\begin{Bmatrix}u_1\\ u_2\end{Bmatrix}=p\begin{Bmatrix}u_1\\ u_2\end{Bmatrix} \tag{f}$$
其中 $p=9k/(m\omega^2)$. 由式(f)可解出
$$p_1=9 \quad \{u^{(1)}\}=\{1,0\}^{\mathrm{T}}$$
$$p_2=3 \quad \{u^{(2)}\}=\{1,-2\}^{\mathrm{T}}$$
从而 $\omega_1=\sqrt{k/m}$，$\omega_2=\sqrt{3k/m}$. 利用式(c)，得系统对应于弹性变形的模态向量为
$$\{X^{(1)}\}=[B]\{u^{(1)}\}=\{1,0,-1\}^{\mathrm{T}}$$
$$\{X^{(2)}\}=[B]\{u^{(2)}\}=\{1,-2,1\}^{\mathrm{T}}$$
最后考虑系统存在刚体模态
$$\omega_0=0 \quad \{X^{(0)}\}=\{1,1,1\}$$
图 4.9.2 示出了系统的振型. 由图可见，在第一阶弹性模态中，第一质块和第三质块有相

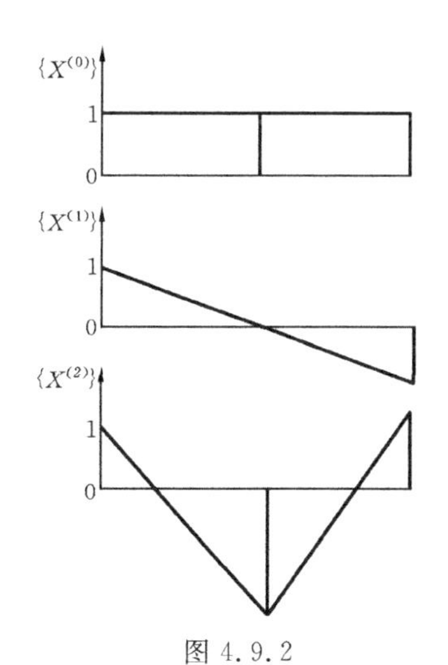

图 4.9.2

同的位移,而方向相反,中间的质块位移保持为零,正是节点,这种模态称为反对称模态.而在第二阶弹性模态中,第一、三质块位移大小相等,方向也相同,中间的质块位移则方向相反,这种模态称为对称模态.刚体模态也是一种对称模态.

4.9.2 具有"纯静态自由度"的系统

为说明具有"纯静态自由度"的系统,试看图 4.9.3 所示的系统,它实际上是将图 4.9.1(a)中所示的系统的 m_1 取为零值.

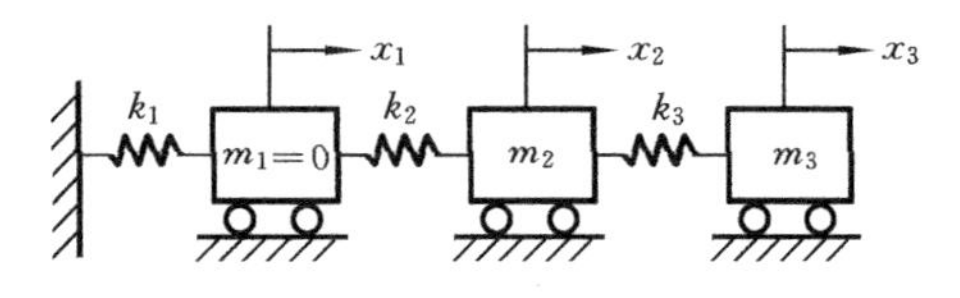

图 4.9.3

该系统的运动方程为

$$[m]\{\ddot{x}(t)\}+[k]\{x\}=\{0\} \tag{4.9.15}$$

式中 $$[m]=\begin{bmatrix}0 & & \\ & m_2 & \\ & & m_3\end{bmatrix} \quad [k]=\begin{bmatrix}k_1+k_2 & -k_2 & 0\\ -k_2 & k_2+k_3 & -k_3\\ 0 & -k_3 & k_3\end{bmatrix}$$

显然,$[m]$是半正定的,而$[k]$是正定的,该系统即是具有"纯静态自由度 x_1"的系统.采用假设同步解 $x(t)=xf(t)$的方法,得方程(4.9.15)对应的特征值问题为

$$\omega^2[m]\{x\}=[k]\{x\} \tag{4.9.16}$$

取 $\mu=1/\omega^2$,则上式变为

$$\mu[k]\{x\}=[m]\{x\} \tag{4.9.17}$$

自由度 x_1 上没有集中质量,取代表系统的纯静态位移的向量

$$\{x^{(\infty)}\}=x^{(\infty)}\{1,0,0\}^{\mathrm{T}}$$

其中,$x^{(\infty)}$为不等于零的常数.该模态向量表示系统的各质块均为静止,系统动能为零,但系统的静态自由度 x_1 上有位移,即位移向量并不为零.这时有

$$\{x^{(\infty)}\}^{\mathrm{T}}[m]\{x^{(\infty)}\}=0 \tag{4.9.18}$$

$$\{x^{(\infty)}\}^{\mathrm{T}}[k]\{x^{(\infty)}\}>0 \tag{4.9.19}$$

将式(4.9.17)两边左乘$\{x^{(\infty)}\}^{\mathrm{T}}$,并将式(4.9.8)、式(4.9.19)代入,有

$$\mu\{x^{(\infty)}\}^{\mathrm{T}}[k]\{x^{(\infty)}\}=0$$

考虑到式(4.9.19),从而 $\mu=0$,或 $\omega=\infty$,即与纯静态位移对应的自然频率为无穷大,记为 $\omega_\infty=\infty$,ω_∞与$\{x^{(\infty)}\}$构成系统的"∞"模态,"∞"模态与系统其他的模态也应正交.故有

$$\{x^{(\infty)}\}^{\mathrm{T}}[k]\{x^{(r)}\}=0$$

展开得
$$(k_1+k_2)x_1-k_2x_2=0$$
$$x_1=\frac{k_2}{k_1+k_2}x_2 \tag{4.9.20}$$
用 $f(t)$ 乘以上式两边，得
$$x_1(t)=\frac{k_2}{k_1+k_2}x_2(t)$$
上式表明系统的位移 x_1 可根据系统的弹簧参数分布由位移 x_2 计算得到，据此可将 x_1 消去，从而将方程(4.9.17)的坐标压缩到两个，变换式为
$$\begin{Bmatrix}x_1\\x_2\\x_3\end{Bmatrix}=\begin{bmatrix}k_2/(k_1+k_2) & 0\\1 & 0\\0 & 1\end{bmatrix}\begin{Bmatrix}x_2\\x_3\end{Bmatrix} \tag{4.9.21}$$
接下来的分析与上节类似，将式(4.9.21)代入式(4.9.15)，得到一个两自由度正交系统，可解得系统的自然模态 ω_1、$\{x^{(1)}\}'$ 和 ω_2、$\{x^{(2)}\}'$，然后由式(4.9.21)得原坐标下的特征向量 $\{x^{(1)}\}$、$\{x^{(2)}\}$，由此求出的 ω_1、$\{x^{(1)}\}$ 和 ω_2、$\{x^{(2)}\}$，加上前面的“∞”模态 ω_∞、$\{x^{(\infty)}\}$，共是三个自然模态.

必须指出，系统的刚体模态有“具体”的意义，即实际工程系统有很多是“半定系统”，但“∞模态”及具有“纯静态自由度”的系统往往是为便于处理实际的系统，将系统中某个或某些坐标上的质量或转动惯量人为地略去而产生的.

4.9.3 “简并”系统

在4.5节中证明了 n 自由度系统的 n 个模态向量正好在 n 维线性空间中构成一组坐标基，继而论述了系统自由振动的所有解均可按这组坐标基进行分解. 但那里的讨论有一个前提，即系统的特征根各不相等，对应的特征向量即模态向量的方向是唯一确定的.

当系统的特征方程出现重根时，重根对应的特征向量的方向就不能唯一确定，这种系统称为“简并”系统. 设简并系统的特征值问题方程为 $[k]\{u\}=\omega^2[m]\{u\}$，而 $\omega_1^2=\omega_2^2=p$ 为其一对重特征根，$\{u^{(1)}\}$、$\{u^{(2)}\}$ 为所对应的两个模态向量，设它们是线性独立的，那么其线性组合
$$\{u^{(m)}\}=C_1\{u^{(1)}\}+C_2\{u^{(2)}\} \tag{4.9.22}$$
也是对应于 $p=\omega_1^2=\omega_2^2$ 的特征向量，这里 C_1、C_2 是任意实常数. 事实上，因为
$$[k]\{u^{(1)}\}=p[m]\{u^{(1)}\}\quad [k]\{u^{(2)}\}=p[m]\{u^{(2)}\}$$
从而有
$$\begin{aligned}[k]\{u^{(m)}\}&=[k]C_1\{u^{(1)}\}+[k]C_2\{u^{(3)}\}\\&=C_1p[m]\{u^{(1)}\}+C_2p[m]\{u^{(2)}\}=p[m]\{u^{(m)}\}\end{aligned}$$

可见$\{u^{(m)}\}$确是对应于 $p=\omega_1^2=\omega_2^2$ 的特征向量. 由此看来,二重特征值所对应的并非是确定的两个特征向量,而是位形空间中的一个二维子空间,这个子空间中的任何一个向量都可作为与该二重特征值相对应的特征向量. 而且还可证明,与系统的其他特征值对应的特征向量一定与这个二维子空间正交因而与该子空间中的任何一个特征向量正交. 图 4.9.4 以三自由度系统为例,对重根给出了一个几何解释:对应于重根的两个线性独立的特征向量$\{u^{(1)}\}$、$\{u^{(2)}\}$确定了平面子空间 S,另一个特征向量$\{u^{(3)}\}$与 S 垂直. S 平面上的任何一个向量$\{u^{(m)}\}$都是对应于重根的特征向量.

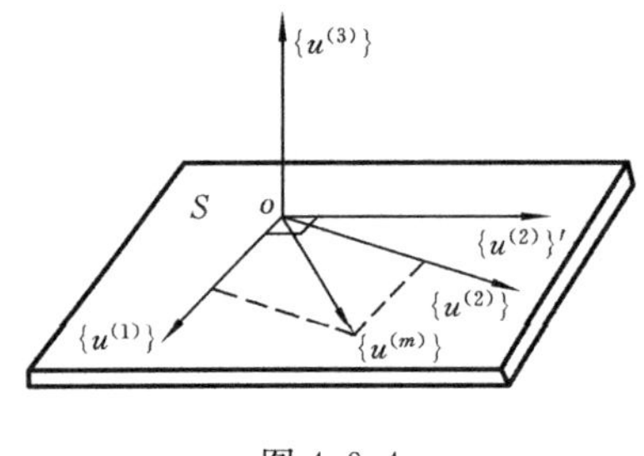

图 4.9.4

从图 4.9.4 来看,任取的$\{u^{(1)}\}$与$\{u^{(2)}\}$一般不满足正交性条件,选取$\{u^{(1)}\}$作为一个坐标基的模态向量,设另一个作为坐标基的模态向量为

$$\{u^{(2)}\}' = (C\{u^{(1)}\} + \{u^{(2)}\}) \tag{4.9.23}$$

要求$\{u^{(2)}\}'$与$\{u^{(1)}\}$关于$[m]$正交,即满足

$$\{u^{(1)}\}^{\mathrm{T}}[m]\{(C\{u^{(1)}\} + \{u^{(2)}\})\} = 0$$

由此得出

$$C = -\{u^{(1)}\}^{\mathrm{T}}[m]\{u^{(2)}\}$$

可证由此确定的模态向量$\{u^{(1)}\}$、$\{u^{(2)}\}'$对于$[k]$也是正交的,且它们当中的任一个与系统其他的模态向量$\{u^{(3)}\}$也是关于$[m]$、$[k]$正交的. 于是,如图 4.9.4 所示,$\{u^{(3)}\}$、$\{u^{(1)}\}$和$\{u^{(2)}\}'$构成三维位形空间中的正交坐标基.

例 4.12 求图 4.9.5 所示三自由度系统的自然模态.

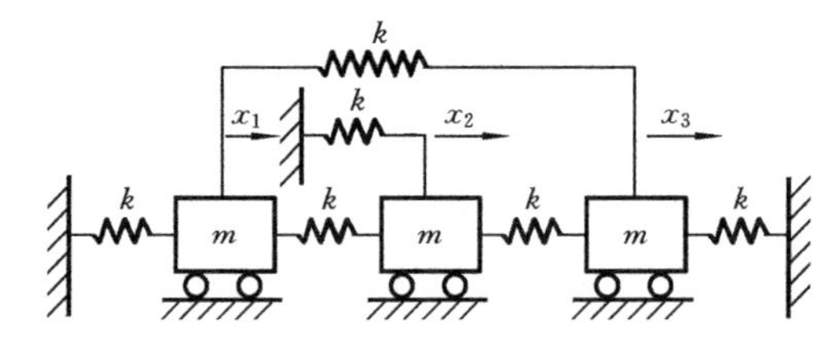

图 4.9.5

解 设以三质块的水平位移 x_1、x_2、x_3 为坐标,则系统的运动方程为

$$[m]\{\ddot{x}\} + [k]\{x\} = 0 \tag{a}$$

其中

$$[m] = \begin{bmatrix} m & & \\ & m & \\ & & m \end{bmatrix} \quad [k] = \begin{bmatrix} 3k & -k & -k \\ -k & 3k & -k \\ -k & -k & 3k \end{bmatrix}$$

与式(a)对应的特征值问题方程为

$$([k]-\omega^2[m])\{u\}=\{0\} \tag{b}$$

频率方程为
$$\begin{vmatrix} 3k-m\omega^2 & -k & -k \\ -k & 3k-m\omega^2 & -k \\ -k & -k & 3k-m\omega^2 \end{vmatrix}=0$$

展开得
$$\omega^6-(9k/m)\omega^4+(24k^2/m^2)\omega^2-16k^3/m^3=0$$

由此解得
$$\omega_1=\sqrt{k/m}\quad \omega_2=\omega_3=2\sqrt{k/m}$$

将 ω_1 代入式(b),得

$$\{u^{(1)}\}=(1,1,1)^{\mathrm{T}}$$

将 $\omega_2=\omega_3$ 代入式(b),得

$$k\begin{bmatrix} -1 & -1 & -1 \\ -1 & -1 & -1 \\ -1 & -1 & -1 \end{bmatrix}\begin{Bmatrix} u_1 \\ u_2 \\ u_3 \end{Bmatrix}=\begin{Bmatrix} 0 \\ 0 \\ 0 \end{Bmatrix}$$

从而
$$u_1^{(i)}+u_2^{(i)}+u_3^{(i)}=0,\quad i=2,3 \tag{c}$$

$\{u^{(2)}\}$及$\{u^{(3)}\}$可按关于$[m]$与$[k]$的正交条件来选定. 先任意选定$\{u^{(2)}\}$,由式(c),有

$$u_1^{(2)}+u_2^{(2)}+u_3^{(2)}=0 \tag{d}$$

$\{u^{(2)}\}$中有两个元素可任取,取 $u_3^{(2)}=1$,$u_2^{(2)}=1$,则 $u_1^{(2)}=-2$,从而

$$\{u^{(2)}\}=(-2,1,1)^{\mathrm{T}}$$

最后确定$\{u^{(3)}\}$,由正交性条件$\{u^{(3)}\}^{\mathrm{T}}[m]\{u^{(2)}\}=0$,得

$$-2u_1^{(3)}+u_2^{(3)}+u_3^{(3)}=0 \tag{e}$$

取 $u_3^{(3)}=1$,由式(c)、式(e)可得

$$u_1^{(3)}=0\quad u_2^{(3)}=-1$$

从而$\{u^{(3)}\}=(0,-1,1)^{\mathrm{T}}$. 不难验证,求出的$\{u^{(2)}\}$、$\{u^{(3)}\}$与$\{u^{(1)}\}$两两关于$[m]$、$[k]$正交.

对于系统有 s 幕($n>s\geqslant 2$)个固有频率相等的情况,也可采用类似的方法求得 s 个独立的特征向量,然后对它们进行线性组合,确定出 s 个两两关于$[m]$、$[k]$正交的模态向量,并保证这 s 个模态向量与其他的模态向量关于$[m]$、$[k]$正交.

思　考　题

判断下列表述是否正确. 如果错误,请给出正确的表述.

1. 模态向量的正交性和正规化条件

$$\{u^{(r)}\}^{\mathrm{T}}[m]\{u^{(s)}\}=\delta_{rs}$$

是由振动系统的本质决定的,并非人为的规定.

2. 对于多自由度无阻尼线性系统,其任何可能的自由振动都可以被描述为模态运动的线性组合.

3. 如果对于多自由度线性无阻尼系统给定特殊的初始条件或过程激励,则系统的某阶模态可以被单独地或突出地激励起来,振动呈纯模态运动,或以某一模态运动为主.

4. 任何系统只有当所有自由度上的位移均为零时,系统的势能才可能为零.

5. 任何系统的模态向量的长度可以任意选取,但其方向却是确定不变的.

习　题

4.1　一根张力为 T 的绳上有四个集中质量 m_i $(i=1,2,3,4)$,如图(题 4.1)所示,试导出系统作横向微振动的运动方程,并写成矩阵形式.

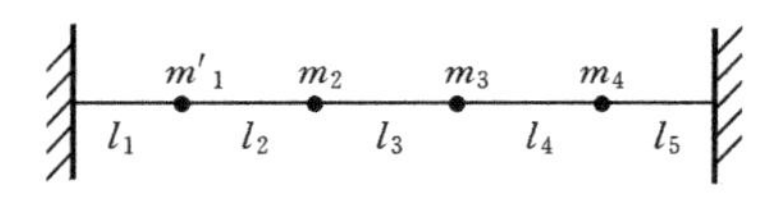

图(题 4.1)

4.2　写出图(题 4.2)所示系统的运动微分方程,并写成矩阵形式.

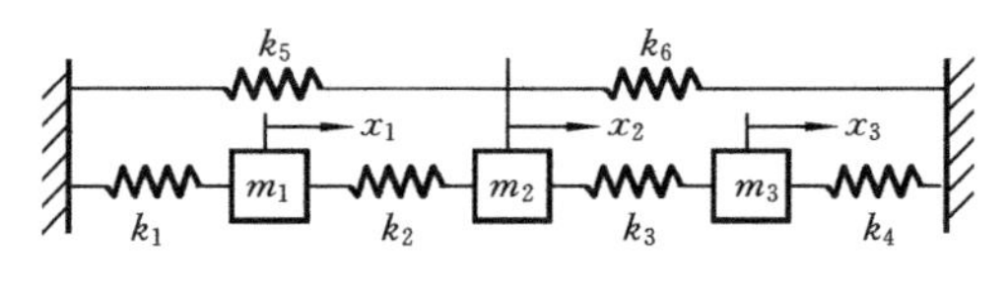

图(题 4.2)

4.3　分别导出图(题 4.3)(a)、(b)所示三重摆的运动微分方程.

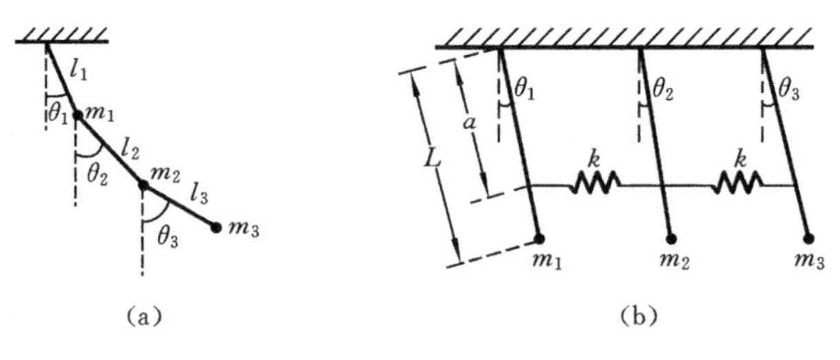

图(题 4.3)

4.4　导出图(题 4.4)所示系统的运动微分方程,系统中梁本身无质量,梁的弯曲刚度为 EI,其上四等分点上有集中质量 m_1、m_2、m_3,质量 m_2 上连接有阻尼为 c 的阻尼器.

4.5　图(题 4.5)所示系统由两根均匀刚性杆 AB 及 BC 组成,它们在点 B 为铰支,三端点由弹簧 k 支承,杆的质量均为 m,杆长为 l,试以两种坐标导出该系统的运动方程.

图(题 4.4)　　　　图(题 4.5)

4.6　对例 4.1 中的系统,列出用矩阵表示的运动方程,采用下列线性变换:

$$x_1 = y_1 \quad x_2 - x_1 = y_2 \quad x_3 - x_2 = y_3$$

将该变换表示为矩阵形式,有

$$\{x\} = [c]\{y\}$$

其中,$[c]$为 3×3 矩阵.将上述线性变换引入运动微分方程,并左乘$[c]^{\mathrm{T}}$,得到以坐标 y_i $(i=1,2,3)$表示的运动方程,分别考虑两种坐标下的质量矩阵和刚度矩阵,说明方程组的耦合情况.

4.7　对题 4.6 中的系统,设 $m_1=m_2=m_3=m$,$k_1=k_2=k_3=k$,略去阻尼,试用特征行列式方法求系统的自然模态.

4.8　用特征行列式方法,求解题 4.2 中的系统模态.设 $m_1=m_2=m$,$m_3=2m$,$k_1=k_2=k_3=k$,$k_4=k_5=k_6=2k$.

4.9　对图(题 4.3)(a)中的三重摆,设 $l_1=l_2=l_3=l$,$m_1=m_2=m_3=m$,求系统的自然模态.

4.10　用特征行列式方法求出题 4.5 中系统的自然模态.

4.11　在题 4.7 中,设各质量上的作用力为 $F_1=F_2=F_3=F\sin\omega t$,其中 $\omega=1.25\sqrt{k/m}$,求系统的响应.

4.12　在题 4.11 中,如果将各阻尼系数 c_1、c_2、c_3 纳入考虑,如图 4.2.2 所示,并设对应的模态阻尼率为 $\xi_1=\xi_2=\xi_3=\xi=0.01$,试求系统的响应.

4.13　在题 4.10 中,设右边杆的质量中心作用有竖直方向阶跃力 F,求系统的响应.

4.14　对例 4.2 中的系统,设在第三盘上作用有一简谐力矩 $M_3=M\sin\omega t$,试用模态分析法求系统的稳态响应.

4.15　设在题 4.9 中三重摆的第一、二质量上作用有水平激励力 $F_1=F_2=\dfrac{F_0}{2}\sin\omega t$,其中 $\omega=\sqrt{2g/(5l)}$,求系统的稳态响应.

4.16　图(题 4.16)所示系统为一无质量梁,长为 l,弯曲刚度为 EI,梁上有三个集中质量,梁左端铰支,求此半定系统的自然模态.

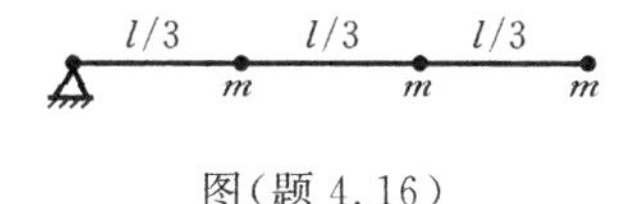

图(题 4.16)

第5章　多自由度系统的 Lagrange 动力学模型

5.1　引　　言

5.1.1　Newton 力学方程的缺陷与改造

前面推导振动系统的运动方程时，主要是用到 Newton 第二定律

$$\boldsymbol{F}=m\ddot{\boldsymbol{r}} \tag{5.1.1}$$

式中，m 为质点的质量；$\boldsymbol{F}$ 为作用在质点上的力；$\ddot{\boldsymbol{r}}$ 为质点的加速度向量. $\boldsymbol{r}$ 是质点的向径(图 5.1.1). 向量 $\boldsymbol{F}$ 可以写成坐标式

$$\boldsymbol{F}=F_x\boldsymbol{i}+F_y\boldsymbol{j}+F_z\boldsymbol{k} \tag{5.1.2}$$

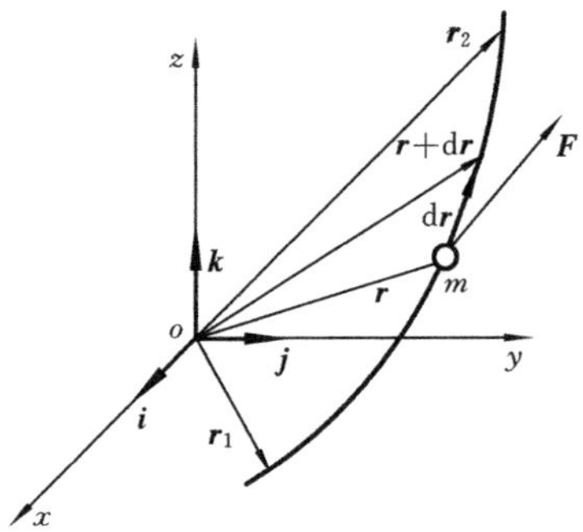

式中，F_x、F_y、F_z 分别为 $\boldsymbol{F}$ 在 x、y、z 三个坐标轴上的投影；$\boldsymbol{i}$、$\boldsymbol{j}$ 及 $\boldsymbol{k}$ 分别为在该三个坐标轴方向上的单位向量(图 5.1.1). 向量 $\boldsymbol{r}$ 也可写成坐标式

$$\boldsymbol{r}=x\boldsymbol{i}+y\boldsymbol{j}+z\boldsymbol{k} \tag{5.1.3}$$

将式(5.1.2)、式(5.1.3)代入式(5.1.1)，可得到以下三个标量式：

$$\left.\begin{aligned}F_x&=m\ddot{x}\\F_y&=m\ddot{y}\\F_z&=m\ddot{z}\end{aligned}\right\} \tag{5.1.4}$$

图 5.1.1

式(5.1.1)或式(5.1.4)所表示的 Newton 力学方程有如下两个缺点.

第一，它是就质点写出的，或者说是就可以视为质点的“脱离体”写出的. 当一个系统中存在多个质点时，就必须分别就多个质点列出方程

$$\boldsymbol{F}_i=m_i\ddot{\boldsymbol{r}}_i,\quad i=1,2,\cdots,N \tag{5.1.5}$$

式中，$\boldsymbol{F}_i$ 为作用在第 i 个质点上的合力，其中当然也包括其他质点与第 i 个质点之间由于存在约束关系而引起的约束力，以及外界环境对该质点的约束力，即支反力；$\ddot{\boldsymbol{r}}_i$ 为第 i 个质点的加速度；m_i 为第 i 个质点的质量；N 为系统中的质点数. 这种将一个系统分成若干脱离体来分别列出方程的方法，就必须涉及约束力，而这往往会造成一种累赘，因为在求解系统的运动时，往往对其各部分之间的约束力并不感

兴趣. 例如图 4.1.1 所示的双摆，如分别就 m_1、m_2 两个质点列出运动方程，就必须将 m_1 与 m_2 之间的约束力以及悬挂点 o 对 m_1 的约束力纳入考虑. 如果只希望分析此双摆的运动，就没有必要计算以上内力与支反力.

第二，Newton 方程是就质点的物理坐标列出的，在图 4.1.1 所示双摆的情况下，就是分别就质点 m_1、m_2 的四个直角坐标 x_1、y_1、x_2、y_2 列出四个方程. 可是这四个坐标显然不是相互独立的，其间存在式(4.1.1)、式(4.1.2)所示的两个约束条件. 正如 4.1 节已经讲过的，事实上只需以图中 θ_1、θ_2 这两个角度作为坐标，就能完全确定系统在任一时刻的形状或位置，因为该系统其实是一个两自由度的系统. 在以物理坐标列出多质点的运动方程时，必须将形如式(4.1.1)、式(4.1.2)的诸约束条件纳入考虑，方程才能求解.

总之，采用 Newton 的力学方程求解动力学问题时，划分脱离体导致计算约束力的必要，采用物理坐标又导致考虑约束条件的必要，这明显地走了弯路. 为了克服 Newton 力学方程的上述缺陷，由 Lagrange 等人创立的分析力学采取了另一种策略：首先，把一个系统作为一个整体，列出其运动方程，而不再取脱离体，也不一定要求计算约束力(当然，如果需要，这些力也可方便地计算出来)；其次，采用所谓广义坐标(例如，图 4.1.1 中的 θ_1、θ_2 作为双摆的广义坐标)，将对系统的描述参数减到最少而又不失去其充分性的程度，而约束条件也就自动地得到了保证. 此外，分析力学摈弃了位移与力这些向量概念，而采用能量和功等标量来描述力学系统，这些量与具体的坐标系无关，因此以这些术语表述的力学方程具有更广阔的用途，其适用范围甚至超出了力学本身而被用于物理学的其他领域.

5.1.2　直角坐标、约束条件与广义坐标

如果系统中有 N 个质点，其间不存在任何约束，那么，$3N$ 个直角坐标 x_i、y_i、z_i $(i=1,2,\cdots,N)$即可选为该系统的广义坐标. 此系统的自由度亦为 $3N$. 如果系统中存在 l 个约束，即

$$p_j(x_1,y_1,z_1;x_2,y_2,z_2;\cdots;x_N,y_N,z_N)=c_j,\quad j=1,2,\cdots,l \tag{5.1.6}$$

则系统的自由度数目应当为

$$n=3N-l \tag{5.1.7}$$

而广义坐标 $q_1,q_2,\cdots,q_n$ 亦为 n 个.

对具体的系统来说，广义坐标 $q_1,q_2,\cdots,q_n$ 与直角坐标 x_i,y_i,z_i $(i=1,2,\cdots,N)$之间存在确定的关系. 如图 4.1.1 所示的双摆系统，如果取 θ_1 与 θ_2 作为广义坐标，则它们与质点 m_1、m_2 的直角坐标 x_1、y_1、x_2、y_2 之间即存在式(4.1.3)所示的关系. 一般而言，基于对所选取广义坐标的几何定义，总可以将系统中各质点的直角坐标表示成为广义坐标的函数，即

$$\left.\begin{aligned} x_i &= x_i(q_1, q_2, \cdots, q_n) \\ y_i &= y_i(q_1, q_2, \cdots, q_n) \\ z_i &= z_i(q_1, q_2, \cdots, q_n) \end{aligned}\right\}, \quad i = 1, 2, \cdots, N \tag{5.1.8}$$

以上 $3N$ 个等式可以综合成为 N 个向量函数,得

$$\boldsymbol{r}_i = \boldsymbol{r}_i(q_1, q_2, \cdots, q_n), \quad i = 1, 2, \cdots, N \tag{5.1.9}$$

本章讲述分析力学的基本原理,从虚功原理和 D'Alembert 原理开始,然后推导出用途广泛的 Lagrange 方程,并说明如何基于这种方程推导一个系统的运动方程,特别是线性系统的运动方程.

5.2 功 和 能

从式(5.1.1)的 Newton 力学方程出发,将其两边点乘微分位移 $\mathrm{d}\boldsymbol{r}$,有

$$\boldsymbol{F} \cdot \mathrm{d}\boldsymbol{r} = m\ddot{\boldsymbol{r}} \cdot \mathrm{d}\boldsymbol{r} = \mathrm{d}\left(\frac{1}{2}m\dot{\boldsymbol{r}} \cdot \dot{\boldsymbol{r}}\right)$$

上式左边表示力 $\boldsymbol{F}$ 在微分位移 $\mathrm{d}\boldsymbol{r}$ 上所做的功,将它记为 $\mathrm{d}W$;而右边表示一标量函数,即

$$T = \frac{1}{2}m\dot{\boldsymbol{r}} \cdot \dot{\boldsymbol{r}} = \frac{1}{2}m\dot{\boldsymbol{r}}^2 \tag{5.2.1}$$

的增量,此函数就是动能,于是上式可写为

$$\mathrm{d}W = \boldsymbol{F} \cdot \mathrm{d}\boldsymbol{r} = \mathrm{d}T \tag{5.2.2}$$

即力 $\boldsymbol{F}$ 在 $\mathrm{d}\boldsymbol{r}$ 上做功,使质点的动能增加 $\mathrm{d}T$. 如果质点在 $\boldsymbol{F}$ 力作用下,从位置 $\boldsymbol{r}_1$ 运动到 $\boldsymbol{r}_2$(见图 5.1.1),则将上式从 $\boldsymbol{r}_1$ 到 $\boldsymbol{r}_2$ 积分,得

$$\int_{r_1}^{r_2} \boldsymbol{F} \cdot \mathrm{d}\boldsymbol{r} = T_2 - T_1 = \frac{1}{2}m\dot{\boldsymbol{r}}_2 \cdot \dot{\boldsymbol{r}}_2 - \frac{1}{2}m\dot{\boldsymbol{r}}_1 \cdot \dot{\boldsymbol{r}}_1$$

即 $\boldsymbol{F}$ 推动质点沿轨线从位置 $\boldsymbol{r}_1$ 移到 $\boldsymbol{r}_2$ 所做的功等于质点动能的增量.

在许多情况下,如果作用力 $\boldsymbol{F}$ 仅仅与质点所在的位置 $\boldsymbol{r}$ 有关,即

$$\boldsymbol{F} = \boldsymbol{F}(\boldsymbol{r}) \tag{5.2.3}$$

则 $\boldsymbol{F} \cdot \mathrm{d}\boldsymbol{r}$ 可表示为某标量函数 $-V(\boldsymbol{r})$ 的全微分,即

$$\mathrm{d}W = \boldsymbol{F}(\boldsymbol{r}) \cdot \mathrm{d}\boldsymbol{r} = -\mathrm{d}V(\boldsymbol{r}) \tag{5.2.4}$$

这里 $V(\boldsymbol{r})$ 即为势能函数,$\boldsymbol{F}(\boldsymbol{r})$ 为势场力,或称保守力. 上式表明,势场力做功,消耗了质点的部分势能. 把上式代入式(5.2.2),得全微分

$$\mathrm{d}(T + V) = 0$$

即

$$T + V = E = \text{const.} \tag{5.2.5}$$

即在势场力作用下,系统的机械能 E 保持为恒量,此即机械能守恒定律.

把式(5.1.2)、式(5.1.3)代入式(5.2.4)的中间部分，得

$$F_x\mathrm{d}x + F_y\mathrm{d}y + F_z\mathrm{d}z$$

而式(5.2.4)的右边为一全微分

$$-\left(\frac{\partial V}{\partial x}\mathrm{d}x + \frac{\partial V}{\partial y}\mathrm{d}y + \frac{\partial V}{\partial z}\mathrm{d}z\right)$$

比较以上两式，得

$$\left.\begin{aligned} F_x &= -\frac{\partial V}{\partial x} \\ F_y &= -\frac{\partial V}{\partial y} \\ F_z &= -\frac{\partial V}{\partial z} \end{aligned}\right\} \tag{5.2.6}$$

即势场力等于势能函数的梯度取负值.

一般情况下，当 $\boldsymbol{F}$ 由保守力 $\boldsymbol{F}_{\mathrm{c}}$ 与非保守力 $\boldsymbol{F}_{\mathrm{nc}}$ 两部分组成时，即有

$$\boldsymbol{F} = \boldsymbol{F}_{\mathrm{c}} + \boldsymbol{F}_{\mathrm{nc}}$$

代入式(5.2.2)，得

$$\boldsymbol{F}_{\mathrm{c}} \cdot \mathrm{d}\boldsymbol{r} + \boldsymbol{F}_{\mathrm{nc}} \cdot \mathrm{d}\boldsymbol{r} = \mathrm{d}T$$

由式(5.2.4)可知，上式左边第一项为 $-\mathrm{d}V$，代入上式，得

$$\boldsymbol{F}_{\mathrm{nc}} \cdot \mathrm{d}\boldsymbol{r} = \mathrm{d}(V + T) = \mathrm{d}E \tag{5.2.7}$$

即非保守力做功使得质点机械能发生变化.

5.3　虚 功 原 理

虚功原理是 J. Bernoulli 于 1717 年提出的一个用于确定系统静力平衡条件的准则. 先看一个最简单的例子，如图 5.3.1 所示的杠杆，点 o 为杠杆的支点，两臂长分别为 l_1 及 l_2，而杠杆两端的作用力记为 F_1 及 F_2. 此杠杆的静力平衡条件为

$$F_1 l_1 = F_2 l_2 \tag{5.3.1}$$

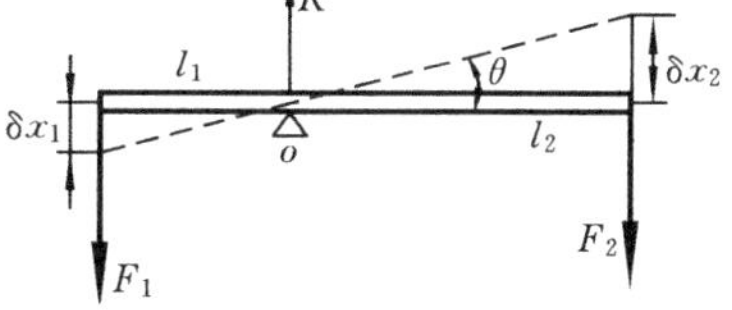

图 5.3.1

可是 Bernoulli 采用一种新的观点来看待这一问题，他假定此杠杆在 F_1、F_2 两力的作用下已处于静力平衡状态，然后让它产生一个为约束条件(支点 o 不能移动)所允许的微小位移，即绕点 o 转过一个微小角度 θ，于是其两端的位移分别为 $\delta x_1 = l_1\theta$，$\delta x_2 = -l_2\theta$，再考察在此位移下，F_1、F_2 两力所做的功，则有

$$F_1\delta x_1 + F_2\delta x_2 = (F_1 l_1 - F_2 l_2)\theta$$

将式(5.3.1)代入,得

$$F_1\delta x_1 + F_2\delta x_2 = 0 \tag{5.3.2}$$

上式表明:一个系统如果在某些外加力的作用下达到静力平衡,则在系统的约束所允许的微小位移下,诸外力所做的功之和应当为零.这一条准则的新奇之处在于它是从系统运动的观点来考虑其静力平衡问题;其方便之处是,它只考虑外加力 F_1 和 F_2,而不必将支点 o 处的支反力 R 纳入考虑.从这里可以看到解决 Newton 力学方程必须计及约束力这一问题的契机.

为约束允许的微小位移 δx_1、δx_2 称为虚位移,外力在虚位移下所做的功称为虚功,以上原理称为虚功原理.

5.3.1 虚位移

设系统中有 N 个质点,则虚位移可以在直角坐标系中表示为 δx_i、δy_i、δz_i ($i=1,2,\cdots,N$),假定虚位移是微小的,即时发生的(即不考虑它们发生的过程).因此,它们满足微分规则.这里用符号"δ"而不用微分符号"d",是为了强调虚位移并非在时间 dt 内实际发生的位移.由于虚位移必须适应约束条件的要求,因而必须满足式(5.1.6).将该式微分,得

$$\sum_{i=1}^{N}\left(\frac{\partial p_j}{\partial x_i}\delta x_i + \frac{\partial p_j}{\partial y_i}\delta y_i + \frac{\partial p_j}{\partial z_i}\delta z_i\right) = 0, \quad j = 1,2,\cdots,l$$

因而实际上独立的虚位移的个数为 $3N-l$,即等于系统的自由度.如图5.3.1所示杠杆两端的虚位移 δx_1 和 δx_2,其实只有一个是独立的,因为这是一个单自由度系统.

5.3.2 理想约束

设具有 N 个质点的系统处于静力平衡状态,则作用在其中每一个质点上的合力必然为零,即

$$\boldsymbol{R}_i = \boldsymbol{0}, \quad i = 1,2,\cdots,N \tag{5.3.3}$$

$\boldsymbol{R}_i$ 是作用在第 i 个质点上的合力,此力可分为两部分,一部分为主动作用的力,包括主动施加的外力及质点之间主动作用的内力,后者如弹性连接的两个质点之间的内力,统称为"施加力",记为 $\boldsymbol{F}_i$;另一部分为"约束力",是由约束产生的被动力,包括支反力和约束产生的内力,后者如刚性连接的质点之间的约束力,记为 $\boldsymbol{f}_i$.于是有

$$\boldsymbol{R}_i = \boldsymbol{F}_i + \boldsymbol{f}_i = \boldsymbol{0}, \quad i = 1,2,\cdots,N \tag{5.3.4}$$

此合力在虚位移 $\delta\boldsymbol{r}_i$ 下所做的功,即虚功,亦必为零,即

$$\delta W = \boldsymbol{R}_i \cdot \delta\boldsymbol{r}_i = 0, \quad i = 1,2,\cdots,N \tag{5.3.5}$$

这里
$$\delta \boldsymbol{r}_i = \delta x_i \boldsymbol{i} + \delta y_i \boldsymbol{j} + \delta z_i \boldsymbol{k}, \quad i = 1,2,\cdots,N \tag{5.3.6}$$
把式(5.3.4)代入式(5.3.5),得
$$\boldsymbol{F}_i \cdot \delta \boldsymbol{r}_i + \boldsymbol{f}_i \cdot \delta \boldsymbol{r}_i = 0, \quad i = 1,2,\cdots,N \tag{5.3.7}$$
再对 i 求和,得
$$\sum_{i=1}^{N} \boldsymbol{F}_i \cdot \delta \boldsymbol{r}_i + \sum_{i=1}^{N} \boldsymbol{f}_i \cdot \delta \boldsymbol{r}_i = 0 \tag{5.3.8}$$
分析力学中最富于实际意义的概念之一是所谓“理想约束”的概念:如果式(5.3.8)左边第二项(即约束力所做虚功之和)为零,即
$$\sum_{i=1}^{N} \boldsymbol{f}_i \cdot \delta \boldsymbol{r}_i = 0 \tag{5.3.9}$$
则该约束称为“理想约束”. 以下通过几个实例来说明这一概念.

作为第一个例子,来分析图 5.3.2 所示两个相互啮合的光滑表面构成的约束的情况. 图中 1、2 两个光滑表面在点 o 相互接触,如果摩擦力可以略去,则两曲面之间的作用力 $\boldsymbol{N}_1$、$\boldsymbol{N}_2$(即约束力)应沿接触点的公法线方向,其中 $\boldsymbol{N}_1$ 是曲面 2 对曲面 1 的作用力,而 $\boldsymbol{N}_2$ 则是曲面 1 对曲面 2 的作用力,两者互为作用与反作用力,故有
$$\boldsymbol{N}_1 = -\boldsymbol{N}_2 \tag{5.3.10}$$

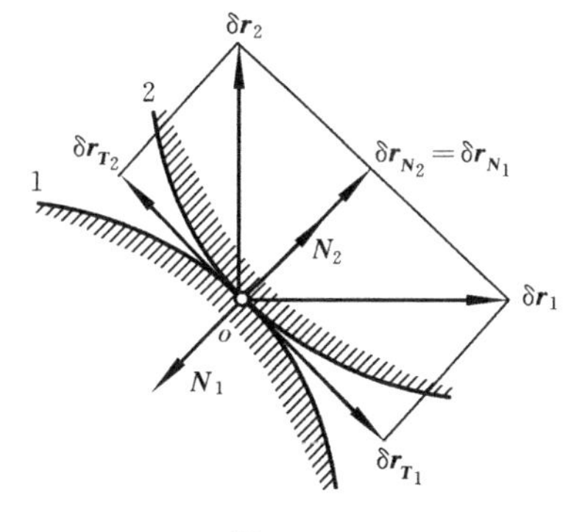

图 5.3.2

两曲面的虚位移分别为 $\delta \boldsymbol{r}_1$ 及 $\delta \boldsymbol{r}_2$,它们在接触点处的公切线与公法线方向的分量,分别是 $\delta \boldsymbol{r}_{T_1}$、$\delta \boldsymbol{r}_{T_2}$、$\delta \boldsymbol{r}_{N_1}$ 及 $\delta \boldsymbol{r}_{N_2}$. 其中 $\delta \boldsymbol{r}_{T_1}$ 及 $\delta \boldsymbol{r}_{T_2}$ 由于分别与约束力 $\boldsymbol{N}_1$ 及 $\boldsymbol{N}_2$ 垂直,因而约束力在该方向不做功. 又由于两曲面相互啮合的约束力条件(两曲面不能脱开,也不能一个挤到另一个里面)必然有
$$\delta \boldsymbol{r}_{N_1} = \delta \boldsymbol{r}_{N_2} \tag{5.3.11}$$
由此在虚位移下,约束力所做的虚功为
$$\boldsymbol{N}_1 \cdot \delta \boldsymbol{r}_1 + \boldsymbol{N}_2 \cdot \delta \boldsymbol{r}_2 = - N_1 \delta r_{N_1} + N_2 \delta r_{N_2} = 0$$
即式(5.3.9)满足.

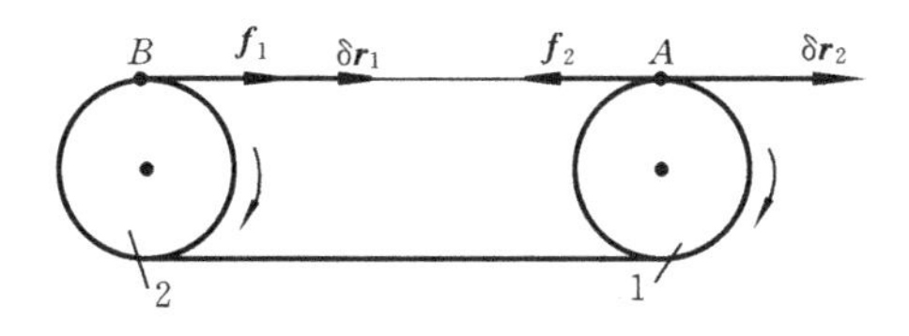

图 5.3.3

第二个例子是带传动,如图 5.3.3 所示,其中带轮 1 是主动轮,而带轮 2 是从动轮. 略去带的打滑与伸长,则由于带的这一约束的存在,主、从动轮上 A、B 两点的虚位移必然相同,即

$$\delta \boldsymbol{r}_1 = \delta \boldsymbol{r}_2 \tag{5.3.12}$$

而这两点由带约束而产生的约束力则应大小相等,方向相反,即

$$\boldsymbol{f}_1 = -\boldsymbol{f}_2 \tag{5.3.13}$$

因此虚功为

$$\boldsymbol{f}_1 \delta \boldsymbol{r}_1 + \boldsymbol{f}_2 \delta \boldsymbol{r}_2 = 0$$

即式(5.3.9)满足.

第三个例子是由一连杆连接的两个质点,如图 5.3.4 所示,质点的质量分别为 m_1、m_2,连杆的质量略而不计. 它对两个质点产生的约束力必然沿其轴线方向,且大小相等,方向相反,即

$$\boldsymbol{f}_1 = -\boldsymbol{f}_2 \tag{5.3.14}$$

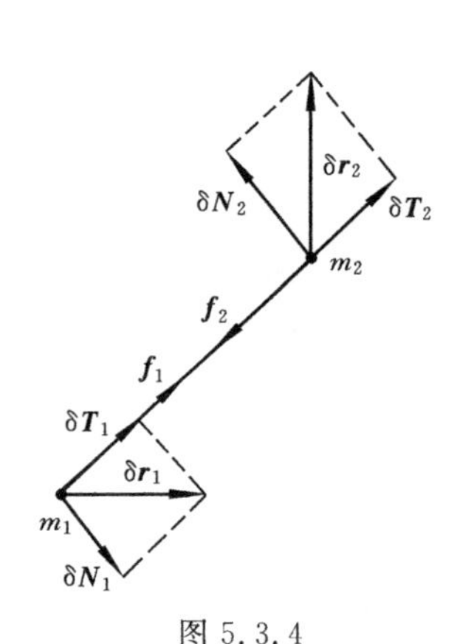

图 5.3.4

而两质点的虚位移分别设为 $\delta \boldsymbol{r}_1$ 及 $\delta \boldsymbol{r}_2$,它们在连杆及其垂线方向上的分量分别为 $\delta \boldsymbol{T}_1$、$\delta \boldsymbol{T}_2$、$\delta \boldsymbol{N}_1$ 及 $\delta \boldsymbol{N}_2$. 其中,对后两者来说约束力不做功,而前两者由于连杆的约束条件,必然相等,即

$$\delta \boldsymbol{T}_1 = \delta \boldsymbol{T}_2 \tag{5.3.15}$$

因此在虚位移 $\delta \boldsymbol{r}_1$、$\delta \boldsymbol{r}_2$ 下,约束力 $\boldsymbol{f}_1$、$\boldsymbol{f}_2$ 所做的虚功之和为

$$\boldsymbol{f}_1 \cdot \delta \boldsymbol{r}_1 + \boldsymbol{f}_2 \cdot \delta \boldsymbol{r}_2 = 0$$

即式(5.3.9)满足.

总之,对机械工程中所实际采用的许多种约束来说,可以认为式(5.3.9)是大致满足的,因而这些约束可以作为“理想约束”来处理.

5.3.3 虚功原理

把式(5.3.9)代入式(5.3.8),得

$$\delta W = \sum_{i=1}^{N} \boldsymbol{F}_i \cdot \delta \boldsymbol{r}_i = 0 \tag{5.3.16}$$

由此证明了式(5.3.16)成立是系统处于静力平衡状态的必要条件. 以下以反证法证明这一条件也是充分的:如果式(5.3.16)成立,则系统处于静力平衡状态. 如果式(5.3.16)成立,而系统不平衡,那么在施加力和约束力的共同作用下,系统将由静止进入运动. 取系统开始运动的很短时间内的微小位移 $\delta \boldsymbol{r}_i$ $(i=1,2,\cdots,N)$为虚位移,则在此虚位移下施加力与约束力做正功,即

$$\sum_{i=1}^{N}\boldsymbol{F}_i\cdot\delta\boldsymbol{r}_i+\sum_{i=1}^{N}\boldsymbol{f}_i\cdot\delta\boldsymbol{r}_i>0$$

而由于约束为理想约束，故上式左边第二个求和式为零，由此得

$$\sum_{i=1}^{N}\boldsymbol{F}_i\cdot\delta\boldsymbol{r}_i>0$$

这与式(5.3.16)相矛盾. 由此证明了充分性.

总之，在全部约束为理想约束的前提下，作用在系统上的全部施加力在符合系统约束的无限小的虚位移上所做的虚功等于零是系统处于静力平衡状态的充要条件，此即“虚功原理”，也称“虚位移原理”. 值得注意的是在此原理中已经排除了全部约束力，而只需考虑施加力，因而使用起来十分方便.

式(5.3.16)是在直角坐标下表达的，以下将其变换到广义坐标，以便于应用. 由式(5.1.9)，求全微分，得

$$\delta\boldsymbol{r}_i=\sum_{j=1}^{n}\frac{\partial\boldsymbol{r}_i}{\partial q_j}\delta q_j \tag{5.3.17}$$

即各质点的在直角坐标系下的虚位移 $\delta\boldsymbol{r}_i$ 可以表达成为其广义坐标的虚位移 δq_j 的线性组合. 把上式代入式(5.3.16)，得

$$\delta W=\sum_{i=1}^{N}\boldsymbol{F}_i\cdot\sum_{j=1}^{n}\frac{\partial\boldsymbol{r}_i}{\partial q_j}\delta q_j=0$$

交换求和次序，有

$$\delta W=\sum_{j=1}^{n}\left(\sum_{i=1}^{N}\boldsymbol{F}_i\cdot\frac{\partial\boldsymbol{r}_i}{\partial q_j}\right)\delta q_j=0$$

记

$$\sum_{i=1}^{N}\boldsymbol{F}_i\cdot\frac{\partial\boldsymbol{r}_i}{\partial q_j}=Q_j,\quad j=1,2,\cdots,n \tag{5.3.18}$$

得

$$\delta W=\sum_{j=1}^{n}Q_j\delta q_j=0 \tag{5.3.19}$$

此即在广义坐标下表达的虚功原理，即系统处于静力平衡的充要条件. 其中 Q_j 为对应于广义坐标 q_j 的广义力，其量纲与 q_j 的量纲有关，即 $Q_j\delta q_j$ 的乘积的量纲必须为功的量纲. 因此，当 q_j 的量纲为转角时，Q_j 的量纲必须是力矩的量纲 $[\mathrm{ML^2T^{-2}}]$.

式(5.3.19)所表示的条件还可再进一步简化. 注意到各广义坐标的取值是相互独立的，而约束的条件将自动地满足. 因此总可以令某一个广义坐标上的虚位移不为零，如 $\delta q_j\neq0$，而其他广义坐标上的虚位移均为零. 以此代入式(5.3.19)，必然得到所对应的 $Q_j=0$，施同样的分析于所有的广义坐标，必然得到虚功原理的另一表述为：在理想约束情况下，n 个自由度的系统处于静力平衡的充要条件是其 n 个广义力均为零，即

$$Q_j = 0, \quad j = 1,2,\cdots,n \tag{5.3.20}$$

显然,用式(5.3.20)求解质点系的平衡问题时,质点系受的约束越多,则广义坐标数越少,平衡方程数相应越少,求解就很方便.关键在于如何表达其广义力,通常有两种方法.

(1) 解析法.直接用广义力的定义式(5.3.18),或用其解析表达式

$$Q_k = \sum_{i=1}^{n}\left(X_i \frac{\partial x_i}{\partial q_k} + Y_i \frac{\partial y_i}{\partial q_k} + Z_i \frac{\partial z_i}{\partial q_k}\right) \tag{5.3.21}$$

就是将主动力系的各力 $\boldsymbol{F}_i$ 的作用点的坐标 x_i、y_i、z_i 写成广义坐标 q_k ($k=1,2,\cdots,N$)的函数,对 q_k 求偏导数后代入上式,即求得广义力 Q_k.这种方法即解析法.

(2) 几何法.可单一求某个广义力,譬如求 Q_1,给质点系一组特殊的虚位移,其中只令广义坐标中的 q_1 变更,而保持其余$(N-1)$个广义坐标不变,即令 $\delta q_1 \neq 0$,而 $\delta q_2 = \delta q_2 = \cdots = \delta q_N = 0$,这样就可求出所有主动力相应于广义虚位移 δq_1 所做的虚功之和,以 $\sum \delta W'$ 表示,由式(5.3.19)知

$$\sum \delta W' = Q_1 \cdot \delta q_1$$

由此可求出广义力为

$$Q_1 = \frac{\sum \delta W'}{\delta q_1}$$

用同样方法可求出 $Q_2, Q_3, \cdots, Q_N$,归纳起来得

$$Q_k = \frac{\sum \delta W'}{\delta q_k}, \quad k = 1,2,\cdots,N \tag{5.3.22}$$

这种方法称为几何法.

例 5.1 如图 5.3.5 所示机构,线性弹簧原长为 x_0,系统的约束如图所示.当弹簧未伸长时,可以不计质量的刚性杆处于水平位置,如图中虚线所示.试以虚功原理确定其处于静力平衡位置时的 θ 角.

解 认定这里的系统包括连杆及重物 mg、弹簧恢复力与重力为施加力.在平衡位置附近令系统产生虚位移 δx、δy,则弹性力与重力所做的虚功之和为

$$\delta W = -kx\delta x + mg\delta y = 0 \tag{a}$$

此系统为单自由度系统,取 θ 角为广义坐标,由几何关系可得 x、y 坐标与 θ 角的关系为

$$\left.\begin{aligned} x &= L(1-\cos\theta) \\ y &= L\sin\theta \end{aligned}\right\} \tag{b}$$

式中,L 为连杆长度.对以上两式取微分,知 δx、δy 与 $\delta\theta$ 的关系为

$$\left.\begin{aligned} \delta x &= L\sin\theta\delta\theta \\ \delta y &= L\cos\theta\delta\theta \end{aligned}\right\} \tag{c}$$

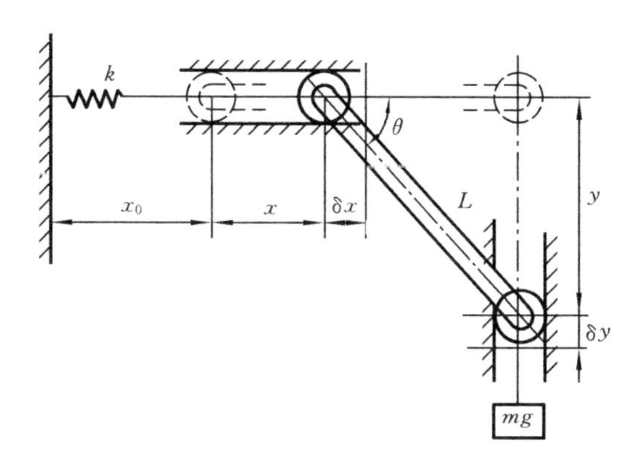

图 5.3.5

代入式(a),得

$$\delta W = -kL(1-\cos\theta)\sin\theta + mg\cos\theta = 0$$

即
$$(1-\cos\theta)\tan\theta = \frac{mg}{kL} \tag{d}$$

此即确定平衡时的广义坐标 θ 的值的关系式. 读者注意,在解题过程中并未考虑水平与竖直滑道中的约束力.

以上关系式也可就式(5.3.20)的条件得出. 为此将式(5.3.18)就本题的条件写成

$$Q = F_x\frac{\partial x}{\partial \theta} + F_y\frac{\partial y}{\partial \theta} \tag{e}$$

式中,F_x 即为弹性恢复力 $-kx$,F_y 为重力 mg. 以式(b)代入,并按式(5.3.20),令 $Q=0$,即得到式(d).

5.4　势能与动能的广义坐标表达式

为了进一步讨论在施加力仅为保守力的条件下的虚功原理的表达式,也为了后面推导 Lagrange 方程的需要,以下讨论如何以广义坐标及其变化率(即广义速度)来表达系统的动能与势能.

5.4.1　势能

一般而言,势能是系统的位形的函数,因此可表达为

$$V = V(\boldsymbol{r}_1, \boldsymbol{r}_2, \cdots, \boldsymbol{r}_N) \tag{5.4.1}$$

将式(5.1.9)代入,可将 V 表示成广义坐标的函数,即

$$V = V(q_1, q_2, \cdots, q_n) \tag{5.4.2}$$

由式(5.2.4),保守力在虚位移下所做的虚功为

$$\delta W = - \mathrm{d}V = - \sum_{j=1}^{n} \frac{\partial V}{\partial q_j} \delta q_j$$

与式(5.3.19)比较,知广义力 Q_j 与势能函数的关系为

$$Q_j = - \frac{\partial V}{\partial q_j}, \quad j = 1,2,\cdots,n \tag{5.4.3}$$

由式(5.3.20),得系统静力平衡的充要条件为

$$\frac{\partial V}{\partial q_j} = 0, \quad j = 1,2,\cdots,n \tag{5.4.4}$$

即只在保守力作用下的系统,在其势能函数的驻值点上实现静力平衡.

例 5.2 试以式(5.4.4)确定例 5.1 中系统处于静力平衡位置时的 θ 角.

解 系统的势能由弹性势能与重力势能两部分组成,即

$$V = \frac{1}{2} k x^2 - y m g$$

将例 5.1 中的式(b)代入,得

$$V = V(\theta) = \frac{1}{2} k [L(1 - \cos\theta)]^2 - mgL\sin\theta$$

由式(5.4.4),静平衡位置满足的条件为

$$\frac{\mathrm{d}V}{\mathrm{d}\theta} = kL^2(1 - \cos\theta)\sin\theta - mgL\cos\theta = 0$$

化简,即得例 5.1 的式(d).

5.4.2 动能

由式(5.2.1),单个质点的动能为

$$T_i = \frac{1}{2} m_i \dot{\boldsymbol{r}}_i^2 \tag{5.4.5}$$

由于动能是标量,因此全系统中 N 个质点的总动能为

$$T = \sum_{i=1}^{N} T_i = \frac{1}{2} \sum_{i=1}^{N} m_i \dot{\boldsymbol{r}}_i \cdot \dot{\boldsymbol{r}}_i \tag{5.4.6}$$

现在以广义坐标 q_i 及广义速度 $\dot{q}_i$ $(i=1,2,\cdots,n)$来表示系统的动能. 由式(5.1.9)对时间求导,得

$$\dot{\boldsymbol{r}}_i = \sum_{r=1}^{n} \frac{\partial \boldsymbol{r}_i}{\partial q_r} \dot{q}_r \tag{5.4.7}$$

代入式(5.4.6),得

$$T = \frac{1}{2} \sum_{i=1}^{N} m_i \left(\sum_{r=1}^{n} \frac{\partial \boldsymbol{r}_i}{\partial q_r} \dot{q}_r \right) \left(\sum_{s=1}^{n} \frac{\partial \boldsymbol{r}_i}{\partial q_s} \dot{q}_s \right)$$

改变求和次序，得

$$T = \frac{1}{2}\sum_{r=1}^{n}\sum_{s=1}^{n}\left(\sum_{i=1}^{N} m_i \frac{\partial \boldsymbol{r}_i}{\partial q_r}\cdot\frac{\partial \boldsymbol{r}_i}{\partial q_s}\right)\dot{q}_r\dot{q}_s$$

记

$$\sum_{i=1}^{N} m_i \frac{\partial \boldsymbol{r}_i}{\partial q_r}\cdot\frac{\partial \boldsymbol{r}_i}{\partial q_s} = m_{rs} \tag{5.4.8}$$

得

$$T = \frac{1}{2}\sum_{r=1}^{n}\sum_{s=1}^{n} m_{rs}\dot{q}_r\dot{q}_s \tag{5.4.9}$$

上式表明系统的动能可表示为广义速度的二次型函数．但必须注意，此二次型的系统 m_{rs} 一般也是广义坐标的函数，由以上推导过程应能看出这一点．

例 5.3　试以广义坐标 θ_1、θ_2 表示图 4.1.1 中所示双摆系统的势能与动能．

解　取 x 轴为重力势能的零点，系统的势能可表示为

$$V = -m_1 g y_1 - m_2 g y_2$$

将式(4.1.3)的第二、四式代入，得作为广义坐标的函数的势能表达式为

$$V(\theta_1,\theta_2) = -m_1 g L_1\cos\theta_1 - m_2 g(L_1\cos\theta_1 + L_2\cos\theta_2) \tag{a}$$

系统动能为

$$T = \frac{1}{2}m_1 v_1^2 + \frac{1}{2}m_2 v_2^2 \tag{b}$$

式中，v_1、v_2 分别为两质点 m_1、m_2 的线速度．于是有

$$v_1^2 = \dot{x}_1^2 + \dot{y}_1^2$$

将式(4.1.3)的第一、第二式代入，得

$$v_1^2 = (L_1\cos\theta_1\dot{\theta}_1)^2 + (-L_1\sin\theta_1\dot{\theta}_1)^2$$

化简得

$$v_1^2 = (L_1\dot{\theta}_1)^2 \tag{c}$$

另外

$$v_2^2 = \dot{x}_2^2 + \dot{y}_2^2$$

将式(4.1.3)的第三、第四式代入，得

$$v_2^2 = (L_1\cos\theta_1\dot{\theta}_1 + L_2\cos\theta_2\dot{\theta}_2)^2 + (-L_1\sin\theta_1\dot{\theta}_1 - L_2\sin\theta_2\dot{\theta}_2)^2$$

化简得

$$v_2^2 = (L_1\dot{\theta}_1)^2 + (L_2\dot{\theta}_2)^2 + 2L_1L_2\dot{\theta}_1\dot{\theta}_2\cos(\theta_2-\theta_1) \tag{d}$$

把式(c)、式(d)代入式(b)，并整理，得到作为广义坐标与广义速度的函数的动能表达式

$$\begin{aligned} &T(\theta_1,\theta_2;\dot{\theta}_1,\dot{\theta}_2) \\ &= \frac{1}{2}(m_1+m_2)L_1^2\dot{\theta}_1^2 + m_2L_1L_2\cos(\theta_2-\theta_1)\dot{\theta}_1\dot{\theta}_2 + \frac{1}{2}m_2L_2^2\dot{\theta}_2^2 \end{aligned} \tag{e}$$

从上式可知，T 确实已表示成为广义速度 $\dot{\theta}_1$、$\dot{\theta}_2$ 的二次型，且此二次型的系数之一 $m_2L_1L_2\cos(\theta_2-\theta_1)$ 又是广义坐标的函数．

5.5　D'Alembert 原理

如果说虚功原理是以动的观点来研究静力平衡问题，那么 D'Alembert 原理

则是从静力平衡的观点来考察动力学问题. 让我们来考察一个由 N 个质点组成的系统,设作用在第 i 个质点上的施加力和约束力分别为 $\boldsymbol{F}_i$ 与 $\boldsymbol{f}_i$,则由 Newton 第二定律,有

$$\boldsymbol{F}_i + \boldsymbol{f}_i = m_i\ddot{\boldsymbol{r}}_i, \quad i = 1,2,\cdots,N \tag{5.5.1}$$

移项,得

$$\boldsymbol{F}_i + \boldsymbol{f}_i - m_i\ddot{\boldsymbol{r}}_i = \boldsymbol{0} \tag{5.5.2}$$

如果将 $-m_i\ddot{\boldsymbol{r}}_i$ 这一项也看成一种力,称为"惯性力",那么式(5.5.2)正好表示一种"静力平衡"情况. 此即 D'Alembert 原理,也称"动静法". 采用此法,就可以像处理静力学问题那样来处理动力学问题. 此法对于处理质点系的动力学问题往往非常有效,但本书不打算在这方面展开,主要兴趣是借助于此原理将虚功原理的静力平衡问题推广到动力学问题. 为此,对于动力学问题,如果计及惯性力,则第 i 个质点的虚功也应该为零,即

$$(\boldsymbol{F}_i + \boldsymbol{f}_i - m_i\ddot{\boldsymbol{r}}_i) \cdot \delta\boldsymbol{r}_i = 0, \quad i = 1,2,\cdots,N \tag{5.5.3}$$

将上式对各质点求和,并假设所有约束均为理想约束,即式(5.3.9)成立,则

$$\sum_{i=1}^{N}(\boldsymbol{F}_i - m_i\ddot{\boldsymbol{r}}_i) \cdot \delta\boldsymbol{r}_i = 0 \tag{5.5.4}$$

上式将 D'Alembert 原理与虚功原理结合起来,称为动力学普遍方程,其中 $(\boldsymbol{F}_i - m_i\ddot{\boldsymbol{r}}_i)$ 这一部分即为施加力与惯性力之和,称为有效力. 上式表明在理想约束的条件下,对于任何动态系统,有效力在符合系统约束的任何无限小的虚位移上所做的虚功之和为零. 注意,此式中已排除了所有的约束力,而只需考虑施加力及惯性力. 由此出发,可导出用途十分广泛的 Lagrange 方程.

5.6 Lagrange 方程

将动力学普遍方程式(5.5.4)写成

$$\sum_{i=1}^{N}\boldsymbol{F}_i \cdot \delta\boldsymbol{r}_i - \sum_{i=1}^{N}m_i\ddot{\boldsymbol{r}}_i \cdot \delta\boldsymbol{r}_i = 0 \tag{5.6.1}$$

由式(5.3.16)可知,上式左边的第一项即为施加力所做的虚功,而由式(5.3.19)可知,此虚功又可用广义力与广义坐标上的虚位移表示,即

$$\delta W = \sum_{j=1}^{n}Q_j\delta q_j \tag{5.6.2}$$

以下证明式(5.6.1)左边的第二项,即惯性力的虚功部分。它可表示为

$$\sum_{i=1}^{N}m_i\ddot{\boldsymbol{r}}_i \cdot \delta\boldsymbol{r}_i = \sum_{j=1}^{n}\left[\frac{\mathrm{d}}{\mathrm{d}t}\left(\frac{\partial T}{\partial\dot{q}_j}\right) - \frac{\partial T}{\partial q_j}\right]\delta q_j \tag{5.6.3}$$

式中,T 为系统的动能. 为此,将式(5.3.17)代入上式左边,并交换求和次序,得

$$\sum_{i=1}^{N} m_i \ddot{\boldsymbol{r}}_i \cdot \delta \boldsymbol{r}_i = \sum_{j=1}^{n} \Big(\sum_{i=1}^{N} m_i \ddot{\boldsymbol{r}}_i \cdot \frac{\partial \boldsymbol{r}_i}{\partial q_j} \Big) \delta q_j \tag{5.6.4}$$

从上式右边双重求和符号中拿出一项，加以变化，于是有

$$m_i \ddot{\boldsymbol{r}}_i \cdot \frac{\partial \boldsymbol{r}_i}{\partial q_j} = \frac{\mathrm{d}}{\mathrm{d}t}\Big(m_i \dot{\boldsymbol{r}}_i \cdot \frac{\partial \boldsymbol{r}_i}{\partial q_j} \Big) - m_i \dot{\boldsymbol{r}}_i \cdot \frac{\mathrm{d}}{\mathrm{d}t}\Big(\frac{\partial \boldsymbol{r}_i}{\partial q_j} \Big) \tag{5.6.5}$$

注意到式(5.4.7)中，$\partial \boldsymbol{r}_i / \partial q_r$ 只可能与广义坐标 q_r $(r=1,2,\cdots,n)$ 有关，而与广义速度 $\dot{q}_r$ $(r=1,2,\cdots,n)$ 无关，因此该式两边对 $\dot{q}_j$ 求导，得

$$\frac{\partial \dot{\boldsymbol{r}}_i}{\partial \dot{q}_j} = \frac{\partial \boldsymbol{r}_i}{\partial q_j} \tag{5.6.6}$$

把上式代入式(5.6.5)右边第一项，而对其第二项则交换对 t 求全微分及对 q_j 求偏微分的次序，得

$$\begin{aligned} m_i \ddot{\boldsymbol{r}}_i \cdot \frac{\partial \boldsymbol{r}_i}{\partial q_j} &= \frac{\mathrm{d}}{\mathrm{d}t}\Big(m_i \dot{\boldsymbol{r}}_i \cdot \frac{\partial \dot{\boldsymbol{r}}_i}{\partial \dot{q}_j} \Big) - m_i \dot{\boldsymbol{r}}_i \cdot \frac{\partial \dot{\boldsymbol{r}}_i}{\partial q_j} \\ &= \Big[\frac{\mathrm{d}}{\mathrm{d}t}\Big(\frac{\partial}{\partial \dot{q}_j} \Big) - \frac{\partial}{\partial q_j} \Big] \Big(\frac{1}{2} m_i \dot{\boldsymbol{r}}_i \cdot \dot{\boldsymbol{r}}_i \Big) \end{aligned} \tag{5.6.7}$$

对 i 求和，有

$$\sum_{i=1}^{N} m_i \ddot{\boldsymbol{r}}_i \cdot \frac{\partial \boldsymbol{r}_i}{\partial q_j} = \Big[\frac{\mathrm{d}}{\mathrm{d}t}\Big(\frac{\partial}{\partial \dot{q}_j} \Big) - \frac{\partial}{\partial q_j} \Big] \Big(\sum_{i=1}^{N} m_i \dot{\boldsymbol{r}}_i \cdot \dot{\boldsymbol{r}}_i \Big) \tag{5.6.8}$$

上式右边圆括号中的标量即为系统的动能 T，因此上式成为

$$\sum_{i=1}^{N} m_i \ddot{\boldsymbol{r}}_i \frac{\partial \boldsymbol{r}_i}{\partial q_j} = \frac{\mathrm{d}}{\mathrm{d}t}\Big(\frac{\partial T}{\partial \dot{q}_j} \Big) - \frac{\partial T}{\partial q_j} \tag{5.6.9}$$

将上式代入式(5.6.4)的右边圆括号部分，即得到需要证明的式(5.6.3).

现在把式(5.6.2)、式(5.6.3)代入式(5.6.1)，即得

$$\sum_{j=1}^{n} \Big[\frac{\mathrm{d}}{\mathrm{d}t}\Big(\frac{\partial T}{\partial \dot{q}_j} \Big) - \frac{\partial T}{\partial q_j} - Q_j \Big] \delta q_j = 0 \tag{5.6.10}$$

由于诸位移 δq_j 是独立的，可以任意选取，且总能够令某一个 $\delta q_j \neq 0$，而其余 $\delta q_i = 0$ $(i=1,2,\cdots,n; i \neq j)$. 依次令 $j=1,2,\cdots,n$，于是得 n 个二阶微分方程为

$$\frac{\mathrm{d}}{\mathrm{d}t}\Big(\frac{\partial T}{\partial \dot{q}_j} \Big) - \frac{\partial T}{\partial q_j} = Q_j, \quad j = 1,2,\cdots,n \tag{5.6.11}$$

此式即为著名的 Lagrange 方程，方程的数目与系统自由度的数目相等.

当施加力 Q_j 为保守力时，式(5.4.3)成立，把它代入式(5.6.11)，得保守系统的 Lagrange 方程为

$$\frac{\mathrm{d}}{\mathrm{d}t}\Big(\frac{\partial T}{\partial \dot{q}_j} \Big) - \frac{\partial T}{\partial q_j} + \frac{\partial V}{\partial q_j} = 0, \quad j = 1,2,\cdots,n \tag{5.6.12}$$

引入 Lagrange 函数

$$L = T - V \tag{5.6.13}$$

并注意到势能 V 与广义速度 $\dot{q}_j$ $(j=1,2,\cdots,n)$无关,于是可将式(5.6.12)写成更简练的形式,即

$$\frac{\mathrm{d}}{\mathrm{d}t}\left(\frac{\partial L}{\partial \dot{q}_j}\right)-\frac{\partial L}{\partial q_j}=0,\quad j=1,2,\cdots,n \tag{5.6.14}$$

当作用在系统上的力既有保守力又有非保守力时,Lagrange 方程成为

$$\frac{\mathrm{d}}{\mathrm{d}t}\left(\frac{\partial L}{\partial \dot{q}_j}\right)-\frac{\partial L}{\partial q_j}=Q_j,\quad j=1,2,\cdots,n \tag{5.6.15}$$

式中,Q_j 是除保守力以外的其他施加力.

例 5.4　试求图 4.1.1 中双摆的运动方程.

解　该系统为两自由度系统,取 θ_1、θ_2 为其广义坐标,以广义坐标与广义速度表示的系统势能与动能已在例 5.3 中求出,如该例中式(a)、式(e)所示,将之代入式(5.6.13),得 Lagrange 函数为

$$\begin{aligned}L=&\frac{1}{2}(m_1+m_2)L_1^2\dot{\theta}_1^2+m_2L_1L_2\cos(\theta_2-\theta_1)\dot{\theta}_1\dot{\theta}_2\\&+\frac{1}{2}m_2L_2^2\dot{\theta}_2^2+m_1gL_1\cos\theta_1-m_2g(L_1\cos\theta_1+L_2\cos\theta_2)\end{aligned} \tag{a}$$

式(5.6.14)在此例中成为

$$\frac{\mathrm{d}}{\mathrm{d}t}\left(\frac{\partial L}{\partial \dot{\theta}_1}\right)-\frac{\partial L}{\partial \theta_1}=0\qquad \frac{\mathrm{d}}{\mathrm{d}t}\left(\frac{\partial L}{\partial \dot{\theta}_2}\right)-\frac{\partial L}{\partial \theta_2}=0$$

将式(a)分别代入上式,即得到该双摆系统的运动微分方程为

$$\left.\begin{aligned}&(m_1+m_2)L_1^2\ddot{\theta}_1+m_2L_1L_2\cos(\theta_2-\theta_1)\ddot{\theta}_2\\&\quad -m_2L_1L_2\sin(\theta_2-\theta_1)\dot{\theta}_2^2+(m_1+m_2)gL_1\sin\theta_1=0\\&m_2L_1L_2\cos(\theta_2-\theta_1)\ddot{\theta}_1+m_2L_2^2\ddot{\theta}_2+m_2L_1L_2\sin(\theta_2-\theta_1)\dot{\theta}_1\\&\quad +m_2gL_2\sin\theta_2=0\end{aligned}\right\} \tag{b}$$

在以上推导过程中并未涉及两质点之间,以及质点与悬挂点之间的约束力.

例 5.5　设一两自由度系统,如图 5.6.1 所示,试导出运动方程,已知弹簧是线性的.

解　取质块 M 的平移量 x 与摆锤的摆角 θ 为广义坐标. x 从弹簧未伸长的位置计算起,而 θ 从竖直位置算起.

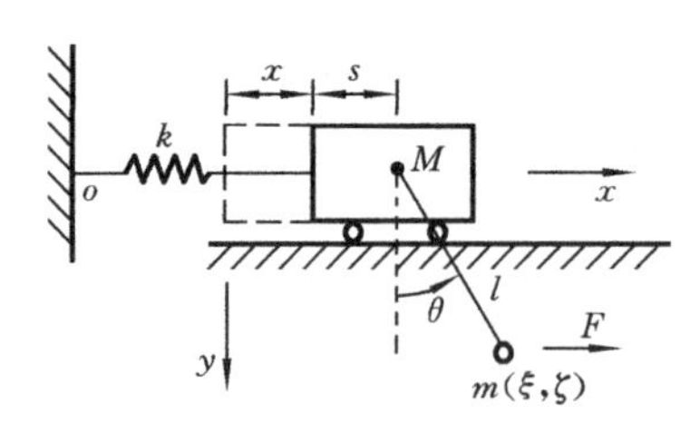

图 5.6.1

势能由弹性势能与重力势能两部分组成,即

$$V=\frac{1}{2}kx^2+mgl(1-\cos\theta) \tag{a}$$

这里取摆锤在竖直位置时的重力势能为零.

动能由质块 M 的动能与摆锤 m 的动能

两部分组成，即

$$T = \frac{1}{2}M\dot{x}^2 + \frac{1}{2}m(v_x^2 + v_y^2) \tag{b}$$

式中，v_x、v_y 分别为摆锤的水平速度与竖直速度. 为确定 v_x、v_y 的表达式，同时注意到摆锤在 x、y 坐标系中位置坐标为

$$\xi = x + s + l\sin\theta \tag{c}$$

$$\zeta = l\cos\theta \tag{d}$$

以上两式对时间求导，得

$$v_x = \dot{x} + l\cos\theta\dot{\theta} \tag{e}$$

$$v_y = -l\sin\theta\dot{\theta} \tag{f}$$

把式(e)、式(f)代入式(b)，再将式(b)、式(a)代入式(5.6.13)，即得出该系统的 Lagrange函数为

$$L = T - V = \frac{1}{2}(M+m)\dot{x}^2 + ml\dot{x}\dot{\theta}\cos\theta + \frac{1}{2}ml^2\dot{\theta}^2$$

$$-\frac{1}{2}kx^2 - mgl(1-\cos\theta) \tag{g}$$

接着，计算与 x、θ 相应的广义力，它们分别以 X 与 Θ 表示. 为此，让摆锤在水平方向产生一虚位移 $\delta\xi$，而 $\boldsymbol{F}$ 力在此虚位移下所做的虚功为

$$\delta W = F\delta\xi \tag{h}$$

而由式(c)，有

$$\delta\xi = \delta x + l\cos\theta\delta\theta \tag{i}$$

把式(i)代入式(h)，有

$$\delta W = F\delta x + Fl\cos\theta\delta\theta = X\delta x + \Theta\delta\theta$$

由此确定广义力为

$$X = F \tag{j}$$

$$\Theta = Fl\cos\theta \tag{k}$$

式(k)表明，Θ 实际上是一个力矩，这是预料中的事实，因为其所对应的广义坐标 θ 是一个角度.

此时式(5.6.15)表示的 Lagrange 方程可写成

$$\frac{\mathrm{d}}{\mathrm{d}t}\left(\frac{\partial L}{\partial \dot{x}}\right) - \frac{\partial L}{\partial x} = X \tag{l}$$

$$\frac{\mathrm{d}}{\mathrm{d}t}\left(\frac{\partial L}{\partial \dot{\theta}}\right) - \frac{\partial L}{\partial \theta} = \Theta \tag{m}$$

将式(g)、式(j)与式(k)分别代入式(l)、式(m)，即得到该系统的 Lagrange 方程为

$$(M+m)\ddot{x} + ml(\ddot{\theta}\cos\theta - \dot{\theta}^2\sin\theta) + kx = F \tag{n}$$

$$ml^2\ddot{\theta} + ml\ddot{x}\cos\theta + mgl\sin\theta = Fl\cos\theta \tag{o}$$

如果分别取质块 M 和摆锤 m 的脱离体，并直接采用 Newton 第二定律(即式(5.1.1))，也能得到式(n)、式(o)，然而在推导中必然涉及摆锤悬挂点处相互作用的约束力，给运动方程的推导增添麻烦.

从以上两个例子可见，以 Lagrange 方程来推导系统的运动方程可以不必考虑约束力，这是非常方便的，尤其是当系统的自由度数目较多时，更是体现了其有效性. 所有的微分方程都是从一个标量函数，即 Lagrange 函数，以及非保守力的虚功式(5.3.19)推出来的，而且有一定的步骤可循.

以 Lagrange 方程建立系统的运动方程的主要步骤如下：

(1) 判断系统的自由度数目，选定广义坐标；

(2) 以广义坐标及广义速度来表示系统的动能与势能；

(3) 对于非保守的施加力，则将其虚功写成式(5.4.19)的形式，从而确定各广义力；

(4) 将以上各量代入 Lagrange 方程，即得到该系统的运动方程.

5.7 系统的线性化及线性系统的 Lagrange 方程

Lagrange 方程既可用于线性系统，也可用于非线性系统. 本节先从势能函数与动能函数开始，讨论线性系统或可以线性化的系统的 Lagrange 方程.

5.7.1 势能

式(5.4.2)表明系统的势能可以表示为广义坐标的函数. 为了将系统线性化，将此函数在原点附近展开成 Taylor 级数，即

$$\begin{aligned} V(q_1, q_2, \cdots, q_n) = V(0,0,\cdots,0) + \sum_{j=1}^{n} \frac{\partial V}{\partial q_j}\bigg|_{(0,0,\cdots,0)} q_j \\ + \frac{1}{2}\sum_{r=1}^{n}\sum_{s=1}^{n} \frac{\partial^2 V}{\partial q_r \partial q_s}\bigg|_{(0,0,\cdots,0)} q_r q_s + \cdots \end{aligned} \tag{5.7.1}$$

然后作如下简化.

首先，不失一般性，总可以选定广义坐标的原点作为计算势能函数的零点，于是有

$$V(0,0,\cdots,0) = 0 \tag{5.7.2}$$

其次，总可以将坐标的原点设在系统的平衡点上，于是按式(5.4.4)、式(5.7.1)右边的第二项又应该为零，即

$$\sum_{j=1}^{n}\frac{\partial V}{\partial q_j}\bigg|_{(0,0,\cdots,0)}q_j=0 \tag{5.7.3}$$

再次，假定系统只在坐标原点附近的小范围内振动，因而 q_i $(i=1,2,\cdots,n)$均很小，于是式(5.7.1)中三次及三次以上的乘积项可以略去不计.

基于以上三点假定，可以将系统的势能函数写成广义坐标的二次型，即

$$V=\frac{1}{2}\sum_{r=1}^{n}\sum_{s=1}^{n}\frac{\partial^2 V}{\partial q_r\partial q_s}\bigg|_{(0,0,\cdots,0)}q_rq_s \tag{5.7.4}$$

令

$$k_{rs}=k_{sr}=\frac{\partial^2 V}{\partial q_r\partial q_s}\bigg|_{(0,0,\cdots,0)},\quad r,s=1,2,\cdots,n \tag{5.7.5}$$

式(5.7.4)可写成

$$V=\frac{1}{2}\sum_{r=1}^{n}\sum_{s=1}^{n}k_{rs}q_rq_s \tag{5.7.6}$$

式中，系数 k_{rs} 为常数，由式(5.7.5)给出. 式(5.7.6)与式(4.7.8)具有相同的形式，是已经线性化的系统的势能函数，k_{rs} 即为弹性系数.

5.7.2　动能

式(5.4.9)表明，系统的动能 T 是广义速度的二次型. 一般而言，二次型的系数 m_{rs} 是广义坐标的函数，即

$$m_{rs}=m_{rs}(q_1,q_2,\cdots,q_n)$$

为将系统线性化，可以将上式在原点附近展开，又由于已假定 q_n $(i=1,2,\cdots,n)$均很小，因此可将展开式中 q_i 的一次及高次项均略去，而仅保留常数项，于是有

$$m_{rs}=m_{rs}(0,0,\cdots,0) \tag{5.7.7}$$

这样，m_{rs} 成为常数，式(5.4.9)即为线性系统的动能函数，其中 m_{rs} 即为质量系数.

5.7.3　线性系统的 Lagrange 方程

将式(5.7.7)代入式(5.4.9)，再将式(5.4.9)、式(5.7.6)代入式(5.6.13)，然后将式(5.6.13)代入式(5.6.15)所表示的 Lagrange 方程，并注意到 k_{rs}、m_{rs} 均为常数，得

$$\sum_{s=1}^{n}[m_{js}\ddot{q}_s(t)+k_{js}q_s(t)]=Q_j(t),\quad j=1,2,\cdots,n$$

将以上 n 个方程综合成矩阵形式，得

$$[m]\{\ddot{q}(t)\}+[k]\{q(t)\}=\{Q(t)\} \tag{5.7.8}$$

式中

$$[m]=[m_{rs}] \tag{5.7.9}$$

$$[k]=[k_{rs}] \tag{5.7.10}$$

$$\{q\} = (q_1, q_2, \cdots, q_n)^{\mathrm{T}} \tag{5.7.11}$$

式(5.7.8)即为第4章导出的 n 自由度线性无阻尼系统的运动微分方程(4.3.1).一方面,以上推导过程告诉我们一种对系统进行线性化的方法,即分别按式(5.7.5)与式(5.7.7)计算势能二次型和动能二次型的系数,然后将这些系数代入式(5.7.8),即得到线性化的系统的运动方程;另一方面,以上推导还表明,对线性系统来说,形如式(5.6.15)的 Lagrange 方程和形如式(5.7.8)的运动微分方程其实是等价的. 因此,一旦得到动能与势能二次型的系数矩阵[m]与[k],由式(5.7.8)立即就得到系统的运动方程,而不必再利用形如式(5.6.15)的 Lagrange 方程.

例 5.6 设图 4.1.1 中双摆的振动角度 θ_1、θ_2 均很小,试将其运动方程线性化.

解 系统的势能表达式已由例 5.3 中式(a)给出,将之代入式(5.7.5),并令 $\theta_1=\theta_2=0$,即得刚度矩阵

$$[k] = \begin{bmatrix} (m_1+m_2)gL_1 & 0 \\ 0 & m_2 gL_2 \end{bmatrix} \tag{a}$$

系统的动能表达式为例 5.3 中的式(e),将之写成二次型形式,有

$$T = \frac{1}{2}\{\dot\theta_1, \dot\theta_2\}\begin{bmatrix} (m_1+m_2)L_1^2 & m_2L_1L_2\cos(\theta_2-\theta_1) \\ m_2L_1L_2\cos(\theta_2-\theta_1) & m_2L_2^2 \end{bmatrix}\begin{Bmatrix} \dot\theta_1 \\ \dot\theta_2 \end{Bmatrix} \tag{b}$$

按式(5.7.7),将上式中的矩阵的诸系数取 $\theta_1=\theta_2=0$ 时的定值,即得质量矩阵

$$[m] = \begin{bmatrix} (m_1+m_2)L_1^2 & m_2L_1L_2 \\ m_2L_1L_2 & m_2L_2^2 \end{bmatrix} \tag{c}$$

将式(a)、式(c)代入式(5.7.8),即得双摆经线性化以后的运动方程. 将该方程展开,得两个联立的微分方程为

$$\left.\begin{aligned} &(m_1+m_2)L_1^2\ddot\theta_1 + m_2L_1L_2\ddot\theta_2 + (m_1+m_2)gL_1\theta_1 = 0 \\ &m_2L_1L_2\ddot\theta_1 + m_2L_2^2\ddot\theta_2 + m_2gL_2\theta_2 = 0 \end{aligned}\right\} \tag{d}$$

例 5.7 质量为 m_1、半径为 R 的均质圆柱沿水平面作没有滑动的滚动,其上作用一矩为 $M=M_o\cos\omega t$ 的力偶,其轴上装一物理摆,如图 5.7.1(a)所示,摆对 o 轴的转动惯量为 I_o,摆的质心在点 A,$oA=h$. 点 o 通过水平弹簧连在固定的支座上,弹簧的刚度系数为 k. 初瞬时,系统静止,弹簧无变形,$\varphi=0$. 试列出系统的运动微分方程,并求运动初始时刻铰链 o 的反力. 设 $m_1=40$ kg,摆的质量 $m_2=0.25m_1$,$M_o=m_1gR$,$I_o=0.1m_1R^2$,$h=0.6R$.

解 系统有两个自由度,取图 5.7.1(a)所示的 x 和 φ 为广义坐标,系统的动能为

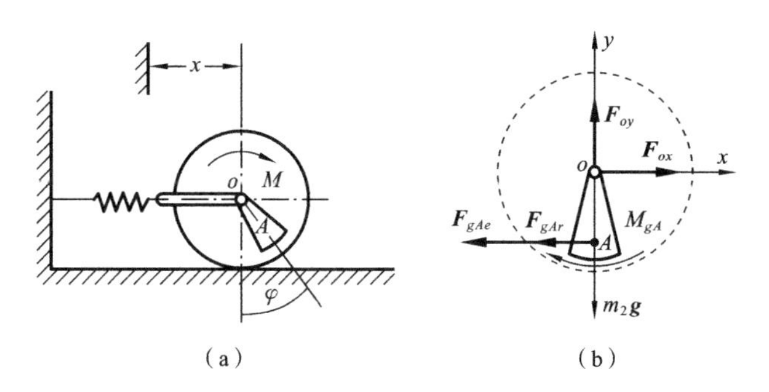

图 5.7.1

$$T=T_1+T_2 \tag{a}$$

圆柱作纯滚动，其质心速度为 $\dot{x}$，圆柱角速度 $\omega_1=\dot{x}_1/R$，则圆柱动能为

$$T_1=\frac{1}{2}m_1\dot{x}^2+\frac{1}{2}\times\frac{1}{2}m_1R^2\left(\frac{\dot{x}}{R}\right)^2=\frac{3}{4}m_1\dot{x}^2 \tag{b}$$

摆作平面运动，设其质心速度为 v_2，且

$$v_2^2=\dot{x}^2+(h\dot{\varphi})^2+2\dot{x}h\dot{\varphi}\cos\varphi \tag{c}$$

摆对其质心的转动惯量 $I_A=I_o-m_2h^2$，则摆的动能为

$$\begin{aligned}T_2&=\frac{1}{2}m_2v_2^2+\frac{1}{2}I_A\dot{\varphi}^2\\&=\left(\frac{1}{2}m_2\dot{x}^2+\frac{1}{2}m_2h^2\dot{\varphi}^2+\dot{x}\dot{\varphi}h\cos\varphi\right)+\left(\frac{1}{2}I_o\dot{\varphi}^2-\frac{1}{2}m_2h^2\dot{\varphi}^2\right)\\&=\frac{1}{2}m_2\dot{x}^2+\frac{1}{2}I_o\dot{\varphi}^2+m_2\dot{x}\dot{\varphi}h\cos\varphi\end{aligned} \tag{d}$$

所以

$$T=\frac{1}{4}(3m_1+2m_2)\dot{x}^2+\frac{1}{2}I_o\dot{\varphi}^2+m_2\dot{x}\dot{\varphi}h\cos\varphi \tag{e}$$

（1）先求系统的广义力. 令 $\delta x\neq0,\delta\varphi=0$，则系统的元功为

$$\sum\delta W'_x=-kx\delta x+M\frac{\delta x}{R} \tag{f}$$

故得广义力

$$Q_x=-kx+\frac{M}{R} \tag{g}$$

令 $\delta x=0,\delta\varphi\neq0$，则

$$\sum\delta W'_\varphi=-m_2gh\sin\varphi\delta\varphi \tag{h}$$

故得

$$Q_\varphi=-m_2gh\sin\varphi \tag{i}$$

（2）再求系统的运动微分方程. 将动能 T 和广义力 Q_x、Q_φ 代入如下 Lagrange 方程：

$$\left.\begin{aligned}\frac{\mathrm{d}}{\mathrm{d}t}\frac{\partial T}{\partial \dot{x}}-\frac{\partial T}{\partial x}=Q_x\\ \frac{\mathrm{d}}{\mathrm{d}t}\frac{\partial T}{\partial \dot{\varphi}}-\frac{\partial T}{\partial \varphi}=Q_\varphi\end{aligned}\right\} \tag{j}$$

得系统的运动微分方程为

$$\left.\begin{aligned}&\left(\frac{3}{2}m_1+m_2\right)\ddot{x}+m_2h\ddot{\varphi}\cos\varphi-m_2h\dot{\varphi}^2\sin\varphi=\frac{M_o}{R}\cos\omega t-kx\\ &I_o\ddot{\varphi}+m_2h\ddot{x}\cos\varphi-m_2h\dot{x}\dot{\varphi}\sin\varphi=-m_2gh\sin\varphi\end{aligned}\right\} \tag{k}$$

(3) 最后求点 o 的反力. 以摆为研究对象,其受力分析如图 5.7.1(b)所示. 其中 $\boldsymbol{F}_{ox}$,$\boldsymbol{F}_{oy}$ 是点 o 处的反力,$\boldsymbol{F}_{gAe}$、$\boldsymbol{F}_{gAr}$ 为摆的牵连惯性力和相对惯性力,M_{gA} 为惯性力偶矩. 在 $t=0$ 时,有

$$\left.\begin{aligned}F_{gAe}=m_2\ddot{x}_1\\ F_{gAr}=m_2h\ddot{\varphi}\end{aligned}\right\} \tag{l}$$

据 D'Alembert 原理有

$$\left.\begin{aligned}\sum X=0,\quad F_{ox}-F_{gAe}-F_{gAr}=0\\ \sum Y=0,\quad F_{oy}-m_2g=0\end{aligned}\right\} \tag{m}$$

解得

$$F_{ox}=F_{gAe}+F_{gAr}=m_2(\ddot{x}+h\ddot{\varphi}) \tag{n}$$

$$F_{oy}=m_2g=9.81\ \text{N}$$

当 $t=0$ 时,$\varphi=0$,$\dot{\varphi}=0$,$x=0$,由系统运动微分方程知

$$\left.\begin{aligned}7\ddot{x}+h\ddot{\varphi}=4g\\ 0.6\ddot{x}+\frac{2}{3}h\ddot{\varphi}=0\end{aligned}\right\} \tag{o}$$

解得

$$\ddot{x}=\frac{4}{6.1}g\quad h\ddot{\varphi}=-\frac{3.6}{6.1}g$$

将它们代回式(n),得

$$F_{ox}=\frac{4m_2}{61}g=6.43\ \text{N}$$

思　考　题

判断以下表述是否正确. 如果错误,错在哪里?

1. 可以将一个静力平衡问题转化为位移和做功的问题来考察,同时,又可以以静力平衡的形式来研究动力学的问题.

2. 虚位移是系统的一种任意的微小位移.

3. 系统的内力是约束力,而外力是施加力.

4. 广义力 Q_i 是一种向量.

5. 势能只是广义坐标 q_i（$i=1,2,\cdots,n$）的函数，而动能则只是广义速度 $\dot{q}_i$（$i=1,2,\cdots,n$）的函数.

6. 分析力学是不同于 Newton 力学的另外一种力学.

习　题

5.1 图(题 5.1)所示系统由一根质量为 m 的均匀刚性连杆和两根刚度系数分别为 k_1 和 k_2 的线性弹簧组成. 当弹簧未变形时，连杆处在水平位置. 试分别用虚功原理及势能函数取驻值的准则，来确定平衡时的 θ 角.

5.2 在不计质量的绳子上挂有两个质块，如图(题 5.2)所示，$m_1=0.5m$，$m_2=m$. 设 $y_1\ll L$，$y_2\ll L$，绳子的张力在全长上为常数 T，且在 y_1、y_2 变化时保持不变. 试用虚功原理及势能函数取驻值的准则两种方法来确定平衡位置.

5.3 图(题 5.3)所示双摆在 A、B 处各悬挂重量为 P_1、P_2 的重物，在 B 处作用水平力 F，试求平衡时 θ_1、θ_2 与 P_1、P_2 和 F 的关系.

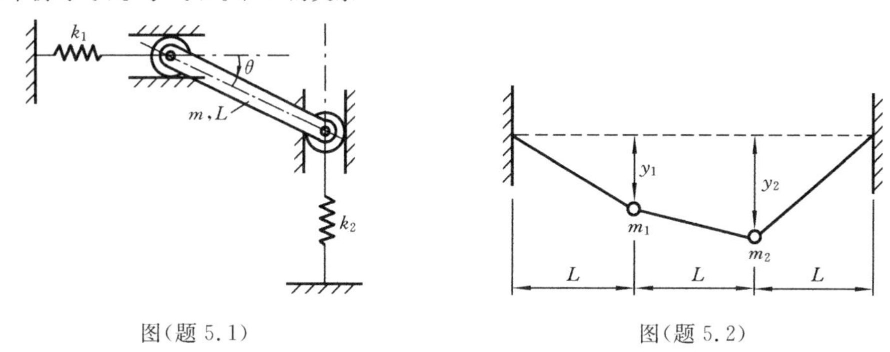

图(题 5.1)　　　　图(题 5.2)

5.4 一均质角尺悬挂在钉子上，如图(题 5.4)所示，试求出其处于平衡状态下的 θ 角.

5.5 质点 m_1 与 m_2 由一无质量的刚性杆连接，置于半球形的容器中，摩擦力不计，试确定其平衡位置. 设容器的球面半径为 R，杆长 l.

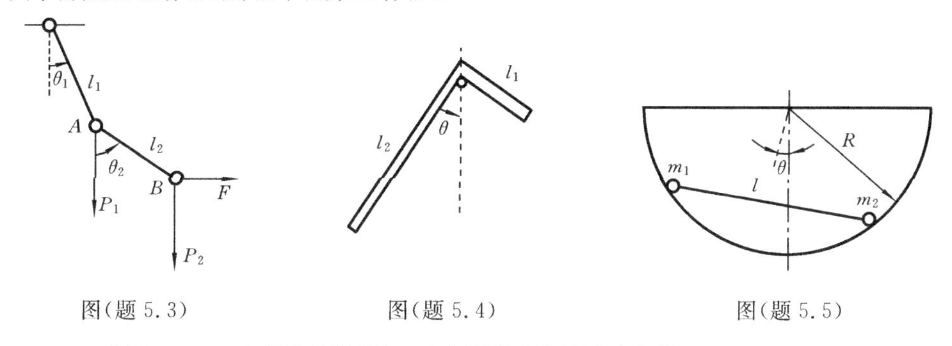

图(题 5.3)　　　　图(题 5.4)　　　　图(题 5.5)

5.6 以 Lagrange 方程推导图(题 5.1)中所示系统的运动方程.

5.7 以 Lagrange 方程推导图(题 5.2)中所示系统的运动方程.

5.8　以 Lagrange 方程推导图(题 5.8)中所示系统的运动方程.

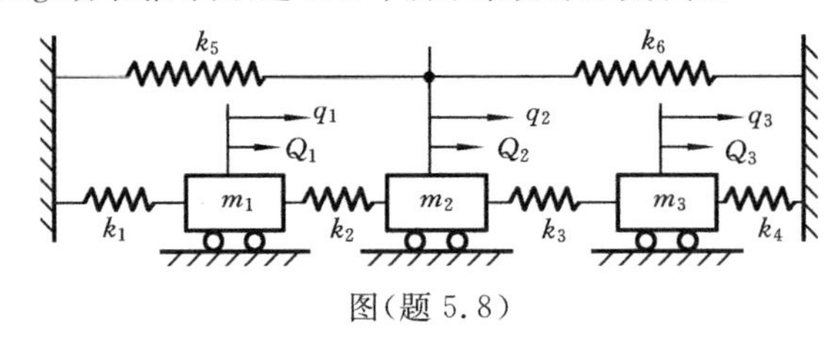

图(题 5.8)

5.9　质量为 M 的刚体，用长度为 a 的两根绳子对称地悬挂起来，其下部装有两个长度为 b、质量为 m 的单摆，如图(题 5.9)所示. 设整个系统只在图示平面中运动. 试推导此系统的运动方程. 又设该系统的振动为微振动，试将该系统运动方程线性化.

5.10　图(题 5.10)所示船用动力装置，由两个发动机驱动螺旋推进器. 两发动机转速相同，其转动部分对其转轴的转动惯量分别是 I_1、I_2，螺旋推进器部分的转动惯量为 I_3. 齿轮的传动比为 $\mu=z_2/z_1$，各传动轴的扭转刚度为 k_1、k_2，并设三个齿轮的转动惯量可略去不计. 试求此系统的运动方程及频率方程. 图中 φ_1、φ_2、$\varphi_1{}'$、$\varphi_2{}'$、$\varphi_3{}'$、φ_3 分别为各部分的转角.

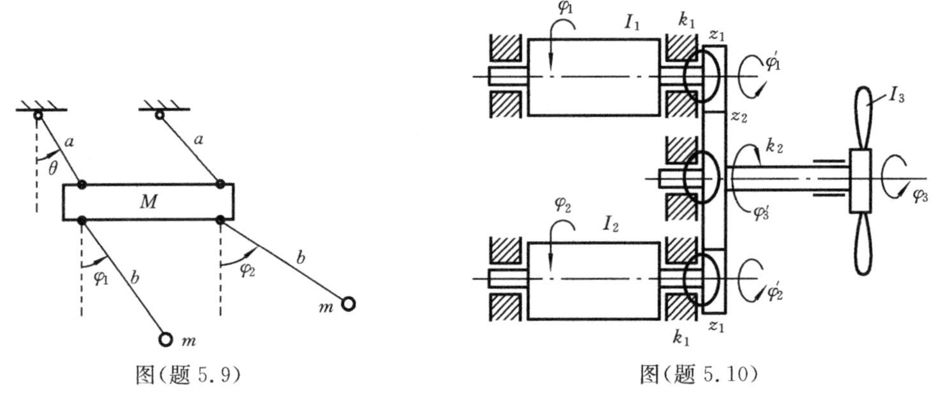

图(题 5.9)　　　　图(题 5.10)

5.11　长度为 $2l$ 的两根均质杆，铰接而成一双摆，如图(题 5.11)所示. 试以 θ_1 和 θ_2 为广义坐标建立此双摆的振动微分方程，加以线性化，并求出自然频率.

5.12　由刚度为 k 的弹簧与质量为 m 的质点组成一个弹簧摆，如图(题 5.12)所示，弹簧原来长度为 l_0，试以 r、θ 为广义坐标，导出系统的运动方程，并求出微振动方程.

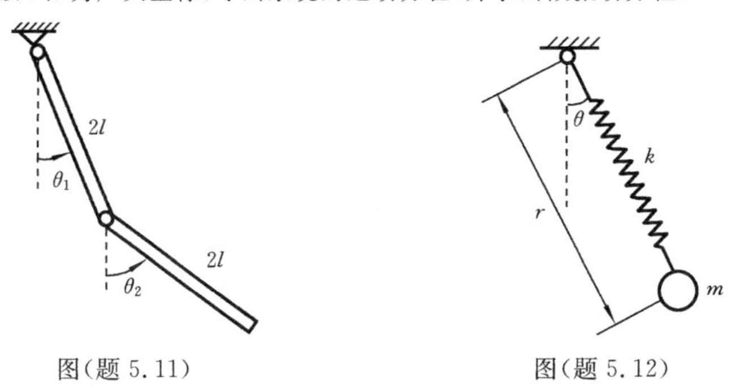

图(题 5.11)　　　　图(题 5.12)

第6章　多自由度系统振动分析的常用方法

第4章讲述了多自由度系统振动的基础理论和知识.当系统的自由度数目增多时,分析和求解将变得很困难,为此,我们需要掌握一些基本的分析方法和技巧.本章首先介绍几种估算系统自然频率及模态向量的近似方法,包括Rayleigh法、Dunkerley法与Ritz法,这些近似方法对于解决工程技术中的实际问题是十分有效的.利用这些近似方法,不仅可对系统进行估算,迅速得到近似结果,而且还可对精确的结果进行粗略的校核.然后将介绍子系统综合法,包括传递矩阵法、阻抗综合法及模态综合法,这些都是处理较为复杂系统的十分有效的方法.

6.1　自然频率与模态向量的几种估算法

6.1.1　Rayleigh商

第1章介绍了用能量法导出单自由度保守系统的运动方程及求解其自然频率的方法.如果对系统的模态向量能合理地作出近似的假设,能量法也能应用于估算多自由度系统的自然频率,特别是它的基频,这需要用到Rayleigh商(瑞利商)的概念.

1. Rayleigh商的第一种表达式

已知n自由度系统的特征值问题方程为

$$\lambda_r[m]\{u^{(r)}\}=[k]\{u^{(r)}\},\quad r=1,2,\cdots,n \tag{6.1.1}$$

式中,$\lambda_r(\lambda_r=\omega_r^2)$与$\{u^{(r)}\}$分别是第$r$阶模态的自然频率的二次方与模态向量.用向量$\{u^{(r)}\}^{\mathrm{T}}$左乘上式两边,得

$$\lambda_r\{u^{(r)}\}^{\mathrm{T}}[m]\{u^{(r)}\}=\{u^{(r)}\}^{\mathrm{T}}[k]\{u^{(r)}\} \tag{6.1.2}$$

用标量$\{u^{(r)}\}^{\mathrm{T}}[m]\{u^{(r)}\}$除上式两边,得

$$\lambda_r=\omega_r^2=\frac{\{u^{(r)}\}^{\mathrm{T}}[k]\{u^{(r)}\}}{\{u^{(r)}\}^{\mathrm{T}}[m]\{u^{(r)}\}},\quad r=1,2,\cdots,n \tag{6.1.3}$$

上式表示系统的自然频率的二次方ω_r^2与其模态向量$\{u^{(r)}\}$之间的关系.此关系也可由能量守恒的原理推出.事实上,设系统按第r阶模态进行振动,则

$$\{q(t)\}=\{u^{(r)}\}\cos(\omega_r t-\psi_r) \tag{6.1.4}$$

广义速度为

$$\{\dot{q}(t)\}=-\{u^{(r)}\}\omega_r\sin(\omega_r t-\psi_r) \tag{6.1.5}$$

多自由度系统的动能与势能的表达式分别为

$$T(t) = \frac{1}{2}\{\dot{q}(t)\}^{\mathrm{T}}[m]\{\dot{q}(t)\} \tag{6.1.6}$$

$$V(t) = \frac{1}{2}\{q(t)\}^{\mathrm{T}}[k]\{q(t)\} \tag{6.1.7}$$

将式(6.1.4)、式(6.1.5)分别代入式(6.1.6)、式(6.1.7),可求得系统按第 r 阶模态振动的动能与势能表达式分别为

$$T(t) = \frac{1}{2}\omega_r^2\{u^{(r)}\}^{\mathrm{T}}[m]\{u^{(r)}\}\sin^2(\omega_r t - \psi_r) \tag{6.1.8}$$

$$V(t) = \frac{1}{2}\{u^{(r)}\}^{\mathrm{T}}[k]\{u^{(r)}\}\cos^2(\omega_r t - \psi_r) \tag{6.1.9}$$

而最大动能与最大势能分别为

$$T_{\max} = \frac{1}{2}\omega_r^2\{u^{(r)}\}^{\mathrm{T}}[m]\{u^{(r)}\} \tag{6.1.10}$$

$$V_{\max} = \frac{1}{2}\{u^{(r)}\}^{\mathrm{T}}[k]\{u^{(r)}\} \tag{6.1.11}$$

由于系统是保守的,其机械能必须守恒,于是应有

$$T_{\max} = V_{\max} \tag{6.1.12}$$

将式(6.1.10)、式(6.1.11)代入上式,移项,即得式(6.1.3).此式表明,$[k]$的元素增大,则 ω_r^2 增大,$[m]$的元素增大,ω_r^2 就减小.这意味着如果系统的刚性增强,则自然频率增大,如果系统的质量增大,则自然频率减小.

假设采用一个任意选取的试算向量$\{u\}$来代替式(6.1.3)中的模态向量$\{u^{(r)}\}$,那么可得

$$\lambda = \omega^2 = R(\{u\}) = \frac{\{u\}^{\mathrm{T}}[k]\{u\}}{\{u\}^{\mathrm{T}}[m]\{u\}} \tag{6.1.13}$$

其结果是一个相应的标量.对于一个给定的多自由度系统,$[m]$、$[k]$是一定的,因此,这个标量是$\{u\}$的函数,记为 $R(\{u\})$,称为 Rayleigh 商.如果以某一个模态向量$\{u^{(r)}\}$代入系统的 Rayleigh 商,那么就得到相应的自然频率的二次方 $\omega_r^2 = R(\{u^{(r)}\})$,如果选取的向量$\{u\}$接近于$\{u^{(r)}\}$,那么由 $R(\{u\})$就能得出相应的自然频率 ω_r 的估计值.

Rayleigh 商的一个非常有用的性质是,如果选取的向量$\{u\}$与$\{u^{(r)}\}$的误差是一微量,那么得到的 $\lambda=R(\{u\})$与 $\omega_r^2=R(\{u^{(r)}\})$之间的误差将是一高阶微量.我们知道,如果要想利用 Rayleigh 商式(6.1.13)来估算系统的某一个自然频率 ω_r,就必须先估计它的模态向量$\{u\}\approx\{u^{(r)}\}$.上述性质则表示,即使对$\{u^{(r)}\}$的估计有些误差,但得到的结果 $\lambda\approx\omega_r^2$ 对此误差并不敏感,即只不过在自然频率的估计中引

起一个高阶微量的误差而已.以下来证明这一性质.

按展开定律式(4.5.21),任一向量$\{u\}$可表达为

$$\{u\} = c_1\{u^{(1)}\} + c_2\{u^{(2)}\} + \cdots + c_n\{u^{(n)}\} = \sum_{i=1}^{n} c_i\{u^{(i)}\} = \lfloor u \rfloor \{c\} \tag{6.1.14}$$

式中,$[u]$是模态矩阵;$\{c\}$是由 c_i $(i=1,2,\cdots,n)$组成的列向量.将上式代入式(6.1.13),并考虑到正交性与正规化条件式(4.5.15)、式(4.5.16),有

$$R(\{u\}) = \frac{\{c\}^{\mathrm{T}}[u]^{\mathrm{T}}[k][u]\{c\}}{\{c\}^{\mathrm{T}}[u]^{\mathrm{T}}[m][u]\{c\}} = \frac{\{c\}^{\mathrm{T}}\left[\diagdown \lambda \diagdown\right]\{c\}}{\{c\}^{\mathrm{T}}[1]\{c\}} = \frac{\sum\limits_{i=1}^{n}\lambda_i c_i^2}{\sum\limits_{i=1}^{n} c_i^2} \tag{6.1.15}$$

假设选取的试算向量$\{u\}$非常接近于系统的第 r 阶模态向量$\{u^{(r)}\}$,那么从式(6.1.14)可见:c_i $(i\neq r)$与 c_r 相比非常小,记 $\varepsilon_i = c_i/c_r$ $(i=1,2,\cdots,n;i\neq r)$,则 $\varepsilon_i \leqslant 1$,是一个微量.将$\varepsilon_i$代入式(6.1.15),得

$$R(\{u\}) = \frac{\sum\limits_{i=1}^{n}\lambda_i c_i^2}{\sum\limits_{i=1}^{n} c_i^2} = \frac{\lambda_r + \sum\limits_{\substack{i=1\\ i\neq r}}^{n}\lambda_i\varepsilon_i^2}{1 + \sum\limits_{\substack{i=1\\ i\neq r}}^{n}\varepsilon_i^2} \approx \lambda_r + \sum_{i=1}^{n}(\lambda_i - \lambda_r)\varepsilon_i^2 \tag{6.1.16}$$

我们知道,试算向量$\{u\}$与$\{u^{(r)}\}$的差别是以 ε_i $(i=1,2,\cdots,n;i\neq r)$来表示的.如果这些 ε_i 是一阶微量,那么 $R(\{u\})$与系统的特征值 λ_r 就相差一个二阶微量.这表明,Rayleigh 商在系统的模态向量$\{u^{(r)}\}$附近有驻值.

在式(6.1.16)中,令 $r=1$,得

$$R(\{u\}) \approx \lambda_1 + \sum_{i=2}^{n}(\lambda_i - \lambda_1)\varepsilon_i^2 \tag{6.1.17}$$

一般情况下,$\lambda_i > \lambda_1$ $(i=2,\cdots,n)$,故有

$$R(\{u\}) \geqslant \lambda_1 \tag{6.1.18}$$

式(6.1.18)仅在$\varepsilon_i = 0$ $(i=2,3,\cdots,n)$时才取等号,因此,在第一模态向量的邻域内,Rayleigh 商的极小值就是系统的第一特征值.这一性质使得 Rayleigh 商可方便地用来估算系统的基频 ω_1.

2. Rayleigh 商的第二种表达式

如果采用系统的柔度矩阵$[a]$来代替刚度矩阵$[k]$,还可以导出另一种形式的 Rayleigh 商.$\{u^{(r)}\}$与 λ_r 满足与式(6.1.1)等价的特征值问题方程

$$\lambda_r[a][m]\{u^{(r)}\} = \{u^{(r)}\} \tag{6.1.19}$$

以$\{u^{(r)}\}^{\mathrm{T}}[m]$左乘上式两边,得

$$\lambda_r \{u^{(r)}\}^{\mathrm{T}}[m][a][m]\{u^{(r)}\} = \{u^{(r)}\}^{\mathrm{T}}[m]\{u^{(r)}\} \tag{6.1.20}$$

上式可整理成

$$\lambda_r = \frac{\{u^{(r)}\}^{\mathrm{T}}[m]\{u^{(r)}\}}{\{u^{(r)}\}^{\mathrm{T}}[m][a][m]\{u^{(r)}\}} \tag{6.1.21}$$

与式(6.1.3)类似,选取试算向量$\{u\}$代替上式中的$\{u^{(r)}\}$,得 Rayleigh 商为

$$\lambda = R(\{u\}) = \frac{\{u\}^{\mathrm{T}}[m]\{u\}}{\{u\}^{\mathrm{T}}[m][a][m]\{u\}} \tag{6.1.22}$$

式(6.1.22)与式(6.1.13)类似,可用来估算多自由度系统的基频.它们分别适用于柔度矩阵和刚度矩阵已知的情况.可以证明,对于同一个系统,选取任意向量$\{u\}$,用式(6.1.13)计算出的结果比用式(6.1.22)得到的结果大.因此,根据式(6.1.18)可知,用式(6.1.22)估算出的基频更接近于精确值.

例 6.1　对于图 4.4.1 所示的三自由度系统,设 $m_1=m_2=m, m_3=2m, k_1=k_2=k, k_3=2k$,试用 Rayleigh 商估算系统的基频.

解　易写出系统的质量矩阵和刚度矩阵为

$$[m] = m\begin{bmatrix} 1 & & \\ & 1 & \\ & & 2 \end{bmatrix} \quad [k] = k\begin{bmatrix} 2 & -1 & 0 \\ -1 & 3 & -2 \\ 0 & -2 & 2 \end{bmatrix}$$

先根据系统的情况选择一个接近系统第一阶模态向量的试算向量,显然 m_1 的位移最小,m_3 的位移最大,考虑到 k_3 同时比 k_1 和 k_2 大一倍,故 m_2 与 m_3 之间约束较强,m_2 的位移接近 m_3 的位移.据此,可选取$\{u\}=\{1.0,1.8,2.0\}^{\mathrm{T}}$,根据式(6.1.13),由

$$\{u\}^{\mathrm{T}}[m]\{u\} = m(1.0,1.8,2.0)\begin{bmatrix} 1 & & \\ & 1 & \\ & & 2 \end{bmatrix}\begin{Bmatrix} 1.0 \\ 1.8 \\ 2.0 \end{Bmatrix} = 12.24m \tag{a}$$

$$\{u\}^{\mathrm{T}}[k]\{u\} = k(1.0,1.8,2.0)\begin{bmatrix} 2 & -1 & 0 \\ -1 & 3 & -2 \\ 0 & -2 & 2 \end{bmatrix}\begin{Bmatrix} 1.0 \\ 1.8 \\ 2.0 \end{Bmatrix} = 1.72k \tag{b}$$

将式(a)、式(b)代入式(6.1.13),得

$$\omega_1^2 = R(\{u\}) = \frac{1.72k}{12.24m} = 0.1405k/m$$

$$\omega_1 = 0.3748\sqrt{k/m}$$

该系统的精确解为 $\omega_1=0.3731\sqrt{k/m}$,故相对误差为

$$\varepsilon = \frac{0.3748-0.3731}{0.3748}\times 100\% = 0.45\%$$

例 6.2　用 Rayleigh 商估算例 4.5 中系统的基频，假设梁的质量可不计.

解　在例 4.5 中已导出柔度矩阵$[a]$，而质量矩阵为

$$[m]=m\begin{bmatrix}1&&\\&2&\\&&1\end{bmatrix}$$

选取$\{u\}=\{1,2,1\}^{\mathrm{T}}$，有

$$\{u\}^{\mathrm{T}}[m]\{u\}=m\{1,2,1\}\begin{bmatrix}1&&\\&2&\\&&1\end{bmatrix}\begin{Bmatrix}1\\2\\1\end{Bmatrix}=10m \tag{a}$$

$$\{u\}^{\mathrm{T}}[m][a][m]\{u\}=\frac{m^2l^3}{768EI}\{1,2,1\}\begin{bmatrix}1&&\\&2&\\&&1\end{bmatrix}\begin{bmatrix}9&11&7\\11&16&11\\7&11&9\end{bmatrix}\begin{bmatrix}1&&\\&2&\\&&1\end{bmatrix}\begin{Bmatrix}1\\2\\1\end{Bmatrix}$$

$$=\frac{29m^2l^3}{48EI} \tag{b}$$

将式(a)、式(b)代入式(6.1.21)，得

$$\omega_1^2=R(\{u\})=\frac{480EIm}{29m^2l^3}=16.55\frac{EI}{ml^3}\quad \omega_1=4.068\sqrt{\frac{EI}{ml^3}}$$

该系统的精确解为 $\omega_1=4.025\sqrt{\frac{EI}{ml^3}}$，用 Rayleigh 商算得的基频的相对误差为 1%.

6.1.2　Dunkerley 法(迹法)

上面介绍的 Rayleigh 商可估算系统基频的上限，Dunkerley 法可用于估算系统基频的下限，因而可作为 Rayleigh 法的补充.

对于多自由度振动的广义特征值问题，有

$$[k]\{u\}=\lambda[m]\{u\} \tag{6.1.23a}$$

上式可转化为标准特征值问题，即

$$[D]\{u\}=\mu\{u\} \tag{6.1.23b}$$

式中　$\mu=1/\lambda\quad [D]=[a][m]=[k]^{-1}[m]$

$[D]$为动力矩阵.

对应的特征方程为

$$|[D]-\mu[I]|=|D_{ij}-\mu\delta_{ij}|=0 \tag{6.1.24}$$

将上式展开后可得

$$\mu^n-(D_{11}+D_{22}+\cdots+D_{nn})\mu^{n-1}+\cdots=0 \tag{6.1.25}$$

根据多项式的根与系数的关系,μ 的 n 个根之和等于式(6.1.25)中 μ^{n-1} 的系数变号,故有

$$\mu_1 + \mu_2 + \cdots + \mu_n = D_{11} + D_{22} + \cdots + D_{nn} \tag{6.1.26}$$

上式右边即矩阵[D]的迹,而 $\mu_i = 1/\omega_i^2$. 系统的 n 个自然频率排列为 $\omega_1 < \omega_2 < \cdots < \omega_n$,故在式(6.1.26)中可仅保留第一个特征值,即近似地有

$$1/\omega_1^2 = \mu_1 \approx D_{11} + D_{22} + \cdots + D_{nn} \tag{6.1.27}$$

上式可用来近似估算系统的基频. 显然,由式(6.1.27)估算出的 ω_1 比系统基频的精确值要小,只有当 $\omega_1 \ll \omega_2$ 时,式(6.1.27)才可给出较精确的基频估计值.

假定系统的质量矩阵[m]为对角矩阵

$$[m] = \begin{bmatrix} m_1 & & & \\ & m_2 & & \\ & & \ddots & \\ & & & m_n \end{bmatrix}$$

则动力矩阵为

$$[D] = [a][m] = \begin{bmatrix} a_{11}m_1 & a_{12}m_2 & \cdots & a_{1n}m_n \\ a_{21}m_1 & a_{22}m_2 & \cdots & a_{2n}m_n \\ \vdots & \vdots & & \vdots \\ a_{n1}m_1 & a_{n2}m_2 & \cdots & a_{nn}m_n \end{bmatrix}$$

那么式(6.1.27)成为

$$\frac{1}{\omega_1^2} \approx a_{11}m_1 + a_{22}m_2 + \cdots + a_{nn}m_n \tag{6.1.28}$$

记

$$\omega_{ii}^2 = \frac{1}{a_{ii}m_i}, \quad i = 1,2,\cdots,n \tag{6.1.29}$$

ω_{ii} 表示仅保留质量 m_i,原来的多自由度系统变为单自由度系统时的自然频率. 这是因为,仅有 m_i 存在时,系统的自由振动运动方程组变为单一的方程

$$\ddot{q}_i(t) + \frac{1}{a_{ii}m_i}q_i(t) = 0$$

可见其自然频率的二次方为

$$\omega_{ii}^2 = \frac{1}{a_{ii}m_i}$$

将式(6.1.29)代入式(6.1.28),得

$$\frac{1}{\omega_1^2} \approx \frac{1}{\omega_{11}^2} + \frac{1}{\omega_{22}^2} + \cdots + \frac{1}{\omega_{nn}^2} \tag{6.1.30}$$

上式通常称为 Dunkerley 公式,它表明系统基频的二次方 ω_1^2 的倒数,近似等于系统各集中质块 m_i ($i=1,2,\cdots,n$)单独存在时所得的各个自然频率的二次方 ω_{ii}^2 的

倒数之和. Dunkerley 公式的意义就在于它将多自由度系统的基频通过一系列单自由度的子系统自然频率来计算,因而可迅速得到结果.

例 6.3　用 Dunkerley 公式求例 4.5 系统中的基频,并与例 6.2 的 Rayleigh 商结果比较.

解　由例 4.5 知,$m_{11}=m_{33}=m$,$m_{22}=2m$,于是有

$$a_{11}=a_{33}=\frac{9l^3}{768EI}\quad a_{22}=\frac{16l^3}{768EI}$$

根据式(6.1.30),可写出

$$\frac{1}{\omega_1^2}=\frac{1}{\omega_{11}^2}+\frac{1}{\omega_{22}^2}+\frac{1}{\omega_{33}^2}\tag{a}$$

而

$$\frac{1}{\omega_{11}^2}=\frac{1}{\omega_{33}^2}=\frac{9ml^3}{768EI}\tag{b}$$

$$\frac{1}{\omega_{22}^2}=\frac{32ml^3}{768EI}\tag{c}$$

将式(b)、式(c)代入式(a),得

$$\frac{1}{\omega_1^2}=\frac{ml^3}{768EI}(9+32+9)=\frac{50ml^3}{768EI}$$

$$\omega_1^2=\frac{768EI}{50ml^3}=15.36\,\frac{EI}{ml^3}$$

$$\omega_1\approx 3.919\sqrt{\frac{EI}{ml^3}}$$

与例 6.2 相比,这里求得的基频值偏小,与精确值的相对误差为 2.5%.

利用 Dunkerley 公式还可考察系统刚度或质量变化对系统基频的影响. 由式(6.1.28),设多自由度系统的基频为 ω_1,各质块的质量变化为 Δm_i,柔度变化为 Δa_{ii},参数改变后系统的基频为 $\tilde{\omega}_1$,则 Dunkerley 公式可写为

$$\begin{aligned}\frac{1}{\tilde{\omega}_1^2}&=\sum_{i=1}^{n}(a_{ii}+\Delta a_{ii})(m_i+\Delta m_i)\\&=\sum_{i=1}^{n}a_{ii}m_i+\sum_{i=1}^{n}(a_{ii}\Delta m_i+m_i\Delta a_{ii}+\Delta a_{ii}\Delta m_i)\end{aligned}\tag{6.1.31}$$

将式(6.1.28)代入上式,得

$$\frac{1}{\tilde{\omega}_1^2}=\frac{1}{\omega_1^2}+\sum_{i=1}^{n}(a_{ii}\Delta m_i+m_i\Delta a_{ii}+\Delta a_{ii}\Delta m_i)\tag{6.1.32}$$

例 6.4　一个两自由度系统,如图 6.1.1 所示,$m_1=3.14\times10^3 g\ \text{N}\cdot\text{s}^2/\text{m}$,$m_2=18.78\times10^3 g\ \text{N}\cdot\text{s}^2/\text{m}$,$k_1=436.1\times10^6\ \text{N/m}$,$k_2=214.5\times10^6\ \text{N/m}$,按上述数据计算得基频的精确值为 $\omega_1^2=9600\ \text{s}^{-2}$,现将 k_1 降低 20%,试估算参数改变后系

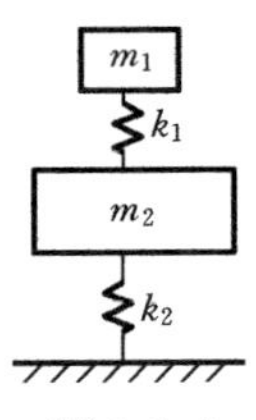

图 6.1.1

统的基频(取 $g=9.8\ \mathrm{m/s^2}$).

解 根据式(6.1.32),得参数修改后的基频表达式为

$$\frac{1}{\tilde{\omega}_1^2}=\frac{1}{\omega_1^2}+\Delta a_{11}m_1=\frac{1}{9600}+\left(\frac{1}{0.8k_1}-\frac{1}{k_1}\right)m_1=\frac{1}{9400}$$

$$\tilde{\omega}_1=97.0\ \mathrm{s^{-1}}$$

读者可自行验证,精确解为 $\tilde{\omega}_1{}'=97.5\ \mathrm{s^{-1}}$.

6.1.3 Ritz 法

上面介绍的 Rayleigh 法和 Dunkerley 法常用于估算系统的基频,如果需估算系统的前几阶自然频率及模态向量,可应用下面介绍的 Ritz 法.

前面曾指出,Rayleigh 商在模态向量的邻域有驻值,这些驻值对应于系统的各阶自然频率. Ritz 法的思路是,选定 k $(1\leqslant k\leqslant n)$个线性无关的向量$\{\phi^{(i)}\}(i=1,2,\cdots,k)$,以这 k 个向量为坐标基,在 n 维位形空间中张成一个 k 维子空间. 选定一个试算向量$\{u\}$作为某个模态向量的估计. 在上述 k 维子空间中将$\{u\}$展开,得

$$\{u\}=\sum_{i=1}^{k}\alpha_i\{\phi^{(i)}\}=[\phi]\{\alpha\} \tag{6.1.33}$$

式中,$[\phi]=[\{\phi^{(1)}\},\{\phi^{(2)}\},\cdots,\{\phi^{(k)}\}]$为坐标基向量组成的 $n\times k$ 矩阵;$\{\alpha\}=\{\alpha_1,\alpha_2,\cdots,\alpha_k\}^{\mathrm{T}}$为待定系数列向量,其中的各元素是按照使 Rayleigh 商取驻值的原则来确定的. 将式(6.1.33)代入式(6.1.13),得

$$R(\{u\})=\frac{\{u\}^{\mathrm{T}}[k]\{u\}}{\{u\}^{\mathrm{T}}[m]\{u\}}=\frac{\{\alpha\}^{\mathrm{T}}[\phi]^{\mathrm{T}}[k][\phi]\{\alpha\}}{\{\alpha\}^{\mathrm{T}}[\phi]^{\mathrm{T}}[m][\phi]\{\alpha\}} \tag{6.1.34}$$

上式以$\{\alpha\}$为参变量,故可将 Rayleigh 商写为

$$\lambda=R(\{\alpha\})=\frac{V(\{\alpha\})}{T(\{\alpha\})} \tag{6.1.35}$$

其中

$$\left.\begin{aligned}V(\{\alpha\})&=\{\alpha\}^{\mathrm{T}}[\phi]^{\mathrm{T}}[k][\phi]\{\alpha\}=\{\alpha\}^{\mathrm{T}}[\bar{k}]\{\alpha\}\\T(\{\alpha\})&=\{\alpha\}^{\mathrm{T}}[\phi]^{\mathrm{T}}[m][\phi]\{\alpha\}=\{\alpha\}^{\mathrm{T}}[\bar{m}]\{\alpha\}\end{aligned}\right\} \tag{6.1.36}$$

而

$$\left.\begin{aligned}[\bar{k}]&=[\phi]^{\mathrm{T}}[k][\phi]\\ [\bar{m}]&=[\phi]^{\mathrm{T}}[m][\phi]\end{aligned}\right\} \tag{6.1.37}$$

都是 $k\times k$ 对称矩阵,分别称为广义刚度矩阵和广义质量矩阵. 下面利用使式(6.1.35)取驻值的条件来确定待求向量$\{\alpha\}$,有

$$\left\{\frac{\partial R}{\partial\alpha}\right\}=\frac{T\left\{\dfrac{\partial V}{\partial\alpha}\right\}-V\left\{\dfrac{\partial T}{\partial\alpha}\right\}}{T^2}=\frac{1}{T}\left(\left\{\frac{\partial V}{\partial\alpha}\right\}-\lambda\left\{\frac{\partial T}{\partial\alpha}\right\}\right)=0 \tag{6.1.38}$$

式中,算子

$$\left\{\frac{\partial}{\partial\alpha}\right\}=\left\{\frac{\partial}{\partial\alpha_1},\frac{\partial}{\partial\alpha_2},\cdots,\frac{\partial}{\partial\alpha_k}\right\}^{\mathrm{T}}$$

由于

$$\left\{\frac{\partial V}{\partial \alpha}\right\} = \left\{\frac{\partial(\{\alpha\}^{\mathrm{T}}[\bar{k}]\{\alpha\})}{\partial \alpha}\right\} = \begin{Bmatrix} \dfrac{\partial(\{\alpha\}^{\mathrm{T}}[\bar{k}]\{\alpha\})}{\partial \alpha_1} \\ \dfrac{\partial(\{\alpha\}^{\mathrm{T}}[\bar{k}]\{\alpha\})}{\partial \alpha_2} \\ \vdots \\ \dfrac{\partial(\{\alpha\}^{\mathrm{T}}[\bar{k}]\{\alpha\})}{\partial \alpha_k} \end{Bmatrix}$$

$$= \begin{Bmatrix} \dfrac{\partial\{\alpha\}^{\mathrm{T}}}{\partial \alpha_1}[\bar{k}]\{\alpha\} + \{\alpha\}^{\mathrm{T}}[\bar{k}]\dfrac{\partial\{\alpha\}}{\partial \alpha_1} \\ \dfrac{\partial\{\alpha\}^{\mathrm{T}}}{\partial \alpha_2}[\bar{k}]\{\alpha\} + \{\alpha\}^{\mathrm{T}}[\bar{k}]\dfrac{\partial\{\alpha\}}{\partial \alpha_2} \\ \vdots \\ \dfrac{\partial\{\alpha\}^{\mathrm{T}}}{\partial \alpha_k}[\bar{k}]\{\alpha\} + \{\alpha\}^{\mathrm{T}}[\bar{k}]\dfrac{\partial\{\alpha\}}{\partial \alpha_k} \end{Bmatrix}$$

$$= \begin{Bmatrix} \{1,0,\cdots,0\}[\bar{k}]\{\alpha\} + \{\alpha\}^{\mathrm{T}}[\bar{k}]\{1,0,\cdots,0\}^{\mathrm{T}} \\ \{0,1,0,\cdots,0\}[\bar{k}]\{\alpha\} + \{\alpha\}^{\mathrm{T}}[\bar{k}]\{0,1,0,\cdots,0\}^{\mathrm{T}} \\ \vdots \\ \{0,0,\cdots,0,1\}[\bar{k}]\{\alpha\} + \{\alpha\}^{\mathrm{T}}[\bar{k}]\{0,0,\cdots,0,1\}^{\mathrm{T}} \end{Bmatrix}$$

$$= 2[\bar{k}]\{\alpha\} \tag{6.1.39}$$

同理可得

$$\left\{\frac{\partial T}{\partial \alpha}\right\} = 2[\bar{m}]\{\alpha\} \tag{6.1.40}$$

将式(6.1.39)、式(6.1.40)代入式(6.1.38)，化简，得

$$[\bar{k}]\{\alpha\} - \lambda[\bar{m}]\{\alpha\} = 0 \tag{6.1.41}$$

此式称为 Galerkin 方程，它是一个关于广义刚度矩阵$[\bar{k}]$与广义质量矩阵$[\bar{m}]$的特征值问题，由之可解出 k 个特征值 λ_i $(i=1,2,\cdots,k)$及对应的特征向量（即待定系数向量）$\{\alpha^{(i)}\}$$(i=1,2,\cdots,k)$，若所选择的 k 个坐标基向量$\{\phi^{(i)}\}$$(i=1,2,\cdots,k)$所张成的子空间近似地包含系统的前 k 个特征向量的话，则这 k 个特征值 λ_i $(i=1,2,\cdots,k)$就是原系统的前 k 个自然频率的二次方的近似值. 而将 k 个特征向量$\{\alpha^{(i)}\}$分别代入式(6.1.33)，即可得到系统前 k 个模态向量的估计.

Ritz 法将原来的 $n \times n$ 矩阵特征值问题转化为 $k \times k$ 矩阵特征值问题式(6.1.41)，在实际运用时，k 远小于 n，故 Ritz 法是一种缩减系统自由度数的近似方法.

在实际计算中，如需估算系统的前 m 个自然频率及模态向量，按经验取 $k \geqslant 2m$，即使原来的自由度数目 n 缩减到大于 $2m$ 的数目，也可使 Ritz 法计算得的前 m 个近似值接近精确值. Ritz 法是在 Rayleigh 法基础上的改进，由 Ritz 法估算出来的自然频率也比其精确解偏大.

利用 Ritz 法,也可将柔度矩阵描述的 $n\times n$ 矩阵特征值问题缩减为 $k\times k$ 矩阵特征值问题.

将式(6.1.33)代入式(6.1.22),得

$$R(\{\alpha\})=\frac{\{\alpha\}^{\mathrm{T}}[\overline{m}]\{\alpha\}}{\{\alpha\}^{\mathrm{T}}[\overline{a}]\{\alpha\}}=\frac{T(\{\alpha\})}{V(\{\alpha\})} \tag{6.1.42}$$

其中

$$\left.\begin{aligned}[\overline{m}]&=[\phi]^{\mathrm{T}}[m][\phi]\\ [\overline{a}]&=[\phi]^{\mathrm{T}}[m][a][m][\phi]\end{aligned}\right\} \tag{6.1.43}$$

都是 $k\times k$ 实对称矩阵.与前面推导类似,利用式(6.1.42)取驻值的条件,取到下列 $k\times k$ 矩阵特征值问题方程

$$[\overline{m}]\{\alpha\}-\lambda[\overline{a}]\{\alpha\}=0 \tag{6.1.44}$$

在 6.1.1 小节中曾指出,选取同样的向量$\{u\}$,按式(6.1.22)估算出的自然频率比按式(6.1.13)算出的结果准确.同理,选取同样的坐标基矩阵$[\phi]$,从式(6.1.44)求得的系统的前 n 阶自然频率估计值也比从式(6.1.41)得到的更准确.

例 6.5 图 6.1.2 所示的七自由度系统,试用 Ritz 法求系统的第一阶模态.

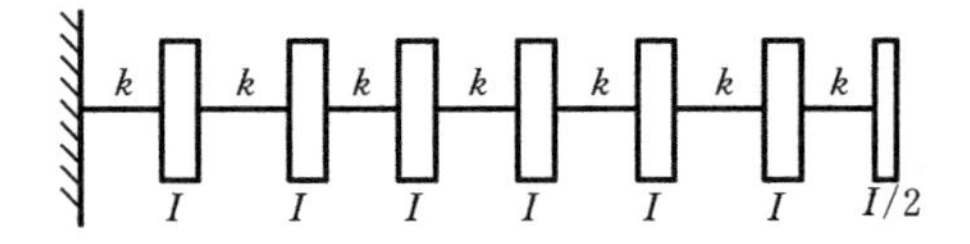

图 6.1.2

解 这是一个七自由度的系统,系统的质量矩阵与刚度矩阵分别为

$$[m]=I\begin{bmatrix}1&&&&&&\\&1&&&&&\\&&1&&&&\\&&&1&&&\\&&&&1&&\\&&&&&1&\\&&&&&&\frac{1}{2}\end{bmatrix}$$

$$[k]=k\begin{bmatrix}2&-1&&&&&\\-1&2&-1&&&&\\&-1&2&-1&&&\\&&-1&2&-1&&\\&&&-1&2&-1&\\&&&&-1&2&-1\\&&&&&-1&1\end{bmatrix}$$

采用第 4 章的方法比较费事.假设系统的第一阶模态向量的两种近似形式为

$$\{\phi^{(1)}\} = \{1,2,3,4,5,6,7\}^{\mathrm{T}}$$
$$\{\phi^{(2)}\} = \{1,4,9,16,25,36,49\}^{\mathrm{T}}$$

而
$$[\phi] = [\{\phi^{(1)}\},\{\phi^{(2)}\}] = \begin{bmatrix} 1 & 2 & 3 & 4 & 5 & 6 & 7 \\ 1 & 4 & 9 & 16 & 25 & 36 & 49 \end{bmatrix}^{\mathrm{T}} \tag{a}$$

根据式(6.1.37),可算出

$$\left.\begin{aligned} [\bar{k}] &= [\phi]^{\mathrm{T}}[k][\phi] = k\begin{bmatrix} 7 & 49 \\ 49 & 455 \end{bmatrix} \\ [\bar{m}] &= [\phi]^{\mathrm{T}}[m][\phi] = I\begin{bmatrix} 115.5 & 612.5 \\ 612.5 & 3475.5 \end{bmatrix} \end{aligned}\right\} \tag{b}$$

按式(6.1.41)可写出广义特征值问题

$$[\bar{k}]\begin{Bmatrix} \alpha_1 \\ \alpha_2 \end{Bmatrix} - \lambda[\bar{m}]\begin{Bmatrix} \alpha_1 \\ \alpha_2 \end{Bmatrix} = \{0\} \tag{c}$$

令 $\lambda=\omega^2 I/k$,则式(c)可写为

$$\begin{bmatrix} 7 & 49 \\ 49 & 455 \end{bmatrix}\begin{Bmatrix} \alpha_1 \\ \alpha_2 \end{Bmatrix} - \lambda\begin{bmatrix} 115.5 & 612.5 \\ 612.5 & 3475.5 \end{bmatrix}\begin{Bmatrix} \alpha_1 \\ \alpha_2 \end{Bmatrix} = \{0\} \tag{d}$$

解得
$$\lambda_1 = 0.0504825 \quad \lambda_2 = 0.59131$$

从而
$$\omega_1^2 = 0.0504825k/I \quad \omega_1 = 0.2247\sqrt{k/I} \quad \omega_2^2 = 0.59131k/I$$

直接按第 4 章介绍的方法求解此七自由度系统可得精确解 $\omega_1=0.2239\sqrt{k/I}$,故 Ritz 法解的相对误差为 0.21%.

将 λ_1 代入式(d),并任取两个方程中的一个,令 $\alpha_1^{(1)}=1$,可解得 $\alpha_2^{(1)}=-0.06467$,故

$$\{\alpha^{(1)}\} = \{\alpha_1^{(1)},\alpha_2^{(2)}\}^{\mathrm{T}} = \{1,-0.06467\}^{\mathrm{T}} \tag{e}$$

利用式(6.1.33),有

$$\{u^{(1)}\} = [\phi]\{a^{(1)}\} = \begin{bmatrix} 1 & 2 & 3 & 4 & 5 & 6 & 7 \\ 1 & 4 & 9 & 16 & 25 & 36 & 49 \end{bmatrix}^{\mathrm{T}}\begin{Bmatrix} 1 \\ -0.06467 \end{Bmatrix}$$

$$= \begin{Bmatrix} 0.93533 \\ 1.74132 \\ 2.41797 \\ 2.96528 \\ 3.38325 \\ 3.67188 \\ 3.83117 \end{Bmatrix} = 3.83117\begin{Bmatrix} 0.244 \\ 0.454 \\ 0.630 \\ 0.774 \\ 0.884 \\ 0.958 \\ 1.000 \end{Bmatrix}$$

用类似方法可求出对应于 λ_2 的模态向量 $\{u^{(2)}\}$.

6.2 子系统综合法(一)——传递矩阵法

对分析、计算大型复杂结构振动特性十分有效的方法之一是子系统综合法.子系统综合法种类繁多,在工程中的应用十分广泛,以下主要介绍三类子系统综合法,即传递矩阵法、机械阻抗综合法和模态综合法.其基本做法是,把一个难以直接分析或测试的复杂系统或结构分解为若干个子系统(或子结构),这些子系统往往也是多自由度系统,然后分别对每个子系统进行振动分析或测试,求出它们的振动特性,再根据各子系统连接界面的变形协调条件和力的平衡条件,进行"综合"、"装配",建立整个系统(以下称"总系统")的动力学方程,求解此方程,从而求出整个系统的振动特性.

子系统综合法有许多优点:子系统比总系统简单,便于测试或分析计算,采用子系统综合法,不仅可以提高测试与分析计算的精度,而且可降低测试与分析的成本;有些过于复杂的系统或结构,如果作为一个整体来加以测试、分析与建模,甚至是不可能的,而子系统综合法则为这类系统的分析与处理提供了一条可行的技术途径;在工程设计中,当需要修改、优化系统中的某一子系统的参数时,可保留其余子系统的计算结果,仅对需修改的子系统进行重新计算,然后进行综合,即可得到修改后的结构的振动特性,这样可大量减少重复的工作,提高分析的效率;有些大型、复杂的设备是由相距很远的多家工厂分别制造其各个部件,然后再运到现场进行总装、调试,各部件的振动特性可以在各个制造厂分别进行分析测试,而整台设备的动态特性或由于安装场地并无测试分析的条件,或者即使测试、分析出来也无法再对其各部件进行修改,这时就需要采用子系统综合法,事先求出整台设备的振动特性,并指导各部件的修改与优化;等等.

采用子系统综合法还可将已有的系统与一个假想的系统"联机运行",对其运行特性进行仿真,从而对该假想系统进行优化设计.

本节讲述传递矩阵法.

传递矩阵法把一个具有链状结构的多自由度系统分解成一系列类似的、比较简单的子系统(单自由度系统或基本的弹性或质量元件),各子系统在彼此连接的端面上的广义力与广义位移用状态向量来表示,而子系统一端到另一端的状态向量之间的关系可用传递矩阵来表示.传递矩阵法就是通过建立从一个位置的状态向量推算下一个位置的状态向量的公式,从原系统的起点推算到终点,再根据边界条件即得系统的频率方程,解出系统的自然频率与模态向量.工程中常见的很多系统可视为由彼此相似的子系统串联而成的链状结构,如连续梁、汽轮发电机轴系、柴油发电机轴系、船舶推进轴系等,采用传递矩阵方法进行分析计算是很方便和有效的.

6.2.1 质量-弹簧系统的传递矩阵解法

图 6.2.1(a)所示的弹簧-质量系统是典型的多自由度振动系统的力学模型，我们来研究其自由振动. 这里先设定有关符号规则：位移向右为正，作用于质块左端面的力向左为正，作用于质块右端面的力向右为正. 质块左、右端面(即系统中各质块的连接点)的状态变量分别为 q_i^{L}、Q_i^{L}、q_i^{R}、Q_i^{R}，其中 q 表示位移坐标，Q 表示其一质块所受到相邻质块的作用力，下标 i 表示质块的编号，上标 L 与 R 分别表示质块的左、右端面. 图 6.2.1(b)代表从图 6.2.1(a)所示系统中取出的几个脱离体. 对第 i 个质块 m_i 取脱离体，由 Newton 第二定律，得

$$m_i\ddot{q}_i = Q_i^{\mathrm{R}} - Q_i^{\mathrm{L}} \tag{6.2.1}$$

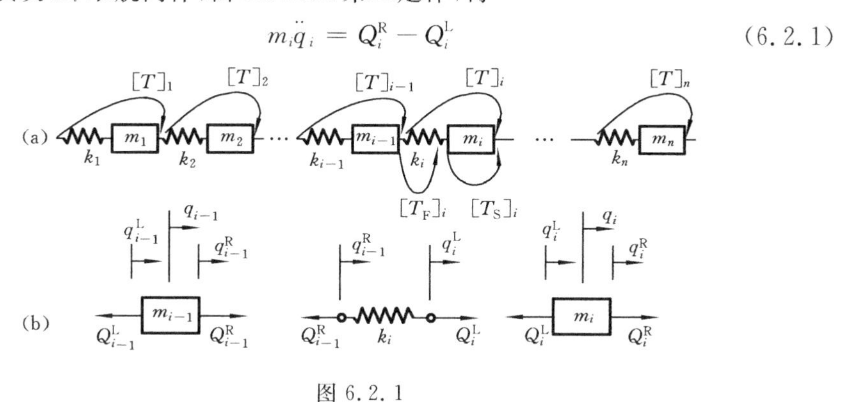

图 6.2.1

需要说明的是：这里假设系统是在作某一种同步运动，因而位移 $q_i(t)$、$Q_i^{\mathrm{R}}(t)$ 及 $Q_i^{\mathrm{L}}(t)$ 均为谐波函数. 现在约定上式及以下有关的公式中各量均为谐波函数的幅值，即 $\ddot{q}_i$ 为 m_i 的振动加速度的振幅，于是有 $\ddot{q}_i = -\omega^2 q_i$，式中 q_i 为振动位移的幅值，而 ω 为振动频率. 将式(6.2.1)移项，并以 $\ddot{q}_i = -\omega^2 q_i$ 代入，得

$$Q_i^{\mathrm{R}} = Q_i^{\mathrm{L}} - \omega^2 m q_i \tag{6.2.2}$$

又 m_i 两端的位移相同，故有

$$q_i = q_i^{\mathrm{R}} = q_i^{\mathrm{L}} \tag{6.2.3}$$

将式(6.2.2)、式(6.2.3)综合成矩阵形式，得从第 i 个质块的左端到其右端的状态传递方程为

$$\begin{Bmatrix} q \\ Q \end{Bmatrix}_i^{\mathrm{R}} = \begin{bmatrix} 1 & 0 \\ -\omega^2 m_i & 1 \end{bmatrix} \begin{Bmatrix} q \\ Q \end{Bmatrix}_i^{\mathrm{L}} \tag{6.2.4}$$

或

$$\{z\}_i^{\mathrm{R}} = [T_{\mathrm{S}}]_i \{z\}_i^{\mathrm{L}} \tag{6.2.5}$$

式中，$\{z\}_i^{\mathrm{L}}$、$\{z\}_i^{\mathrm{R}}$ 分别为质块 m_i 左、右端面的状态向量；$[T_{\mathrm{S}}]_i$ 是从质块 m_i 的左端到右端的状态向量的变换矩阵，称为站(station)的传递矩阵.

再对图 6.2.1(a)中的第 i 个弹簧取脱离体，其两端的力是相等的，即

$$Q_i^{\mathrm{L}} = Q_{i-1}^{\mathrm{R}} \tag{6.2.6}$$

弹性变形与弹簧力之间有下列关系：

$$q_i^{\mathrm{L}} - q_{i-1}^{\mathrm{R}} = Q_{i-1}^{\mathrm{R}}/k_i \tag{6.2.7}$$

注意，这里的“左”(L)与“右”(R)是对质块、并非对弹簧而言的. 将式(6.2.6)、式(6.2.7)综合成矩阵形式，得到从弹簧的左端到其右端的状态传递方程为

$$\begin{Bmatrix} q \\ Q \end{Bmatrix}_i^{\mathrm{L}} = \begin{bmatrix} 1 & 1/k_i \\ 0 & 1 \end{bmatrix} \begin{Bmatrix} q \\ Q \end{Bmatrix}_{i-1}^{\mathrm{R}} \tag{6.2.8}$$

或

$$\{z\}_i^{\mathrm{L}} = [T_{\mathrm{F}}]_i \{z\}_{i-1}^{\mathrm{R}} \tag{6.2.9}$$

式中，$\{z\}_{i-1}^{\mathrm{R}}$、$\{z\}_i^{\mathrm{L}}$ 分别是弹簧 k_i 的左端(即质块 m_{i-1} 的右端)与弹簧 k_i 的右端(即质块 m_i 的左端)的状态向量；$[T_{\mathrm{F}}]_i$ 是从弹簧左端的状态向量到其右端的状态向量的变换矩阵，称为场(field)传递矩阵. 将式(6.2.8)代入式(6.2.4)，有

$$\{z\}_i^{\mathrm{R}} = \begin{Bmatrix} q \\ Q \end{Bmatrix}_i^{\mathrm{R}} = [T_{\mathrm{S}}]_i [T_{\mathrm{F}}]_i \{z\}_{i-1}^{\mathrm{R}} = \begin{bmatrix} 1 & 0 \\ -\omega^2 m_i & 1 \end{bmatrix} \begin{bmatrix} 1 & 1/k_i \\ 0 & 1 \end{bmatrix} \begin{Bmatrix} q \\ Q \end{Bmatrix}_{i-1}^{\mathrm{R}}$$

$$= \begin{bmatrix} 1 & 1/k_i \\ -\omega^2 m_i & (1-\omega^2 m_i/k_i) \end{bmatrix} \begin{Bmatrix} q \\ Q \end{Bmatrix}_{i-1}^{\mathrm{R}}$$

或

$$\{z\}_i^{\mathrm{R}} = [T]_i \{z\}_{i-1}^{\mathrm{R}} \tag{6.2.10}$$

式中，矩阵$[T]_i = [T_{\mathrm{S}}]_i [T_{\mathrm{F}}]_i$ 是从第 $i-1$ 个质块的右端到第 i 个质块的右端的状态向量的传递矩阵，亦即从第 i 个弹簧的左端到第 $i+1$ 个弹簧的左端的状态向量的传递矩阵.

如果$\{z\}_0^{\mathrm{R}}$ 与$\{z\}_n^{\mathrm{R}}$ 分别是图 6.2.1 所示系统的始端和末端的状态向量，则它们之间的状态传递方程为

$$\{z\}_n^{\mathrm{R}} = [T]_n [T]_{n-1} \cdots [T]_1 \{z\}_0^{\mathrm{R}} \tag{6.2.11}$$

记

$$[T]_n [T]_{n-1} \cdots [T]_1 = [T] \tag{6.2.12}$$

得

$$\{z\}_n^{\mathrm{R}} = [T] \{z\}_0^{\mathrm{R}} \tag{6.2.13}$$

式(6.2.12)中的矩阵$[T]$称为系统的总传递矩阵. 由于各传递矩阵中包括 ω，所以$[T]$中的各元素均为 ω 的多项式. 状态向量$\{z\}_0^{\mathrm{R}}$ 与$\{z\}_n^{\mathrm{R}}$ 则与边界条件有关.

例 6.6　对例 3.1 中的系统，用传递矩阵法求解系统的自然模态.

解　系统的总传递矩阵为

$$[T] = [T]_3 [T]_2 [T]_1$$

$$= \begin{bmatrix} 1 & 1/k_3 \\ 0 & 1 \end{bmatrix} \begin{bmatrix} 1 & 1/k_2 \\ -\omega^2 m_2 & 1-\omega^2 m_2/k_2 \end{bmatrix} \begin{bmatrix} 1 & 1/k_1 \\ -\omega^2 m_1 & 1-\omega^2 m_1/k_1 \end{bmatrix}$$

$$= \begin{bmatrix} 1 - \dfrac{5m\omega^2}{2k} + \dfrac{m^2\omega^4}{k^2} & \left(1 - \dfrac{m\omega^2}{k}\right)\left(\dfrac{5}{2k} - \dfrac{m\omega^2}{k^2}\right) \\ -3\omega^2 m + \dfrac{2m^2\omega^4}{k} & 1 - \dfrac{5m\omega^2}{k} + \dfrac{2m^2\omega^4}{k^2} \end{bmatrix}$$

系统两端面的状态向量的关系为

$$\begin{Bmatrix} q \\ Q \end{Bmatrix}_3^R = [T]\begin{Bmatrix} q \\ Q \end{Bmatrix}_0^R = \begin{bmatrix} T_{11} & T_{12} \\ T_{21} & T_{22} \end{bmatrix}\begin{Bmatrix} q \\ Q \end{Bmatrix}_0^R$$

故有

$$q_3^R = T_{11}q_0^R + T_{12}Q_0^R \tag{a}$$

$$Q_3^R = T_{21}q_0^R + T_{22}Q_0^R \tag{b}$$

根据系统的边界条件：左、右端均为固定端，故

$$q_0^R = 0 \quad q_3^R = 0$$

将上述方程代入式(a)，因为 $Q_0^R \neq 0$，必有

$$T_{12} = 0$$

即

$$\left(1 - \frac{m\omega^2}{k}\right)\left(\frac{5}{2k} - \frac{m\omega^2}{k^2}\right) = 0 \tag{c}$$

这就是系统的特征方程，T_{12} 称为系统在两端固定的边界条件下的频率多项式，满足 $T_{12}=0$ 的 ω 就是系统的自然频率. 从式(c)可解得

$$\omega_1 = \sqrt{\frac{k}{m}} \qquad \omega_2 = \sqrt{\frac{5k}{2m}} = 1.5811\sqrt{\frac{k}{m}}$$

与例 3.1 的结果一致. 求出自然频率 ω_1、ω_2 后，逐一代入式(6.2.10)，并假设 $Q_0^R = 1$，即可逐步求出各端面的状态向量 $\begin{Bmatrix} q \\ Q \end{Bmatrix}_0^R, \begin{Bmatrix} q \\ Q \end{Bmatrix}_1^R, \cdots, \begin{Bmatrix} q \\ Q \end{Bmatrix}_n^R$，从而确定系统的模态向量 $\{q_0^R, q_1^R, \cdots, q_n^R\}$，同时，也顺便得到各截面处内力幅值 $\{Q_0^R, Q_1^R, \cdots, Q_n^R\}$.

读者可自行推导，对于两端自由或一端固定而另一端自由的边界条件，频率多项式分别为 T_{21} 和 T_{11}(或 T_{22}).

6.2.2　扭振系统的传递矩阵解法

1. 直线扭振系统

设有图 6.2.2(a)所示的轴系，它由不计质量的弹性轴段和具有转动惯量的刚性圆盘组成. 对第 i 段轴及第 i 个盘取脱离体，如图 6.2.2(b)所示. 轴的扭转刚度为 k_i，盘的转动惯量为 I_i $(i=1,2,\cdots,n)$. 在下面的分析中，扭矩及角位移向量的方向均采用 6.2.1 小节所用的正向，按右手螺旋法则确定. 这里，Θ、M 分别表示转角位移的幅值与扭矩的幅值. 采用与 6.2.1 小节类似的分析方法，可导出

$$\begin{Bmatrix} \Theta \\ M \end{Bmatrix}_i^R = \begin{bmatrix} 1 & 0 \\ -\omega^2 I_i & 1 \end{bmatrix}\begin{Bmatrix} \Theta \\ M \end{Bmatrix}_i^L = [T_S]_i\begin{Bmatrix} \Theta \\ M \end{Bmatrix}_i^L \tag{6.2.14}$$

$$\begin{Bmatrix} \Theta \\ M \end{Bmatrix}_i^L = \begin{bmatrix} 1 & 1/k_i \\ 0 & 1 \end{bmatrix}\begin{Bmatrix} \Theta \\ M \end{Bmatrix}_{i-1}^R = [T_F]_i\begin{Bmatrix} \Theta \\ M \end{Bmatrix}_{i-1}^R \tag{6.2.15}$$

式中

$$\left.\begin{aligned}[T_S]_i &= \begin{bmatrix} 1 & 0 \\ -\omega^2 I_i & 1 \end{bmatrix} \\ [T_F]_i &= \begin{bmatrix} 1 & 1/k_i \\ 0 & 1 \end{bmatrix}\end{aligned}\right\} \tag{6.2.16}$$

(a)

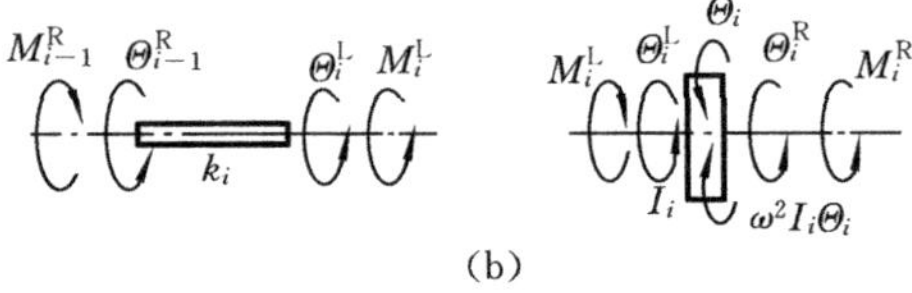

(b)

图 6.2.2

将式(6.2.15)代入式(6.2.14),得

$$\begin{Bmatrix} \Theta \\ M \end{Bmatrix}_i^R = \begin{bmatrix} 1 & 1/k_i \\ -\omega^2 I_i & 1-\omega^2 I_i/k_i \end{bmatrix} \begin{Bmatrix} \Theta \\ M \end{Bmatrix}_{i-1}^R = [T]_i \begin{Bmatrix} \Theta \\ M \end{Bmatrix}_{i-1}^R \tag{6.2.17}$$

式中

$$[T]_i = [T_S]_i [T_F]_i = \begin{bmatrix} 1 & 1/k_i \\ -\omega^2 I_i & 1-\omega^2 I_i/k_i \end{bmatrix} \tag{6.2.18}$$

分别为第 i 个站(盘)、场(轴)和子系统(轴+盘)的传递矩阵.

对图 6.2.2(a)所示系统,可得从左端至右端状态向量的总的传递矩阵方程

$$\begin{Bmatrix} \Theta \\ M \end{Bmatrix}_n^R = [T]_n [T]_{n-1} \cdots [T]_1 \begin{Bmatrix} \Theta \\ M \end{Bmatrix}_0^R = [T] \begin{Bmatrix} \Theta \\ M \end{Bmatrix}_0^R \tag{6.2.19}$$

其中,$[T]=\begin{bmatrix} T_{11} & T_{12} \\ T_{21} & T_{22} \end{bmatrix}$为总的传递矩阵.这里假想在图 6.2.2(a)所示系统的左端还有一个转动惯量为 I_0 的圆盘,$\begin{Bmatrix} \Theta \\ M \end{Bmatrix}_0^R$ 即为其右侧(实际上是 k_1 的左端)的状态向量.实际上,这一假想对于图 6.2.1(a)所示系统与相应的式(6.2.11)也同样适用.

展开式(6.2.19),得

$$\Theta_n^R = T_{11}\Theta_0^R + T_{12}M_0^R \tag{6.2.20}$$

$$M_n^R = T_{21}\Theta_0^R + T_{22}M_0^R \tag{6.2.21}$$

下面写出各种边界条件下该扭振系统的频率方程.

(1) 两端自由的轴:边界条件为 $M_0^R=0, M_n^R=0$.由式(6.2.21),因 $\Theta_0^R \neq 0$ 而得 $T_{21}=0$,此即频率方程,T_{21} 为频率多项式.在此情况下,$\omega=0$ 必然是它的一个根,实际上,该系统由于约束不足,是半定系统,故存在零模态.

(2) 一端固定,一端自由的轴:边界条件为 $\Theta_0^R=0$、$M_n^R=0$,或 $M_0^R=0$、$\Theta_n^R=0$. 此时可分别由式(6.2.21)及式(6.2.20)得到相应的频率方程 $T_{22}=0$ 或 $T_{11}=0$.

(3) 两端固定的轴:边界条件为 $\Theta_0^R=0$、$\Theta_n^R=0$. 由式(6.2.20)得频率方程 $T_{12}=0$.

例 6.7 对图 6.2.3 所示的三圆盘扭振系统,设 $I_1=50g\ \text{N}\cdot\text{cm}\cdot\text{s}^2$, $I_2=100g\ \text{N}\cdot\text{cm}\cdot\text{s}^2$, $I_3=200g\ \text{N}\cdot\text{cm}\cdot\text{s}^2$, $k_1=10^6\ \text{N/cm}$, $k_2=2\times10^6\ \text{N/cm}$. 试用传递矩阵法求解系统的自然频率与模态向量(取 $g=9.8\ \text{m/s}^2$).

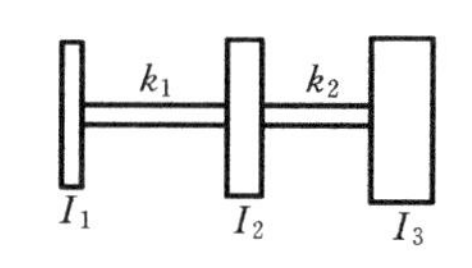

图 6.2.3

解 该系统的边界条件为 $M_1^L=M_3^R=0$,设 $\Theta_1=1$,则 $\begin{Bmatrix}\Theta\\M\end{Bmatrix}_1^L=\begin{Bmatrix}1\\0\end{Bmatrix}$,按式(6.2.14)、式(6.2.16),可写出

$$\begin{Bmatrix}\Theta\\M\end{Bmatrix}_1^R=\begin{bmatrix}1 & 0\\-\omega^2 I_1 & 1\end{bmatrix}\begin{Bmatrix}\Theta\\M\end{Bmatrix}_1^L=\begin{bmatrix}1 & 0\\-50\omega^2 & 1\end{bmatrix}\begin{Bmatrix}1\\0\end{Bmatrix}=\begin{Bmatrix}1\\-50\omega^2\end{Bmatrix}$$

$$\begin{Bmatrix}\Theta\\M\end{Bmatrix}_2^R=\begin{bmatrix}1 & 1/k_1\\-\omega^2 I_2 & 1-\omega^2 I_2/k_1\end{bmatrix}\begin{Bmatrix}\Theta\\M\end{Bmatrix}_1^R=\begin{bmatrix}1 & 10^{-6}\\-100\omega^2 & 1-10^{-4}\omega^2\end{bmatrix}\begin{Bmatrix}1\\-50\omega^2\end{Bmatrix}$$

$$\begin{Bmatrix}\Theta\\M\end{Bmatrix}_3^R=\begin{bmatrix}1 & 1/k_2\\-\omega^2 I_3 & 1-\omega^2 I_3/k_2\end{bmatrix}\begin{Bmatrix}\Theta\\M\end{Bmatrix}_2^R=\begin{bmatrix}1 & 5\times10^{-5}\\-200\omega^2 & 1-10^{-4}\omega^2\end{bmatrix}\begin{Bmatrix}\Theta\\M\end{Bmatrix}_2^R$$

假设一系列的 ω 值,可按上式算出一系列的 $\begin{Bmatrix}\Theta\\M\end{Bmatrix}_1^R$、$\begin{Bmatrix}\Theta\\M\end{Bmatrix}_2^R$、$\begin{Bmatrix}\Theta\\M\end{Bmatrix}_3^R$ 的值,并可画出 M_3^R 随 ω 值变化的曲线,如图 6.2.4(a)所示. 由于 $M_1^L=0$, $\Theta_1^L=1$,按式(6.2.21),并注意符号之间的对应关系,有 $M_3^R=T_{21}$,这表明 M_3^R 恰为频率多项式,因而使 M_3^R 值恰好为零的各 ω 值即该系统的自然频率值. 由图 6.2.4(a)中 $M_3^R=0$ 的点可确定系统的自然频率值:$\omega_1=0$, $\omega_2=126\ \text{s}^{-1}$, $\omega_3=210\ \text{s}^{-1}$. 同时可得到对应的状态向量为

$$\begin{Bmatrix}\Theta^{(1)}\\M^{(1)}\end{Bmatrix}_1^R=\begin{Bmatrix}1\\0\end{Bmatrix}\quad\begin{Bmatrix}\Theta^{(1)}\\M^{(1)}\end{Bmatrix}_2^R=\begin{Bmatrix}1\\0\end{Bmatrix}\quad\begin{Bmatrix}\Theta^{(1)}\\M^{(1)}\end{Bmatrix}_3^R=\begin{Bmatrix}1\\0\end{Bmatrix}$$

$$\begin{Bmatrix}\Theta^{(2)}\\M^{(2)}\end{Bmatrix}_1^R=\begin{Bmatrix}1\\0.794\times10^6\end{Bmatrix}\quad\begin{Bmatrix}\Theta^{(2)}\\M^{(2)}\end{Bmatrix}_2^R=\begin{Bmatrix}0.206\\1.121\times10^6\end{Bmatrix}$$

$$\begin{Bmatrix}\Theta^{(2)}\\M^{(2)}\end{Bmatrix}_3^R=\begin{Bmatrix}-0.355\\-0.009\times10^6\end{Bmatrix}\quad\begin{Bmatrix}\Theta^{(3)}\\M^{(3)}\end{Bmatrix}_1^R=\begin{Bmatrix}1\\2.205\times10^6\end{Bmatrix}$$

$$\begin{Bmatrix}\Theta^{(3)}\\M^{(3)}\end{Bmatrix}_2^R=\begin{Bmatrix}-1.205\\-3.104\times10^6\end{Bmatrix}\quad\begin{Bmatrix}\Theta^{(3)}\\M^{(3)}\end{Bmatrix}_3^R=\begin{Bmatrix}0.347\\-0.044\times10^6\end{Bmatrix}$$

状态向量中的诸 Θ 值即构成了系统的模态向量 $\{\Theta^{(1)}\}$、$\{\Theta^{(2)}\}$ 与 $\{\Theta^{(3)}\}$，如图 6.2.4(b)所示.

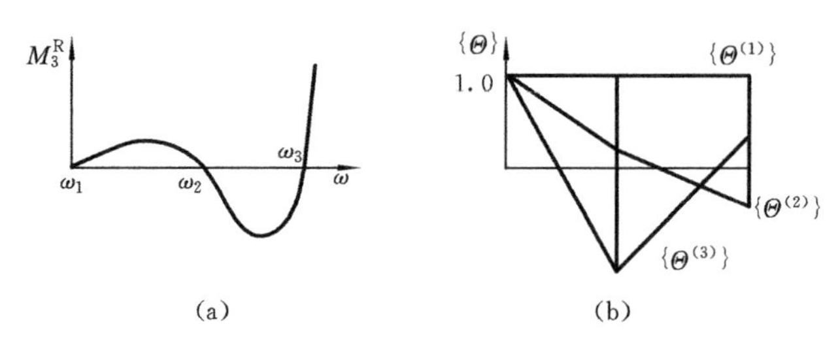

图 6.2.4

2. 分支系统

工程中有些轴系是分支系统，如带发电机的船舶柴油机推进轴系、汽车差动传动轴系等. 下面扼要介绍分支系统的传递矩阵分析法.

图 6.2.5 所示为一分支扭振系统，A、B、C 三支在齿轮传动环节上相连接.

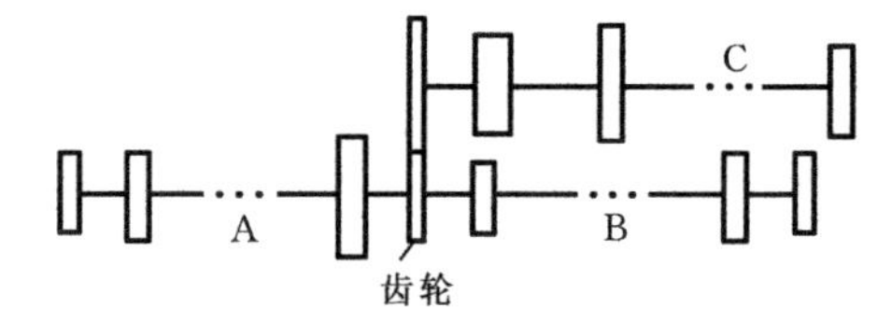

图 6.2.5

作为分支系统分析的基础，这里先介绍齿轮传动系统的简化.

考虑图 6.2.6(a)中的简单齿轮传动系统，它由一对传动齿轮 A、B，轴 Ⅰ、Ⅱ 与圆盘 1、2 组成. 圆盘 1 与 2 的转动惯量分别为 I_1、I_2. 不计齿轮的转动惯量，齿轮 A 到 B 的传动比为 n，取圆盘 1、齿轮 A、圆盘 2 的转角 θ_1、θ_A、θ_2 为描述系统位移的广义坐标，显然齿轮 B 的转角 $\theta_B = n\theta_A$，且 $\dot{\theta}_B = n\dot{\theta}_A$，那么此系统的弹性势能为

$$V = \frac{1}{2}k_1(\theta_A - \theta_1)^2 + \frac{1}{2}k_2(n\theta_A - \theta_2)^2 \tag{6.2.22}$$

而系统的动能为

$$T = \frac{1}{2}I_1\dot{\theta}_1^2 + \frac{1}{2}I_2\dot{\theta}_2^2 \tag{6.2.23}$$

另一方面，设想另一个单轴系统如图 6.2.6(b)所示，其中 I_1、k_1、θ_1、θ_A 的意义与图 6.2.6(a)相同，而 $k_2' = n^2k_2$，$I_2' = n^2I_2$，$\theta_2' = \theta_2/n$，则此系统的势能与动能的表达式也分别是式(6.2.22)式与式(6.2.23). 我们知道，一个系统的势能与动能函数决定了它的动态特性，因此，图(b)中的简化单轴系统与图(a)中的两轴系统在动态特性方面是等价的. 也可以说图(b)是将图(a)中的轴 Ⅱ 上的元件折算到轴 Ⅰ 上

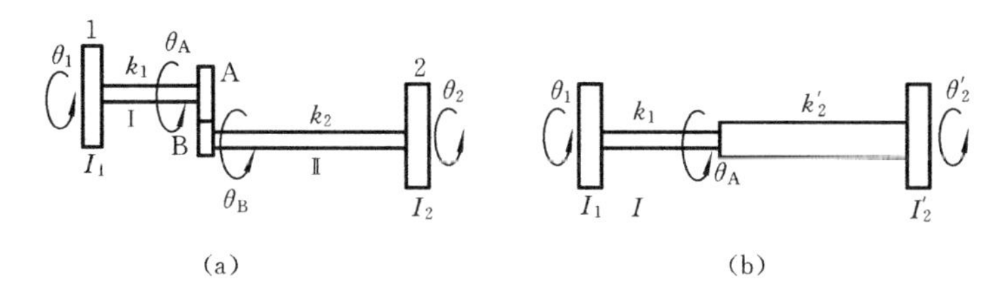

图 6.2.6

面得到的，而折算的规则是：被折算的轴上的全部转动惯量与刚度需乘以传动比的的二次方 n^2，而转速则需除以 n.

对图 6.2.5 所示系统，采用上述简化规则，将支轴 C 上所有的转动惯量与刚度乘以转速比的二次方 n^2，得到图 6.2.7 所示的转速比为 1∶1 的轴系.

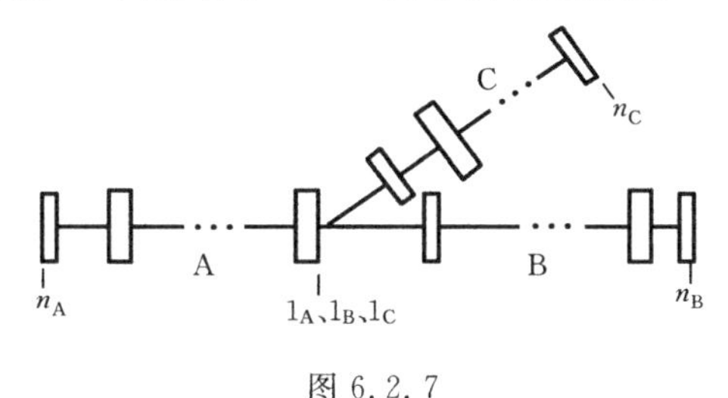

图 6.2.7

对图 6.2.7 所示的分支系统，可按与前述直线系统传递矩阵法类似的方法处理. 设对 A、B、C 三个直线分支，其分支点（始端）与末端的状态向量分别为

$$\begin{Bmatrix}\Theta_{1A}\\M_{1A}\end{Bmatrix}\quad\begin{Bmatrix}\Theta_{1B}\\M_{1B}\end{Bmatrix}\quad\begin{Bmatrix}\Theta_{1C}\\M_{1C}\end{Bmatrix}\quad\begin{Bmatrix}\Theta_{nA}\\M_{nA}\end{Bmatrix}\quad\begin{Bmatrix}\Theta_{nB}\\M_{nB}\end{Bmatrix}\quad\begin{Bmatrix}\Theta_{nC}\\M_{nC}\end{Bmatrix}$$

在分支点有下列位移协调条件和力平衡条件

$$\Theta_{1A} = \Theta_{1B} = \Theta_{1C} = \Theta_1 \tag{6.2.24}$$

$$M_{1A} + M_{1B} + M_{1C} = 0 \tag{6.2.25}$$

按式(6.2.19)可对 A、B、C 三个直线轴系推导其传递矩阵方程

$$\begin{Bmatrix}\Theta_{nA}\\M_{nA}\end{Bmatrix} = \{T_A\}\begin{Bmatrix}\Theta_{1A}\\M_{1A}\end{Bmatrix} = \begin{bmatrix}T_{11A} & T_{12A}\\T_{21A} & T_{22A}\end{bmatrix}\begin{Bmatrix}\Theta_{1A}\\M_{1A}\end{Bmatrix} \tag{6.2.26}$$

$$\begin{Bmatrix}\Theta_{nB}\\M_{nB}\end{Bmatrix} = \{T_B\}\begin{Bmatrix}\Theta_{1B}\\M_{1B}\end{Bmatrix} = \begin{bmatrix}T_{11B} & T_{12B}\\T_{21B} & T_{22B}\end{bmatrix}\begin{Bmatrix}\Theta_{1B}\\M_{1B}\end{Bmatrix} \tag{6.2.27}$$

$$\begin{Bmatrix}\Theta_{nC}\\M_{nC}\end{Bmatrix} = \{T_C\}\begin{Bmatrix}\Theta_{1C}\\M_{1C}\end{Bmatrix} = \begin{bmatrix}T_{11C} & T_{12C}\\T_{21C} & T_{22C}\end{bmatrix}\begin{Bmatrix}\Theta_{1C}\\M_{1C}\end{Bmatrix} \tag{6.2.28}$$

其中$\{T_A\}$、$\{T_B\}$、$\{T_C\}$分别是 A、B、C 三个直线轴系的传递矩阵. 将上述三式及式(6.2.24)合写成

$$\begin{Bmatrix} \Theta_{nA} \\ M_{nA} \\ \Theta_{nB} \\ M_{nB} \\ \Theta_{nC} \\ M_{nC} \end{Bmatrix} = \begin{bmatrix} T_{11A} & T_{12A} & 0 & 0 \\ T_{21A} & T_{22A} & 0 & 0 \\ T_{11B} & 0 & T_{12B} & 0 \\ T_{21B} & 0 & T_{22B} & 0 \\ T_{11C} & 0 & 0 & T_{12C} \\ T_{21C} & 0 & 0 & T_{22C} \end{bmatrix} \begin{Bmatrix} \Theta_1 \\ M_{1A} \\ M_{1B} \\ M_{1C} \end{Bmatrix} \tag{6.2.29}$$

上式左边状态向量中有一半元素可由边界条件确定.对自由端,其扭矩为零;对固定端,其转角为零.对图 6.2.7 所示系统,A、B、C 三分支末端皆为自由,即对应的扭矩为零,即

$$M_{nA}=0 \quad M_{nB}=0 \quad M_{nC}=0 \tag{6.2.30}$$

另一方面,仅考虑式(6.2.29)中的扭矩,同时结合式(6.2.25),可得

$$\begin{Bmatrix} M_{nA} \\ M_{nB} \\ M_{nC} \\ 0 \end{Bmatrix} = \begin{bmatrix} T_{21A} & T_{22A} & 0 & 0 \\ T_{21B} & 0 & T_{22B} & 0 \\ T_{21C} & 0 & 0 & T_{22C} \\ 0 & 1 & 1 & 1 \end{bmatrix} \begin{Bmatrix} \Theta_1 \\ M_{1A} \\ M_{1B} \\ M_{1C} \end{Bmatrix} \tag{6.2.31}$$

将式(6.2.30)代入式(6.2.31),可得到一个关于 Θ_1、M_{1A}、M_{1B}、M_{1C}的齐次方程,由该齐次方程有非零解的条件,得

$$\begin{vmatrix} T_{21A} & T_{22A} & 0 & 0 \\ T_{21B} & 0 & T_{22B} & 0 \\ T_{21C} & 0 & 0 & T_{22C} \\ 0 & 1 & 1 & 1 \end{vmatrix} = 0 \tag{6.2.32}$$

将上式展开,即

$$\Delta(\omega)=T_{21A}T_{22B}T_{22C}+T_{21B}T_{22C}T_{22A}+T_{21C}T_{22A}T_{22B}=0 \tag{6.2.33}$$

式(6.2.33)就是系统的频率方程,解此方程便可得到系统的各阶自然频率.实际计算时,仍可用例 6.7 的方法,选择不同的频率值 ω,绘出 $\Delta(\omega)$(称为剩余值)关于 ω 的曲线,从中可得到自然频率,进一步按传递矩阵方程可求出对应的模态向量.

6.2.3 梁的弯曲振动的传递矩阵法

在工程中,对连续梁的横向振动问题,可简化为由无质量的弹性梁段连接的一系列集中质块组成的振动系统,如图 6.2.8(a)所示.

对这样的系统,用传递矩阵计算自然频率及模态向量也很方便.下面对系统中的第 i 段梁及第 i 个集中质块取脱离体(见图 6.2.8(b)),求其站(质块)的传递矩阵、场(无质量梁段)的传递矩阵及总传递矩阵.

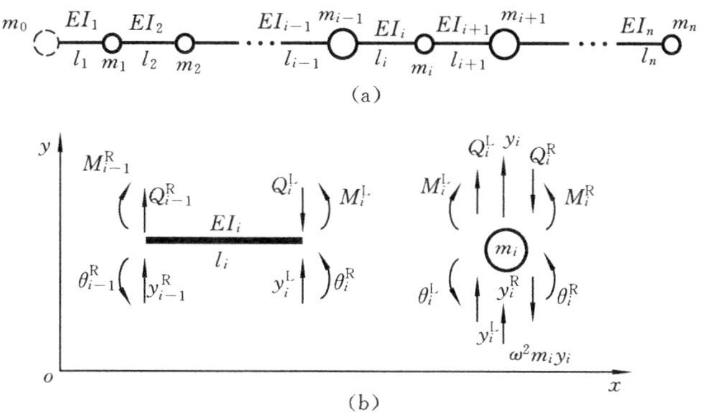

(a)

(b)

图 6.2.8

梁的状态向量由挠度 y、转角 θ、剪力 Q 及弯矩 M 所组成. 对 m_i 取脱离体，显然有

$$\left.\begin{aligned} y_i^{\mathrm{R}} &= y_i^{\mathrm{L}} = y_i \\ \theta_i^{\mathrm{R}} &= \theta_i^{\mathrm{L}} \end{aligned}\right\} \tag{6.2.34}$$

假设 m_i 仅产生横向简谐运动，且不计 m_i 的转动惯量，考虑 m_i 的平衡条件，得

$$\left.\begin{aligned} M_i^{\mathrm{R}} &= M_i^{\mathrm{L}} \\ Q_i^{\mathrm{R}} &= Q_i^{\mathrm{L}} + \omega^2 m_i y_i \end{aligned}\right\} \tag{6.2.35}$$

将式(6.2.34)与式(6.2.35)综合成矩阵形式，得

$$\begin{Bmatrix} y \\ \theta \\ M \\ Q \end{Bmatrix}_i^{\mathrm{R}} = \begin{bmatrix} 1 & 0 & 0 & 0 \\ 0 & 1 & 0 & 0 \\ 0 & 0 & 1 & 0 \\ \omega^2 m & 0 & 0 & 1 \end{bmatrix} \begin{Bmatrix} y \\ \theta \\ M \\ Q \end{Bmatrix}_i^{\mathrm{L}} = [T_{\mathrm{S}}]_i \begin{Bmatrix} y \\ \theta \\ M \\ Q \end{Bmatrix}_i^{\mathrm{L}} \tag{6.2.36}$$

式中

$$[T_{\mathrm{S}}]_i = \begin{bmatrix} 1 & 0 & 0 & 0 \\ 0 & 1 & 0 & 0 \\ 0 & 0 & 1 & 0 \\ \omega^2 m & 0 & 0 & 1 \end{bmatrix}$$

为站传递矩阵. 对梁段 l_i 取脱离体(见图 6.2.8(b))，不计梁的质量，由平衡条件，得

$$\left.\begin{aligned} Q_i^{\mathrm{L}} &= Q_{i-1}^{\mathrm{R}} \\ M_i^{\mathrm{L}} &= M_{i-1}^{\mathrm{R}} + Q_{i-1}^{\mathrm{R}} l_i \end{aligned}\right\} \tag{6.2.37}$$

下面分析 l_i 左右两端挠度与转角的关系.

由材料力学关于均匀梁的载荷(M、Q)与其变形(θ、y)之间的关系知

$$\theta_i^{\mathrm{L}} = \theta_{i-1}^{\mathrm{R}} + \frac{1}{EI_i}\int_0^{l_i}(M_{i-1}^{\mathrm{R}} + Q_{i-1}^{\mathrm{R}}x)\mathrm{d}x$$

$$= \theta_{i-1}^{\mathrm{R}} + \frac{l_i M_{i-1}^{\mathrm{R}}}{EI_i} + \frac{l_i^2 Q_{i-1}^{\mathrm{R}}}{2EI_i} \tag{6.2.38}$$

$$y_i^{\mathrm{L}} = y_{i-1}^{\mathrm{R}} + \int_0^{l_i}\left(\theta_{i-1}^{\mathrm{R}} + \frac{M_{i-1}^{\mathrm{R}}x}{EI_i} + \frac{Q_{i-1}^{\mathrm{R}}x^2}{2EI_i}\right)\mathrm{d}x$$

$$= y_{i-1}^{\mathrm{R}} + l_i\theta_{i-1}^{\mathrm{R}} + \frac{l_i^2 M_{i-1}^{\mathrm{R}}}{2EI_i} + \frac{l_i^3 Q_{i-1}^{\mathrm{R}}}{6EI_i} \tag{6.2.39}$$

将式(6.2.37)、式(6.2.38)、式(6.2.39)综合成矩阵形式，即

$$\begin{Bmatrix} y \\ \theta \\ M \\ Q \end{Bmatrix}_i^{\mathrm{L}} = \begin{bmatrix} 1 & l_i & \dfrac{l_i^2}{2EI_i} & \dfrac{l_i^3}{6EI_i} \\ 0 & 1 & \dfrac{l_i}{EI_i} & \dfrac{l_i^2}{2EI_i} \\ 0 & 0 & 1 & l_i \\ 0 & 0 & 0 & 1 \end{bmatrix} \begin{Bmatrix} y \\ \theta \\ M \\ Q \end{Bmatrix}_{i-1}^{\mathrm{R}} = [T_{\mathrm{F}}]_i \begin{Bmatrix} y \\ \theta \\ M \\ Q \end{Bmatrix}_{i-1}^{\mathrm{R}} \tag{6.2.40}$$

式中

$$[T_{\mathrm{F}}]_i = \begin{bmatrix} 1 & l_i & \dfrac{l_i^2}{2EI_i} & \dfrac{l_i^3}{6EI_i} \\ 0 & 1 & \dfrac{l_i}{EI_i} & \dfrac{l_i^2}{2EI_i} \\ 0 & 0 & 1 & l_i \\ 0 & 0 & 0 & 1 \end{bmatrix}$$

为场传递矩阵.

将式(6.2.36)、式(6.2.40)合并，可建立第 i 点与第 $i-1$ 点状态向量之间的关系，即

$$\{z\}_i^{\mathrm{R}} = \begin{Bmatrix} y \\ \theta \\ M \\ Q \end{Bmatrix}_i^{\mathrm{R}} = [T_{\mathrm{S}}]_i [T_{\mathrm{F}}]_i \begin{Bmatrix} y \\ \theta \\ M \\ Q \end{Bmatrix}_{i-1}^{\mathrm{R}} = [T]_i \{z\}_{i-1}^{\mathrm{R}} \tag{6.2.41}$$

式中

$$[T]_i = [T_{\mathrm{S}}]_i [T_{\mathrm{F}}]_i = \begin{bmatrix} 1 & 1 & \dfrac{l_i^2}{2EI_i} & \dfrac{l_i^3}{6EI_i} \\ 0 & 1 & \dfrac{l_i}{EI_i} & \dfrac{l_i^2}{2EI_i} \\ 0 & 0 & 1 & 1 \\ m_i\omega^2 & m_i l_i\omega^2 & \dfrac{m_i l_i^2\omega^2}{2EI_i} & 1+\dfrac{m_i l_i^3\omega^2}{6EI_i} \end{bmatrix} \tag{6.2.42}$$

为子传递矩阵，$\{z\}_{i-1}^{R}$ 与 $\{z\}_{i}^{R}$ 分别是 m_{i-1} 与 m_i 右边的状态向量.

对于图 6.2.8(a)所示的系统，可写出

$$\{z\}_{n}^{R}=[T]_{n}[T]_{n-1}\cdots[T]_{1}\{z\}_{0}^{R}=[T]\{z\}_{0}^{R} \tag{6.2.43}$$

或

$$\begin{Bmatrix} y \\ \theta \\ M \\ Q \end{Bmatrix}_{n}^{R}=\begin{bmatrix} T_{11} & T_{12} & T_{13} & T_{14} \\ T_{21} & T_{22} & T_{23} & T_{24} \\ T_{31} & T_{32} & T_{33} & T_{34} \\ T_{41} & T_{42} & T_{43} & T_{44} \end{bmatrix}\begin{Bmatrix} y \\ \theta \\ M \\ Q \end{Bmatrix}_{0}^{R} \tag{6.2.44}$$

式中，$[T]$为系统的总传递矩阵. $\{z\}_{n}^{R}$ 及 $\{z\}_{0}^{R}$ 各有两个元素取决于边界条件. 当边界条件为固支时，$y=\theta=0$；当边界条件为简支时，$y=M=0$；当边界条件为自由时，$M=Q=0$. 对特定系统，从其两端的边界条件可由式(6.2.44)推出对应的频率方程，从而可求出自然频率. 例如，假设图 6.2.8(a)所示系统左端固定、右端自由(即为一悬臂梁)，其边界条件为

$$y_{0}^{R}=\theta_{0}^{R}=0$$
$$M_{n}^{R}=Q_{n}^{R}=0$$

将上式代入式(6.1.44)，得关于 M_{0}^{R}、Q_{0}^{R} 的齐次方程，它有非零解的条件为系数行列式为零，即

$$\Delta(\omega)=\begin{vmatrix} T_{33} & T_{34} \\ T_{43} & T_{44} \end{vmatrix}=0$$

选择不同的 ω 值，绘出剩余值 $\Delta(\omega)$ 随 ω 变化的曲线，使 $\Delta(\omega)=0$ 的 ω 值即为系统的自然频率.

6.3　子系统综合法(二)——机械阻抗法

很早以前人们就已发现，用来分析电路系统的一些定律和公式与用来分析振动系统的一些定律和公式有很多相似之处，因此可以把振动系统与电路系统联系起来，提出“机械网络”的概念，从而可以方便地移植电路理论中成熟的原理与方法来分析振动系统，或者以电路系统来模拟机械振动系统，非常方便地求解振动系统的特性与时间历程. 事实上，在电路理论中的几乎所有的概念、定律和方法，在机械振动系统中都有其“对应物”. 这一节主要讲述“机械阻抗”、“导纳”、“机械网络”、“并联”、“串联”及“阻抗综合”等概念及其应用.

6.3.1　振动系统及其基本元件的阻抗与导纳

1. 机械阻抗与导纳的定义

机械阻抗定义为激励力的复幅值与响应的复幅值之比. 设作用在系统上的激

励力为

$$f(t)=|F|\mathrm{e}^{\mathrm{i}(\omega t+\alpha)}=F\mathrm{e}^{\mathrm{i}\omega t}$$

式中,$F=|F|\mathrm{e}^{\mathrm{i}\alpha}$,稳态位移响应为

$$x(t)=|X|\mathrm{e}^{\mathrm{i}(\omega t+\beta)}=X\mathrm{e}^{\mathrm{i}\omega t}$$

式中,$X=|X|\mathrm{e}^{\mathrm{i}\beta}$,则位移阻抗定义为

$$Z_{\mathrm{D}}=\frac{|F|\mathrm{e}^{\mathrm{i}(\omega t+\alpha)}}{|X|\mathrm{e}^{\mathrm{i}(\omega t+\beta)}}=\frac{|F|}{|X|}\mathrm{e}^{\mathrm{i}(\alpha-\beta)}=\frac{F}{X} \tag{6.3.1}$$

位移导纳为

$$H_{\mathrm{D}}=\frac{1}{Z_{\mathrm{D}}}=\frac{|X|}{|F|}\mathrm{e}^{\mathrm{i}(\beta-\alpha)}=\frac{X}{F} \tag{6.3.2}$$

由此可知,机械阻抗与导纳一般为复数.位移阻抗反映了系统的刚度,又称为动刚度;位移导纳反映了系统的柔度,又称为动柔度.由于系统的振动响应也可用速度或加速度来描述,因此相应地可定义速度阻抗 Z_{V}、速度导纳 H_{V},加速度阻抗 Z_{A} 与加速度导纳 H_{A}.在运用机械阻抗概念分析振动问题时,从理论上讲,采用位移、速度、加速度阻抗(或导纳)中的任一种都可以,但实际应用时,则依情况而定:分析机械结构的强度、刚度与抗振性能时,一般采用位移阻抗或导纳的概念,而进行机电模拟及理论推导时,采用速度阻抗或导纳更合适.

2. 振动系统基本元件的阻抗与导纳

设质量元件如图 6.3.1(a)所示,它为平动刚体或质点,$\ddot{x}$ 表示 m 在外力作用下的加速度,作用在质块两端的外力为 $f_1(t)$、$f_2(t)$.若设 $f_1(t)$、$f_2(t)$均为谐波函数,即 $f_1(t)=F_1\mathrm{e}^{\mathrm{i}\omega t}$,$f_2(t)=F_2\mathrm{e}^{\mathrm{i}\omega t}$,那么稳态加速度响应亦为简谐形式,即$\ddot{x}(t)=\omega^2X\mathrm{e}^{\mathrm{i}\omega t}$.按定义,加速度阻抗为

$$Z_{\mathrm{A}}=\frac{F_1+F_2}{\omega^2X}=\frac{m\omega^2X}{\omega^2X}=m \tag{6.3.3}$$

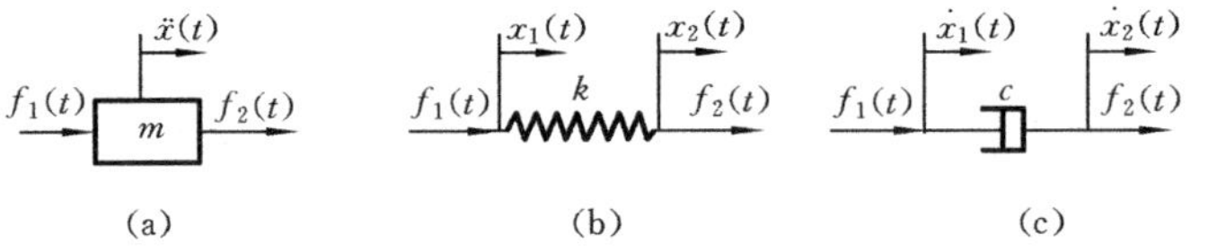

图 6.3.1

加速度导纳为

$$H_{\mathrm{A}}=1/m \tag{6.3.4}$$

由于稳态速度与位移分别为 $\dot{x}(t)=\dfrac{\ddot{x}(t)}{\mathrm{i}\omega}$,$x(t)=\dfrac{-\ddot{x}(t)}{\omega^2}$,质块的速度阻抗及导纳分别为

$$Z_{\mathrm{V}}=\frac{F_1+F_2}{[\omega^2X/(\mathrm{i}\omega)]}=\frac{\mathrm{i}\omega m\omega^2X}{\omega^2X}=\mathrm{i}\omega m \tag{6.3.5}$$

$$H_{\mathrm{V}} = 1/(\mathrm{i}\omega m) = -\mathrm{i}/(\omega m) \tag{6.3.6}$$

质块的位移阻抗及导纳分别为

$$Z_{\mathrm{D}} = \frac{F_1 + F_2}{(-\omega^2 X/\omega^2)} = \frac{-\omega^2 m \omega^2 X}{\omega^2 X} = -\omega^2 m \tag{6.3.7}$$

$$H_{\mathrm{D}} = -1/(\omega^2 m) \tag{6.3.8}$$

对于图 6.3.1(b)、(c)所示的弹簧元件与阻尼元件采用类似的分析方法，亦可求得其阻抗与导纳，所得结果归纳于表 6.3.1 中.

表 6.3.1

基本元件	阻抗			导纳		
	Z_{D}	Z_{V}	Z_{A}	H_{D}	H_{V}	H_{A}
弹　簧	k	$k/\mathrm{i}\omega$	$-k/\omega^2$	$1/k$	$\mathrm{i}\omega/k$	$-\omega^2/k$
阻尼器	$\mathrm{i}\omega c$	c	$c/\mathrm{i}\omega$	$1/(\mathrm{i}\omega c)$	$1/c$	$\mathrm{i}\omega/c$
质　块	$-\omega^2 m$	$\mathrm{i}\omega m$	m	$-1/(\omega^2 m)$	$1/(\mathrm{i}\omega m)$	$1/m$

6.3.2　机电比拟与机械网络

1. 机电比拟

振动系统可与电路系统相比拟，因此，在谐波激励下的振动系统也可以像正弦电路一样，用网络理论来分析.

与电路网络相似，机械网络中也有两类元件：一类为有源元件，另一类为无源元件. 有源元件又分力源和运动源，分别与电路中的电流源和电压源相对应. 无源元件有弹簧、质块及阻尼器，分别与电路中的电感、电容及电导相当，而振动速度则与电压相对应，机械阻抗与机械导纳则分别与电导纳和电阻抗相对应. 表 6.3.2 中示出了这些关系(这种对应关系不是唯一的，还存在其他的对应体系).

表 6.3.2

振动系统	电路系统	振动系统	电路系统
激励力　$f(t)$	电流　$i(t)$	速度　$\dot{x}(t)$	电压　V
质块　m	电容　C	机械导纳　$\dot{X}/F$	电阻抗　V/I
弹簧柔度　$1/k$	电感　L	机械阻抗　$F/\dot{X}$	电导纳　I/V
阻尼　c	电导　$1/R$	冲量　I	电量　Q

2. 并联与串联

(1) 并联. 如果网络中诸子网络两端的速度相同(而作用力不相同)，则称为并联，如图 6.3.2(a)所示. 整个网络的速度阻抗为

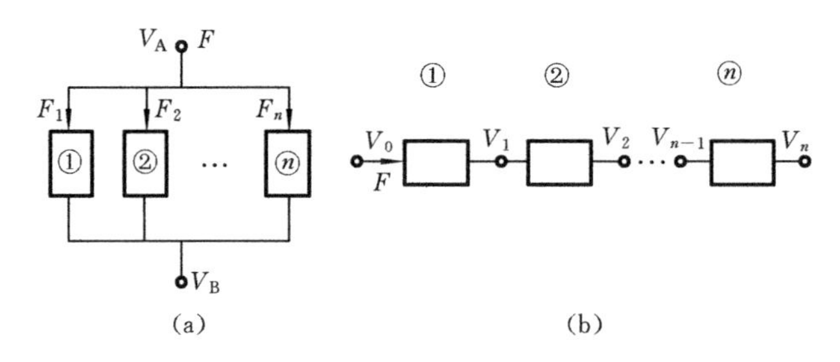

图 6.3.2

$$Z=\frac{F}{V_B-V_A}=\frac{F_1+F_2+\cdots+F_n}{V_B-V_A}=Z_1+Z_2+\cdots+Z_n \tag{6.3.9}$$

式中

$$Z_i=\frac{F_i}{V_B-V_A},\quad i=1,2,\cdots,n \tag{6.3.10}$$

即网络的总机械阻抗为各并联的子网络的阻抗之和.

(2) 串联.如果网络中诸子网络所受的力相同(而速度不同),则称为串联,如图 6.3.2(b)所示,整个网络的速度导纳为

$$\begin{aligned}H&=\frac{V_n-V_0}{F}=\frac{V_1-V_0}{F}+\frac{V_2-V_1}{F}+\cdots+\frac{V_n-V_{n-1}}{F}\\&=H_1+H_2+\cdots+H_n\end{aligned} \tag{6.3.11}$$

式中

$$H_i=\frac{V_i-V_{i-1}}{F},\quad i=1,2,\cdots,n \tag{6.3.12}$$

即网络中的总的机械导纳为各串联的子网络的导纳之和.

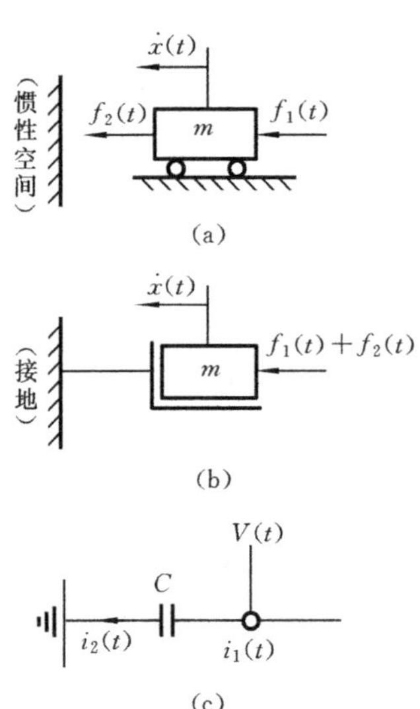

图 6.3.3

3. 机械网络图

为了将一个多自由度振动系统用机械网络图表示出来,必须先介绍力流和质块接地的概念.

在机电比拟中,将力比拟为电流,即可把作用在振动系统中各处的力想象为力在机械网络中流动.对于一个并联系统,力相加相当于力流有分支;对于一个串联系统,各处力相等,即力无分流.

在机电比拟中,弹簧与电感、阻尼器与电阻之间的比拟关系较易于理解,而把质块比拟为电容,则有必要加以说明.

图 6.3.3(a)所示为一质块在作用力 $f_1(t)$、$f_2(t)$作用下产生运动 $\dot{x}(t)$的状况.我们只讨论质块相对于惯性空间的运动,而惯性空间可认为是运动速度为零的接地点,则可将网络中的质块表示成

如图 6.3.3(b)所示，即将其一端接地. 根据表 6.3.2 所示的对应关系，其所对应的电容器及有关的电量如图 6.3.3(c)所示.

绘制机械网络图的一般规则是：将有源元件画在左边，无源元件画在右边，力源和速度源的符号与电流源和电压源的符号类似；系统中遇到质量时，将质块拉出并联接地，而各接地点用一根公用“地线”连接；同一节点上的速度相同，同一回路中的力流相同.

图 6.3.4(a)为一单自由度振动系统，图(b)为其机械网络. 因为作用在系统上的力由三个元件同时分担，力流一分为三，三个元件的运动速度相等，质块按接地处理，因此得到一个并联系统，其相似电网络如图(c)所示.

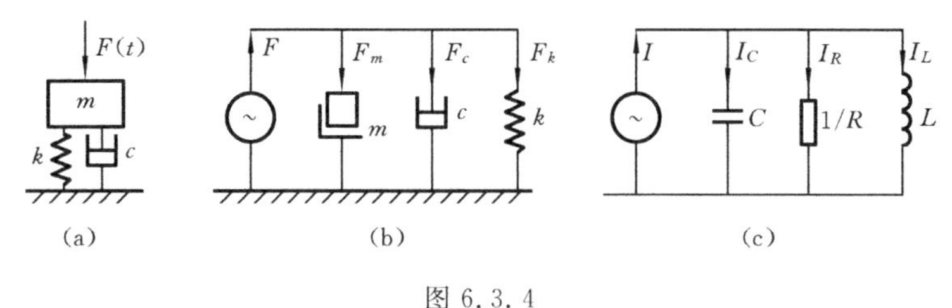

图 6.3.4

例 6.8　试计算图 6.3.4(a)所示系统的机械阻抗与导纳.

解　该系统是并联系统，系统的机械阻抗应为三个元件机械阻抗之和，故可求得系统的位移阻抗为

$$Z_{\mathrm{D}} = Z_{\mathrm{D}k} + Z_{\mathrm{D}c} + Z_{\mathrm{D}m} = k + \mathrm{i}\omega c - \omega^2 m$$

而系统的位移导纳为

$$H_{\mathrm{D}} = \frac{1}{Z_{\mathrm{D}}} = \frac{1}{k + \mathrm{i}\omega c - \omega^2 m}$$

这与第 2 章中求出的复频率响应是完全相同的. 前面用的是求解微分方程的办法，而这里仅是一个代数方程问题.

例 6.9　试求图 6.3.5(a)所示系统的机械阻抗与导纳.

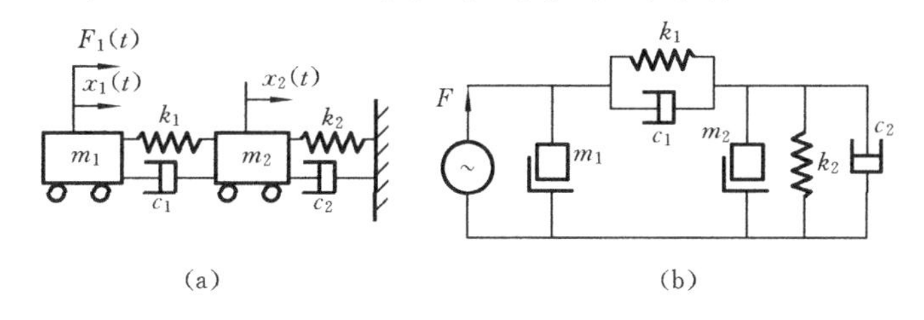

图 6.3.5

解　图 6.3.5(a)所示系统的机械网络图如图(b)所示，是一个串、并联系统. 设 Z_1 为元件 k_1、c_1 并联的阻抗，Z_2 为元件 m_2、k_2、c_2 并联的阻抗，Z_3 为 Z_1 与 Z_2

串联的阻抗,Z 为系统的总阻抗(位移阻抗),那么可写出

$$Z_1 = Z_{k1} + Z_{c1} = k_1 + \mathrm{i}\omega c_1 \tag{a}$$

$$Z_2 = Z_{m2} + Z_{k2} + Z_{c2} = k_2 - \omega^2 m_2 + \mathrm{i}\omega c_2 \tag{b}$$

$$1/Z_3 = 1/Z_1 + 1/Z_2 \tag{c}$$

$$Z = Z_{m1} + Z_3 = -\omega^2 m_1 + Z_3 \tag{d}$$

将式(a)、式(b)代入式(c),再将式(c)代入式(d),得

$$\begin{aligned}
Z &= -\omega^2 m_1 + \frac{(k_1 + \mathrm{i}\omega c_1)(k_2 - \omega^2 m_2 + \mathrm{i}\omega c_2)}{k_1 + k_2 + \mathrm{i}\omega c_1 + \mathrm{i}\omega c_2 - \omega^2 m_2} \\
&= \frac{(k_1 + \mathrm{i}\omega c_1)(k_2 - \omega^2 m_2 + \mathrm{i}\omega c_2)}{k_1 + k_2 + \mathrm{i}\omega(c_1 + c_2) - \omega^2 m_2} - \frac{\omega^2 m_1(k_1 + k_2 + \mathrm{i}\omega c_1 + \mathrm{i}\omega c_2 - \omega^2 m_2)}{k_1 + k_2 + \mathrm{i}\omega(c_1 + c_2) - \omega^2 m_2} \\
&= \frac{(k_2 - \omega^2 m_2 + \mathrm{i}\omega c_2)(k_1 + \mathrm{i}\omega c_1 - \omega^2 m_1) - \omega^2 m_1(k_1 + \mathrm{i}\omega c_1)}{k_1 + k_2 + \mathrm{i}\omega(c_1 + c_2) - \omega^2 m_2}
\end{aligned}$$

位移导纳为

$$H = \frac{k_1 + k_2 + \mathrm{i}\omega(c_1 + c_2) - \omega^2 m_2}{(k_2 - \omega^2 m_2 + \mathrm{i}\omega c_2)(k_1 - \omega^2 m_1 + \mathrm{i}\omega c_1) - \omega^2 m_1(k_1 + \mathrm{i}\omega c_1)}$$

对于图 6.3.5(a)所示系统,如果 $F_1(t)$的复幅值为 F_1,则可求出 $x_1(t)$的复幅值为 $X_1 = HF_1$,该结果与第 3 章中根据运动微分方程求得的解是相同的(读者可以自行验证).

6.3.3 机械阻抗综合法

阻抗综合法是分析复杂振动系统的有效方法.作为一种子系统综合法,它首先将整体系统分解成若干个子系统,应用上述机械阻抗或导纳概念分别研究各个子系统,建立各子系统的机械阻抗或导纳形式的运动方程;然后根据子系统之间互相连接的实际状况,确定子系统之间结合的约束条件;最后根据结合条件将各子系统的运动方程耦合起来,从而得到整体系统的运动方程与振动特性.

1. 由一个坐标连接两个子系统组成的系统

图 6.3.6(a)所示为一个坐标连接两个子系统 A、B 构成的系统,已知 $Z^{(A)}$、$Z^{(B)}$,下面求整体系统在连接点的阻抗 Z.

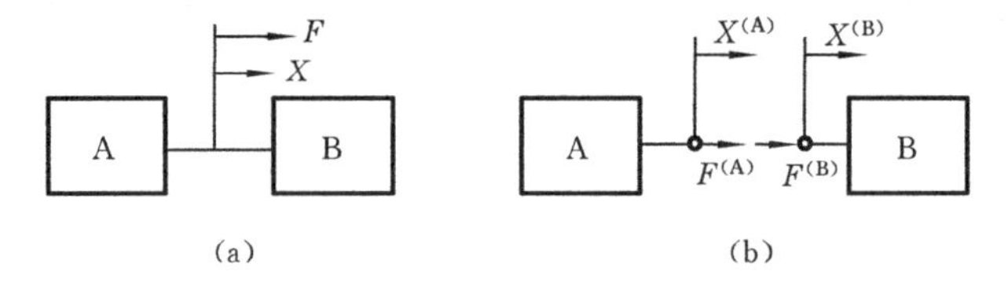

图 6.3.6

图 6.3.6(b)为 A、B 两个子系统，对它们可分别写出阻抗形式表示的运动方程，即

$$\left.\begin{aligned} F^{(A)} &= Z^{(A)} X^{(A)} \\ F^{(B)} &= Z^{(B)} X^{(B)} \end{aligned}\right\} \tag{6.3.13}$$

在连接点上位移相容条件与力的平衡条件分别为

$$\left.\begin{aligned} X &= X^{(A)} = X^{(B)} \\ F &= F^{(A)} + F^{(B)} \end{aligned}\right\} \tag{6.3.14}$$

或写为

$$\left.\begin{aligned} \begin{Bmatrix} X^{(A)} \\ X^{(B)} \end{Bmatrix} &= X \begin{Bmatrix} 1 \\ 1 \end{Bmatrix} \\ F &= \{1 \quad 1\} \begin{Bmatrix} F^{(A)} \\ F^{(B)} \end{Bmatrix} \end{aligned}\right\} \tag{6.3.15}$$

而式(6.3.13)可综合为

$$\begin{Bmatrix} F^{(A)} \\ F^{(B)} \end{Bmatrix} = \begin{bmatrix} Z^{(A)} & \\ & Z^{(B)} \end{bmatrix} \begin{Bmatrix} X^{(A)} \\ X^{(B)} \end{Bmatrix} \tag{6.3.16}$$

联立式(6.3.15)与式(6.3.16)，即从该两式中消去$\begin{Bmatrix} X^{(A)} \\ X^{(B)} \end{Bmatrix}$、$\begin{Bmatrix} F^{(A)} \\ F^{(B)} \end{Bmatrix}$可得系统的运动方程，即

$$F = \{1,1\} \begin{bmatrix} Z^{(A)} & \\ & Z^{(B)} \end{bmatrix} \begin{Bmatrix} 1 \\ 1 \end{Bmatrix} X$$

或

$$F = (Z^{(A)} + Z^{(B)}) X \tag{6.3.17}$$

由此可得到系统在连接点的阻抗为

$$Z = F/X = Z^{(A)} + Z^{(B)} \tag{6.3.18}$$

而由式(6.3.17)可得

$$X = \frac{F}{Z^{(A)} + Z^{(B)}}$$

当 $Z^{(A)} + Z^{(B)} = 0$ 时，系统的 X 趋于∞，即产生共振. 满足这一条件，称两个子系统的阻抗 $Z^{(A)}$ 与 $Z^{(B)}$ 是匹配的. 利用这一特点，可由子系统的阻抗求整体系统的自然频率.

例 6.10　用阻抗综合法求例 4.7 中系统的自然频率.

解　将原系统分成两个子系统 A、B，如图 6.3.7(a)所示，它们的等效机械网络分别如图 6.3.7(b)中两图所示.

子系统 A 在连接点的阻抗为

$$Z^{(A)} = \frac{1}{H_{k2} + \dfrac{1}{Z_{k1} + Z_{m1}}} = \frac{1}{\dfrac{1}{k_2} + \dfrac{1}{k_1 - \omega^2 m_1}} = \frac{k_2(k_1 - \omega^2 m_1)}{k_1 + k_2 - \omega^2 m_1} \tag{a}$$

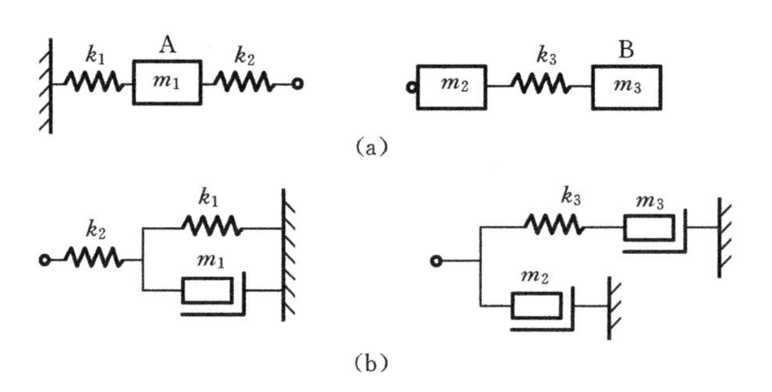

图 6.3.7

子系统 B 在连接点的阻抗为

$$Z^{(B)}=Z_{m2}+\frac{1}{H_{k3}+H_{m3}}=-\omega^2m_2+\frac{1}{\dfrac{1}{k_3}-\dfrac{1}{\omega^2m_3}}=\frac{-k_3m_3\omega^2}{k_3-\omega^2m_3}-\omega^2m_2 \tag{b}$$

据此,令 $Z^{(A)}+Z^{(B)}=0$,得

$$\frac{-k_3m_3\omega^2}{k_3-\omega^2m_3}-\omega^2m_2+\frac{k_2(k_1-\omega^2m_1)}{k_1+k_2-\omega^2m_1}=0 \tag{c}$$

或

$$-k_3m_3\omega^2(k_1+k_2-\omega^2m_1)-\omega^2m_2(k_3-\omega^2m_3)(k_1+k_2-\omega^2m_1)$$
$$+k_2(k_1-\omega^2m_1)(k_3-\omega^2m_3)=0 \tag{d}$$

此即上述三自由度系统的频率方程,余下求解不赘述.

例 6.11 用阻抗综合法求图 6.3.8(a)中扭振系统的自然频率.

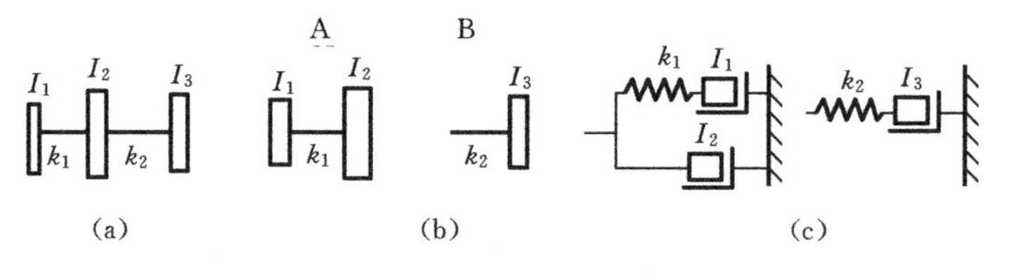

图 6.3.8

解 该系统可分解成 A、B 两个子系统,如图 6.3.8(b)所示,其等效机械网络如图 6.3.8(c)所示.子系统 A、B 在连接点的阻抗分别为

$$Z^{(A)}=Z_{I_2}+\frac{1}{H_{k_1}+H_{I_1}}=-\omega^2I_2+\frac{1}{\dfrac{1}{k_1}-\dfrac{1}{\omega^2I_1}} \tag{a}$$

$$Z^{(B)}=\frac{1}{H_{k_2}+H_{I_3}}=\frac{1}{\dfrac{1}{k_2}-\dfrac{1}{\omega^2I_3}}=-\frac{\omega^2I_3k_2}{k_2-\omega^2I_3} \tag{b}$$

令 $Z^{(A)}+Z^{(B)}=0$,得系统的频率方程为

$$\frac{I_1I_2I_3}{k_1k_2}\omega^4-\left(\frac{I_1I_3+I_2I_3}{k_2}+\frac{I_1I_2+I_1I_3}{k_1}\right)\omega^2+I_1I_2I_3=0 \tag{c}$$

由此可解出系统的自然频率.

2. 由两个坐标连接两个子系统组成的系统

图 6.3.9(a)所示为一由两个坐标连接两个子系统 A、B 组成的系统,对它们可分别写出其阻抗矩阵表示的运动方程为

$$\left.\begin{aligned}\{F^{(A)}\}&=[Z^{(A)}]\{X^{(A)}\}\\ \{F^{(B)}\}&=[Z^{(B)}]\{X^{(B)}\}\end{aligned}\right\} \tag{6.3.19}$$

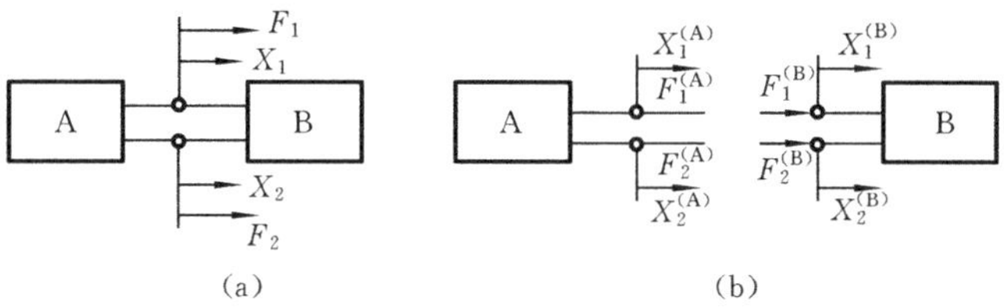

图 6.3.9

其中 $\{X^{(A)}\}=\{X_1^{(A)},X_2^{(A)}\}^T\quad\{X^{(B)}\}=\{X_1^{(B)},X_2^{(B)}\}^T$

$\{F^{(A)}\}=\{F_1^{(A)},F_2^{(A)}\}^T\quad\{F^{(B)}\}=\{F_1^{(B)},F_2^{(B)}\}^T$

而$[Z^{(A)}]$、$[Z^{(B)}]$分别为子系统 A、B 的阻抗矩阵.

式(6.3.19)可综合成

$$\begin{Bmatrix}\{F^{(A)}\}\\ \{F^{(B)}\}\end{Bmatrix}=\begin{bmatrix}[Z^{(A)}] & \\ & [Z^{(B)}]\end{bmatrix}\begin{Bmatrix}\{X^{(A)}\}\\ \{X^{(B)}\}\end{Bmatrix} \tag{6.3.20}$$

子系统 A、B 之间的位移相容与力的平衡条件为

$$\left.\begin{aligned}\{X^{(A)}\}&=\{X^{(B)}\}=\{X\}\\ \{F^{(A)}\}+\{F^{(B)}\}&=\{F\}\end{aligned}\right\} \tag{6.3.21}$$

其中 $\{X\}=\{X_1,\ X_2\}^T\quad\{F\}=\{F_1,\ F_2\}^T$

上两式可归纳成“约束方程”

$$\left.\begin{aligned}&\begin{Bmatrix}\{X^{(A)}\}\\ \{X^{(B)}\}\end{Bmatrix}=\begin{Bmatrix}\{X\}\\ \{X\}\end{Bmatrix}\\ &[[1]\ \vdots\ [1]]\begin{Bmatrix}\{F^{(A)}\}\\ \{F^{(B)}\}\end{Bmatrix}=\{F\}\end{aligned}\right\} \tag{6.3.22}$$

将式(6.3.22)代入式(6.3.20),消去$\{\{F^{(A)}\},\{F^{(B)}\}\}^T$ 及$\{\{X^{(A)}\},\{X^{(B)}\}\}^T$,可得整体系统的运动方程

$$\{F\}=[[1]\ \vdots\ [1]]\begin{bmatrix}[Z^{(A)}] & \\ & [Z^{(B)}]\end{bmatrix}\begin{Bmatrix}\{X\}\\ \{X\}\end{Bmatrix}$$

$$= ([Z^{(A)}]+[Z^{(B)}])\{X\} \tag{6.3.23}$$

或

$$\{F\} = [Z]\{X\} \tag{6.3.24}$$

式中

$$[Z] = [Z^{(A)}]+[Z^{(B)}] \tag{6.3.25}$$

为系统的阻抗矩阵.

在自由振动情况下,$\{F\}=0$. 由式(6.3.24)得

$$[Z]\{X\} = \{0\} \tag{6.3.26}$$

由于$\{X\}$必须为非零向量,因而得系统的自然频率方程为

$$\det[Z] = 0 \tag{6.3.27}$$

上述方法称为动刚度综合法.

如果采用子系统的导纳矩阵表达运动方程,有

$$\{X^{(A)}\} = [H^{(A)}]\{F^{(A)}\} \quad \{X^{(B)}\} = [H^{(B)}]\{F^{(B)}\}$$

其中,$[H^{(A)}]$、$[H^{(B)}]$分别为子系统 A、B 的导纳矩阵. 类似上述推导,可得整体系统的运动方程为

$$\{X\} = [H]\{F\} \tag{6.3.28}$$

式中

$$[H] = \begin{bmatrix} H_{11} & H_{12} \\ H_{21} & H_{22} \end{bmatrix} \tag{6.3.29}$$

式(6.3.29)为系统的导纳矩阵,其元素为

$$\left.\begin{aligned} H_{11} &= \{H_{11}^{(A)}[H_{11}^{(B)}H_{22}^{(B)}-(H_{12}^{(B)})^2] \\ &\quad + H_{11}^{(B)}[H_{11}^{(A)}H_{22}^{(A)}-(H_{12}^{(A)})^2]\}/\Delta(\omega) \\ H_{12} &= \{H_{12}^{(A)}[H_{11}^{(B)}H_{22}^{(B)}-H_{12}^{(A)}H_{12}^{(B)}] \\ &\quad + H_{12}^{(B)}[H_{11}^{(A)}H_{22}^{(A)}-H_{12}^{(A)}H_{12}^{(B)}]\}/\Delta(\omega) \\ H_{22} &= \{H_{22}^{(A)}[H_{11}^{(B)}H_{22}^{(B)}-(H_{12}^{(B)})^2] \\ &\quad + H_{22}^{(B)}[H_{11}^{(A)}H_{22}^{(A)}-(H_{22}^{(A)})^2]\}/\Delta(\omega) \\ H_{21} &= H_{12} \end{aligned}\right\} \tag{6.3.30}$$

而

$$\Delta(\omega) = \begin{vmatrix} H_{11}^{(A)}+H_{11}^{(B)} & H_{12}^{(A)}+H_{12}^{(B)} \\ H_{21}^{(A)}+H_{21}^{(B)} & H_{22}^{(A)}+H_{22}^{(B)} \end{vmatrix} = \det([H^{(A)}]+[H^{(B)}]) \tag{6.3.31}$$

显然,$\Delta(\omega)=0$ 为系统的频率方程.

上述方法称为动柔度综合法.

现在假设各子系统除了相互连接的坐标以外,还有其他坐标也纳入考虑,如图 6.3.10(a)所示的系统由 A、B 两个子系统连接而成,如图 6.3.10(b)所示. 子系统的阻抗形式的运动方程为

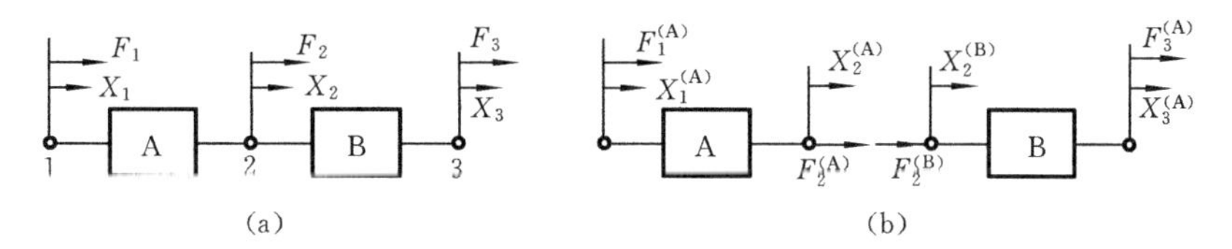

图 6.3.10

$$\left.\begin{aligned}\begin{Bmatrix}F_1^{(A)}\\F_2^{(A)}\end{Bmatrix}=\begin{bmatrix}Z_{11}^{(A)} & Z_{12}^{(A)}\\Z_{21}^{(A)} & Z_{22}^{(A)}\end{bmatrix}\begin{Bmatrix}X_1^{(A)}\\X_2^{(A)}\end{Bmatrix}\\\begin{Bmatrix}F_2^{(B)}\\F_3^{(B)}\end{Bmatrix}=\begin{bmatrix}Z_{22}^{(B)} & Z_{23}^{(B)}\\Z_{32}^{(B)} & Z_{33}^{(B)}\end{bmatrix}\begin{Bmatrix}X_2^{(B)}\\X_3^{(B)}\end{Bmatrix}\end{aligned}\right\}\tag{6.3.32}$$

将上式综合起来，得

$$\begin{Bmatrix}F_1^{(A)}\\F_2^{(A)}\\F_2^{(B)}\\F_3^{(B)}\end{Bmatrix}=\begin{bmatrix}Z_{11}^{(A)} & Z_{12}^{(A)} & 0 & 0\\Z_{21}^{(A)} & Z_{22}^{(A)} & 0 & 0\\0 & 0 & Z_{22}^{(B)} & Z_{23}^{(B)}\\0 & 0 & Z_{32}^{(B)} & Z_{33}^{(B)}\end{bmatrix}\begin{Bmatrix}X_1^{(A)}\\X_2^{(A)}\\X_2^{(B)}\\X_3^{(B)}\end{Bmatrix}\tag{6.3.33}$$

在连接点 2 处，位移相容条件为

$$X_2^{(A)}=X_2^{(B)}=X_2\tag{6.3.34}$$

力的平衡条件为

$$F_2=F_2^{(A)}+F_2^{(B)}\tag{6.3.35}$$

在端点 1、3 处，分别有

$$\left.\begin{aligned}X_1^{(A)}=X_1\quad F_1^{(A)}=F_1\\X_3^{(B)}=X_3\quad F_3^{(B)}=F_3\end{aligned}\right\}\tag{6.3.36}$$

将式(6.3.34)至式(6.3.36)综合成为矩阵形式，得

$$\begin{bmatrix}1 & 0 & 0\\0 & 1 & 0\\0 & 1 & 0\\0 & 0 & 1\end{bmatrix}\begin{Bmatrix}X_1\\X_2\\X_3\end{Bmatrix}=\begin{Bmatrix}X_1^{(A)}\\X_2^{(A)}\\X_2^{(B)}\\X_3^{(B)}\end{Bmatrix}\tag{6.3.37}$$

$$\begin{bmatrix}1 & 0 & 0 & 0\\0 & 1 & 1 & 0\\0 & 0 & 0 & 1\end{bmatrix}\begin{Bmatrix}F_1^{(A)}\\F_2^{(A)}\\F_2^{(B)}\\F_3^{(B)}\end{Bmatrix}=\begin{Bmatrix}F_1\\F_2\\F_3\end{Bmatrix}\tag{6.3.38}$$

将上两式代入式(6.3.33)，得整体系统的方程为

$$\begin{Bmatrix} F_1 \\ F_2 \\ F_3 \end{Bmatrix} = \begin{bmatrix} 1 & 0 & 0 & 0 \\ 0 & 1 & 1 & 0 \\ 0 & 0 & 0 & 1 \end{bmatrix} \begin{bmatrix} Z_{12}^{(A)} & Z_{12}^{(A)} & 0 & 0 \\ Z_{21}^{(A)} & Z_{22}^{(A)} & 0 & 0 \\ 0 & 0 & Z_{22}^{(B)} & Z_{23}^{(B)} \\ 0 & 0 & Z_{32}^{(B)} & Z_{33}^{(B)} \end{bmatrix} \begin{bmatrix} 1 & 0 & 0 \\ 0 & 1 & 0 \\ 0 & 1 & 0 \\ 0 & 0 & 1 \end{bmatrix} \begin{Bmatrix} X_1 \\ X_2 \\ X_3 \end{Bmatrix}$$

$$= \begin{bmatrix} Z_{11}^{(A)} & Z_{12}^{(A)} & 0 \\ Z_{21}^{(A)} & Z_{22}^{(B)} + Z_{22}^{(B)} & Z_{23}^{(B)} \\ 0 & Z_{32}^{(B)} & Z_{33}^{(B)} \end{bmatrix} \begin{Bmatrix} X_1 \\ X_2 \\ X_3 \end{Bmatrix} \tag{6.3.39}$$

上式表明,整体系统的阻抗矩阵等于所有子系统的阻抗矩阵按结点相叠加的结果.这一结论具有普遍性,对于多个子结构互相连接的整体系统和对结合点由多个坐标连接的情况,以及各子系统除了相互连接的坐标以外尚有多个其他坐标的情况,上述结论都适用.

例 6.12　图 6.3.11(a)所示系统为一弯曲刚度为 EI 的柔性杆,其分布质量不计,而端部连接一边长为 $2a$ 的正方形质块,其质量为 m,对于其中心的转动惯量为 I_o,系统在平面内运动,试导出频率方程.

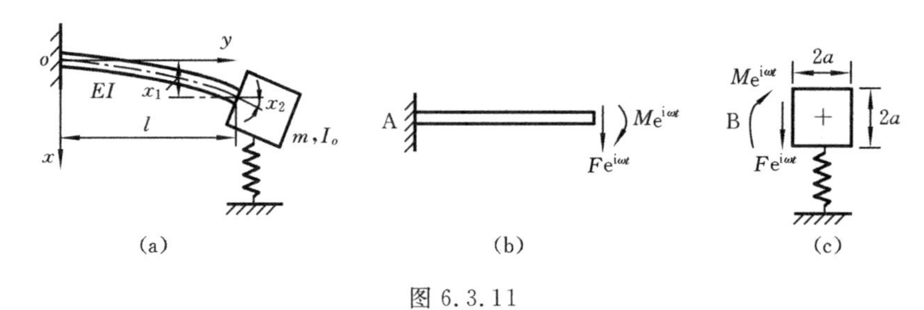

图 6.3.11

解　将原系统分解成 A、B 两个子系统,如图 6.3.11(b)、(c)所示,它们由结合点处的位移 $x_1(t)$ 及转角 $x_2(t)$ 两坐标相连接,它们分别对应于结合点的剪力 $F(t)$ 和弯矩 $M(t)$. 下面先求出各子系统的导纳矩阵.

设 $x(y,t)$ 为柔性杆在坐标 y 处的挠度,则对于子系统 A,从材料力学知识可知,其弯曲变形方程为

$$F(t)(l-y) + M(t) = EI\,\frac{\partial^2 x(y,t)}{\partial y^2}$$

或
$$\frac{\partial^2 x(y,t)}{\partial y^2} = \frac{F(t)}{EI}(l-y) + \frac{M(t)}{EI}$$

积分,得
$$\frac{\partial x(y,t)}{\partial y} = \frac{F(t)}{EI}\left(ly - \frac{y^2}{2}\right) + \frac{M(t)}{EI}y + C_1 \tag{a}$$

由边界条件 $(\partial x(y,t)/\partial y)|_{y=0} = 0$ 可确定 $C_1 = 0$,对式(a)再积分,得

$$x(y,t)=\frac{F(t)}{EI}\left(\frac{ly^2}{2}-\frac{y^3}{6}\right)+\frac{M(t)y^2}{2EI}+C_2 \tag{b}$$

由边界条件 $x(y,t)|_{y=0}=0$ 可确定 $C_2=0$.

根据式(a)、式(b)可求出子系统 A 在结合点的力与位移的关系

$$x_1(t)=x(y,t)|_{y=l}=\frac{lF(t)}{3EI}+\frac{l^2M(t)}{2EI}$$

$$x_2(t)=\left.\frac{\partial x(y,t)}{\partial y}\right|_{y=l}=\frac{l^2F(t)}{2EI}+\frac{lM(t)}{EI}$$

对上两式取 Fourier 变换可导出系统的导纳方程，即

$$\begin{Bmatrix}X_1(\omega)\\X_2(\omega)\end{Bmatrix}=\begin{bmatrix}\dfrac{l}{3EI} & \dfrac{l^2}{2EI}\\ \dfrac{l^2}{2EI} & \dfrac{l}{EI}\end{bmatrix}\begin{Bmatrix}P(\omega)\\M(\omega)\end{Bmatrix}$$

故导纳矩阵为

$$[H^{(A)}]=\begin{bmatrix}\dfrac{l}{3EI} & \dfrac{l^2}{2EI}\\ \dfrac{l^2}{2EI} & \dfrac{l}{EI}\end{bmatrix} \tag{c}$$

对子系统 B，按 Newton 定律可写出

$$F(t)=m[\ddot{x}_1(t)+a\ddot{x}_2(t)]$$

$$M(t)-aP(t)=I_o\ddot{x}_2(t)$$

对上式取 Fourier 变换，同理可导出

$$[H^{(B)}]=\begin{bmatrix}-\dfrac{I_o+ma^2}{mI_o\omega^2} & \dfrac{a}{I_o\omega^2}\\ \dfrac{a}{I_o\omega^2} & -\dfrac{1}{I_o\omega^2}\end{bmatrix} \tag{d}$$

根据式(6.3.31)，可写出系统的频率方程为

$$\Delta(\omega)=\det([H^{(A)}]+[H^{(B)}])$$

$$=\begin{vmatrix}\dfrac{l}{3EI}-\dfrac{I_o+ma^2}{mI_o\omega^2} & \dfrac{l^2}{2EI}+\dfrac{a}{I_o\omega^2}\\ \dfrac{l^2}{2EI}+\dfrac{a}{I_o\omega^2} & \dfrac{l}{EI}-\dfrac{1}{I_o\omega^2}\end{vmatrix}=0$$

展开，得

$$[2lmI_o\omega^2-3EI(I_o+ma^2)](2lI_o\omega^2-2EI)$$
$$-(3l^2I_o\omega^2+6EIa)(l^2mI_o\omega^2+2EIma)=0$$

3. 子系统引起主系统振动特性的变化

如图 6.3.12 所示，设附加子系统 B 可通过一个或几个坐标与原系统 A 相连接. 将原系统的坐标分为与附加子系统相连接的坐标 $\{X\}_j$ 和非连接的坐标 $\{X\}_i$，

那么,用阻抗矩阵表示的原系统 A 的运动方程为

$$\begin{bmatrix} [Z^{(A)}]_{ii} & [Z^{(A)}]_{ij} \\ [Z^{(A)}]_{ji} & [Z^{(A)}]_{jj} \end{bmatrix} \begin{Bmatrix} \{X^{(A)}\}_i \\ \{X^{(A)}\}_j \end{Bmatrix} = \begin{Bmatrix} \{F^{(A)}\}_i \\ \{F^{(A)}\}_j \end{Bmatrix} \tag{6.3.40}$$

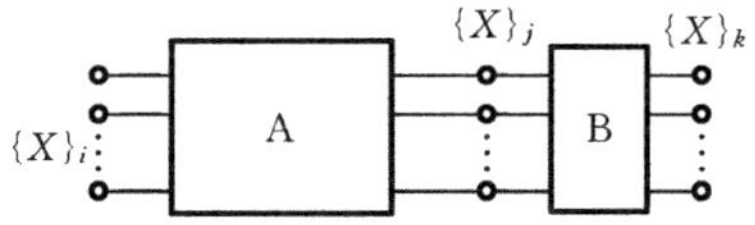

$\{X\}_i$　A　$\{X\}_j$　B　$\{X\}_k$

图 6.3.12

用阻抗矩阵表示的附加子系统 B 的运动方程为

$$[Z^{(B)}]_{jj}\{X^{(B)}\}_j = \{F^{(B)}\}_j \tag{6.3.41}$$

根据整体系统的阻抗矩阵是所有子系统阻抗矩阵按结点叠加的原则,子系统 B 附加在原系统 A 上后,整体系统的阻抗矩阵为

$$\begin{aligned}[Z] &= \begin{bmatrix} [Z^{(A)}]_{ii} & [Z^{(A)}]_{ij} \\ [Z^{(A)}]_{ji} & [Z^{(A)}]_{jj} \end{bmatrix} + \begin{bmatrix} 0 & 0 \\ 0 & [Z^{(B)}]_{jj} \end{bmatrix} \\ &= \begin{bmatrix} [Z^{(A)}]_{ii} & [Z^{(A)}]_{ij} \\ [Z^{(A)}]_{ji} & [Z^{(A)}]_{jj} + [Z^{(B)}]_{jj} \end{bmatrix} \end{aligned} \tag{6.3.42}$$

令 $\det[Z]=0$,即得系统的频率方程.

在实际工程中,主系统和子系统的运动方程往往以其导纳矩阵$[H^{(A)}]$、$[H^{(B)}]$表示,而由$[H]=[Z]^{-1}$关系可推出主系统在附加子系统后所得整体系统的导纳矩阵为

$$\begin{aligned}[H] = \begin{bmatrix} [H]_{ii} & [H]_{ij} \\ [H]_{ji} & [H]_{jj} \end{bmatrix} &= \begin{bmatrix} [H^{(A)}]_{ii} & [H^{(A)}]_{ij} \\ 0 & 0 \end{bmatrix} + \begin{bmatrix} -[H^{(A)}]_{ii} & -[H^{(A)}]_{ij} \\ [H^{(B)}]_{ji} & [H^{(B)}]_{jj} \end{bmatrix} \\ &\times \begin{bmatrix} ([H^{(B)}]_{jj} + [H^{(A)}]_{jj})^{-1}[H^{(A)}]_{ji} & 0 \\ 0 & ([H^{(B)}]_{jj} + [H^{(A)}]_{jj})^{-1}[H^{(A)}]_{jj} \end{bmatrix} \end{aligned} \tag{6.3.43}$$

由导纳矩阵中任何一个元素的倒数为零,即得系统的频率方程.

6.4　子系统综合法(三)——模态综合法

模态综合法也是一种子系统综合法,但是与前两节所讲的方法不同,它并不是在频域或复域中进行综合,而是在时域中利用自然坐标(主坐标)进行综合. 此法首先将整体系统分解成若干个子系统,然后求得各子系统的模态参数,将各子系统的振动特性用自然坐标表达出来,最后根据各子系统连接界面的约束条件,建立总体

系统的、以自然坐标表示的运动方程式,从而求出总体系统的模态参数.

6.4.1　模态综合法的基本步骤

1. 建立各子系统的运动方程,计算子系统的模态参数

对整体系统根据具体情况分解为若干个子系统,导出各子系统的运动微分方程.设第 r 个子系统的运动方程为

$$[m]_r\{\ddot{q}(t)\}_r+[k]_r\{q(t)\}_r=\{Q(t)\}_r,\quad r=1,2,\cdots,m \tag{6.4.1}$$

式中,m 为分解成子系统的个数.这里仅讨论无阻尼情况.

求解方程(6.4.1)对应的特征值问题,分别得到各子系统的模态矩阵$[u]_r(r=1,2,\cdots,m)$.

2. 将子系统的运动方程从物理坐标变换到自然坐标

以$[u]_r$ 为变换矩阵,即

$$\{q(t)\}_r=[u]_r\{\eta(t)\}_r,\quad r=1,2,\cdots,m \tag{6.4.2}$$

对方程(6.4.1)进行坐标变换并整理,得

$$\left[\diagdown M_s\diagdown\right]_r\{\ddot{\eta}(t)\}_r+\left[\diagdown K_s\diagdown\right]_r\{\eta(t)\}_r=\{N(t)\}_r,\quad r=1,2,\cdots,m \tag{6.4.3}$$

式中,$\left[\diagdown M_s\diagdown\right]_r$、$\left[\diagdown K_s\diagdown\right]_r$、$\{N(t)\}_r$ 分别为第 r 个子系统的模态质量矩阵、模态刚度矩阵和激励力向量,且有

$$\left.\begin{aligned}\left[\diagdown M_s\diagdown\right]_r&=[u]_r^{\mathrm{T}}[m]_r[u]_r\\ \left[\diagdown K_s\diagdown\right]_r&=[u]_r^{\mathrm{T}}[k]_r[u]_r\\ \{N(t)\}_r&=[u]_r^{\mathrm{T}}\{Q(t)\}_r\end{aligned}\right\} \tag{6.4.4}$$

3. 建立总体系统的运动方程

将各子系统的运动方程顺序组合在一起,得到尚未连接的整体系统的运动方程为

$$\left[\diagdown M\diagdown\right]\{\ddot{\eta}(t)\}+\left[\diagdown K\diagdown\right]\{\eta(t)\}=\{N(t)\} \tag{6.4.5}$$

式中

$$\left[\diagdown M\diagdown\right]=\begin{bmatrix}\left[\diagdown M_s\diagdown\right]_1 & & & \\ & \left[\diagdown M_s\diagdown\right]_2 & & \\ & & \ddots & \\ & & & \left[\diagdown M_s\diagdown\right]_m\end{bmatrix}$$

$$\lceil K \rfloor = \begin{bmatrix} \lceil K_s \rfloor_1 & & & \\ & \lceil K_s \rfloor_2 & & \\ & & \ddots & \\ & & & \lceil K_s \rfloor_m \end{bmatrix}$$

$$\{\eta(t)\} = \{\{\eta(t)\}_1^{\mathrm{T}}, \{\eta(t)\}_2^{\mathrm{T}}, \cdots, \{\eta(t)\}_m^{\mathrm{T}}\}^{\mathrm{T}}$$

$$\{N(t)\} = \{\{N(t)\}_1^{\mathrm{T}}, \{N(t)\}_2^{\mathrm{T}}, \cdots, \{N(t)\}_m^{\mathrm{T}}\}^{\mathrm{T}}$$

上述$\{\eta(t)\}$的各组坐标$\{\eta(t)\}_r$之间不是独立的，由于各个子系统之间相互连接，因而在各个坐标之间形成了一定的约束条件，即相容性条件. 我们只考虑各物理坐标之间存在线性相容性条件的情况，其中包括两个坐标刚性连接的情况.

将各物理坐标之间的线性相容性条件归纳起来，可得矩阵形式的相容方程为

$$[J]\{q(t)\} = \{0\} \tag{6.4.6}$$

式中
$$\{q(t)\} = \{\{q(t)\}_1^{\mathrm{T}}, \{q(t)\}_2^{\mathrm{T}}, \cdots, \{q(t)\}_m^{\mathrm{T}}\}^{\mathrm{T}}$$

将式(6.4.2)代入上式，得

$$[J][u]\{\eta(t)\} = \{0\} \tag{6.4.7}$$

或
$$[S]\{\eta(t)\} = \{0\} \tag{6.4.8}$$

式中
$$[S] = [J][u] = [J]\begin{bmatrix} [u]_1 & & & \\ & [u]_2 & & \\ & & \ddots & \\ & & & [u]_m \end{bmatrix} \tag{6.4.9}$$

式(6.4.8)即关于自然坐标的相容方程.

将式(6.4.5)与式(6.4.8)联立起来，即消去方程(6.4.5)中的不独立坐标，便得到子系统连接后整体系统的运动方程.

设$\{\eta(t)\}$分割为不独立坐标$\{\alpha(t)\}$和独立坐标$\{\beta(t)\}$，同时将$[S]$也作相应的分割，则式(6.4.8)可写为

$$[[S]_\alpha \;\vdots\; [S]_\beta]\begin{Bmatrix} \{\alpha(t)\} \\ \cdots\cdots \\ \{\beta(t)\} \end{Bmatrix} = \{0\} \tag{6.4.10}$$

展开，得
$$[S]_\alpha\{\alpha(t)\} = -[S]_\beta\{\beta(t)\}$$

$$\{\alpha(t)\} = -[S]_\alpha^{-1}[S]_\beta\{\beta(t)\} \tag{6.4.11}$$

从而有
$$\begin{Bmatrix} \{\alpha(t)\} \\ \{\beta(t)\} \end{Bmatrix} = \begin{bmatrix} -[S]_\alpha^{-1}[S]_\beta \\ [1] \end{bmatrix}\{\beta(t)\} \tag{6.4.12}$$

即
$$\{\eta(t)\} = [R]\{\beta(t)\} \tag{6.4.13}$$

式中
$$[R]=\begin{bmatrix} -[S]_{\alpha}^{-1}[S]_{\beta} \\ [1] \end{bmatrix} \tag{6.4.14}$$

如果由物理坐标$\{q(t)\}_r$变换到自然坐标$\{\eta(t)\}_r$是第一次坐标变换，那么由式(6.4.13)消去不独立坐标则称为第二次坐标变换. 其变换矩阵为$[R]$，由此可得整体系统中以独立自然坐标$\{\beta(t)\}$表达的运动方程
$$[M]\{\ddot{\beta}(t)\}+[K]\{\beta(t)\}=\{F(t)\} \tag{6.4.15}$$

式中
$$\begin{aligned} [M]&=[R]^{\mathrm{T}}\left[\diagdown M\diagdown\right][R] \\ [K]&=[R]^{\mathrm{T}}\left[\diagdown K\diagdown\right][R] \\ \{F(t)\}&=[R]^{\mathrm{T}}\{N(t)\} \end{aligned} \tag{6.4.16}$$

求解方程(6.4.15)，得到整体系统的自然频率ω_i、模态向量$\{u^{(i)}\}(i=1,2,\cdots,n)$以及响应$\{\beta(t)\}$.

4. 从自然坐标返回物理坐标，得到物理坐标下系统的响应

相继通过坐标变换式(6.4.13)和式(6.4.2)，可求得各子系统的物理坐标表达的模态和响应.

6.4.2　连接界面上的边界条件

一个振动系统按诸连接界面分解为若干个子系统之后，连接界面就成了各子系统的边界. 对于此边界条件可以有不同的处理方法，主要可分为固定界面法和自由界面法.

采用固定界面法模态综合法时，将子系统之间的连接界面处理为固定，即把子系统在连接界面上的自由度全部固定. 例如图 6.4.1(a)所示的五自由度系统，将它按中间界面 o—o 划分为两个子系统 A 与 B，如图 6.4.1(b)所示，在界面上两个子系统均视为固定边界. 这样两个子系统均各有两个主模态. 但实际的系统在界面处并未固定，为了反映这一事实，在子系统中，除了主模态以外，还必须将所谓“约束模态”也加以考虑.

约束模态即是将子系统连接界面上被约束(固定)的自由度逐一释放，而假设该自由度上有单位强迫静态位移后，所获得的该子系统的静位移向量. 例如，对图 6.4.1(b)所示的两个子系统的模态矩阵$[u]_{\mathrm{A}}$、$[u]_{\mathrm{B}}$，应该分别由其主模态向量$\{u^{(1)}\}_{\mathrm{A}}$、$\{u^{(2)}\}_{\mathrm{A}}$；$\{u^{(1)}\}_{\mathrm{B}}$、$\{u^{(2)}\}_{\mathrm{B}}$(见图 6.4.1(c))与约束模态向量$\{\tilde{u}^{(1)}\}_{\mathrm{A}}$；$\{\tilde{u}^{(1)}\}_{\mathrm{B}}$(见图 6.4.1(d))组成，即
$$\left.\begin{aligned} [u]_{\mathrm{A}}&=[\{u^{(1)}\}_{\mathrm{A}},\{u^{(2)}\}_{\mathrm{A}},\{\tilde{u}_{(1)}\}_{\mathrm{A}}] \\ [u]_{\mathrm{B}}&=[\{u^{(1)}\}_{\mathrm{B}},\{u^{(2)}\}_{\mathrm{B}},\{\tilde{u}_{(1)}\}_{\mathrm{B}}] \end{aligned}\right\} \tag{6.4.17}$$

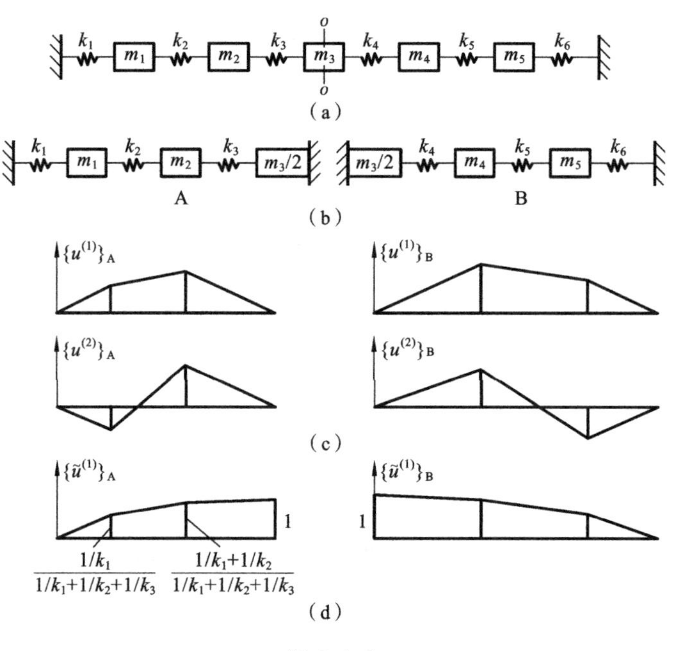

图 6.4.1

采用自由界面模态综合法时，将子系统之间的连接界面按自由端处理，这样，各子系统连接界面上的自由度完全自由. 如果除子系统之间的连接界面外，子系统没有其他约束，则子系统的模态矩阵中除包括子系统的主模态外，还应包括子系统的刚体运动模态.

对于图 6.4.2(a)所示系统，采用自由界面模态综合法时，可将它们划分为图 6.4.2(b)所示的两个子系统 A 与 B. 子系统 A 具有整体系统原有的约束(固定端)，故其模态矩阵$[u]_A$仅含有其三阶主模态$\{u^{(1)}\}_A$、$\{u^{(2)}\}_A$、$\{u^{(3)}\}_A$，而子系统 B 的模态矩阵$[u]_B$包括其刚体模态$\{u^{(0)}\}_B$及二阶主模态$\{u^{(1)}\}_B$、$\{u^{(2)}\}_B$. 因此它们的模态矩阵为

$$\left.\begin{aligned}[u]_A&=[\{u^{(1)}\}_A,\{u^{(2)}\}_A,\{u^{(3)}\}_A]\\ [u]_B&=[\{u^{(0)}\}_B,\{u^{(1)}\}_B,\{u^{(2)}\}_B]\end{aligned}\right\}\tag{6.4.18}$$

例 6.13　用自由界面模态综合法求图 6.4.3 所示系统的自由频率与模态向量.

解　以中间质量的中心截面 o—o 为界面，将原系统分解为图 6.4.3(b)、(c)所示的两个子系统 A 与 B. 子系统 A 的运动方程为

$$\begin{bmatrix} m & 0 \\ 0 & m/2 \end{bmatrix}\begin{Bmatrix} \ddot{x}_1 \\ \ddot{x}_2 \end{Bmatrix}_A+\begin{bmatrix} 2k & -k \\ -k & k \end{bmatrix}\begin{Bmatrix} x_1 \\ x_2 \end{Bmatrix}_A=\begin{Bmatrix} 0 \\ 0 \end{Bmatrix}\tag{a}$$

求解方程(a)对应的特征值问题，得到其模态矩阵为

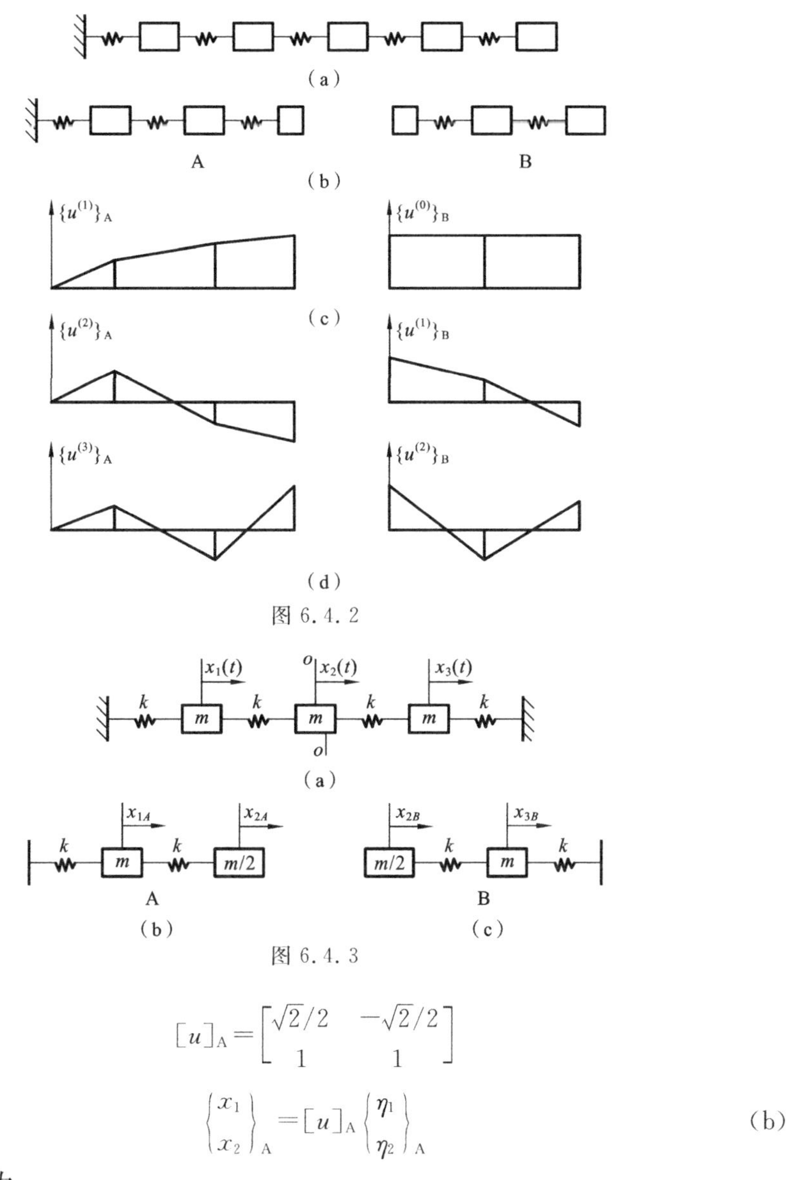

图 6.4.2

图 6.4.3

$$[u]_A=\begin{bmatrix}\sqrt{2}/2 & -\sqrt{2}/2\\ 1 & 1\end{bmatrix}$$

引入变换
$$\begin{Bmatrix}x_1\\ x_2\end{Bmatrix}_A=[u]_A\begin{Bmatrix}\eta_1\\ \eta_2\end{Bmatrix}_A \tag{b}$$

将方程(a)变为
$$\begin{bmatrix}m & 0\\ 0 & m\end{bmatrix}\begin{Bmatrix}\ddot{\eta}_1\\ \ddot{\eta}_2\end{Bmatrix}_A+\begin{bmatrix}(2-\sqrt{2})k & 0\\ 0 & (2+\sqrt{2})k\end{bmatrix}\begin{Bmatrix}\eta_1\\ \eta_2\end{Bmatrix}_A=\begin{Bmatrix}0\\ 0\end{Bmatrix} \tag{c}$$

对子系统 B 施以同样步骤，得
$$\begin{bmatrix}m & 0\\ 0 & m\end{bmatrix}\begin{Bmatrix}\ddot{\eta}_2\\ \ddot{\eta}_3\end{Bmatrix}_B+\begin{bmatrix}(2+\sqrt{2})k & 0\\ 0 & (2-\sqrt{2})k\end{bmatrix}\begin{Bmatrix}\eta_2\\ \eta_3\end{Bmatrix}_B=\begin{Bmatrix}0\\ 0\end{Bmatrix} \tag{d}$$

将方程(c)、(d)组合起来,得

$$\lceil M \rfloor\{\ddot{\eta}\}+\lceil K \rfloor\{\eta\}=\{0\} \tag{e}$$

式中

$$\lceil M \rfloor=\begin{bmatrix} m & & & \\ & m & & \\ & & m & \\ & & & m \end{bmatrix}$$

$$\lceil K \rfloor=\begin{bmatrix} (2-\sqrt{2})k & & & \\ & (2+\sqrt{2})k & & \\ & & (2+\sqrt{2})k & \\ & & & (2-\sqrt{2})k \end{bmatrix}$$

$$\{\eta\}=\begin{Bmatrix} \begin{Bmatrix} \eta_1 \\ \eta_2 \end{Bmatrix}_A \\ \begin{Bmatrix} \eta_2 \\ \eta_3 \end{Bmatrix}_B \end{Bmatrix}=\{\eta_{1A},\eta_{2A},\eta_{2B},\eta_{3B}\}^T$$

因为子系统 A 与 B 在结合面处呈刚性结合,故相容条件为

$$x_{2A}=x_{2B}$$

写成物理坐标中的矩阵方程,得

$$\{0,1,-1,0\}\begin{Bmatrix} x_{1A} \\ x_{2A} \\ x_{2B} \\ x_{3B} \end{Bmatrix}=0$$

或

$$[J]\{x\}=0 \tag{f}$$

式中

$$[J]=\{0,1,-1,0\}$$

$$\{x\}=\{\{x\}_A^T,\{x\}_B^T\}^T=\{x_{1A},x_{2A},x_{2B},x_{3B}\}^T$$

根据式(6.4.9),得

$$[S]=[J][u]=[J]\begin{bmatrix} [u]_A & \\ & [u]_B \end{bmatrix}=\{0,1,-1,0\}\begin{bmatrix} \sqrt{2}/2 & -\sqrt{2}/2 & 0 & 0 \\ 1 & 1 & 0 & 0 \\ 0 & 0 & 1 & 1 \\ 0 & 0 & \sqrt{2}/2 & -\sqrt{2}/2 \end{bmatrix}$$

$$=\{1,1,-1,-1\} \tag{g}$$

因为整体系统中有三个独立坐标,故可将[S]分割为

$$[S]=[[S]_\alpha \mid [S]_\beta] \tag{h}$$

式中,$[S]_\alpha=1$,$[S]_\beta=\{1,-1,-1\}$.从而按式(6.4.14)可得

$$[R]=\begin{bmatrix}-[S]_\alpha^{-1}[S]_\beta\\ [1]\end{bmatrix}=\begin{bmatrix}-1&1&1\\1&0&0\\0&1&0\\0&0&1\end{bmatrix}$$

式(6.4.13)成为

$$\{\eta\}=[R]\begin{Bmatrix}\beta_1\\ \beta_2\\ \beta_3\end{Bmatrix}=[R]\{\beta\} \tag{i}$$

代入式(e)，得以坐标$\{\beta\}$表达的运动方程为

$$m\begin{bmatrix}2&-1&-1\\-1&2&1\\-1&1&2\end{bmatrix}\begin{Bmatrix}\ddot{\beta}_1\\ \ddot{\beta}_2\\ \ddot{\beta}_3\end{Bmatrix}+k\begin{bmatrix}4&\sqrt{2}/2&\sqrt{2}-2\\ \sqrt{2}-2&2(\sqrt{2}-2)&2-\sqrt{2}\\ \sqrt{2}-2&2-\sqrt{2}&4\end{bmatrix}\begin{Bmatrix}\beta_1\\ \beta_2\\ \beta_3\end{Bmatrix}=\begin{Bmatrix}0\\0\\0\end{Bmatrix} \tag{j}$$

求解上述方程对应的特征值问题，得

$$\omega_1=\sqrt{(2-\sqrt{2})k/m}\quad \omega_2=\sqrt{2k/m}\quad \omega_3=\sqrt{(2+\sqrt{2})k/m}$$

$$\{u^{(1)}\}_\beta=\{0,1,0\}^{\mathrm{T}}\quad \{u^{(2)}\}_\beta=\{1,1,-1\}^{\mathrm{T}}\quad \{u^{(3)}\}_\beta=\{1,0,1\}^{\mathrm{T}}$$

根据式(b)和式(i)可将上述结果变换到物理坐标下的模态向量

$$\{u^{(i)}\}_x\ (i=1,2,3)$$

因为

$$\{x\}=[u]\{\eta\}=[u][R]\{\beta\} \tag{k}$$

所以

$$\{u\}_\alpha=[u]\{u\}_\eta=[u][R]\{u\}_\beta \tag{l}$$

将$\{u^{(i)}\}_\beta\ (i=1,2,3)$分别代入上式，得

$$\begin{Bmatrix}u_{1A}^{(1)}\\u_{2A}^{(1)}\\u_{2B}^{(1)}\\u_{3B}^{(1)}\end{Bmatrix}_x=\{u^{(1)}\}_x=\begin{Bmatrix}\sqrt{2}/2\\1\\1\\ \sqrt{2}/2\end{Bmatrix}$$

$$\begin{Bmatrix}u_{1A}^{(2)}\\u_{2A}^{(2)}\\u_{2B}^{(2)}\\u_{3B}^{(2)}\end{Bmatrix}_x=\{u^{(2)}\}_x=\begin{Bmatrix}-\sqrt{2}\\0\\0\\ \sqrt{2}\end{Bmatrix}$$

$$\begin{Bmatrix}u_{1A}^{(3)}\\u_{2A}^{(3)}\\u_{2B}^{(3)}\\u_{3B}^{(3)}\end{Bmatrix}_x=\{u^{(3)}\}_x=\begin{Bmatrix}-\sqrt{2}/2\\1\\1\\ -\sqrt{2}/2\end{Bmatrix} \tag{m}$$

由于 $x_1=x_{1A}$，$x_{2A}=x_{2B}=x_2$，$x_{3B}=x_3$，所以有 $u_1=u_{1A}$，$u_{2A}=u_{2B}=u_2$，$u_{3B}=u_3$. 据此，系统的模态向量(即在 x_1、x_2、x_3 坐标下的模态向量)为

$$\{u^{(1)}\}=\begin{Bmatrix}\sqrt{2}/2\\1\\\sqrt{2}/2\end{Bmatrix}\quad\{u^{(2)}\}=\begin{Bmatrix}-\sqrt{2}/2\\0\\\sqrt{2}\end{Bmatrix}\quad\{u^{(3)}\}=\begin{Bmatrix}-\sqrt{2}/2\\1\\-\sqrt{2}/2\end{Bmatrix}$$

读者可自行验证，上述结果与直接采用第 4 章的方法求得的结果相同.

实际上模态综合法往往与“模态截取”相结合，即略去了子系统的高阶模态，仅保留对工程问题最有意义的低阶模态，使总体系统的运动方程数目大大减少，而所得结果是原来问题的近似值. 参加综合的模态阶数，视计算要求的精度、工程中的实际情况而选取. 下面再举一个例子作进一步说明.

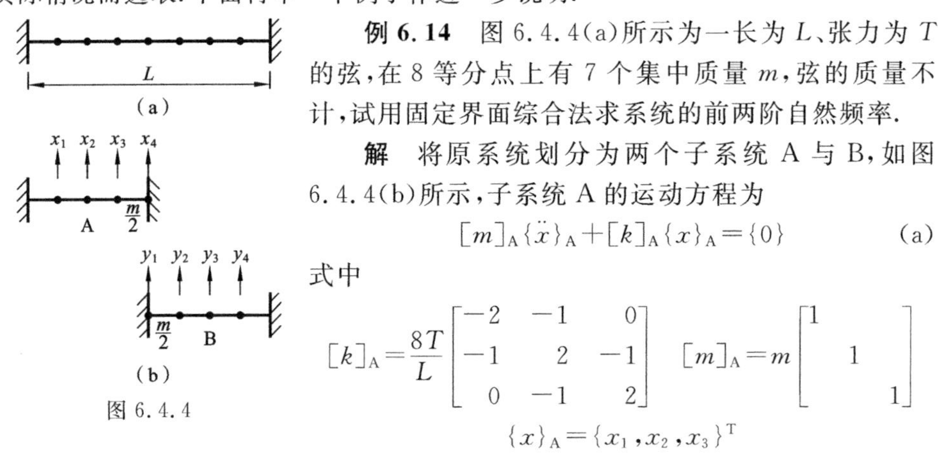

图 6.4.4

例 6.14 图 6.4.4(a)所示为一长为 L、张力为 T 的弦，在 8 等分点上有 7 个集中质量 m，弦的质量不计，试用固定界面综合法求系统的前两阶自然频率.

解 将原系统划分为两个子系统 A 与 B，如图 6.4.4(b)所示，子系统 A 的运动方程为

$$[m]_A\{\ddot{x}\}_A+[k]_A\{x\}_A=\{0\} \tag{a}$$

式中

$$[k]_A=\frac{8T}{L}\begin{bmatrix}-2&-1&0\\-1&2&-1\\0&-1&2\end{bmatrix}\quad[m]_A=m\begin{bmatrix}1&&\\&1&\\&&1\end{bmatrix}$$

$$\{x\}_A=\{x_1,x_2,x_3\}^{\mathrm{T}}$$

求解方程(a)对应的特征值问题，得其三阶模态向量为 $\{u^{(1)}\}_A=\{1,\sqrt{2},1\}^{\mathrm{T}}$，$\{u^{(2)}\}_A=\{1,0,-1\}^{\mathrm{T}}$，$\{u^{(3)}\}_A=\{1,-\sqrt{2},1\}^{\mathrm{T}}$，取其前两阶模态参与综合，有

$$[\{u^{(1)}\}_A,\{u^{(2)}\}_A]=\begin{bmatrix}1&1\\\sqrt{2}&0\\1&-1\\0&0\end{bmatrix}$$

其中，最后一行零元素表示固定界面不允许有位移，即 $x_4=0$. 子系统 A 的模态矩阵中应纳入约束模态：释放右端界面的约束，使 $x_4=1$，则相应地产生静态位移 $x_1=1/4$，$x_2=2/4$，$x_3=3/4$，它们便构成约束模态 $\{\tilde{u}^{(1)}\}_A=\{1/4,2/4,3/4,1\}^{\mathrm{T}}$，故子系统 A 的模态矩阵为

$$[u]_A=[\{u^{(1)}\}_A,\{u^{(2)}\}_A,\{\tilde{u}^{(1)}\}_A]=\begin{bmatrix}1&1&1/4\\\sqrt{2}&0&1/2\\1&-1&3/4\\0&0&1\end{bmatrix}$$

对于子系统 A,当固定边界条件释放后,系统的刚度矩阵和质量矩阵为

$$[k]_{\mathrm{A}}-\frac{8T}{L}\begin{bmatrix}2&-1&0&0\\-1&2&-1&0\\0&-1&2&-1\\0&0&-1&1\end{bmatrix}$$

$$[m]_{\mathrm{A}}=m\begin{bmatrix}1&&&\\&1&&\\&&1&\\&&&0.5\end{bmatrix}$$

子系统 A 的运动方程为

$$[m]_{\mathrm{A}}\{\ddot{x}\}_{\mathrm{A}}+[k]_{\mathrm{A}}\{x\}_{\mathrm{A}}=\{0\} \tag{b}$$

式中,$\{x\}_{\mathrm{A}}=\{x_1,x_2,x_3,x_4\}^{\mathrm{T}}$,采用

$$\{x\}_{\mathrm{A}}=[u]_{\mathrm{A}}\{\eta\}_{\mathrm{A}} \tag{c}$$

式中,$\{\eta\}_{\mathrm{A}}=\{\eta_1,\eta_2,\eta_3\}_{\mathrm{A}}^{\mathrm{T}}$,对式(b)进行变换,得

$$[m_{\mathrm{s}}]_{\mathrm{A}}\{\ddot{\eta}\}_{\mathrm{A}}+[k_{\mathrm{s}}]_{\mathrm{A}}\{\eta\}_{\mathrm{A}}=\{0\} \tag{d}$$

式中
$$[m_{\mathrm{s}}]_{\mathrm{A}}=[u]_{\mathrm{A}}^{\mathrm{T}}[m]_{\mathrm{A}}[u]_{\mathrm{A}}=m\begin{bmatrix}4&0&\frac{2-\sqrt{2}}{2}\\0&2&-\frac{1}{2}\\\frac{2-\sqrt{2}}{2}&-\frac{1}{2}&\frac{11}{8}\end{bmatrix}$$

$$[k_{\mathrm{s}}]_{\mathrm{A}}=[u]_{\mathrm{A}}^{\mathrm{T}}[k]_{\mathrm{A}}[u]_{\mathrm{A}}=\frac{8T}{L}\begin{bmatrix}8-4\sqrt{2}&&\\&4&\\&&1/4\end{bmatrix}.$$

对于子系统 B,亦可作同样的处理,利用与子系统 A 的相似性可得到

$$[m_{\mathrm{s}}]_{\mathrm{B}}\{\ddot{\eta}\}_{\mathrm{B}}+[k_{\mathrm{s}}]_{\mathrm{B}}\{\eta\}_{\mathrm{B}}=\{0\} \tag{e}$$

式中
$$[m_{\mathrm{s}}]_{\mathrm{B}}=m\begin{bmatrix}\frac{11}{8}&-\frac{1}{2}&\frac{2-\sqrt{2}}{2}\\-\frac{1}{2}&2&0\\\frac{2-\sqrt{2}}{2}&0&4\end{bmatrix}$$

$$[k_{\mathrm{s}}]_{\mathrm{B}}=\frac{8T}{L}\begin{bmatrix}1/4&&\\&4&\\&&8-4\sqrt{2}\end{bmatrix}$$

由式(d)、式(e)可构成整体系统的运动方程,即

$$\lceil M \rfloor \{\ddot{\eta}\} + \lceil K \rfloor \{\eta\} = \{0\} \tag{f}$$

式中 $\lceil M \rfloor = \begin{bmatrix} [m_s]_A & \\ & [m_s]_B \end{bmatrix} \quad \lceil K \rfloor = \begin{bmatrix} [k_s]_A & \\ & [k_s]_B \end{bmatrix}$

$$\{\eta\} = \{\{\eta\}_A^T, \{\eta\}_B^T\}^T = \{\eta_{1A}, \eta_{2A}, \eta_{3A}, \eta_{1B}, \eta_{2B}, \eta_{3B}\}^T$$

式中,η_{1A}、η_{2A}是与子系统 A 的两个主模态$\{u^{(1)}\}_A$、$\{u^{(2)}\}_A$对应的自然坐标;η_{2B}、η_{3B}是与子系统 B 的两个主模态$\{u^{(1)}\}_B$、$\{u^{(2)}\}_B$对应的自然坐标;η_{3A}、η_{1B}分别是与子系统 A、B 的约束模态相对应的自然坐标. 由于 $x_4 = y_1$,所以 $\eta_{3A} = \eta_{1B}$,因此可写出如下相容方程:

$$\{\eta\} = [R]\{\beta\} \tag{g}$$

式中 $$[R] = \begin{bmatrix} 1 & 0 & 0 & 0 & 0 \\ 0 & 1 & 0 & 0 & 0 \\ 0 & 0 & 1 & 0 & 0 \\ 0 & 0 & 1 & 0 & 0 \\ 0 & 0 & 0 & 1 & 0 \\ 0 & 0 & 0 & 0 & 1 \end{bmatrix}$$

而$\{\beta\} = \{\eta_{1A}, \eta_{2A}, \eta_{3A}, \eta_{2B}, \eta_{3B}\}^T$ 是由$\{\eta\}$中独立坐标构成的向量.

将变换式(g)代入方程(f),整理,得整体系统耦合形式的运动方程

$$[M]\{\ddot{\beta}\} + [K]\{\beta\} = \{0\} \tag{h}$$

式中 $$[M] = [R]^T \lceil M \rfloor [R] = m \begin{bmatrix} 4 & 0 & \frac{2-\sqrt{2}}{2} & 0 & 0 \\ 0 & 2 & -\frac{1}{2} & 0 & 0 \\ \frac{2-\sqrt{2}}{2} & -\frac{1}{2} & \frac{22}{8} & \frac{1}{2} & \frac{2-\sqrt{2}}{2} \\ 0 & 0 & -\frac{1}{2} & 2 & 0 \\ 0 & 0 & \frac{2-\sqrt{2}}{2} & 0 & 4 \end{bmatrix}$$

$$[K] = [R]^T \lceil K \rfloor [R] = \frac{8T}{L} \begin{bmatrix} 8-4\sqrt{2} & & & & \\ & 4 & & & \\ & & 1/2 & & \\ & & & 4 & \\ & & & & 8-4\sqrt{2} \end{bmatrix}$$

求解方程(h)对应的特征值问题，得

$$\omega_1 = 0.4149\sqrt{\frac{8T/L}{m}} \quad \omega_2 = 0.7654\sqrt{\frac{8T/L}{m}}$$

对图 6.4.4(a)所示的七自由度系统，按第 4 章的方法直接求解，精确解为

$$\omega_1 = 0.3902\sqrt{\frac{8T/L}{m}} \quad \omega_2 = 0.7654\sqrt{\frac{8T/L}{m}}$$

用模态综合法算得基频偏高 6.3%，而第二阶自然频率恰为精确解. 这是因为在模态综合中选取的参与综合的模态向量的组合恰好与原系统的、以中点为节点的第二阶模态向量相同.

思　考　题

一、判断下列表述是否正确. 如果错误，请给出正确表述.

1. n 自由度系统的 Rayleigh 商 $R(\{u\})$ 在各模态向量 $\{u^{(r)}\}(r=1,2,\cdots,n)$ 的邻域内均存在一个局部极小值.

2. Ritz 法是对 Rayleigh 能量法的改进，因此与 Rayleigh 法一样，Ritz 法实际上也只是用来估算系统的基频.

3. Rayleigh 法和 Dunkerley 法均可用于估计基频的上限.

4. 链状系统的振动特性由其各子系统的传递矩阵完全确定.

二、思考并回答下列问题：

1. 子系统综合法的策略思想及其基本步骤是什么？

2. 子系统综合法有哪些优点？

3. 试比较传递矩阵法与阻抗综合法，它们各自有哪些特点？

4. 机械阻抗作为频域内描述多自由度线性振动系统动态特性的数学模型，与时域内的运动微分方程有什么内在联系？

5. 除了本章所介绍的“机电比拟”的对应关系以外，还可能存在其他的什么对应关系？

习　　题

6.1　用 Rayleigh 法求图(题 6.1)所示系统的基频，并用 Dunkerley 法重新求解该系统的基频，将两结果作一比较.

6.2　图(题 6.2)所示杆系统，设 $m_1=m_2=m_3=m_4=m$，$k_1=k_2=k_3=k_4=k$，试选取模态向量 $\{u\}=\{1,\sqrt{2},\sqrt{3},\sqrt{4}\}^{\mathrm{T}}$，用 Rayleigh 法求其基频.

6.3　用 Dunkerley 法求解题 6.2.

6.4　选取两个向量 $\{\phi\}_1=\{1,2,3,4\}^{\mathrm{T}}$ 及 $\{\phi\}_2=\{1,4,9,16\}^{\mathrm{T}}$，用 Ritz 法求解题 6.2 中系统的基频.

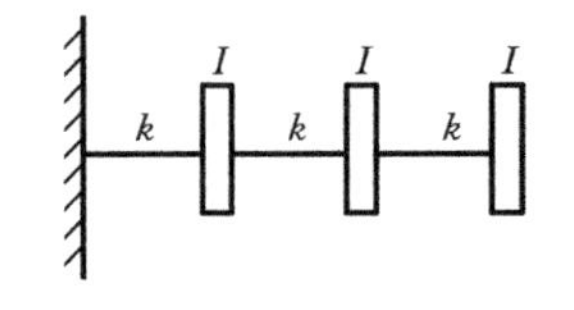

图(题 6.1)

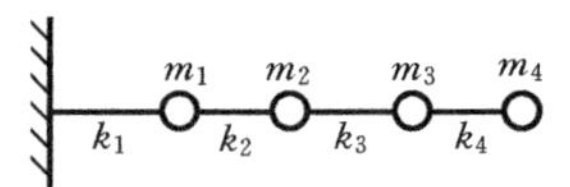

图(题 6.2)

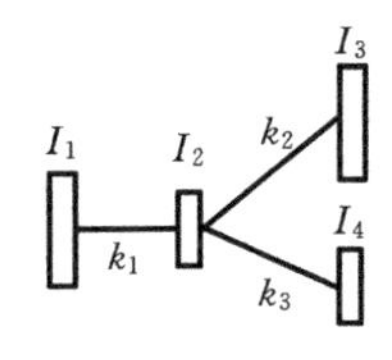

图(题 6.5)

6.5 图(题 6.5)所示系统中,$I_1=12.5I,I_2=5I,I_3=30I,I_4=2I$,$k_1=1\times10^6k,k_2=1\times10^7k,k_3=5\times10^6k$,试用传递矩阵法求系统的基频.

6.6 用传递矩阵法求解题 6.2 中系统的前两阶自然频率.

6.7 图(题 6.7)所示系统,$m_1=m_2=10m,k_1=30k,k_2=20k$,已求出系统的基频 $\omega_1=10\sqrt{k/m}$,若将 k_1 减少 20%,k_2 减少 10%,试用 Dunkerley 法估算系统改变后的基频.

6.8 对图(题 6.8)所示系统,用 Rayleigh 商的两种表达式求系统的基频.

6.9 用 Dunkerley 法求解题 6.8.

6.10 设$\{\phi\}_1=\{1,2,3,4\}^T$ 及$\{\phi\}_2=\{0,1,3,5\}^T$ 分别用两种 Ritz 法(式(6.1.41)与式(6.1.44))求解题 6.8.

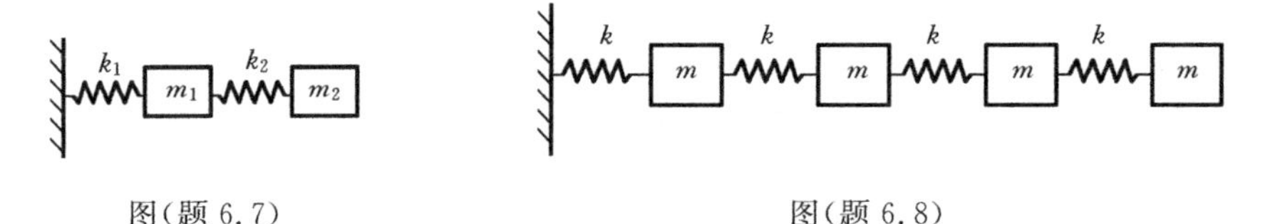

图(题 6.7)　　图(题 6.8)

6.11 试用传递矩阵法求解题 6.8 的前两阶自然频率.

6.12 对图(题 6.12)所示振动系统,试根据机电类比绘出其机械网络图,并验证相似系统的微分方程有相同形式.

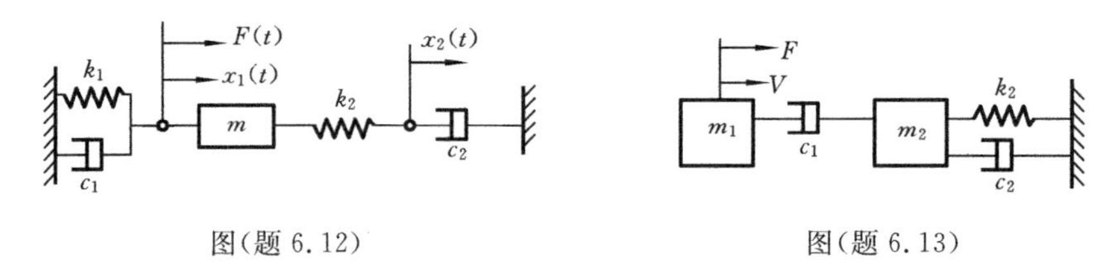

图(题 6.12)　　图(题 6.13)

6.13 试绘出图(题 6.13)所示系统的机械网络图,求系统的阻抗 F/V.

6.14 有一个三自由度系统如图(题 6.14)所示,试分析比较下列三种情况下的导纳元素与阻抗元素:

(1) 仅在 m_1 上作用 F_1,考虑 x_1 的响应;

(2) 仅在 m_1、m_2 上作用 F_1、F_2,考虑 x_1、x_2 的响应;

(3) 同时作用 F_1、F_2、F_3 考虑 x_1、x_2、x_3 的响应;

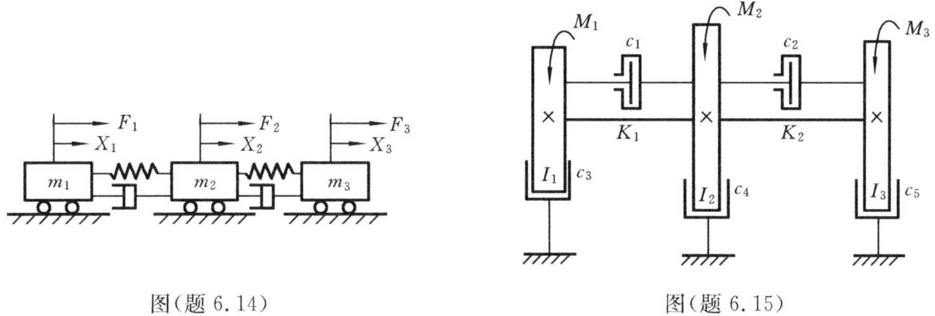

图(题 6.14)　　　　图(题 6.15)

6.15　一个圆盘扭振系统,如图(题 6.15)所示,I_1、I_2、I_3 分别为圆盘的转动惯量,在圆盘 1、2 之间及 2、3 之间轴的扭转刚度与阻尼系数分别为 K_1、K_2 与 c_1、c_2,圆盘的阻尼系数为 c_3、c_4 与 c_5,设作用在圆盘上的扭矩 M_1、M_2、M_3 均为同频的简谐激励,试列出阻抗形式的运动方程.

6.16　一转子由两个具有一定弹性和阻尼的轴承支承,假设考虑系统在竖直方向的振动,其简化模型如图(题 6.17)(a)所示,设转子受简谐力作用 $F=F_1e^{i\omega t}$,利用阻抗综合法,导出系统的方程,以求系统的响应 X_1、X_2、X_3.

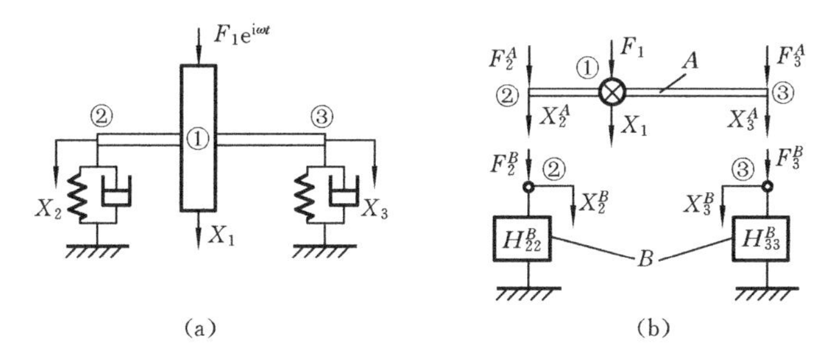

图(题 6.17)

6.17　试用阻抗综合法导出图(题 6.5)所示系统的频率方程.

第7章　振动问题分析求解中的计算方法

计算机技术的发展和应用，为复杂振动问题的分析与求解提供了有力的技术与工具，并展现出极其广阔的发展前景. 本章讲述以计算机分析求解振动问题的几种常用算法，主要是求解特征值问题的算法、计算线性系统响应的转移矩阵分析算法和计算机数字仿真的算法.

7.1　特征值问题的计算方法

许多振动问题的分析与建模均可归结为特征值问题，因此特征值问题求解的算法对于振动分析具有重要意义. 第4章讲过，直接求解一个 n 自由度系统的特征值问题，需要解一个 n 次代数方程，即特征方程及一个 n 元一次代数方程组. 当 n 很大时，这个计算工作是相当繁重的. 因此已经研究出一些比较有效的特征值问题求解算法，其中包括易于编程的迭代算法. 这一节介绍几种有关的算法与技巧.

标准特征值问题由下式表示：

$$[A]\{u\} = \lambda\{u\} \tag{7.1.1}$$

式中，$[A]$ 为 $n\times n$ 矩阵. 对振动问题的分析与建模来说，具有重要意义的是当 $[A]$ 为实对称矩阵的情形. 在这种情况下，一定存在 n 个实数的特征值 $\lambda_1,\lambda_2,\cdots,\lambda_n$（它们之间可以相等，可以不相等），同时也可求出 n 个相应的 n 维特征向量 $\{u^{(1)}\}$，$\{u^{(2)}\}$，…，$\{u^{n}\}$，它们之间相互正交，即满足

$$\{u^{(i)}\}^{\mathrm{T}}\{u^{(j)}\} = 0,\quad i,j = 1,2,\cdots,n;i \neq j. \tag{7.1.2}$$

因此它们可以在 n 维空间构成一组线性无关的坐标基. 由于已经有了比较成熟、有效的方法来计算实对称矩阵 $[A]$ 的特征值与特征向量，如 Jacobi 的旋转迭代法等，因此其他类型的特征值问题都希望能先转化成实对称矩阵的标准特征值问题，然后再计算求解.

我们知道，线性系统自由振动的分析会导致以下广义特征值问题：

$$[k]\{u\} = \lambda[m]\{u\} \tag{7.1.3}$$

式中，$[m]$、$[k]$ 均为实对称矩阵. 此外，假定 $[m]$ 还是正定的. 采用 Cholesky 的三角分解法，将 $[m]$ 矩阵分解为两个三角矩阵之积，即

$$[m] = [L][L]^{\mathrm{T}} = [U]^{\mathrm{T}}[U] \tag{7.1.4}$$

式中，$[L]$、$[U]$ 分别为下三角和上三角矩阵，就可将式(7.1.3)的广义特征值问题

转化为实对称矩阵的标准特征值问题，如

$$\begin{bmatrix}1 & 2\\2 & 13\end{bmatrix}=\begin{bmatrix}1 & 0\\2 & 3\end{bmatrix}\begin{bmatrix}1 & 2\\0 & 3\end{bmatrix}$$

事实上，将式(7.1.4)代入式(7.1.3)，有

$$[k]\{u\}=\lambda[U]^{\mathrm{T}}[U]\{u\}$$

上式两边左乘$([U]^{\mathrm{T}})^{-1}$，得

$$([U]^{\mathrm{T}})^{-1}[k]\{u\}=\lambda[U]\{u\} \tag{7.1.5}$$

令

$$[U]\{u\}=\{v\} \tag{7.1.6}$$

则

$$\{u\}=[U]^{-1}\{v\} \tag{7.1.7}$$

代入式(7.1.5)，有

$$([U]^{\mathrm{T}})^{-1}[k][U]^{-1}\{v\}=\lambda\{v\} \tag{7.1.8}$$

易知

$$[A]=([U]^{\mathrm{T}})^{-1}[k][U]^{-1} \tag{7.1.9}$$

是对称矩阵，而式(7.1.8)可写成

$$[A]\{v\}=\lambda\{v\} \tag{7.1.10}$$

即成为一个关于实对称矩阵$[A]$的标准特征值问题. 其特征值λ即为原问题式(7.1.3)的特征值. 而所求特征向量$\{v\}$与原问题的特征向量$\{u\}$由式(7.1.6)、式(7.1.7)相联系.

7.1.1 实对称正定方阵的 Cholesky 三角分解法

设$[m]=[m_{ij}]$为一实对称正定方阵，对之进行 Cholesky 分解，其实是求解以下矩阵方程：

$$\begin{bmatrix}m_{11} & m_{12} & \cdots & m_{1n}\\m_{21} & m_{22} & \cdots & m_{2n}\\\vdots & \vdots & & \vdots\\m_{n1} & m_{n2} & \cdots & m_{nn}\end{bmatrix}=\begin{bmatrix}u_{11} & & & \\u_{12} & u_{22} & & \\\vdots & \vdots & \ddots & \\u_{1n} & u_{2n} & \cdots & u_{nn}\end{bmatrix}\begin{bmatrix}u_{11} & u_{12} & \cdots & u_{1n}\\ & u_{22} & \cdots & u_{2n}\\ & & \ddots & \vdots\\ & & & u_{nn}\end{bmatrix} \tag{7.1.11}$$

式中，m_{ij}是已知量，而u_{ij}则为欲求量，其计算方法为

$$u_{11}=\sqrt{m_{11}} \tag{7.1.12}$$

$$u_{1j}=m_{1j}/u_{11},\quad j=2,3,\cdots,n \tag{7.1.13}$$

$$u_{ii}=\sqrt{m_{ii}-\sum_{k=1}^{i-1}u_{ki}^{2}},\quad i=2,3,\cdots,n \tag{7.1.14}$$

$$u_{ij}=\left(m_{ij}-\sum_{k=1}^{i-1}u_{ki}u_{kj}\right)\Big/u_{ii},\quad i=2,3,\cdots,n;j=i+1,\cdots,n \tag{7.1.15}$$

容易验证,按以上公式算出的 u_{ij} 确能使式(7.1.11)满足.

由于已假定[m]是正定的,因此有

$$m_{ii} > 0,\quad i = 1,2,\cdots,n \tag{7.1.16}$$

$$m_{ii} - \sum_{k=1}^{i-1} u_{ki}^2 > 0,\quad i = 2,3\cdots,n \tag{7.1.17}$$

这保证在计算过程中根号中的数值不会为负,且分母不会为零,因而计算过程得以进行到底.

例 7.1　考虑广义特征值问题式(7.1.3),其中的矩阵[k]、[m]分别为

$$[k] = \begin{bmatrix} 3 & -1 & 0 \\ -1 & 2 & -1 \\ 0 & -1 & 1 \end{bmatrix}\quad [m] = \begin{bmatrix} 2 & 1 & 0 \\ 1 & 3 & 1 \\ 0 & 1 & 2 \end{bmatrix}$$

试利用[m]的 Cholesky 分解法,将该特征值问题化成标准特征值问题.

解　按式(7.1.12)至式(7.1.15)对[m]进行三角分解,可得

$$[U] = \begin{bmatrix} \sqrt{2} & \dfrac{1}{\sqrt{2}} & 0 \\ 0 & \sqrt{\dfrac{5}{2}} & \sqrt{\dfrac{2}{5}} \\ 0 & 0 & \sqrt{\dfrac{8}{5}} \end{bmatrix}\quad [U]^{\mathrm{T}} = \begin{bmatrix} \sqrt{2} & 0 & 0 \\ \dfrac{1}{\sqrt{2}} & \sqrt{\dfrac{5}{2}} & 0 \\ 0 & \sqrt{\dfrac{2}{5}} & \sqrt{\dfrac{8}{5}} \end{bmatrix}$$

求逆阵,得

$$[U]^{-1} = \begin{bmatrix} \dfrac{1}{\sqrt{2}} & -\dfrac{1}{\sqrt{10}} & \dfrac{1}{\sqrt{40}} \\ 0 & \sqrt{\dfrac{2}{5}} & -\dfrac{1}{\sqrt{10}} \\ 0 & 0 & \sqrt{\dfrac{5}{8}} \end{bmatrix}\quad ([U]^{\mathrm{T}})^{-1} = \begin{bmatrix} \dfrac{1}{\sqrt{2}} & 0 & 0 \\ -\dfrac{1}{\sqrt{10}} & \sqrt{\dfrac{2}{5}} & 0 \\ \dfrac{1}{\sqrt{40}} & -\dfrac{1}{\sqrt{10}} & \sqrt{\dfrac{5}{8}} \end{bmatrix}$$

再由式(7.1.9)得

$$[A] = \begin{bmatrix} \dfrac{1}{\sqrt{2}} & 0 & 0 \\ -\dfrac{1}{\sqrt{10}} & \sqrt{\dfrac{2}{5}} & 0 \\ \dfrac{1}{\sqrt{40}} & -\dfrac{1}{\sqrt{10}} & \sqrt{\dfrac{5}{8}} \end{bmatrix} \begin{bmatrix} 3 & -1 & 0 \\ -1 & 2 & -1 \\ 0 & -1 & 1 \end{bmatrix} \begin{bmatrix} \dfrac{1}{\sqrt{2}} & -\dfrac{1}{\sqrt{10}} & \dfrac{1}{\sqrt{40}} \\ 0 & \sqrt{\dfrac{2}{5}} & \dfrac{1}{\sqrt{10}} \\ 0 & 0 & \sqrt{\dfrac{5}{8}} \end{bmatrix}$$

$$
=\begin{bmatrix} \frac{3}{2} & -\frac{\sqrt{5}}{2} & \frac{\sqrt{5}}{4} \\ -\frac{\sqrt{5}}{2} & 3 & \frac{5}{4} \\ \frac{\sqrt{5}}{4} & -\frac{5}{4} & \frac{3}{2} \end{bmatrix}
$$

于是特征值问题式(7.1.3)成为式(7.1.10),即关于实对称矩阵[A]的标准特征值问题.

7.1.2 求解关于实对称方阵的特征值问题的Jacobi旋转迭代法

采用三角分解法,将关于线性系统振动分析的广义特征值问题转化成实对称矩阵的标准特征值问题以后,可采用Jacobi旋转迭代法,求出其全部的特征值与特征向量.

1. 特征值问题与坐标旋转变换的几何意义

设 $n\times n$ 对称方阵为

$$
[A]=\begin{bmatrix} A_{11} & A_{12} \\ A_{21} & A_{22} \end{bmatrix}=\begin{bmatrix} 5 & -4 \\ -4 & 6 \end{bmatrix} \tag{7.1.18}
$$

与之相关联的标准特征值问题为

$$
\begin{bmatrix} 5 & -4 \\ -4 & 6 \end{bmatrix}\begin{Bmatrix} v_1 \\ v_2 \end{Bmatrix}=\lambda\begin{Bmatrix} v_1 \\ v_2 \end{Bmatrix} \tag{7.1.19}
$$

按前述方法易于解出其两个特征值为

$$
\left.\begin{aligned} \lambda_1 &= 1.4689 \\ \lambda_2 &= 9.5311 \end{aligned}\right\} \tag{7.1.20}
$$

而所对应的正规化特征向量为

$$
\left.\begin{aligned} \{v^{(1)}\} &= \begin{Bmatrix} 0.7497 \\ 0.6618 \end{Bmatrix} \\ \{v^{(2)}\} &= \begin{Bmatrix} -0.6618 \\ 0.7497 \end{Bmatrix} \end{aligned}\right\} \tag{7.1.21}
$$

易于检验 $\{v\}_1^T\{v\}_2=0$,即两特征向量确是正交的.

我们知道,一个矩阵[A]作用在一个向量 $\{a\}$ 上,将会得到另一个向量 $\{b\}$,即有

$$
[A]\{a\}=\{b\} \tag{7.1.22}
$$

一般说来,$\{a\}$、$\{b\}$ 的方向与长度均不相同.对一个确定的矩阵来说,可以在空间找到某些特殊的向量,它们在经过该矩阵作用以后只改变其长度而保持其方向不变,

即称之为该矩阵的特征向量.如对于式(7.1.18)给出的矩阵,有

$$\left.\begin{aligned}\begin{bmatrix}5 & -4\\ -4 & 6\end{bmatrix}\begin{Bmatrix}0.7497\\ 0.6618\end{Bmatrix} &= 1.4689\begin{Bmatrix}0.7497\\ 0.6618\end{Bmatrix}\\ \begin{bmatrix}5 & -4\\ -4 & 6\end{bmatrix}\begin{Bmatrix}-0.6618\\ 0.7497\end{Bmatrix} &= 9.5311\begin{Bmatrix}-0.6618\\ 0.7497\end{Bmatrix}\end{aligned}\right\} \tag{7.1.23}$$

这表明该两特征向量经给定矩阵作用后,其方向不变,仅长度分别扩大为原来的 $\lambda_1=1.4689$ 倍及 $\lambda_2=9.5311$ 倍.这里 λ_1、λ_2 是对应于该两特征向量的特征值.

显然,如果某向量$\{u\}$是一个矩阵的特征向量,那么 $\alpha\{u\}$ 也是该矩阵的特征向量.这里 α 是任意实数.由此看来,作为一个特征向量,重要的是它的方向而不是它的长度.从这一点上讲,毋宁将特征向量称为"特征方向".而一个矩阵如果是实对称的话,那么其"特征方向"在空间是相互正交的.

由以上分析可知,一个矩阵对整个空间的作用,可以归结为在它的几个特征方向上的均匀的拉伸(当 $\lambda>1$)或压缩(当 $0<\lambda<1$).如果矩阵不是正定的,则有的特征值 $\lambda<0$,这还表示空间在对应方向上会发生镜面映射.式(7.1.18)给出的矩阵使二维空间发生"变形"的情况如图 7.1.1 所示.这种"变形"归结为在$\{v^{(1)}\}$、$\{v^{(2)}\}$两个方向上的均匀拉伸,拉伸率分别为 λ_1、λ_2.矩阵$[A]$对任意向量$\{a\}$的作用以式(7.1.22)表示,其中$\{b\}$为作用后得到的向量.在 ov_1v_2 坐标系中,可将该式写成坐标式,即

$$\begin{bmatrix}5 & -4\\ -4 & 6\end{bmatrix}\begin{Bmatrix}a_1\\ a_2\end{Bmatrix} = \begin{Bmatrix}b_1\\ b_2\end{Bmatrix} \tag{7.1.24}$$

现在进行坐标轴的旋转变换,由原来的 ov_1v_2 坐标系变到 $ov_1'v_2'$ 坐标系,后者是以两个特征向量为坐标轴方向,旋转角度为 θ,坐标变换矩阵$[R]$可表示为

$$[R] = \begin{bmatrix}\cos\theta & -\sin\theta\\ \sin\theta & \cos\theta\end{bmatrix} \tag{7.1.25}$$

对向量$\{a\}$与$\{b\}$分别施行这种坐标变换,有

$$\left.\begin{aligned}[R]\{a\}' &= \{a\}\\ [R]\{b\}' &= \{b\}\end{aligned}\right\} \tag{7.1.26}$$

这里$\{a\}$与$\{a\}'$、$\{b\}$与$\{b\}'$分别是同一向量在不同坐标系中的表达式.因此上式与式(7.1.22)有不同的意义,式(7.1.26)不是将一个向量变换为另一个向量,只是表示同一向量在不同坐标系中的坐标变换关系.将上式代入式(7.1.22),得

$$[A][R]\{a\}' = [R]\{b\}'$$

将上式两边左乘$[R]^{-1}$,并注意到$[R]$矩阵是正交归一矩阵,因此有$[R]^{-1}=[R]^{\mathrm{T}}$,得

$$[R]^{\mathrm{T}}[A][R]\{a\}' = \{b\}' \tag{7.1.27}$$

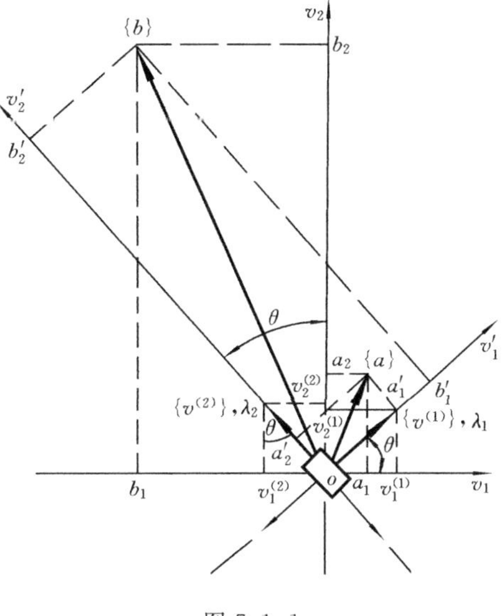

图 7.1.1

记
$$[R]^{\mathrm{T}}[A][R]=[A]'=\begin{bmatrix}A'_{11} & A'_{12}\\ A'_{21} & A'_{22}\end{bmatrix}\tag{7.1.28}$$

可将式(7.1.27)写成

$$[A]'\{a\}'=\{b\}'\tag{7.1.29}$$

此即向量变换式(7.1.22)在新的坐标系 $ov'_1v'_2$ 中的表达式.而式(7.1.28)则表示在坐标旋转变换下,矩阵[A]的相应变换关系.

将式(7.1.29)写成坐标式,有

$$\begin{bmatrix}A'_{11} & A'_{12}\\ A'_{21} & A'_{22}\end{bmatrix}\begin{Bmatrix}a'_1\\ a'_2\end{Bmatrix}=\begin{Bmatrix}b'_1\\ b'_2\end{Bmatrix}\tag{7.1.30}$$

另一方面,由前述矩阵对其特征向量的作用方式,应有

$$\left.\begin{aligned}b'_1&=\lambda_1 a'_1\\ b'_2&=\lambda_2 a'_2\end{aligned}\right\}\tag{7.1.31}$$

或写成下列矩阵式:

$$\begin{bmatrix}\lambda_1 & 0\\ 0 & \lambda_2\end{bmatrix}\begin{Bmatrix}a'_1\\ a'_2\end{Bmatrix}=\begin{Bmatrix}b'_1\\ b'_2\end{Bmatrix}\tag{7.1.32}$$

与式(7.1.30)比较可知,在新坐标系中矩阵[A']应该是对角矩阵,其对角元素由各特征值组成,即

$$[A]'=\begin{bmatrix}\lambda_1 & 0\\ 0 & \lambda_2\end{bmatrix}\tag{7.1.33}$$

将式(7.1.33)、式(7.1.25)、式(7.1.18)代入式(7.1.28),得

$$\begin{bmatrix} \cos\theta & \sin\theta \\ -\sin\theta & \cos\theta \end{bmatrix}\begin{bmatrix} 5 & -4 \\ -4 & 6 \end{bmatrix}\begin{bmatrix} \cos\theta & -\sin\theta \\ \sin\theta & \cos\theta \end{bmatrix}=\begin{bmatrix} \lambda_1 & 0 \\ 0 & \lambda_2 \end{bmatrix} \tag{7.1.34}$$

上式表明,如果对坐标进行旋转变换,变换到以特征向量作为新的坐标轴的方向,则这一坐标变换对于矩阵[A]将起到“对角化”的作用,从而求出矩阵[A]的特征值.

现在来看变换矩阵式(7.1.25)如何确定.为此,将式(7.1.34)展开,可得到四个等式.写出对应于 $A'_{12}=0$ 的那个等式,有

$$(6-5)\sin\theta\cos\theta+(-4)(\cos^2\theta-\sin^2\theta)=A'_{12}=0$$

即

$$(6-5)\sin 2\theta-2\times 4\cos 2\theta=0$$

由此得

$$\tan 2\theta=\frac{2\times(-4)}{5-6}=8 \tag{7.1.35}$$

即 $\theta=41°26'14''$,而

$$\left.\begin{aligned} \cos\theta &= 0.7497 \\ \sin\theta &= 0.6618 \end{aligned}\right\} \tag{7.1.36}$$

将上式中的数值与式(7.1.25)、式(7.1.21)联系起来看,可见变换矩阵[R]中的两个列向量正好是[A]的两个特征向量$\{v^{(1)}\}$与$\{v^{(2)}\}$.再将式(7.1.35)写成一般形式,有

$$\tan 2\theta=\frac{2\times A_{12}}{A_{11}-A_{22}} \tag{7.1.37}$$

小结 对 2×2 实对称矩阵[A]来说,由式(7.1.37)算出 θ 角,按式(7.1.25)构成变换矩阵,即得特征矩阵与特征向量,而对[A]按式(7.1.28)进行变换,即可将之对角化,从而确定诸特征值.此可视为 2×2 实对称矩阵的特征值的另一种求解方法,而这种方法正是 Jacobi 旋转迭代法的基础.

此外,还易于检验变换前后的[A]与[A]′的各元素满足以下关系.

(1) 诸元素的二次方和在变换前后保持不变,即

$$\sum_{i=1}^{n}\sum_{j=1}^{n}A_{ij}^2=\sum_{i=1}^{n}\sum_{j=1}^{n}A_{ij}'^2 \tag{7.1.38}$$

对式(7.1.18)给出的矩阵来说,即

$$5^2+(-4)^2+(-4)^2+6^2=1.4689^2+9.5311^2=93$$

(2) 经旋转变换后,矩阵主对角线上的元素的二次方和增加,即

$$\sum_{i=1}^{n}A'_{ii}>\sum_{i=1}^{n}A_{ii}^2 \tag{7.1.39}$$

而由(1)、(2)两点可推知,非对角元素的二次方和在变换后必然下降.对式

(7.1.18)给出的矩阵来说,这是显然的,因为非对角元素的二次方和已经降为零.

以上两点特性对于多维实对称矩阵的旋转变换也有效.

2. Jacobi 旋转迭代法的基本思想

如果矩阵$[A]$是 $n\times n$ 实对称矩阵,那么如前所述,其 n 个特征向量$\{u^{(1)}\}$,$\{u^{(2)}\}$,…,$\{u^{(n)}\}$在 n 维空间中构成一组正交归一的坐标基,而且总可以找到一个旋转变换$[R]$,它可以使原坐标系变到特征向量构成的新坐标系,从而使矩阵$[A]$对角化,即

$$[R]^{\mathrm{T}}[A][R]=[A]'=\begin{bmatrix}\diagdown & & \\ & \lambda & \\ & & \diagdown\end{bmatrix} \tag{7.1.40}$$

如果能像前述对于 2×2 矩阵的分析那样,由坐标旋转角度 θ 确定变换矩阵$[R]$,那么其各列即给出特征向量,而由式(7.1.40)得出的对角矩阵的各对角元素即为特征值.

但是,问题是确定多维空间中坐标旋转的变换矩阵是非常困难的事,想要由此来得到特征矩阵,是不现实的,作为一种变通的办法,我们并不去追求一次旋转到位,而是采用多次旋转、反复迭代的办法,且每次只在一个二维子空间中进行坐标旋转变换,其目的是消除$[A]$中处于对称位置的两个非对角元素,即使之为零. 这种变换矩阵为

$$[R]=\begin{bmatrix}1 & & & & & & & & \\ & \ddots & & & & & & & \\ & & 1 & & & & & & \\ & & & \cos\theta & & -\sin\theta & & & \\ & & & & \ddots & & & & \\ & & & \sin\theta & & \cos\theta & & & \\ & & & & & & 1 & & \\ & & & & & & & \ddots & \\ & & & & & & & & 1\end{bmatrix}\begin{matrix} \\ \\ \\ \text{—第 } i \text{ 行} \\ \\ \text{—第 } j \text{ 行} \\ \\ \\ \\ \end{matrix} \tag{7.1.41}$$

第 i 列　第 j 列

其中的旋转角 θ 由矩阵$[A]$的相应元素确定. 按式(7.1.37),有

$$\tan 2\theta=\frac{2\times A_{ij}}{A_{ii}-A_{jj}} \tag{7.1.42}$$

矩阵$[A]$经$[R]$变换后,得

$$[A]^{(1)}=[R]^{\mathrm{T}}[A][R] \tag{7.1.43}$$

容易验证,所得到的$[A]^{(1)}$具有如下形式:

$$[A]^{(1)}=\begin{bmatrix}\times&\times&\times&\triangle&\times&\times&\triangledown&\times&\times&\times\\ \times&\times&\times&\triangle&\times&\times&\triangledown&\times&\times&\times\\ \times&\times&\times&\triangle&\times&\times&\triangledown&\times&\times&\times\\ \triangle&\triangle&\triangle&\text{※}&\triangle&\triangle&\varnothing&\triangle&\triangle&\triangle\\ \times&\times&\times&\triangle&\times&\times&\triangledown&\times&\times&\times\\ \times&\times&\times&\triangle&\times&\times&\triangledown&\times&\times&\times\\ \triangledown&\triangledown&\triangledown&\varnothing&\triangledown&\triangledown&\text{※}&\triangledown&\triangledown&\triangledown\\ \times&\times&\times&\triangle&\times&\times&\triangledown&\times&\times&\times\\ \times&\times&\times&\triangle&\times&\times&\triangledown&\times&\times&\times\\ \times&\times&\times&\triangle&\times&\times&\triangledown&\times&\times&\times\end{bmatrix}\begin{matrix}\\ \\ \\ \text{—第}i\text{行}\\ \\ \\ \text{—第}j\text{行}\\ \\ \\ \\ \end{matrix} \tag{7.1.44}$$

第 i 列　　第 j 列

式中,×表示 $A_{kl}^{(1)}=A_{kl}$;$k,l=1,2,\cdots,n$;$k,l\neq i,j$(即变换中非 i、j 行与非 i、j 列的元素保持不变);

※表示 $A_{ii}^{(1)}=A_{ii}\cos^2\theta+2A_{ij}\sin\theta\cos\theta+A_{jj}\sin^2\theta$;

※表示 $A_{jj}^{(1)}=A_{ii}\sin^2\theta-2A_{ij}\sin\theta\cos\theta+A_{jj}\cos^2\theta$;

△表示 $A_{il}^{(1)}=A_{li}^{(1)}=A_{il}\cos\theta+A_{jl}\sin\theta,\quad l=1,2,\cdots,n;l\neq i,j$;

▽表示 $A_{jl}^{(1)}=A_{lj}^{(1)}=-A_{il}\sin\theta+A_{jl}\cos\theta,\quad l=1,2,\cdots,n;l\neq i,j$;

∅表示 $A_{ij}^{(1)}=A_{ji}^{(1)}=0$.

由上式可见,旋转一次以后,即有两个非对角元素 $A_{ij}^{(1)}$ 与 $A_{ji}^{(2)}$ 变成了零.对得到的 $[A]^{(1)}$ 按同样的方法再进行旋转变换,可使得到的 $[A]^{(2)}$ 中另一对非对角元素化为零.当然,原来在 $[A]^{(1)}$ 中已变为零的元素在 $[A]^{(2)}$ 中可能又变为非零,这似乎又否定了上一次变换.但是必须看到,由于式(7.1.38)、式(7.1.39)所表达的旋转变换的性质,当这种旋转变换反复进行时,其总的趋势必然是:$[A]$ 的主对角线上的元素的绝对值之和不断上升,而非对称元素的绝对值之和不断下降,即向着"对角化"的方向不断发展.

设在迭代的第 s 步得到 $[A]^{(s)}$,而按选定的 $A_{ij}^{(s)}$、$A_{ii}^{(s)}$、$A_{jj}^{(s)}$,计算出转角 θ,确定变换矩阵为 $[R]_s$,则下一步迭代为

$$[A]^{(s+1)}=[R]_s^{\mathrm{T}}[A]^{(s)}[R]_s \tag{7.1.45}$$

累计各步的迭代为

$$[A]^{(s+1)}=[R]_s^{\mathrm{T}}[R]_{s-1}^{\mathrm{T}}\cdots[R]_1^{\mathrm{T}}[R]_0^{\mathrm{T}}[A][R]_0[R]_1\cdots[R]_s \tag{7.1.46}$$

如果预先设定一精度标准 $\varepsilon>0$,当 $[A]^{(s+1)}$ 中绝对值最大的非对角元素为

$$|A_{ij}^{(s+1)}|_{\max}\leqslant\varepsilon,\quad i\neq j \tag{7.1.47}$$

时，即可终止迭代. 此时总的变换矩阵为

$$[\Phi] = [R]_0[R]_1\cdots[R]_s \tag{7.1.48}$$

其各列向量即给出特征向量，即

$$[\Phi] = [\{u^{(1)}\},\{u^{(2)}\},\cdots,\{u^{(n)}\}] \tag{7.1.49}$$

而$[A]^{(s+1)}$的主对角线上的元素则给出相应的特征值，即

$$[A]^{(s+1)} = \begin{bmatrix} \lambda_1 & & & \\ & \lambda_2 & & \\ & & \ddots & \\ & & & \lambda_n \end{bmatrix} \tag{7.1.50}$$

3. Jacobi 旋转迭代算法的计算步骤

按上述基本思想和原理，迭代算法的步骤与公式如下.

(1) 计算 $\cos\theta$、$\sin\theta$ 值. 找出$[A]^{(s)}$中绝对值最大的非对角元素 $A_{ij}^{(s)}$ 以及相应的对角元素 $A_{ii}^{(s)}$ 与 $A_{jj}^{(s)}$（当$[A]$的维数很大时，搜索绝对值最大的 $A_{ij}^{(s)}$ 的计算量过大，故也可不予搜索，而按 $i=1,2,\cdots,n-1$；$j=i+1,i+2,\cdots,n$ 的秩序迭代).

$\cos\theta=c$ 与 $\sin\theta=d$ 的值可按以下 Wilkinson 公式直接计算，即

$$\left.\begin{aligned} \alpha &= (A_{ii}^{(s)} - A_{jj}^{(s)})/2 \\ \beta &= \sqrt{\alpha^2 + (A_{ij}^{(s)})^2} \\ \varepsilon &= \mathrm{sign}(A_{ii}^{(s)} - A_{jj}^{(s)}) \\ c_s &= \frac{1}{2}\sqrt{1+\frac{\varepsilon\alpha}{\beta}} \\ d_s &= \varepsilon A_{ij}^{(s)}/(2\beta c_s) \end{aligned}\right\} \tag{7.1.51}$$

(2) 计算$[A]^{(s+1)}$. 先对 $A_{il}^{(s)}$ 和 $A_{jl}^{(s)}$ 进行行运算

$$\left.\begin{aligned} A_{il}^{(s+1)'} &= c_sA_{il}^{(s)} + d_sA_{jl}^{(s)}, \quad l=1,2,\cdots,n \\ A_{jl}^{(s+1)'} &= -d_sA_{il}^{(s)} + c_sA_{jl}^{(s)}, \quad l=1,2,\cdots,n \end{aligned}\right\} \tag{7.1.52}$$

再对得到的 $A_{li}^{(s+1)'}$ 和 $A_{lj}^{(s+1)'}$ 进行列运算

$$\left.\begin{aligned} A_{li}^{(s+1)} &= c_sA_{li}^{(s+1)'} + d_sA_{lj}^{(s+1)}, \quad l=1,2,\cdots,n \\ A_{lj}^{(s+1)} &= -d_zA_{li}^{(s+1)'} + c_sA_{lj}^{(s+1)'}, \quad l=1,2,\cdots,n \end{aligned}\right\} \tag{7.1.53}$$

(3) 计算$[\Phi]^{(s+1)}=[\varphi_{ij}^{(s+1)}]=[\Phi]^{(s)}[R]_s$.

递推公式为

$$\left.\begin{aligned} \phi_{li}^{(s+1)} &= c_s\phi_{li}^{(s)} + d_s\phi_{lj}^{(s)}, \quad l=1,2,\cdots,n \\ \phi_{lj}^{(s+1)} &= -d_s\phi_{li}^{(s)} + c_s\phi_{lj}^{(s)}, \quad l=1,2,\cdots,n \end{aligned}\right\} \tag{7.1.54}$$

例 7.2　试用 Jacobi 旋转迭代法求以下矩阵的特征值与特征向量：

$$[A]=\begin{bmatrix}5 & -4 & 1 & 0\\ -4 & 6 & -4 & 1\\ 1 & -4 & 6 & -4\\ 0 & 1 & -4 & 5\end{bmatrix} \tag{a}$$

解 从 $A_{12}=-4$ 开始变换.注意,由 A_{12}、A_{21}、A_{11}、A_{22} 构成的子矩阵正好是式(7.1.18)给出的 2×2 方阵.于是由式(7.1.36)知 $\cos\theta$、$\sin\theta$ 值,而变换矩阵为

$$[R]_0=\begin{bmatrix}0.7497 & -0.6618 & 0 & 0\\ 0.6618 & 0.7497 & 0 & 0\\ 0 & 0 & 1 & 0\\ 0 & 0 & 0 & 1\end{bmatrix} \tag{b}$$

$$[A]^{(1)}=[R]_0^{\mathrm{T}}[A][R]_0=\begin{bmatrix}1.469 & 0 & -1.898 & 0.6618\\ 0 & 9.531 & -3.661 & 0.7497\\ -1.898 & -3.661 & 6 & -4\\ 0.661\,8 & 0.749\,7 & 4 & 5\end{bmatrix} \tag{c}$$

再针对元素 $A_{13}^{(1)}$ 进行变换.按式(7.1.42),可得

$$\left.\begin{aligned}\cos\theta&=0.9398\\ \sin\theta&=0.3416\end{aligned}\right\} \tag{d}$$

$$[R]_1=\begin{bmatrix}0.9398 & 0 & -0.3416 & 0\\ 0 & 1 & 0 & 0\\ 0.3416 & 0 & 0.9398 & 0\\ 0 & 0 & 0 & 1\end{bmatrix} \tag{e}$$

$$[A]^{(2)}=[R]_1^{\mathrm{T}}[A]_1[R]_1=\begin{bmatrix}0.779\,2 & -1.250 & 0 & -0.744\\ -1.250 & 9.531 & -3.440 & 0.7497\\ 0 & -3.440 & 6.690 & -3.986\\ -0.744 & 0.7497 & -3.986 & 5\end{bmatrix} \tag{f}$$

$$[\Phi]_1=[R]_0[R]_1=\begin{bmatrix}0.7046 & -0.6618 & -0.2561 & 0\\ 0.6220 & 0.7497 & -0.2261 & 0\\ 0.3416 & 0 & 0.9398 & 0\\ 0 & 0 & 0 & 1\end{bmatrix} \tag{g}$$

针对元素 $A_{14}^{(2)}$ 进行变换,有

$$\left.\begin{aligned}\cos\theta&=0.9857\\ \sin\theta&=0.1687\end{aligned}\right\} \tag{h}$$

$$[R]_2 = \begin{bmatrix} 0.9857 & 0 & 0 & -0.1687 \\ 0 & 1 & 0 & 0 \\ 0 & 0 & 1 & 0 \\ 0.1687 & 0 & 0 & 0.9857 \end{bmatrix} \tag{i}$$

$$\begin{aligned} [A]^{(3)} &= [R]_2^{\mathrm{T}}[A]^{(2)}[R]_2 \\ &= \begin{bmatrix} 0.6518 & -1.106 & -0.6725 & 0 \\ -1.106 & 9.531 & -3.440 & 0.9499 \\ -0.6725 & -3.440 & 6.690 & -3.928 \\ 0 & 0.9499 & -3.928 & 5.127 \end{bmatrix} \end{aligned} \tag{j}$$

$$[\Phi]_2 = [\Phi]_1[R]_2 = \begin{bmatrix} 0.6945 & -0.6618 & -0.2561 & -0.1189 \\ 0.6131 & 0.7497 & -0.2261 & -0.1050 \\ 0.3363 & 0 & 0.9398 & -0.0576 \\ 0.1687 & 0 & 0 & 0.9857 \end{bmatrix} \tag{k}$$

针对 $A_{23}^{(3)}$ 进行变换，有

$$\left.\begin{aligned} \cos\theta &= 0.8312 \\ \sin\theta &= -0.5560 \end{aligned}\right\} \tag{l}$$

$$[R]_3 = \begin{bmatrix} 1 & 0 & 0 & 0 \\ 0 & 0.8312 & 0.5660 & 0 \\ 0 & -0.5660 & 0.8312 & 0 \\ 0 & 0 & 0 & 1 \end{bmatrix} \tag{m}$$

$$\begin{aligned} [A]^{(4)} &= [R]_3^{\mathrm{T}}[A]^{(3)}[R]_3 \\ &= \begin{bmatrix} 0.6518 & -0.5453 & -1.174 & 0 \\ -0.5453 & 11.83 & 0 & 2.974 \\ -1.174 & 0 & 4.388 & -2.737 \\ 0 & 2.974 & -2.737 & 5.127 \end{bmatrix} \end{aligned} \tag{n}$$

$$\begin{aligned} [\Phi]_3 &= [\Phi]_2[R]_3 \\ &= \begin{bmatrix} 0.6945 & -0.4077 & -0.5808 & -0.1189 \\ 0.6131 & 0.7488 & 0.2289 & -0.1050 \\ 0.3367 & -0.5226 & 0.7812 & -0.0576 \\ 0.1684 & 0 & 0 & 0.9857 \end{bmatrix} \end{aligned} \tag{o}$$

针对 $A_{24}^{(4)}$ 进行变换，有

$$\left.\begin{aligned} \cos\theta &= 0.9349 \\ \sin\theta &= 0.3549 \end{aligned}\right\} \tag{p}$$

$$[R]_4 = \begin{bmatrix} 1 & 0 & 0 & 0 \\ 0 & 0.9349 & 0 & -0.3549 \\ 0 & 0 & 1 & 0 \\ 0 & 0.3549 & 1 & 0.9349 \end{bmatrix} \tag{q}$$

$$[A]^{(5)} = [R]_4^{T}[A]^{(4)}[R]_4$$

$$= \begin{bmatrix} 0.6518 & -0.5098 & -1.174 & 0.1935 \\ -0.5098 & 12.96 & 0.9713 & 0 \\ -1.174 & -0.9713 & 4.388 & -2.559 \\ 0.1935 & 0 & -2.559 & 3.999 \end{bmatrix} \tag{r}$$

$$[\Phi]_4 = [\Phi]_3[R]_4$$

$$= \begin{bmatrix} 0.6945 & -0.4233 & -0.5808 & 0.0335 \\ 0.6131 & 0.6628 & 0.2289 & -0.3639 \\ 0.3367 & 0.5090 & 0.7812 & 0.1316 \\ 0.1687 & 0.3498 & 0 & 0.9213 \end{bmatrix} \tag{s}$$

针对 $A_{34}^{(5)}$ 进行变换,有

$$\left.\begin{aligned} \cos\theta &= 0.7335 \\ \sin\theta &= -0.6797 \end{aligned}\right\} \tag{t}$$

$$[R]_5 = \begin{bmatrix} 1 & 0 & 0 & 0 \\ 0 & 1 & 0 & 0 \\ 0 & 0 & 0.7335 & 0.6797 \\ 0 & 0 & -0.6797 & 0.7335 \end{bmatrix} \tag{u}$$

$$[A]^{(6)} = [R]_5^{T}[A]^{(5)}[R]_5$$

$$= \begin{bmatrix} 0.6518 & -0.5098 & -0.9926 & 0.6560 \\ -0.5098 & 12.96 & -0.7124 & -0.6602 \\ -0.9926 & -0.7124 & 6.7596 & 0 \\ -0.6560 & -0.6602 & 0 & 1.6272 \end{bmatrix} \tag{v}$$

$$[\Phi]_5 = [\Phi]_4[R]_5$$

$$= \begin{bmatrix} 0.6945 & -0.4233 & -0.4488 & -0.3702 \\ 0.6131 & 0.6628 & 0.4152 & -0.1113 \\ 0.3367 & -0.5090 & 0.4835 & -0.6275 \\ 0.1687 & 0.3498 & -0.6264 & 0.6759 \end{bmatrix} \tag{w}$$

至此已进行了一个循环. $[A]^{(6)}$ 仍然不是对角矩阵,可重新从 $A_{12}^{(6)}$ 开始. 按照此法进行迭代. 经第三次循环后,得

$$[A]^{(18)} = \begin{bmatrix} 0.1459 & & & \\ & 13.09 & & \\ & & 6.854 & \\ & & & 1.910 \end{bmatrix} \tag{x}$$

其中诸非对角元素绝对值均小于万分之一，故视为零.

$$[\Phi]_{17} = [\Phi]_{16}[R]_{17} = [R]_0[R]_1\cdots[R]_{17}$$

$$= \begin{bmatrix} 0.3717 & -0.3717 & -0.6015 & -0.6015 \\ 0.6015 & 0.6015 & 0.3717 & -0.3717 \\ 0.6015 & -0.6015 & 0.3717 & 0.3717 \\ 0.3717 & 0.3717 & -0.6015 & 0.6015 \end{bmatrix} \tag{y}$$

$[A]^{(18)}$的诸对角元素、$[\Phi]_{17}$的各列向量分别给出了$[A]$的特征值与特征向量.

7.1.3　求解特征值问题的矩阵迭代法

求解特征值问题的矩阵迭代法可用来求解实正定矩阵的特征值与特征向量.与 Jacobi 方法比较，此法并不要求矩阵是对称的，因此可用来求解由动力矩阵$[D]$表述的特征值问题.众所周知，动力矩阵一般是不对称的.此外，此法可从低阶模态的特征值与特征向量开始，逐个求解，更能适应振动问题分析的要求，因为振动问题的分析中往往更重视低阶模态.

1. 矩阵迭代法的根据与基本思路

对式(7.1.3)的广义特征值问题，若引入动力矩阵$[D]=[k]^{-1}[m]$，则可化成标准特征值问题，即

$$[D]\{u\} = \mu\{u\} \tag{7.1.55}$$

式中

$$\mu = 1/\lambda = 1/\omega^2 \tag{7.1.56}$$

假定$[m]$、$[k]$均为正定矩阵，因而$[D]$亦正定，其特征值均为正值，将之从大到小排列，有

$$\mu_1 > \mu_2 > \cdots > \mu_n > 0 \tag{7.1.57}$$

所对应的特征向量为$\{u^{(1)}\}$，$\{u^{(2)}\}$，…，$\{u^{(n)}\}$.

为了说明矩阵迭代法的根据与基本思想，下面来看 $n=2$ 的一个例子.设某$[D]$的两个特征值为$\mu_1=4$、$\mu_2=2$，其所对应的两个特征向量为$\{u^{(1)}\}$、$\{u^{(2)}\}$，如图 7.1.2 所示.由于$[D]$一般是非对称的，因此两特征向量在图上并不相互正交.

现在来分析矩阵$[D]$作用在一个任意的试算向量$\{u\}_0$上以后，其方向如何变化.将$\{u\}_0$向两个特征向量方向分解，得

$$\{u\}_0 = \alpha_0\{u^{(1)}\} + \beta_0\{u^{(2)}\} \tag{7.1.58}$$

左乘$[D]$，得

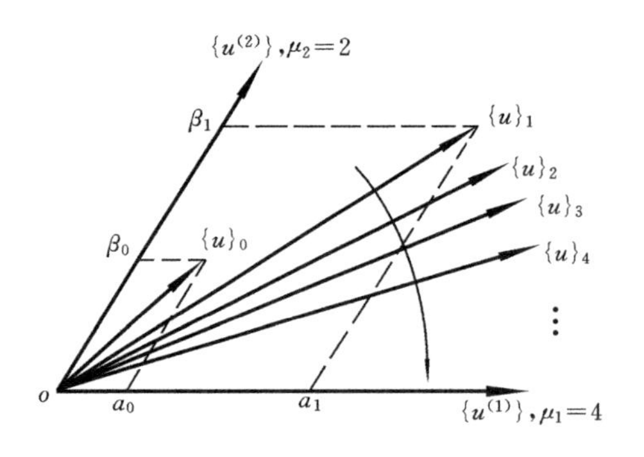

图 7.1.2

$$\{u\}_1 = [D]\{u\}_0 = \alpha_0[D]\{u^{(1)}\} + \beta_0[D]\{u^{(2)}\} \tag{7.1.59}$$

而由特征值问题的方程式(7.1.55),有

$$\left.\begin{aligned}[D]\{u^{(1)}\} &= \mu_1\{u^{(1)}\}\\ [D]\{u^{(2)}\} &= \mu_2\{u^{(2)}\}\end{aligned}\right\} \tag{7.1.60}$$

代入式(7.1.59),并注意到此例中 $\mu_1=4$、$\mu_2=2$,得

$$\{u\}_1 = 4\alpha_0\{u^{(1)}\} + 2\beta_0\{u^{(2)}\} \tag{7.1.61}$$

将上式与式(7.1.58)比较,可见$\{u\}_0$经$[D]$作用变为$\{u\}_1$以后,其中$\{u^{(1)}\}$的分量相对地增加了,因而图 7.1.2 中$\{u\}_1$较之$\{u\}_0$更靠近$\{u^{(1)}\}$,即转向对应于较大特征值的特征向量这一边. 可以设想,如果将$[D]$再一次作用于$\{u\}_1$而得到$\{u\}_2=[D]\{u\}_1$,那么$\{u\}_2$较之于$\{u\}_1$又必然会更接近于$\{u^{(1)}\}$. 如此反复运算,得到$\{u\}_3$,$\{u\}_4$,…,最后$\{u\}_k$就可以按需要的精度接近于$\{u^{(1)}\}$. 由此可见,任选一试算向量$\{u\}_0$,经$[D]$反复作用,其方向就会逐渐转向第一特征向量$\{u^{(1)}\}$的方向,即成为第一特征向量. 至于其长度,在$[D]$的每一次作用后,$\{u\}_i$ $(i=1,2,\cdots)$的长度$\|\{u\}_i\|$都在发生变化. 为了防止因$\|\{u\}_i\|$过大而使计算机溢出,或为防止$\|\{u\}_i\|$过小而使计算机的位数圆整误差增大,可以在每一次得$\{u\}_i$以后,将之乘以一个系数,使其某个分量保持为定值.

以上即矩阵迭代法的根据与主要思想.

2. 第一特征向量与第一特征值的迭代求法

对振动问题来说,求第一特征向量与第一特征值就是求其最低阶的自然频率与相应的模态向量(即振型).

将第一个试算向量记为$\{u\}_0$,以$[D]$作用在其上,得$[D]\{u\}_0=\{u\}'_1$,设$\{u\}'_1$的第一个分量(或者其他的指定分量)为a_1,将$\{u\}'_1$写成$a_1\{u\}_1$的形式,于是$\{u\}_1$的第一个分量(或其他指定分量)一定为 1. 这一过程称为“基准化”. 基准化以后有

$$[D]\{u\}_0 = a_1\{u\}_1 \tag{7.1.62}$$

再以$[D]$作用在$\{u\}_1$上，并同样进行基准化，得

$$\left.\begin{aligned}[D]\{u\}_1 &= a_2\{u\}_2\\ [D]\{u\}_2 &= a_3\{u\}_3\\ &\vdots\end{aligned}\right\}\tag{7.1.63}$$

如此反复进行，直到

$$[D]\{u\}_k = a_{k+1}\{u\}_{k+1}\tag{7.1.64}$$

在一定精度范围内有

$$\{u\}_k \approx \{u\}_{k+1}\tag{7.1.65}$$

则可终止迭代，并取

$$\{u^{(1)}\} = \{u\}_k\tag{7.1.66}$$

$$\mu_1 = a_{k+1} = 1/\omega_1^2\tag{7.1.67}$$

例 7.3　对图 4.4.1 所示的三自由度系统，设$m_1=m, m_2=m, m_3=2m, k_1=k_2=k, k_3=2k$，采用标准特征值形式的方程求系统的自然模态.

解　例 4.1 和例 4.4 中已求出该系统的质量矩阵与柔度矩阵分别为

$$[m]=\begin{bmatrix} m_1 & & \\ & m_2 & \\ & & m_3\end{bmatrix}=m\begin{bmatrix}1 & & \\ & 1 & \\ & & 2\end{bmatrix}\tag{a}$$

$$[a]=\begin{bmatrix}1/k_1 & 1/k_1 & 1/k_1\\ 1/k_1 & 1/k_1+1/k_2 & 1/k_1+1/k_2\\ 1/k_1 & 1/k_1+1/k_2 & 1/k_1+1/k_2+1/k_3\end{bmatrix}=\frac{1}{k}\begin{bmatrix}1 & 1 & 1\\ 1 & 2 & 2\\ 1 & 2 & 2.5\end{bmatrix}\tag{b}$$

则动力矩阵为

$$[D]=[a][m]=\frac{m}{k}\begin{bmatrix}1 & 1 & 1\\ 1 & 2 & 2\\ 1 & 2 & 2.5\end{bmatrix}\begin{bmatrix}1 & & \\ & 1 & \\ & & 2\end{bmatrix}=\frac{m}{k}\begin{bmatrix}1 & 1 & 2\\ 1 & 2 & 4\\ 1 & 2 & 5\end{bmatrix}\tag{c}$$

显然，它是一个非对称矩阵. 系统的特征值问题方程为

$$\frac{m}{k}\begin{bmatrix}1 & 1 & 2\\ 1 & 2 & 4\\ 1 & 2 & 5\end{bmatrix}\begin{Bmatrix}u_1\\ u_2\\ u_3\end{Bmatrix}=\frac{1}{\omega_2}\begin{Bmatrix}u_1\\ u_2\\ u_3\end{Bmatrix}\tag{d}$$

令$\mu=\dfrac{k}{m}\dfrac{1}{\omega^2}$，得

$$\begin{bmatrix}1 & 1 & 2\\ 1 & 2 & 4\\ 1 & 2 & 5\end{bmatrix}\begin{Bmatrix}u_1\\ u_2\\ u_3\end{Bmatrix}=\mu\begin{Bmatrix}u_1\\ u_2\\ u_3\end{Bmatrix}\tag{e}$$

取试算向量为$\{u\}_0=\{1,2,3\}^{\mathrm{T}}$，进行迭代运算，有

$$\begin{bmatrix}1&1&2\\1&2&4\\1&2&5\end{bmatrix}\begin{Bmatrix}1\\2\\3\end{Bmatrix}=\begin{Bmatrix}9\\17\\20\end{Bmatrix}=20\begin{Bmatrix}0.450000\\0.850000\\1.000000\end{Bmatrix}\tag{f}$$

$$\begin{bmatrix}1&1&2\\1&2&4\\1&2&5\end{bmatrix}\begin{Bmatrix}0.450000\\0.850000\\1.000000\end{Bmatrix}=7.150000\begin{Bmatrix}0.461538\\0.860140\\1.000000\end{Bmatrix}\tag{g}$$

⋮

迭代到第六次，有

$$\begin{bmatrix}1&1&2\\1&2&4\\1&2&5\end{bmatrix}\begin{Bmatrix}0.462598\\0.860806\\1.000000\end{Bmatrix}=7.184210\begin{Bmatrix}0.462598\\0.860806\\1.000000\end{Bmatrix}\tag{h}$$

于是得到第一特征向量与第一特征值分别为

$$\{u^{(1)}\}=\{0.462598,0.860806,1.000000\}^{\mathrm{T}}\tag{i}$$

$$\mu_1=7.184210\tag{j}$$

第一阶自然频率 ω_1 可由式(b)求出，即

$$\omega_1=\frac{1}{\sqrt{\mu_1}}\sqrt{\frac{k}{m}}=\frac{1}{\sqrt{7.184210}}\sqrt{\frac{k}{m}}=0.373087\sqrt{\frac{k}{m}}\tag{k}$$

为了进一步计算，需将$\{u^{(1)}\}$进行正规化，即令

$$\{u^{(1)}\}^{\mathrm{T}}[m]\{u^{(1)}\}=1\tag{l}$$

可得

$$\{u^{(1)}\}=\frac{1}{\sqrt{m}}\begin{Bmatrix}0.269108\\0.500758\\0.581731\end{Bmatrix}\tag{m}$$

3. 高阶特征向量与高阶特征值的求法

对振动问题来说，求高阶特征向量与高阶特征值就是求其高阶振型与高阶自然频率. 前已述及，任选一计算向量，经过$[D]$反复作用以后，就得出对应于最大特征值 μ_1 的特征向量$\{u^{(1)}\}$. 显然，如果能构造一个新的矩阵$[D]^{(2)}$，使其第一特征值 $\mu_1=0$，而其余特征值与全部特征向量均与$[D]$完全一样，那么任选一试算向量，经$[D]^{(2)}$反复作用以后，就会收敛于$\{u^{(2)}\}$和 μ_2. 事实上，如下构造的矩阵$[D]^{(2)}$就可以满足以上要求，即

$$[D]^{(2)}=[D]-\mu_1\{u^{(1)}\}\{u^{(1)}\}^{\mathrm{T}}[m]\tag{7.1.68}$$

由于$[D]$、$[m]$为已知，而$\{u^{(1)}\}$、μ_1 已求出，故$[D]^{(2)}$可按上式构造出来. 首先，证明$[D]^{(2)}$的第一特征值确实为零，且$[D]^{(2)}$的第一特征向量仍然为$\{u^{(1)}\}$. 为此，试将$[D]^{(2)}$作用在$\{u^{(1)}\}$上，并将式(7.1.68)代入，得

$$[D]^{(2)}\{u^{(1)}\}=([D]-\mu_1\{u^{(1)}\}\{u^{(1)}\}^{\mathrm{T}}[m])\{u^{(1)}\}$$

$$= [D]\{u^{(1)}\} - \mu_1\{u^{(1)}\}\{u^{(1)}\}^{\mathrm{T}}[m]\{u^{(1)}\}$$

将式(7.1.60)中的第一式与例 7.3 中的式(i)代入，得

$$[D]^{(2)}\{u^{(1)}\} = \mu_1\{u^{(1)}\} - \mu_1\{u^{(1)}\} = 0\{u^{(1)}\}$$

其次，证明$[D]^{(2)}$的其余特征值 μ_i 和特征向量$\{u^{(i)}\}(i=2,3,\cdots,n)$均与$[D]$一样. 为此将$[D]^{(2)}$作用在$\{u^{(i)}\}(i=2,3,\cdots,n)$上，即

$$\begin{aligned}[D]^{(2)}\{u^{(i)}\} &= ([D] - \mu_1\{u^{(1)}\}\{u^{(1)}\}^{\mathrm{T}}[m])\{u^{(i)}\} \\ &= [D]\{u^{(i)}\} - \mu_1\{u^{(1)}\}\{u^{(1)}\}^{\mathrm{T}}[m]\{u^{(i)}\}\end{aligned}$$

由于$\{u^{(i)}\}$是$[D]$的特征向量，并注意到特征向量对于$[m]$的正交性条件，上式可写成

$$[D]^{(2)}\{u^{(i)}\} = \mu_i\{u^{(i)}\}, \quad i = 2,3,\cdots,n \tag{7.1.69}$$

于是，选定计算向量$\{u\}_0$，经$[D]^{(2)}$反复作用后，即可得到$\{u^{(2)}\}$及 μ_2.

以同样的方法可证明构造的矩阵

$$[D]^{(3)} = [D]^{(2)} - \mu_2\{u^{(2)}\}\{u^{(2)}\}^{\mathrm{T}}[m] \tag{7.1.70}$$

的特征向量$\{u^{(i)}\}(i=1,2,\cdots,n)$及特征值 μ_i $(i=3,4,\cdots,n)$与$[D]$一样，但 $\mu_1=\mu_2=0$.

一般而言，矩阵

$$[D]^{(k+1)} = [D]^{(k)} - \mu_k\{u^{(k)}\}\{u^{(k)}\}^{\mathrm{T}}[m] \tag{7.1.71}$$

的 $\mu_1=\mu_2=\cdots=u_k=0$，而 $\mu_{k+1},\mu_{k+2},\cdots,\mu_n$ 及$\{u^{(i)}\}(i=1,2,\cdots,n)$与$[D]$一样.

按以上方法逐步构造不同的矩阵$[D]^{(i)}(i=2,3,\cdots,n)$，就可将各阶特征向量与特征值求出.

例 7.4　继续以矩阵迭代法求取例 7.3 中的高阶特征值 μ_2、μ_3 与特征向量$\{u^{(2)}\}$、$\{u^{(3)}\}$.

解　按已知的$[D]$、$[m]$及已求出的$\{u^{(1)}\}$及 μ_1，可构造

$$[D]^{(2)} = \begin{bmatrix}1 & 1 & 2\\1 & 2 & 4\\1 & 4 & 5\end{bmatrix} - 7.184210\begin{Bmatrix}0.269108\\0.500758\\0.581731\end{Bmatrix}\begin{Bmatrix}0.269108\\0.500758\\0.581731\end{Bmatrix}^{\mathrm{T}}\begin{bmatrix}1 & 0 & 0\\0 & 1 & 0\\0 & 0 & 2\end{bmatrix}$$

$$= \begin{bmatrix}0.479727 & 0.031870 & -0.249355\\0.031870 & 0.198495 & -0.185614\\-0.124674 & -0.092803 & 0.137569\end{bmatrix} \tag{a}$$

选试算向量$\{u\}_0=\{1,1,-1\}^{\mathrm{T}}$，按同样的方式进行迭代，有

$$[D]^{(2)}\begin{Bmatrix}1.000000\\1.000000\\-1.000000\end{Bmatrix} = 0.760952\begin{Bmatrix}1.000000\\0.546656\\-0.466581\end{Bmatrix}$$

$$[D]^{(2)}\begin{Bmatrix}1.000000\\0.546656\\-0.466581\end{Bmatrix}=0.613493\begin{Bmatrix}1.000000\\0.369983\\-0.390537\end{Bmatrix}$$

迭代至第十四次,得

$$[D]^{(2)}\begin{Bmatrix}1.000000\\0.254102\\-0.340662\end{Bmatrix}=0.572771\begin{Bmatrix}1.000000\\0.254097\\-0.340659\end{Bmatrix}$$

到此为止,得

$$\mu_2 = 0.572771 \tag{b}$$

$$\omega_2 = \frac{1}{\sqrt{\mu_2}}\sqrt{\frac{k}{m}} = 1.321325\sqrt{\frac{k}{m}} \tag{c}$$

$$\{u^{(2)}\} = \{1.000000, 0.254097, -0.340659\}^{\mathrm{T}} \tag{d}$$

或者,为了与后面的例子比较,也可基准化为

$$\{u^{(2)}\} = \{-2.935487, -0.745898, 1.000000\}^{\mathrm{T}} \tag{e}$$

按例 7.3 中的式(l)正规化后,得

$$\{u^{(2)}\} = \frac{1}{\sqrt{m}}\begin{Bmatrix}0.878186\\0.223144\\-0.299162\end{Bmatrix} \tag{f}$$

以下构造$[D]^{(3)}$,以便求 μ_3 与$\{u^{(3)}\}$,有

$$\begin{aligned}[D]^{(3)} &= [D]^{(2)} - \mu_2\{u^{(2)}\}\{u^{(2)}\}^{\mathrm{T}}[m]\\ &= \begin{bmatrix}0.038000 & -0.080371 & 0.051602\\ -0.080371 & 0.169975 & -0.109142\\ 0.025804 & -0.054567 & 0.035045\end{bmatrix}\end{aligned} \tag{g}$$

选试算向量为$\{u\}_0=\{1,-1,1\}^{\mathrm{T}}$,进行迭代,得

$$\mu_3 = 0.243016 \tag{h}$$

$$\omega_3 = \frac{1}{\sqrt{\mu_3}}\sqrt{\frac{k}{m}} = 2.0285354\sqrt{\frac{k}{m}} \tag{i}$$

$$\{u^{(3)}\} = \frac{1}{\sqrt{m}}\begin{Bmatrix}0.395440\\-0.836328\\0.268514\end{Bmatrix} \tag{j}$$

至此,系统的全部自然频率与模态向量均已求出.

4. 讨论

现在分析说明以上算法的几个问题.

(1) 抗错性.此种算法具有抗错性,只要矩阵$[D]$,$[D]^{(2)}$,$[D]^{(3)}$,…,$[D]^{(n)}$正

确，最后的结果一定分别收敛于相应的 μ_1，$\{u^{(1)}\}$；μ_2，$\{u^{(2)}\}$；…；u_n，$\{u^{(n)}\}$. 在迭代中出现的计算差错，只会延缓收敛的进程，而不会累积起来影响最后的结果.

(2) 收敛速度. 迭代运算的收敛速度一方面取决于系统本身的特点，另一方面取决于试算向量 $\{u\}_0$ 的选择. 从系统本身来说，诸特征值 $\mu_1,\mu_2,\cdots,\mu_n$ 相差愈大，则收敛愈快. 从试算向量的选择来说，如果选择的 $\{\mu\}_0$ 愈靠近待求的特征向量 $\{u^{(i)}\}$，收敛到该特征向量所需要的迭代步数愈少. 在选取 $\{u\}_0$ 时，$\{u^{(i)}\}$ 并不知道，只能凭经验，但也有某些规律可循. 例如，试算向量 $\{u\}_0=\{u_1,u_2,\cdots,u_n\}^{\mathrm{T}}$ 中各分量符号改变（由正到负或由负到正）的次数如记为 m，而欲趋近的模态向量 $\{u^{(r)}\}$ 的阶数为 r，则可取 $m=r-1$. 例 7.3、例 7.4 中求 $\{u^{(1)}\}$、$\{u^{(2)}\}$ 与 $\{u^{(3)}\}$ 的三个试算向量中诸分量的符号的选取，正符合以上规则. 此外，离固定点愈远的质块，其所对应的试算向量中的分量可取得愈大，如例 7.3 中求 $\{u^{(1)}\}$ 的试算向量 $\{u\}_0=\{1,2,3\}^{\mathrm{T}}$，即是按此规律选取.

其实，$\{u\}_0$ 即使选得不合适，也不影响最后的迭代结果，只不过需要的迭代次数较多而已. 在求 $\{u^{(1)}\}$ 时，如果碰巧正好将试算向量取为 $\{u\}_0=\{u^{(2)}\}$，这时，从理论上讲，总有

$$
\begin{aligned}
[D]\{u\}_0 &= [D]\{u^{(2)}\} = \mu_2\{u^{(2)}\} \\
[D]\{u^{(2)}\} &= \mu_2\{u^{(2)}\} \\
&\vdots
\end{aligned}
$$

即在迭代中，只会得到 $\{u^{(2)}\}$，而无法收敛到 $\{u^{(1)}\}$. 这似乎是落入了一个“陷阱”，但事实上，迭代若干次以后，向量 $\{u\}_i$ 仍然会跳出该“陷阱”，而趋近 $\{u^{(1)}\}$. 其原因在于计算过程中难免会有各种圆整误差，这些误差具有随机性，其中偏向 $\{u^{(1)}\}$ 的误差被保存、放大与积累，而偏离 $\{u^{(1)}\}$ 的误差则被抑制. 因此，最后仍然将 $\{u\}_i$ 拉向 $\{u^{(1)}\}$.

(3) 半正定系统的处理方法. 半正定系统的 $[k]$ 矩阵的逆矩阵 $[k]^{-1}$ 不存在，无法求出其动力矩阵 $[D]$. 为了采用矩阵迭代法求取其自然频率与特征向量，可将广义特征值问题的公式 $[k]\{u\}=\lambda[m]\{u\}$ 略加变化. 将其两边加上 $\alpha[m]\{u\}$ 这一项，其中 α 为较 $\lambda=\omega^2$ 略小的正实数，得

$$([k]+\alpha[m])\{u\} = (\lambda+\alpha)[m]\{u\} \tag{7.1.72}$$

由于矩阵 $[k]+\alpha[m]$ 是正定的，可以求逆，故可定义动力矩阵为

$$[D] = ([k]+\alpha[m])^{-1}[m] \tag{7.1.73}$$

特征值问题成为

$$\left.\begin{aligned} [D]\{u\} &= \mu\{u\} \\ \mu &= 1/(\lambda+\alpha) \end{aligned}\right\} \tag{7.1.74}$$

于是可采用矩阵迭代法求解. 但必须记住：求出 μ_i 以后需按以下公式计算自然

频率：

$$\omega_i = \sqrt{1/\mu_i - \alpha}, \quad i = 1,2,\cdots,n \tag{7.1.75}$$

7.1.4 子空间迭代法

1. 基本思想

子空间迭代法是矩阵迭代法的延伸，其主要立意在于不是单个地求特征向量与特征值，而是同时对若干个试算向量进行迭代运算，使之同时、分别收敛于前几阶特征向量.

设特征值问题仍然以动力矩阵表述，即

$$[D]\{u\} = \mu\{u\} \tag{7.1.76}$$

取 s 个 n 维试算向量$\{u_0^{(1)}\},\{u_0^{(2)}\},\cdots,\{u_0^{(s)}\}$作为迭代的起点. 如果令$[D]$矩阵分别作用在各个试算向量上，则有

$$[D]\{u_0^{(i)}\} = \{\tilde{u}_1^{(i)}\}, \quad i = 1,2,\cdots,s \tag{7.1.77}$$

这里暂未考虑“基准化”问题. 以上 s 个等式可以综合成下式：

$$[D][U]_0 = [\tilde{U}]_1 \tag{7.1.78}$$

式中

$$[U]_0 = [\{u_0^{(1)}\},\{u_0^{(2)}\},\cdots,\{u_0^{(s)}\}] \tag{7.1.79}$$

$$[\tilde{U}]_1 = [\{\tilde{u}_1^{(1)}\},\{\tilde{u}_1^{(2)}\},\cdots,\{\tilde{u}_1^{(s)}\}] \tag{7.1.80}$$

均为 $n\times s$ 矩阵.

本可以再对$[\tilde{U}]$继续进行迭代运算，得到$[\tilde{U}]_2,[\tilde{U}]_3,\cdots$，但这样进行下去会有一个问题，即所有的$\{\tilde{u}_k^{(i)}\}(i=1,2,\cdots,s)$，当 k 足够大时均会收敛于第一特征向量$\{u^{(1)}\}$，而不会分别地趋近不同的特征向量. 其理由已在上一小节中讲述. 为了防止这一问题，在每次迭代之后，都必须对得到的各个向量$\{\tilde{u}_k^{(1)}\}\{\tilde{u}_k^{(2)}\},\cdots,\{\tilde{u}_k^{(s)}\}$进行正交化处理，然后才进行下一步迭代.

设$[D]$是正定的，且开始选定的 s 个试算向量$\{u_0^{(1)}\},\{u_0^{(2)}\},\cdots,\{u_0^{(s)}\}$是线性无关的，则在经$[D]$的作用后，得到的一组向量$\{\tilde{u}_1^{(1)}\},\{\tilde{u}_1^{(2)}\},\cdots,\{\tilde{u}_1^{(s)}\}$也是线性无关的，它们在 n 维空间的一个 s 维子空间中组成一个坐标基. 我们的目的是在这个子空间中找出 s 个满足“正交条件”的向量$\{u_1^{(1)}\},\{u_1^{(2)}\},\cdots,\{u_1^{(s)}\}$来.

按坐标基$\{\tilde{u}_1^{(i)}\}(i=1,2,\cdots,s)$来展开上述每一个向量，得

$$\{u_1^{(i)}\} = \sum_{j=1}^{s}\alpha_{j,1}^{(i)}\{\tilde{u}_1^{(j)}\}, \quad i = 1,2,\cdots,s \tag{7.1.81}$$

以上 s 个等式可以综合成一个矩阵式，即

$$\underset{n\times s}{[U]_1} = \underset{n\times s}{[\tilde{U}]_1}\underset{s\times s}{[\alpha]_1} \tag{7.1.82}$$

式中

$$[U]_1 = [\{u_1^{(1)}\},\{u_1^{(2)}\},\cdots,\{u_1^{(s)}\}] \tag{7.1.83}$$

$$[\alpha]_1 = [\alpha_{j,1}^{(i)}] = [\{\alpha_1^{(1)}\}, \{\alpha_1^{(2)}\}, \cdots, \{\alpha_1^{(s)}\}] \tag{7.1.84}$$

其中,$\alpha_{j,1}^{(i)}$ $(i,j=1,2,\cdots,s)$是待定系数,其确定原则是使得诸$\{u_1^{(i)}\}(i=1,2,\cdots,s)$能够尽可能好地逼近系统的前 s 阶模态向量,并满足以下正交条件与基准化条件:

$$\underset{s\times n}{[U]_1^{\mathrm{T}}}\underset{n\times n}{[m]}\underset{n\times s}{[U]_1} = \underset{s\times s}{[1]} \tag{7.1.85}$$

按下述 Ritz 方程确定的 α_{j2} 能满足以上要求.

2. Ritz 方程

构造以下广义的质量矩阵与刚度矩阵:

$$\underset{s\times s}{[m]_1} = \underset{s\times n}{[\widetilde{U}]_1^{\mathrm{T}}}\underset{n\times n}{[m]}\underset{n\times s}{[\widetilde{U}]_1} \tag{7.1.86}$$

$$\underset{s\times s}{[k]_1} = \underset{s\times n}{[\widetilde{U}]_1^{\mathrm{T}}}\underset{n\times n}{[k]}\underset{n\times s}{[\widetilde{U}]_1} \tag{7.1.87}$$

推出多自由度系统的 Ritz 方程

$$[m]_1\{\alpha_1\} = \lambda_1[k]_1\{\alpha_1\} \tag{7.1.88}$$

这是一个 s 个自由度的系统的广义特征值问题,由于 $s\ll n$,因此,求解此特征值问题比求解原问题容易得多. 由上式可以解出 s 个"特征向量"$\{\alpha_1^{(1)}\},\{\alpha_1^{(2)}\},\cdots,\{\alpha_1^{(s)}\}$与 s 个特征值$\lambda_1^{(1)},\lambda_1^{(2)},\cdots,\lambda_1^{(s)}$. 前者可按式(7.1.84)构成矩阵$[\alpha]_1$,而后者是对原问题的前 s 个特征值的一次近似.

按照第 4 章证明模态向量的正交性的相同方法,可由式(7.1.88)证明$[\alpha]_1$ 满足以下正交条件:

$$\underset{s\times s}{[\alpha]_1^{\mathrm{T}}}\underset{s\times s}{[m]_1}\underset{s\times s}{[\alpha]_1} = \underset{s\times s}{[1]} \tag{7.1.89}$$

上式也包含了正规化条件,以式(7.1.86)代入,得

$$[\alpha]_1^{\mathrm{T}}[\widetilde{U}]^{\mathrm{T}}[m][\widetilde{U}]_1[\alpha]_1 = [1]$$

将式(7.1.82)代入,得式(7.1.85),即诸试算向量$\{u_1^{(i)}\}(i=1,2,\cdots,s)$对于$[m]$的正交条件得到满足.

3. 迭代方法

由式(7.1.88)解出$[\alpha]_1$ 并由式(7.1.82)求出$[U]_1$ 以后,可以按式(7.1.78)求出$[\widetilde{U}]_2$,并经同样的步骤得出$[U]_2,[U]_3,\cdots$,直至最后在给定的精度内有

$$[U]_{k+1} \approx [U]_k \tag{7.1.90}$$

即可终止迭代. 这时$\{u_{k+1}^{(i)}\}$与 $\lambda_{k+1}^{(i)}$ $(i=1,2,\cdots,s)$即为所求的前 s 阶特征向量与特征值.

计算实践表明,在迭代过程中 s 个模态的前几个收敛得比较快. 为了在较少的几次迭代中获得所需前 s 个模态的较准确的值,可以多取几个模态来同时进行迭代. 例如取 r 个模态,经验表明,可以在 $r=2s$ 及 $r=s+8$ 这两个数中按较小的一个来确定 r.

子空间迭代法具有一个突出的优点,就是当系统的前几阶自然频率比较接近

时,使用上一小节介绍的矩阵迭代法会出现收敛速度太慢的问题,而子空间迭代法则可有效地克服这一缺点.此法精确度高、可靠性强,是求取大型复杂结构的低阶模态的有效方法.

例 7.5　试以子空间迭代法求例 7.3 中三自由度系统的前两阶模态向量与自然频率.

解　取两个试算向量为

$$\{u_0^{(1)}\} = \{1,2,3\}^{\mathrm{T}} \tag{a}$$

$$\{u_0^{(2)}\} = \{1,2,-1\}^{\mathrm{T}} \tag{b}$$

于是

$$[U]_0 = \begin{bmatrix} 1 & 1 \\ 2 & 2 \\ 3 & -1 \end{bmatrix} \tag{c}$$

进行基准化,使各列向量的最后一个分量为 1,于是

$$[U]_0 = \begin{bmatrix} 0.333333 & -1.000000 \\ 0.666667 & -2.000000 \\ 1.000000 & 1.000000 \end{bmatrix} \tag{d}$$

例 7.3 中的式(b)已给出动力矩阵$[D]$,因此

$$[\widetilde{U}]_1 = [D][U]_0 = \frac{m}{k}\begin{bmatrix} 3.000000 & -1.000000 \\ 5.666667 & -1.000000 \\ 6.666667 & 0.000000 \end{bmatrix} \tag{e}$$

基准化后,得

$$[\widetilde{U}]_1 = \begin{bmatrix} 0.450000 & -1 \\ 0.850000 & -1 \\ 1.000000 & 0 \end{bmatrix} \tag{f}$$

计算广义质量矩阵与广义刚度矩阵,有

$$[m]_1 = [\widetilde{U}]_1^{\mathrm{T}}[m][\widetilde{U}]_1 = m\begin{bmatrix} 2.925000 & -1.300000 \\ -1.300000 & 2.000000 \end{bmatrix} \tag{g}$$

$$[k]_1 = [\widetilde{U}]_1^{\mathrm{T}}[k][\widetilde{U}]_1 = k\begin{bmatrix} 0.407500 & -0.150000 \\ -0.150000 & 3.000000 \end{bmatrix} \tag{h}$$

求解 Ritz 方程式(7.1.88),得

$$[\alpha]_1 = [\{\alpha_1^{(1)}\} \tag{i}$$

$$\{\alpha_1^{(2)}\}] = \begin{bmatrix} 2.721608 & -1.144686 \\ -0.030955 & -2.544046 \end{bmatrix} \tag{j}$$

$$[\Lambda]_1 = \frac{k}{m}\begin{bmatrix} \lambda_1^{(1)} & 0 \\ 0 & \lambda_1^{(2)} \end{bmatrix} = \frac{k}{m}\begin{bmatrix} 0.139196 & 0 \\ 0 & 2.072343 \end{bmatrix} \tag{k}$$

计算$[U]_1$，按式(7.1.82)，得

$$[U]_1=[\widetilde{U}]_1[\alpha]_1=\begin{bmatrix}1.255679 & 2.028937\\2.344322 & 1.571063\\2.721608 & -1.144686\end{bmatrix}\tag{l}$$

基准化后，得

$$[U]_1=\begin{bmatrix}0.461374 & -1.772483\\0.861374 & -1.372484\\1.000000 & 1.000000\end{bmatrix}\tag{m}$$

现在进行第二次迭代，有

$$[\widetilde{U}]_2=[D][U]_1=\frac{m}{k}\begin{bmatrix}3.322748 & -1.144967\\6.184122 & -0.517451\\7.184122 & 0.482549\end{bmatrix}\tag{n}$$

基准化后，得

$$[\widetilde{U}]_2=\begin{bmatrix}0.462513 & -2.372748\\0.860804 & -1.072328\\1.000000 & 1.000000\end{bmatrix}\tag{o}$$

计算广义质量与广义刚度矩阵，有

$$[m]_2=[\widetilde{U}]_2^{\mathrm{T}}[m][\widetilde{U}]_2=m\begin{bmatrix}2.954902 & -0.020491\\-0.020491 & 8.779820\end{bmatrix}\tag{p}$$

$$[k]_2=[\widetilde{U}]_2^{\mathrm{T}}[k][\widetilde{U}]_2=k\begin{bmatrix}0.411305 & -0.002562\\-0.002562 & 15.910112\end{bmatrix}\tag{q}$$

求解 Ritz 方程式(7.1.88)，得

$$[\alpha]_2=[\{\alpha_2^{(1)}\}\tag{r}$$

$$\{\alpha_2^{(2)}\}]=\begin{bmatrix}14.688014 & -0.000239\\-0.000290 & -0.034571\end{bmatrix}\tag{s}$$

$$[\Lambda]_2=\frac{k}{m}\begin{bmatrix}\lambda_2^{(1)} & 0\\0 & \lambda_2^{(2)}\end{bmatrix}=\frac{k}{m}\begin{bmatrix}0.139194 & 0\\0 & 1.812150\end{bmatrix}\tag{t}$$

按式(7.1.82)计算$[U]_2$，得

$$[U]_2=[\widetilde{U}]_2[\alpha]_2=\begin{bmatrix}6.794086 & 0.081789\\12.643812 & 0.036866\\14.687724 & -0.034810\end{bmatrix}\tag{u}$$

基准化后，得

$$[U]_2=\begin{bmatrix}0.462569 & -2.349584\\0.860842 & -1.059064\\1.000000 & 1.000000\end{bmatrix}\tag{v}$$

至此,$\{U_2^{(1)}\}$(即$[U]_2$的第一列)已经与$\{U_1^{(1)}\}$(即$[U]_1$的第一列)相近,即已明显收敛.与例7.3中的式(i)给出的精确解比较,$\{U_2^{(1)}\}$已经精确到小数点后第四位.与例7.4中的式(e)的精确解比较,$\{U_2^{(2)}\}$(即$[U]_2$的第二列)已经比$\{U_1^{(2)}\}$(即$[U]_1$的第二列)更接近精确解,但仍有较大的误差.此题可继续向前迭代.如就此终止,则近似地有

$$\{u^{(1)}\}\approx\{0.462569,\ 0.860842,\ 1.000000\}^{\mathrm{T}} \tag{w}$$

$$\{u^{(2)}\}\approx\{-2.349584,\ -1.059064,\ 1.000000\}^{\mathrm{T}} \tag{x}$$

$$\omega_1\approx\sqrt{\frac{k}{m}}\frac{1}{\sqrt{\lambda_2^{(1)}}}=0.373087\sqrt{\frac{k}{m}} \tag{y}$$

$$\omega_2\approx\sqrt{\frac{k}{m}}\frac{1}{\sqrt{\lambda_2^{(2)}}}=1.346161\sqrt{\frac{k}{m}} \tag{z}$$

这一节讲述的计算方法与模态分析技术相结合,可以计算无阻尼线性系统对于初始条件或过程激励的响应.如果系统的阻尼不可忽略,则可用下一节介绍的转移矩阵法加以分析与计算.

7.2 线性系统振动响应的状态转移矩阵分析法

7.2.1 状态方程与矩阵指数

1. 状态方程

已知多自由度线性系统的运动方程为

$$[m]\{\ddot{q}(t)\}+[c]\{\dot{q}(t)\}+[k]\{q(t)\}=\{Q(t)\} \tag{7.2.1}$$

引入一恒等式$\{\dot{q}(t)\}=\{\dot{q}(t)\}$,并将之写成

$$\{\dot{q}(t)\}=[0]\{q(t)\}+[1]\{\dot{q}(t)\}+[0]\{0\}+[0]\{Q(t)\} \tag{7.2.2}$$

再将运动方程式(7.2.1)两边左乘$[m]^{-1}$,并移项,得

$$\begin{aligned}\{\ddot{q}(t)\}=&-[m]^{-1}[k]\{q(t)\}-[m]^{-1}[c]\{\dot{q}(t)\}\\&+[0]\{0\}+[m]^{-1}\{Q(t)\}\end{aligned} \tag{7.2.3}$$

以上两式即可综合成状态方程

$$\begin{aligned}\left\{\begin{array}{c}\{\dot{q}(t)\}\\ \hdashline \{\ddot{q}(t)\}\end{array}\right\}=&\left[\begin{array}{c:c}[0] & [1]\\ \hdashline -[m]^{-1}[k] & -[m]^{-1}[c]\end{array}\right]\left\{\begin{array}{c}\{q(t)\}\\ \hdashline \{\dot{q}(t)\}\end{array}\right\}\\&+\left[\begin{array}{c:c}[0] & [0]\\ \hdashline [0] & [m]^{-1}\end{array}\right]\left\{\begin{array}{c}\{0\}\\ \hdashline \{Q(t)\}\end{array}\right\}\end{aligned} \tag{7.2.4}$$

记

$$\left.\begin{aligned}\{x(t)\} &= \left\{\begin{array}{c}\{q(t)\}\\ \hdashline \{\dot{q}(t)\}\end{array}\right\}\\ \{F(t)\} &= \left\{\begin{array}{c}\{0\}\\ \hdashline \{Q(t)\}\end{array}\right\}\end{aligned}\right\} \tag{7.2.5}$$

$$[A] = \left[\begin{array}{c:c}[0] & [1]\\ \hdashline -[m]^{-1}[k] & -[m]^{-1}[c]\end{array}\right] \tag{7.2.6}$$

$$[B] = \left[\begin{array}{c:c}[0] & [0]\\ \hdashline [0] & [m]^{-1}\end{array}\right] \tag{7.2.7}$$

可将式(7.2.4)写成

$$\{\dot{x}(\underset{m\times 1}{t})\} = [\underset{m\times m}{A}]\{x(\underset{m\times 1}{t})\} + [\underset{m\times m}{B}]\{F(\underset{m\times 1}{t})\} \tag{7.2.8}$$

此为 n 自由度线性系统的状态方程. 其下标注了各矩阵与向量的维数,其中 $m=2n$.

2. 矩阵指数的定义

先考虑自由振动的状态方程

$$\{\dot{x}(t)\} = [A]\{x(t)\} \tag{7.2.9}$$

这是一个矩阵微分方程,为了探求它的解,将之与一个相似的数量微分方程

$$\dot{x}(t) = ax(t) \tag{7.2.10}$$

相比拟,易知上式的解为

$$x(t) = e^{at}x(0) \tag{7.2.11}$$

其中,$x(0)$是 $t=0$ 时的初始值. 这一结果启示我们将式(7.2.9)的解也写成与上式相似的形式,即

$$\{x(t)\} = e^{[A]t}\{x(0)\} \tag{7.2.12}$$

式中,$\{x(0)\}=\{\{q(0)\}^{\mathrm{T}},\{\dot{q}(0)\}^{\mathrm{T}}\}^{\mathrm{T}}$ 是初始条件,它包括 n 个初始位移与 n 个初始速度. 但是 $e^{[A]t}$ 却是以一个矩阵作为指数,其意义有待确定. 将 e^{at} 展开成级数,即

$$e^{at} = 1 + at + \frac{1}{2!}a^2t^2 + \cdots + \frac{1}{k!}a^kt^k + \cdots \tag{7.2.13}$$

仿此,可将 $e^{[A]t}$ 也写成类似的级数,即

$$e^{[A]t}=[1]+[A]t+\frac{1}{2!}[A]^2t^2+\cdots+\frac{1}{k!}[A]^kt^k+\cdots \tag{7.2.14}$$

此式的意义是确定的,可视为 $e^{[A]t}$ 的定义,其中 $[A]^2=[A][A]$,$[A]^3=[A][A][A]$,等等. 上式称为"矩阵指数". 如此定义的 $e^{[A]t}$ 也是 $m\times m$ 矩阵. 可以证明,对有限的时间 t,上式总是绝对收敛的.

例 7.6 试推导由弹簧(k)与质块(m)组成的谐振子自由振动的状态方程,并以矩阵指数表示其自由振动的解.

解　谐振子的运动方程为

$$\ddot{q}(t)+\omega_n^2 q(t)=0 \tag{a}$$

式中，$\omega_n^2=k/m$. 按式(7.2.9)与式(7.2.6)，状态方程为

$$\begin{Bmatrix}\dot{q}(t)\\ \ddot{q}(t)\end{Bmatrix}=\begin{bmatrix}0 & 1\\ -\omega_n^2 & 0\end{bmatrix}\begin{Bmatrix}q(t)\\ \dot{q}(t)\end{Bmatrix} \tag{b}$$

按式(7.2.14)，有

$$\begin{aligned}
e^{[A]t}&=\begin{bmatrix}1 & 0\\ 0 & 1\end{bmatrix}+\begin{bmatrix}0 & 1\\ -\omega_n^2 & 0\end{bmatrix}t+\frac{1}{2!}\begin{bmatrix}0 & 1\\ -\omega_n^2 & 0\end{bmatrix}^2 t^2\\
&\quad+\frac{1}{3!}\begin{bmatrix}0 & 1\\ -\omega_n^2 & 0\end{bmatrix}^3 t^3+\frac{1}{4!}\begin{bmatrix}0 & 1\\ -\omega_n^2 & 0\end{bmatrix}^4 t^4+\frac{1}{5!}\begin{bmatrix}0 & 1\\ -\omega_n^2 & 0\end{bmatrix}t^5+\cdots\\
&=\begin{bmatrix}1 & 0\\ 0 & 1\end{bmatrix}+\begin{bmatrix}0 & 1\\ -\omega_n^2 & 0\end{bmatrix}t-\begin{bmatrix}1 & 0\\ 0 & 1\end{bmatrix}\frac{(\omega_n t)^2}{2!}-\begin{bmatrix}0 & 1\\ -\omega_n^2 & 0\end{bmatrix}\frac{\omega_n^2 t^3}{3!}\\
&\quad+\begin{bmatrix}1 & 0\\ 0 & 1\end{bmatrix}\frac{(\omega_n t)^4}{4!}+\begin{bmatrix}0 & 1\\ -\omega_n^2 & 0\end{bmatrix}\frac{\omega_n{}^4 t^5}{5!}-\cdots\\
&=\begin{bmatrix}A & B\\ C & D\end{bmatrix}=\begin{bmatrix}\cos\omega_n t & \omega_n^{-1}\sin\omega_n t\\ -\omega_n\sin\omega_n t & \cos\omega_n t\end{bmatrix}
\end{aligned} \tag{c}$$

其中

$$A=1-\frac{1}{2!}(\omega_n t)^2+\frac{1}{4!}(\omega_n t)^4-\cdots$$

$$B=\omega_n^{-1}\left[\omega_n t-\frac{1}{3!}(\omega_n t)^3+\frac{1}{5!}(\omega_n t)^5-\cdots\right]$$

$$C=-\omega_n\left[\omega_n t-\frac{1}{3!}(\omega_n t)^3+\frac{1}{5!}(\omega_n t)^5-\cdots\right]$$

$$D=1-\frac{1}{2!}(\omega_n t)^2+\frac{1}{4!}(\omega_n t)^4-\cdots$$

按式(7.2.12)，得自由振动的解为

$$\begin{Bmatrix}q(t)\\ \dot{q}(t)\end{Bmatrix}=\begin{bmatrix}\cos\omega_n t & \omega_n^{-1}\sin\omega_n t\\ -\omega_n\sin\omega_n t & \cos\omega_n t\end{bmatrix}\begin{Bmatrix}q(0)\\ \dot{q}(0)\end{Bmatrix} \tag{d}$$

式中，$q(0)$、$\dot{q}(0)$分别为初始位移与初始速度. 其中第一式与式(1.3.7)是一致的.

3. 矩阵指数的性质与算法

矩阵指数具有一些与数量指数十分相似的性质，如

$$\frac{d}{dt}e^{[A]t}=[A]e^{[A]t}=e^{[A]t}[A] \tag{7.2.15}$$

$$e^{[A]t_1}e^{[A]t_2}=e^{[A](t_1+t_2)} \tag{7.2.16}$$

$$(e^{[A]t})^{-1}=e^{-[A]t} \tag{7.2.17}$$

等等. 其中式(7.2.15)、式(7.2.16)均可由原始定义式(7.2.14)证明. 利用式

(7.2.15)即可证明式(7.2.12)确实是式(7.2.9)的解. 又令式(7.2.16)中的 $t_2 = -t_1$ 即可证明式(7.2.17). 但是必须注意,一般

$$e^{[A]}e^{[B]} \neq e^{[A]+[B]} \tag{7.2.18}$$

而只有当 $[A]$ 与 $[B]$ 是可交换的,即 $[A][B]=[B][A]$ 时,上式才能成为等式.

由于矩阵指数在系统动态分析及现代控制理论中的重要性,已经研究出各种计算矩阵指数的方法,这里只介绍一种便于数值计算的方法.

按定义式(7.2.14)计算矩阵指数时,只能取有限的项,如取至第 k 项,则该式成为

$$e^{[A]t} \approx [1] + [A]t + \frac{t^2}{2!}[A]^2 + \cdots + \frac{t^k}{k!}[A]^k \tag{7.2.19}$$

上式可按照以下递推公式计算:

$$\left.\begin{aligned} [\psi]_1 &= [1] + \frac{t}{k}[A] \\ [\psi]_2 &= [1] + \frac{t}{k-1}[A][\psi]_1 \\ [\psi]_3 &= [1] + \frac{t}{k-2}[A][\psi]_2 \\ &\vdots \\ [\psi]_k &= [1] + t[A][\psi]_{k-1} \end{aligned}\right\} \tag{7.2.20}$$

最后得

$$e^{[A]t} \approx [\psi]_k \tag{7.2.21}$$

上式计算的精度一方面取决于 k 的选取,k 愈大,计算结果愈准确;另一方面也取决于 t 的大小,t 愈大,计算精度愈差. 在 k 值已经取定的情况下,为了提高计算精度,可以将时间分段,即将 $0 \sim t$ 这一段时间划分为 r 段:$0 \sim t_1, t_1 \sim t_2, t_2 \sim t_3, \cdots, t_{r-1} \sim t_r = t$,然后按式(7.2.16)计算 $e^{[A]t}$,有

$$e^{[A]t} = e^{[A]t_1} e^{[A](t_2-t_1)} e^{[A](t_3-t_2)} \cdots e^{[A](t_r-t_{r-1})} \tag{7.2.22}$$

7.2.2 状态转移矩阵

现在回到式(7.2.12),$e^{[A]t}$ 这个 $m \times m$ 矩阵作用在零时刻的初始状态 $\{x(0)\}$ 上以后,就转移到时刻 t 的状态 $\{x(t)\}$,因此可以将 $e^{[A]t}$ 称为“状态转移矩阵”. 一般而言,可以将由时刻 t_0 的状态转移到时刻 t 的状态转移矩阵记为

$$e^{[A](t-t_0)} = [\phi(t \frown t_0)] = \begin{bmatrix} \phi_{11} & \phi_{12} & \cdots & \phi_{1m} \\ \phi_{21} & \phi_{22} & \cdots & \phi_{2m} \\ \vdots & \vdots & & \vdots \\ \phi_{m1} & \phi_{m2} & \cdots & \phi_{mm} \end{bmatrix} \tag{7.2.23}$$

而式(7.2.12)现在可称为状态转移方程,可写为

$$\{x(t)\} = [\phi(t \frown t_0)]\{x(t_0)\} \tag{7.2.24}$$

按矩阵指数定义的状态转移矩阵,即式(7.2.23),是对线性定常系统而言的.但是必须注意,状态转移矩阵的概念和分析方法,也可适用于线性时变系统.对时变系统,状态转移矩阵需做如下定义:考虑几组特殊的初始状态

$$\{x(t_0)\}_1 = \begin{Bmatrix} 1 \\ 0 \\ \vdots \\ 0 \end{Bmatrix} \quad \{x(t_0)\}_2 = \begin{Bmatrix} 0 \\ 1 \\ \vdots \\ 0 \end{Bmatrix} \quad \cdots \quad \{x(t_0)\}_m = \begin{Bmatrix} 0 \\ 0 \\ \vdots \\ 1 \end{Bmatrix} \tag{7.2.25}$$

用以上第一组初始条件代入式(7.2.24),并采用式(7.2.23)的记法,可得相应的解为

$$\{x(t)\}_1 = \begin{bmatrix} \phi_{11} & \phi_{12} & \cdots & \phi_{1m} \\ \phi_{21} & \phi_{22} & \cdots & \phi_{2m} \\ \vdots & \vdots & & \vdots \\ \phi_{m1} & \phi_{m2} & \cdots & \phi_{mm} \end{bmatrix} \begin{Bmatrix} 1 \\ 0 \\ \vdots \\ 0 \end{Bmatrix} = \begin{Bmatrix} \phi_{11} \\ \phi_{21} \\ \vdots \\ \phi_{m1} \end{Bmatrix} \tag{7.2.26}$$

同理可得

$$\{x(t)\}_2 = \begin{Bmatrix} \phi_{12} \\ \phi_{22} \\ \vdots \\ \phi_{m2} \end{Bmatrix} \quad \{x(t)\}_3 = \begin{Bmatrix} \phi_{13} \\ \phi_{23} \\ \vdots \\ \phi_{m3} \end{Bmatrix} \quad \cdots \quad \{x(t)\}_m = \begin{Bmatrix} \phi_{1m} \\ \phi_{2m} \\ \vdots \\ \phi_{mm} \end{Bmatrix} \tag{7.2.27}$$

由此得到状态转移矩阵的另一种解释:其各列是相应于式(7.2.25)这一组特殊的初始状态的解,即

$$[\phi(t \frown t_0)] = [\{x(t)\}_1,\ \{x(t)\}_2,\ \cdots,\ \{x(t)\}_m] \tag{7.2.28}$$

上式对所有的线性系统(时变与定常)均有效.对线性时变系统来说,矩阵的各个列向量可由本章后面将要讲的数字仿真方法求出.

按状态转移矩阵的物理意义及矩阵指数的性质,不难确认转移矩阵具有以下性质:

(1) 归一性 $$[\phi(t_0 \frown t_0)] = [1] \tag{7.2.29}$$

(2) 合成性 $$[\phi(t \frown t_1)][\phi(t_1 \frown t_0)] = [\phi(t \frown t_0)] \tag{7.2.30}$$

(3) 可逆性 $$[\phi(t \frown t_0)]^{-1} = [\phi(t_0 \frown t)] \tag{7.2.31}$$

7.2.3 线性系统的强迫振动

以上讨论了线性系统的自由振动,现在讨论强迫振动的解,即式(7.2.8)的解.仍借鉴自由振动的解的形式,即式(7.2.12),并考虑到外加激励的作用相当于使得

系统的初态不断变化，于是来试探以下形式的解：

$$\{x(t)\} = \mathrm{e}^{[A]t}\{k(t)\} \tag{7.2.32}$$

试探的目的是找出函数$\{k(t)\}$的合适的形式，使上式确实是式(7.2.8)的解.

将式(7.2.32)代入式(7.2.8)，并利用式(7.2.15)，有

$$\begin{aligned}\{\dot{x}(t)\} &= [A]\mathrm{e}^{[A]t}\{k(t)\} + \mathrm{e}^{[A]t}\{\dot{k}(t)\}\\ &= [A]\mathrm{e}^{[A]t}\{k(t)\} + [B]\{F(t)\}\end{aligned}$$

因此

$$\mathrm{e}^{[A]t}\{\dot{k}(t)\} = [B]\{F(t)\}$$

由式(7.2.17)，有

$$\{\dot{k}(t)\} = \mathrm{e}^{-[A]\tau}[B]\{F(t)\}$$

积分，得

$$\{k(t)\} = \int_0^t \mathrm{e}^{-[A]\tau}[B]\{F(\tau)\}\mathrm{d}\tau + \{k\}$$

式中，τ 为积分变量；$\{k\}$为积分常数. 代入式(7.2.32)，得

$$\{x(t)\} = \mathrm{e}^{[A]t}\{k\} + \mathrm{e}^{[A]t}\int_0^t \mathrm{e}^{-[A]\tau}[B]\{F(\tau)\}\mathrm{d}\tau$$

考虑到初始条件

$$\{x(0)\} = \{x(t)\}\big|_{t=0}$$

得

$$\{k\} = \{x(0)\}$$

代回上式，得强迫振动的响应表示为

$$\{x(t)\} = \mathrm{e}^{[A]t}\{x(0)\} + \int_0^t \mathrm{e}^{[A](t-\tau)}[B]\{F(\tau)\}\mathrm{d}\tau \tag{7.2.33}$$

上式中用到了式(7.2.16). 如果将时间的起点一般地记为 t_0，则有

$$\{x(t)\} = \mathrm{e}^{[A](t-t_0)}\{x(t_0)\} + \int_{t_0}^t \mathrm{e}^{[A](t-\tau)}[B]\{F(\tau)\}\mathrm{d}\tau \tag{7.2.34}$$

或者采用式(7.2.23)关于转移矩阵的记法，得

$$\{x(t)\} = [\phi(t \frown t_0)]\{x(t_0)\} + \int_{t_0}^t [\phi(t \frown \tau)][B]\{F(\tau)\}\mathrm{d}\tau \tag{7.2.35}$$

例 7.7　计算例 7.6 中的谐振子在斜坡函数 $F(t) = f_0 t u(t)$激励下的响应. 这里 $u(t)$是单位阶跃函数.

解　由式(7.2.7)，有

$$[B] = \begin{bmatrix} 1 & 0 \\ 0 & 1/m \end{bmatrix} \tag{a}$$

而$[A]$及 $\mathrm{e}^{[A]t}$已由例 7.6 中的式(b)、式(d)给出，代入式(7.2.34)，得

$$\begin{aligned}\begin{Bmatrix} q(t) \\ \dot{q}(t) \end{Bmatrix} &= \begin{bmatrix} \cos\omega_n t & \omega_n^{-1}\sin\omega_n t \\ -\omega_n\sin\omega_n t & \cos\omega_n t \end{bmatrix}\begin{Bmatrix} q(0) \\ \dot{q}(0) \end{Bmatrix}\\ &\quad + \int_0^t \begin{bmatrix} \cos\omega_n t & \omega_n^{-1}\sin\omega_n t \\ -\omega_n\sin\omega_n t & \cos\omega_n t \end{bmatrix}\begin{bmatrix} 1 & 0 \\ 0 & 1/m \end{bmatrix}\begin{Bmatrix} 0 \\ F(t) \end{Bmatrix}\mathrm{d}\tau\end{aligned}$$

$$= \begin{bmatrix} \cos\omega_n t & \omega_n^{-1}\sin\omega_n t \\ -\omega_n \sin\omega_n t & \cos\omega_n t \end{bmatrix} \begin{Bmatrix} q(0) \\ \dot{q}(0) \end{Bmatrix} + \frac{1}{m\omega_n}\int_0^t \begin{Bmatrix} \sin\omega_n(t-\tau) \\ \omega_n\cos\omega_n(t-\tau) \end{Bmatrix} F(\tau)\mathrm{d}\tau \tag{b}$$

此即谐振子在初始激励与过程激励下的响应的一般表达式,其中既包括位移响应也包括速度响应.

令初始条件为零,以 $F(t)=f_0 tu(t)$ 代入上式,并积分,即得斜坡函数作用下系统的响应为

$$\begin{Bmatrix} q(t) \\ \dot{q}(t) \end{Bmatrix} = \frac{f_0}{m\omega_n}\int_0^t \begin{Bmatrix} \sin\omega_n(t-\tau) \\ \omega_n\cos\omega_n(t-\tau) \end{Bmatrix} \tau\mathrm{d}\tau = \frac{f_0}{k\omega_n}\begin{Bmatrix} \omega_n t - \sin\omega_n t \\ \omega_n(1-\cos\omega_n t) \end{Bmatrix} \tag{c}$$

7.2.4 状态方程的离散化

这里所讲的状态方程的离散化,是指状态方程在时间上的离散化,其用意是为了便于以计算机求解振动系统的时间历程.其要点是将时间划分为许多小段,通常是相等的小段 $\Delta t=t_1-t_0=t_2-t_1=t_3-t_2=\cdots=t_{i+1}-t_i=\cdots=t_n-t_{n-1}$,这里 $t_i=t_0+i\Delta t\ (i=1,2,\cdots,n+1)$是划分点,或称为"采样点",而 n 是分段总数.然后,从初始条件$\{x(t_0)\}$出发,逐步计算出系统的时间历程$\{x(t)\}$在诸划分点上的数值$\{x(t_1)\},\{x(t_2)\},\cdots,\{x(t_{n+1})\}$.在计算中通常要进行一定的简化,因而会产生误差,可是当分段 Δt 充分小时,可以得到足够的计算精度.

令式(7.2.33)中的 $t=i\Delta t$,得

$$\{x(i\Delta t)\} = \mathrm{e}^{[A]i\Delta t}\{x(0)\} + \int_0^{i\Delta t}\mathrm{e}^{[A](i\Delta t-\tau)}[B]\{F(\tau)\}\mathrm{d}\tau \tag{7.2.36}$$

再令式(7.2.33)中 $t=(i+1)\Delta t$,得

$$\begin{aligned}\{x(i\Delta t+\Delta t)\} &= \mathrm{e}^{[A](i\Delta t+\Delta t)}\{x(0)\} + \int_0^{i\Delta t+\Delta t}\mathrm{e}^{[A](i\Delta t+\Delta t-\tau)}[B]\{F(\tau)\}\mathrm{d}\tau \\ &= \mathrm{e}^{[A]\Delta t}\left[\mathrm{e}^{[A]i\Delta t}\{x(0)\} + \int_0^{i\Delta t}\mathrm{e}^{[A](i\Delta t-\tau)}[B]\{F(\tau)\}\mathrm{d}\tau\right] \\ &\quad + \int_{i\Delta t}^{i\Delta t+\Delta t}\mathrm{e}^{[A](i\Delta t+\Delta t-\tau)}[B]\{F(\tau)\}\mathrm{d}\tau \end{aligned} \tag{7.2.37}$$

现在分析上式中的最后一项,假设$\{F(\tau)\}$在 $i\Delta t\sim(i+1)\Delta t$ 这一小段时间内的变化可以略而不计,而可视为常数,即$\{F(\tau)\}\approx\{F(i\Delta t)\}$,得

$$\begin{aligned}&\int_{i\Delta t}^{i\Delta t+\Delta t}\mathrm{e}^{[A](i\Delta t+\Delta t-\tau)}[B]\{F(\tau)\}\mathrm{d}\tau \\ &= \left[\int_{i\Delta t}^{i\Delta t+\Delta t}\mathrm{e}^{[A](i\Delta t+\Delta t-\tau)}\mathrm{d}\tau\right][B]\{F(i\Delta t)\}\end{aligned} \tag{7.2.38}$$

令 $i\Delta t+\Delta t-\tau=t$,将积分变量由 τ 变为 t,有

$$\int_{i\Delta t}^{i\Delta t+\Delta t} e^{[A](i\Delta t+\Delta t-\tau)}\,d\tau = \int_{\Delta t}^{0} e^{[A]t}(-dt) = \int_{0}^{\Delta t} e^{[A]t}\,dt \qquad (7.2.39)$$

将式(7.2.36)、式(7.2.38)与式(7.2.39)代入式(7.2.37)，得

$$\{x(i\Delta t+\Delta t)\} = e^{[A]\Delta t}\{x(i\Delta t)\} + \int_{0}^{\Delta t} e^{[A]t}\,dt[B]\{F(i\Delta t)\} \qquad (7.2.40)$$

记

$$[\phi(\widehat{i\Delta t+\Delta t\quad i\Delta t})] = e^{[A]\Delta t} = [\phi] \qquad (7.2.41)$$

$$\int_{0}^{\Delta t} e^{[A]t}\,dt[B] = [\Gamma] \qquad (7.2.42)$$

$$\left.\begin{aligned} i\Delta t &= i \\ (i+1)\Delta t &= i+1 \end{aligned}\right\} \qquad (7.2.43)$$

式(7.2.40)成为

$$\{x(i+1)\}=[\phi]\{x(i)\}+[\Gamma]\{F(i)\},\quad i=1,2,\cdots \qquad (7.2.44)$$

上式即离散的状态方程，便于用计算机进行计算，当$[\phi]$、$[\Gamma]$、$\{x(0)\}$及$\{F(i)\}$ ($i=0,1,2,\cdots$)给定时，由上式可以计算系统响应的时间历程$\{x(1)\}$，$\{x(2)\}$，….

例 7.8　试将例 7.6、例 7.7 中的模型在时间上离散化，并计算其对于斜坡函数 $F(t)=f_0tu(t)$的响应.

解　由例 7.6 中的式(d)，令 $t=\Delta t$，即得

$$[\phi] = e^{[A]\Delta t} = \begin{bmatrix} \cos\omega_n\Delta t & \omega_n^{-1}\sin\omega_n\Delta t \\ -\omega_n\sin\omega_n\Delta t & \cos\omega_n\Delta t \end{bmatrix} \qquad (a)$$

而由上式与例 7.7 中的式(a)，得

$$\begin{aligned} [\Gamma] &= \int_{0}^{\Delta t} e^{[A]t}\,dt[B] \\ &= \int_{0}^{\Delta t} \begin{bmatrix} \cos\omega_n\Delta t & \omega_n^{-1}\sin\omega_n\Delta t \\ -\omega_n\sin\omega_n\Delta t & \cos\omega_n\Delta t \end{bmatrix} dt \begin{bmatrix} 1 & 0 \\ 0 & 1/m \end{bmatrix} \\ &= \frac{1}{\omega_n}\begin{bmatrix} \sin\omega_n\Delta t & (m\omega_n)^{-1}(1-\cos\omega_n\Delta t) \\ -\omega_n(1-\cos\omega_n\Delta t) & m^{-1}\sin\omega_n\Delta t \end{bmatrix} \end{aligned} \qquad (b)$$

又已知初始条件为

$$\{x(0)\} = \begin{Bmatrix} 0 \\ 0 \end{Bmatrix} \qquad (c)$$

过程激励为

$$\{F(i)\} = \begin{Bmatrix} 0 \\ f_0 i\Delta t \end{Bmatrix},\quad i=0,1,2,\cdots \qquad (d)$$

于是各相继时刻的响应可逆推如下：

$$\{x(1)\} = [\phi]\{x(0)\} + [\Gamma]\{F(0)\}$$

$$= [\phi]\begin{Bmatrix}0\\0\end{Bmatrix} + [\Gamma]\begin{Bmatrix}0\\0\end{Bmatrix} = \begin{Bmatrix}0\\0\end{Bmatrix} \tag{e}$$

$$\{x(2)\} = [\phi]\{x(1)\} + [\Gamma]\{F(1)\}$$

$$= [\phi]\begin{Bmatrix}0\\0\end{Bmatrix} + [\Gamma]\begin{Bmatrix}0\\f_0\Delta t\end{Bmatrix} = \frac{f_0\Delta t}{k}\begin{Bmatrix}1-\cos\omega_n\Delta t\\ \omega_n\sin\omega_n\Delta t\end{Bmatrix} \tag{f}$$

$$\{x(3)\} = [\phi]\{x(2)\} + [\Gamma]\{F(2)\}$$

$$= [\phi]\frac{f_0\Delta t}{k}\begin{Bmatrix}1-\cos\omega_n\Delta t\\ \omega_n\sin\omega_n\Delta t\end{Bmatrix} + [\Gamma]\begin{Bmatrix}0\\2f_0\Delta t\end{Bmatrix}$$

$$= \frac{f_0\Delta t}{k}\begin{bmatrix}\cos\omega_n\Delta t & \omega_n^{-1}\sin\omega_n\Delta t\\ -\omega_n\sin\omega_n\Delta t & \cos\omega_n\Delta t\end{bmatrix}\begin{Bmatrix}1-\cos\omega_n\Delta t\\ \omega_n\sin\omega_n\Delta t\end{Bmatrix}$$

$$+\frac{1}{\omega_n}\begin{bmatrix}\sin\omega_n\Delta t & (m\omega_n)^{-1}(1-\cos\omega_n\Delta t)\\ -\omega_n(1-\cos\omega_n\Delta t) & m^{-1}\sin\omega_n\Delta t\end{bmatrix}\begin{Bmatrix}0\\2f_0\Delta t\end{Bmatrix}$$

$$= \frac{f_0\Delta t}{k}\begin{Bmatrix}2-\cos\omega_n\Delta t-\cos2\omega_n\Delta t\\ \omega_n(\sin\omega_n\Delta t+\sin2\omega_n\Delta t)\end{Bmatrix} \tag{g}$$

这种计算很容易在计算机上实现.

7.3 振动系统响应的一般数值方法

所谓对一个振动系统进行计算机数字仿真,就是指按照该系统的运动方程或状态方程、初始条件与外加激励,来求解该系统的运动方程.上一节讲的实际上是线性系统数字仿真的一种方法.本节将进一步引申上一节中关于时间离散与逆推算法的思路,并讲解某些较实用的算法与技巧.

考虑一单自由度振动系统,一般而言,从其运动方程中可以将 $\ddot{x}(t)$解出,得到

$$\ddot{x}(t) = f(x,\dot{x},t) \tag{7.3.1}$$

对于线性系统,有

$$\ddot{x}(t) = \frac{F(t)}{m} - \frac{c}{m}\dot{x}(t) - \frac{k}{m}x(t) \tag{7.3.2}$$

设初始条件为

$$\left.\begin{aligned}x_1 &= x(t_1)\\ \dot{x}_1 &= \dot{x}(t_1)\end{aligned}\right\} \tag{7.3.3}$$

这里采用 x_1 与 $\dot{x}_1$,而不用 x_0 与 $\dot{x}_0$,是因为在计算机上一般不采用"0"作为下标.代入式(7.3.1),得

$$\ddot{x}_1 = \ddot{x}(t_1) = f(x_1,\dot{x}_1,t_1) \tag{7.3.4}$$

式(7.3.1)是进行数字仿真的依据,而式(7.3.3)、式(7.3.4)是仿真的出发点.

仿真的要求则是找出一种算法，由时刻 t_1 的 x_1、$\dot{x}_1$ 与 $\ddot{x}_1$ 推算下一个时刻 t_2 的 x_2、$\dot{x}_2$ 与 $\ddot{x}_2$，然后再推出更下一时刻 t_3 的 x_3、$\dot{x}_3$ 与 $\ddot{x}_3$……如此一小步一小步地前进，直至求出系统响应的全部时间历程. 在计算中通常要采用各种简化的假设. 不同的简化方法，产生了不同的算法，因此有不同的精度，也要求不同的计算工作量. 当时间分段 $\Delta t=t_{k+1}-t_k$ 充分小时，对工程问题来说，各种近似方法的误差都是可以容忍的.

7.3.1　矩形法

1. 一步矩形法

一步矩形法的要点是假设在每一时间分段 $[t_i,t_{i+1}]$ 中，系统运动的加速度为常数(即作匀变速运动)，且取其区间左端点的值

$$\ddot{x}(t)=\ddot{x}(t_i)=\ddot{x}_i,\quad t\in[t_i,t_{i+1}]$$

于是按匀变速运动的公式，有

$$\dot{x}_{i+1}=\dot{x}_i+\ddot{x}_i\Delta t \tag{7.3.5}$$

$$x_{i+1}=x_i+\dot{x}_i\Delta t+\frac{1}{2}\ddot{x}_i(\Delta t)^2 \tag{7.3.6}$$

代入式(7.3.1)，得

$$\ddot{x}_{i+1}=f(x_{i+1},\dot{x}_{i+1},t_{i+1}) \tag{7.3.7}$$

式中　$t_{i+1}=t_i+\Delta t=t_1+i\Delta t.$

利用式(7.3.5)至式(7.3.7)，在 x_i，$\dot{x}_i$ 及 $\ddot{x}_i$ 已知的情况下，可算出 x_{i+1}、$\dot{x}_{i+1}$ 及 $\ddot{x}_{i+1}$，即向前推进了一步. 从初始条件式(7.3.3)开始，迭代过程用框图 7.3.1 表示.

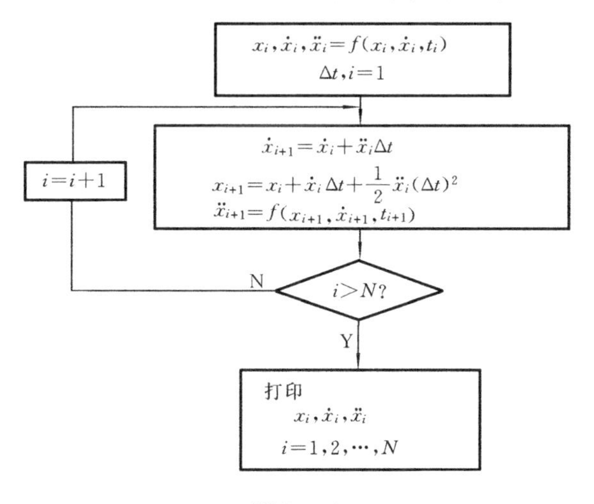

图 7.3.1

时间分段 Δt 的大小对于计算精度和计算量有决定性的影响. 通常取 $\Delta t \leqslant \tau/10$,其中 $\tau = 2\pi/\omega_n$,ω_n 为系统的自然频率,而 τ 为系统自由振动的周期. 在实际计算中,考虑所取 Δt 是否合适的一种粗略方法是:令 Δt 减小为原有的一半,看计算结果变化大不大,如果变化不大,表明所取 Δt 是合适的;如果变化很大,则应考虑进一步减小 Δt. 注意,不要盲目地减小 Δt,过小的 Δt 一方面会使计算工作量大幅度地增加,另一方面会导致运算步骤过多,从而使计算过程中数值圆整的积累误差增大,影响精度.

2. 两步矩形法

在一步矩形法中,为了求时刻 t_{i+1} 的运动 x_{i+1}、$\dot{x}_{i+1}$ 及 $\ddot{x}_{i+1}$,只用到其前一时刻 t_i 的数值 x_i、$\dot{x}_i$ 及 $\ddot{x}_i$. 事实上,为了提高计算精度,可以利用前面已经算出来的多步数值,以便将更多的信息纳入考虑. 这里介绍"两步矩形法",即计算 t_{i+1} 时刻的运动时,要利用已经掌握的时刻 t_i 及 t_{i-1} 的数值. 其要点是假定在时间 $t_{i-1} \sim t_{i+1}$ 中加速度是常值,取其区间中间 t_i 处的数值,即

$$\ddot{x}(t) = \ddot{x}(t_i) = \ddot{x}_i, \quad t \in [t_{i-1}, t_{i+1}]$$

于是按匀变速运动的公式,由时刻 t_i 分别向时刻 t_{i+1} 及 t_{i-1} 计算,有

$$\dot{x}_{i+1} = \dot{x}_i + \ddot{x}_i \Delta t \tag{7.3.8}$$

$$\dot{x}_{i-1} = x_i - \ddot{x}_i \Delta t \tag{7.3.9}$$

$$x_{i+1} = x_i + \dot{x}_i \Delta t + \frac{1}{2}\ddot{x}_i (\Delta t)^2 \tag{7.3.10}$$

$$x_{i-1} = x_i - \dot{x}_i \Delta t + \frac{1}{2}\ddot{x}_i (\Delta t)^2 \tag{7.3.11}$$

式(7.3.8)减去式(7.3.9),式(7.3.10)加上式(7.3.11),并移项,分别得

$$\dot{x}_{i+1} = \dot{x}_{i-1} + \ddot{x}_i (2\Delta t) \tag{7.3.12}$$

$$x_{i+1} = 2x_i - x_{i-1} + \ddot{x}_i (\Delta t)^2 \tag{7.3.13}$$

由式(7.3.1),有

$$\ddot{x}_{i+1} = f(x_{i+1}, \dot{x}_{i+1}, t_{i+1}) \tag{7.3.14}$$

按以上三式,可分别由时刻 t_i、t_{i-1} 的运动推算出时刻 t_{i+1} 的运动.

这种迭代依赖于前两个时刻的值,而初始条件只给出时刻 t_1 的 x_1 及 $\dot{x}_1$,再由运动方程(7.3.4),可算出 $\ddot{x}_1$,还需算出时刻 t_2 的 x_2、$\dot{x}_2$ 及 $\ddot{x}_2$ 以后,整个迭代程序才启动. 为了计算 x_2、$\dot{x}_2$,可假定在时间区间中加速度为定值,即令

$$\ddot{x}(t) = \ddot{x}_1, \quad t \in [t_1, t_2]$$

于是可用前面的单步矩形法算出 $\dot{x}_2$、x_2,有

$$\dot{x}_2 = \dot{x}_1 + \ddot{x}_1 \Delta t \tag{7.3.15}$$

$$x_2 = x_1 + \dot{x}_1 \Delta t + \frac{1}{2}\ddot{x}_1 (\Delta t)^2 \tag{7.3.16}$$

再由式(7.3.1)算出 $\ddot{x}_2$，即

$$\ddot{x}_2 = f(x_2, \dot{x}_2, t_2) \tag{7.3.17}$$

然后可用式(7.3.12)至式(7.3.14)依次推导出 $\dot{x}_3$、x_3、$\ddot{x}_3$、$\dot{x}_4$、x_4、$\ddot{x}_4$ 等.其计算流程如图 7.3.2 所示.

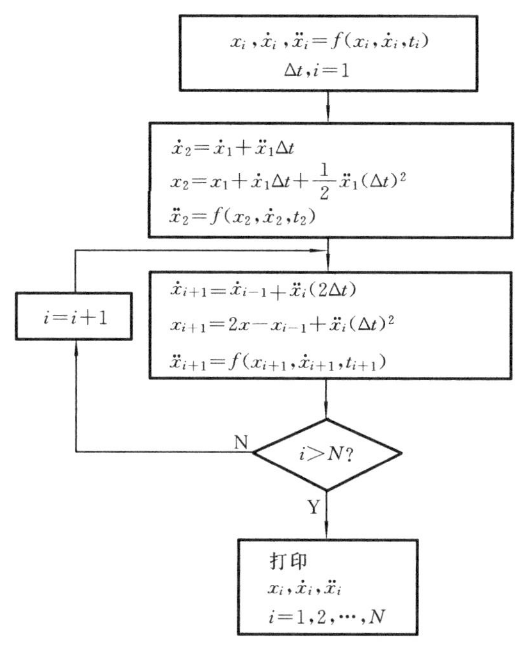

图 7.3.2

例 7.9　设一谐振子的强迫振动运动微分方程为

$$4\ddot{x} + 2000x = F(t) \tag{a}$$

其激振力 $F(t)$ 由图 7.3.3 定义，初始条件为 $x_1 = \dot{x}_1 = 0$，试以双步矩形法计算其响应的时间历程.

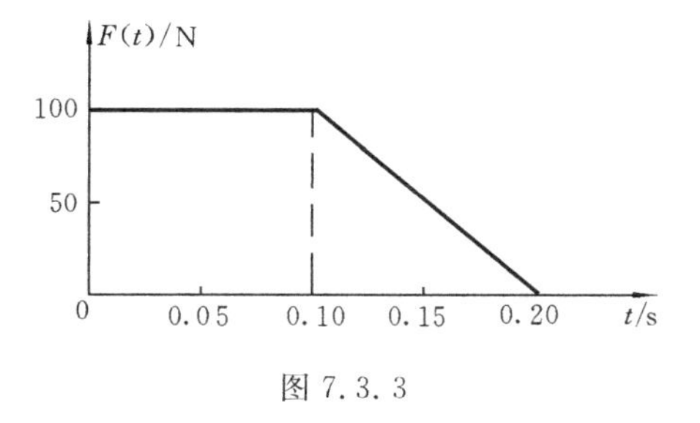

图 7.3.3

解　系统的自然频率为

$$\omega_n = \sqrt{\frac{2000}{4}}\ s^{-1} = 22.4\ s^{-1}$$

自由振动的周期为

$$\tau = \frac{2\pi}{\omega_n} = 0.281\ s$$

取 $\Delta t = 0.030\ s \approx \tau/10$. 将振动方程改写为

$$\ddot{x} = \frac{1}{4}F(t) - 500x \tag{b}$$

由 $x_1 = 0$,得

$$\ddot{x}_1 = \frac{1}{4}F(t_1) - 500x_1 = \frac{1}{4} \times 100 = 25$$

由式(7.3.17),得

$$x_2 = 1/2 \times 25 \times 0.030^2 = 0.0113$$

由式(b),得

$$\ddot{x}_2 = 1/4 \times 100 - 500 \times 0.0113 = 19.35$$

利用式(7.3.12)至式(7.3.14)可依次算出 $\dot{x}_3, x_3, \ddot{x}_3; \dot{x}_4, x_4, \ddot{x}_4; \cdots$. 其结果列于表7.3.1,而响应 $x(t)$ 的时间曲线如图 7.3.4 所示,该图将离散时刻的值 $x_1, x_2, \cdots$,连成了光滑的曲线.

表 7.3.1

i	t	$\frac{1}{4}F(t)$	$500x$	$\ddot{x}$	$\ddot{x}\Delta t^2$	x
1	0	25.0	0	25.00	0.0225	0
2	0.030	25.0	5.65	19.35	0.0174	0.0133
3	0.060	25.0	20.00	5.00	0.0045	0.0400
4	0.090	25.0	36.60	−11.60	−0.0104	0.0732
5	0.120	20.0	48.00	−28.00	−0.0252	0.0960
6	0.150	12.5	46.80	−34.30	−0.0309	0.0936
7	0.180	5.0	30.15	−25.15	−0.0226	0.0603
8	0.210	0	2.20	−2.20	0.0020	0.0044
9	0.240	0	−26.75	26.75	0.0241	−0.0585
10	0.270	0	−43.75	43.65	0.0393	−0.0873
11	0.300	0	−40.90	40.90	0.0368	−0.0818
12	0.330	0	−19.75	19.75	0.0178	−0.0395
13	0.360	0	10.30	−10.30	−0.0093	0.0206
14	0.390	0	35.70	−35.70	−0.0321	0.0714
15	0.420	0	45.05	−45.05	−0.0405	0.0901
16	0.450	0				0.0683

3. 对两步矩形法的改进

两步矩形法有一点不足：当初始条件为零，即 $x_1=\dot{x}_1=0$ 且 $F(t_1)=0$ 时，由式(7.3.2)及式(7.3.15)至式(7.3.17)可知，$\ddot{x}_1=\dot{x}_2=x_2=\ddot{x}_2=0$，再由式(7.3.12)至式(7.3.14)可知，$\dot{x}_{i+1}=x_{i+1}=\ddot{x}_{i+1}=0(i=3,4,\cdots)$. 即算来算去结果总是零，迭代过程无法启动. 但实际上系统是会振动起来的，因其激振力 $F(t)$ 只是在 $t=t_1$ 时为零，其余时刻并不为零. 为了克服这一困难，可以假定在时间分段 $[t_1,t_2]$ 中，加速度成线性增加，即

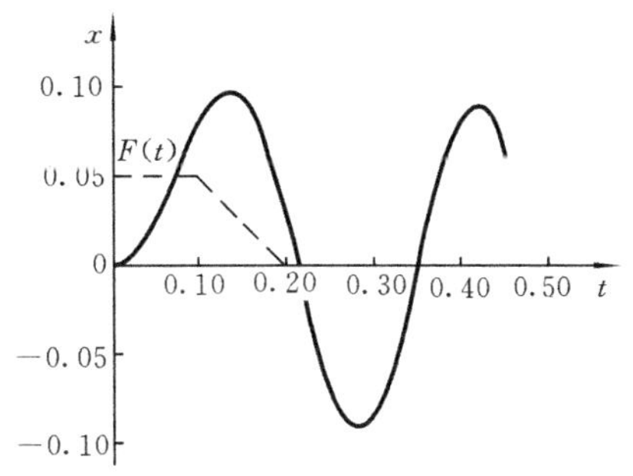

图 7.3.4

$$\ddot{x}(t)=\ddot{x}_1+\alpha(t-t_1) \tag{7.3.18}$$

积分一次，并注意到 $\dot{x}_1=0$，得

$$\dot{x}(t)=\ddot{x}_1(t-t_1)+\frac{1}{2}\alpha(t-t_1)^2 \tag{7.3.19}$$

再积分一次，并注意到 $x_1=0$，得

$$x(t)=\frac{1}{2}\ddot{x}_1(t-t_1)^2+\frac{1}{6}\alpha(t-t_1)^3 \tag{7.3.20}$$

从式(7.3.18)、式(7.3.19)中消去 α，令 $t=t_2$，并考虑到 $\ddot{x}_1=0$，得

$$\dot{x}_2=\frac{1}{2}\ddot{x}_2\Delta t \tag{7.3.21}$$

从式(7.3.18)、式(7.3.20)中消去 α，令 $t=t_2$，同样计及 $\ddot{x}_1=0$，得

$$x_2=\frac{1}{6}\ddot{x}_2(\Delta t)^2 \tag{7.3.22}$$

此外，由式(7.3.1)，有

$$\ddot{x}_2=f(x_2,\dot{x}_2,t_2) \tag{7.3.23}$$

联立解式(7.3.21)至式(7.3.23)，求出 x_2、$\dot{x}_2$ 及 $\ddot{x}_2$，然后用两步矩形法进行迭代，求出全部时间历程.

7.3.2　梯形法

1. 基本方法

梯形法的要点是假定在每一时间分段 $[t_i,t_{i+1}]$ 中，加速度均成线性变化，即

$$\ddot{x}(t)=\ddot{x}_i+\alpha(t-t_1),\quad t\in[t_i,t_{i+1}] \tag{7.3.24}$$

式中，α 是加速度的变化率，假定为常数. 注意，在矩形法中，假定在一时间分段中加速度是常数，而这里假定加速度的变化率是常数. 后者的假定当然更精细，能更好地反映实际情况. 可是与前述改进两步矩形法一样，这样的假设导致解联立方程

的必要,计算量很大.将式(7.3.24)连续积分两次,分别得

$$\dot{x}(t)=\dot{x}_i+\ddot{x}_i(t-t_i)+\frac{1}{2}\alpha(t-t_i)^2 \tag{7.3.25}$$

$$x(t)=x_i+\dot{x}_i(t-t_i)+\frac{1}{2}\ddot{x}_i(t-t_i)^2+\frac{1}{6}\alpha(t-t_i)^3 \tag{7.3.26}$$

令式(7.3.24)、式(7.3.25)、式(7.3.26)中 $t=t_{i+1}$,得

$$\ddot{x}_{i+1}=\ddot{x}_i+\alpha\Delta t \tag{7.3.27}$$

$$\dot{x}_{i+1}=\dot{x}_i+\ddot{x}_i\Delta t+\frac{1}{2}\alpha(\Delta t)^2 \tag{7.3.28}$$

$$x_{i+1}=x_i+\dot{x}_i\Delta t+\frac{1}{2}\ddot{x}_i(\Delta t)^2+\frac{1}{6}\alpha(\Delta t)^3 \tag{7.3.29}$$

分别由式(7.3.27)与式(7.3.28),式(7.3.27)与式(7.3.29)消去 α,得

$$\dot{x}_{i+1}=\dot{x}_i+\frac{1}{2}(\ddot{x}_i+\ddot{x}_{i+1})\Delta t \tag{7.3.30}$$

$$x_{i+1}=x_i+\dot{x}_i\Delta t+\frac{1}{6}(2\ddot{x}_i+\ddot{x}_{i+1})(\Delta t)^2 \tag{7.3.31}$$

由式(7.3.1),得

$$\ddot{x}_{i+1}=f(x_{i+1},\dot{x}_{i+1},t_{i+1}) \tag{7.3.32}$$

要利用式(7.3.30)至式(7.3.31)由时刻 t_i 的 x_i、$\dot{x}_i$ 及 $\ddot{x}_i$ 推出时刻 t_{i+1} 的 x_{i+1}、$\dot{x}_{i+1}$ 与 $\ddot{x}_{i+1}$,需要解联立方程组,计算量很大.为了减小计算量,可采用所谓的"预报-校正"法.

2. 预报-校正法

由式(7.3.30)与式(7.3.31)可知,为求 $\dot{x}_{i+1}$、x_{i+1} 需知道 $\ddot{x}_{i+1}$,而由式(7.3.32)可知,为求 $\ddot{x}_{i+1}$ 又需知道 $\dot{x}_{i+1}$ 及 x_{i+1},因此导致解联立方程的需要.为了摆脱这一困境,可以按前述矩形法的式(7.3.5)至式(7.3.7)计算 $\dot{x}_{i+1}$、x_{i+1} 及 $\ddot{x}_{i+1}$,这称为"预报".

$$\dot{x}_{i+1}^{(0)}=\dot{x}_i+\ddot{x}_i\Delta t \tag{7.3.33}$$

$$x_{i+1}^{(0)}=x_i+\dot{x}_i\Delta t+\frac{1}{2}\ddot{x}_i(\Delta t)^2 \tag{7.3.34}$$

$$\ddot{x}_{i+1}^{(0)}=f(x_{i+1}^{(0)},\dot{x}_{i+1}^{(0)},t_{i+1}) \tag{7.3.35}$$

上标"(0)"表示"预报".然后再按式(7.3.30)至式(7.3.32)进行"校正",有

$$\dot{x}_{i+1}^{(1)}=\dot{x}_i+\frac{1}{2}(\ddot{x}_i+\ddot{x}_{i+1}^{(0)})\Delta t \tag{7.3.36}$$

$$x_{i+1}^{(1)}=x_i+\dot{x}_i\Delta t+\frac{1}{6}(2\ddot{x}_i+\ddot{x}_{i+1}^{(0)})(\Delta t)^2 \tag{7.3.37}$$

$$\ddot{x}_{i+1}^{(1)}=f(x_{i+1}^{(1)},\dot{x}_{i+1}^{(1)},t_{i+1}) \tag{7.3.38}$$

上标"(1)"表示第一次"校正".还可进行第二次校正,即

$$\dot{x}_{i+1}^{(2)} = \dot{x}_i + \frac{1}{2}(\ddot{x}_i + \ddot{x}_{i+1}^{(1)})\Delta t \tag{7.3.39}$$

$$x_{i+1}^{(2)} = x_i + \dot{x}_i\Delta t + \frac{1}{6}(2\ddot{x}_i + \ddot{x}_{i+1}^{(1)})(\Delta t)^2 \tag{7.3.40}$$

$$\ddot{x}_{i+1}^{(2)} = f(x_{i+1}^{(2)}, \dot{x}_{i+1}^{(2)}, t_{i+1}) \tag{7.3.41}$$

可以证明,从精度等级上来说,校正一次就够了.

7.3.3 Runge-Kutta 法

Runge-Kutta 法的特点是将每一时间分段$[t_i, t_{i+1}]$以其中点 $t_{i+1/2} = t_1 + (i+1/2-1)\Delta t$ 分成两部分:$[t_i, t_{i+1/2}]$、$[t_{i+1/2}, t_{i+1}]$. 先由时刻 t_i 的值 x_i、$\dot{x}_i$、$\ddot{x}_i$ 按一步矩形法"预报"时刻 $t_{i+1/2}$的中值,即

$$x_{i+1/2}^{(0)} = x_i + \dot{x}_i\Delta t/2 \tag{7.3.42}$$

$$\dot{x}_{i+1/2}^{(0)} = \dot{x}_i + \ddot{x}_i\Delta t/2 \tag{7.3.43}$$

$$\ddot{x}_{i+1/2}^{(0)} = f(x_{i+1/2}^{(0)}, \dot{x}_{i+1/2}^{(0)}, t_{i+1/2}) \tag{7.3.44}$$

然后对中值按梯形法进行"校正",即

$$x_{i+1/2}^{(1)} = x_i + \dot{x}_{i+1/2}^{(1)}\frac{\Delta t}{2} \tag{7.3.45}$$

$$\dot{x}_{i+1/2}^{(1)} = \dot{x}_i + \ddot{x}_{i+1/2}^{(1)}\frac{\Delta t}{2} \tag{7.3.46}$$

$$\ddot{x}_{i+1/2}^{(1)} = f(x_{i+1/2}^{(1)}, \dot{x}_{i+1/2}^{(1)}, t_{i+1/2}) \tag{7.3.47}$$

再按两步矩形法(实际上是"两个半步"),计算时刻 t_{i+1}的末值,有

$$x_{i+1}^{(1)} = x_i + \dot{x}_{i+1/2}^{(1)}\Delta t \tag{7.3.48}$$

$$\dot{x}_{i+1}^{(1)} = \dot{x}_i + \ddot{x}_{i+1/2}^{(1)}\Delta t \tag{7.3.49}$$

$$\ddot{x}_{i+1}^{(1)} = f(x_{i+1}^{(1)}, \dot{x}_{i+1}^{(1)}, t_{i+1}) \tag{7.3.50}$$

而区间$[t_i, t_{i+1}]$中 $\dot{x}(t)$及 $\ddot{x}(t)$的均值 $\dot{x}_i$ 与 $\ddot{x}_i$ 取以上诸值的加权平均,有

$$\tilde{\dot{x}}_i = \frac{1}{6}(\dot{x}_i + 2\dot{x}_{i+1/2}^{(0)} + 2\dot{x}_{i+1/2}^{(1)} + x_{i+1}^{(1)}) \tag{7.3.51}$$

$$\tilde{\ddot{x}}_i = \frac{1}{6}(\ddot{x}_i + 2\ddot{x}_{i+1/2}^{(0)} + 2\ddot{x}_{i+1/2}^{(1)} + x_{i+1}^{(1)}) \tag{7.3.52}$$

加权的系数是按照误差最小的原则确定的,在此不详细讨论.由此可求出时刻 t_{i+1} 的位移、速度与加速度分别为

$$x_{i+1} = x_i + \tilde{\dot{x}}_i\Delta t \tag{7.3.53}$$

$$\dot{x}_{i+1} = \dot{x}_i + \tilde{\ddot{x}}_i\Delta t \tag{7.3.54}$$

$$\ddot{x}_{i+1} = f(x_{i+1}, \dot{x}_{i+1}, t_{i+1}) \tag{7.3.55}$$

Runge-Kutta 法的计算量显然比前述矩阵法、梯形法大，但精度要比它们高得多，总的说来还是合算的，因此用得比较普遍.

图 7.3.5 为 Runge-Kutta 法的计算机流程图.

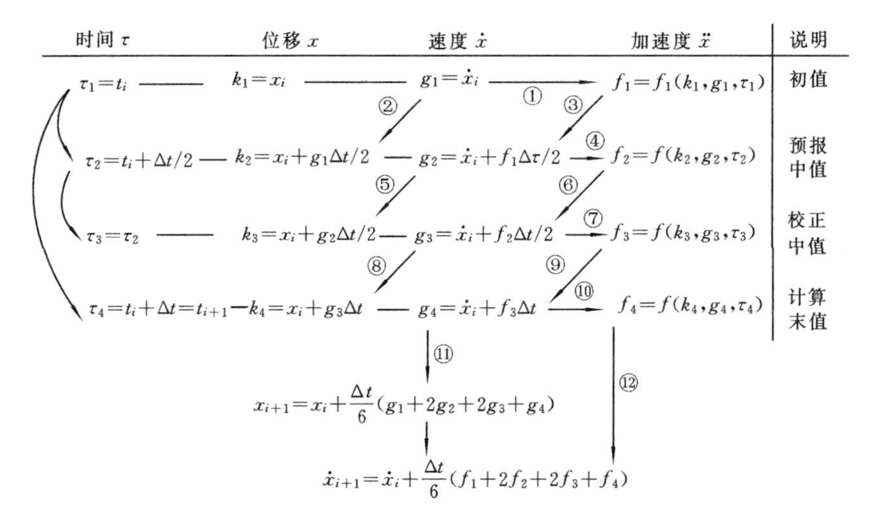

图 7.3.5

以数值计算方法求解系统的运动方程，其结果是系统的时间历程在一系列离散点上的数值，也可用绘图机绘制成连续的曲线. 该方法的特点是精度高，机动灵活，适用性强，但计算速度可能较慢，往往不能满足"实时"、"在线"仿真，或者与真实系统联机运行的要求，计算成本也较高. 而且只能就具体的条件(初始条件或激励规律)进行计算，并得出具体的响应，较难归纳出一般的结论或普遍的规律.

思　考　题

1. 对于广义特征值问题$[k]\{u\}=\lambda[m]\{u\}$，如引入动力矩阵$[D]=[k]^{-1}[m]$，则可化成标准特征值问题$[D]\{u\}=\mu\{u\}$，其中$\mu=1/\lambda$. 那么，为什么还需要采用 Cholesky 的三角分解法，以得到标准特征值问题，即式(7.1.10)呢?

2. 矩阵迭代法中，采用构造$[D]^{(2)}$，$[D]^{(3)}$，…，$[D]^{(n)}$来求高阶特征向量与高阶特征值的方法，又称为"矩阵降阶法". 而另有一种方法称为"向量降阶法"，它并不去构造新的矩阵，而去构造一个新的试算向量$\{u_0^{(2)}\}=\{u\}_{k+1}-\{u\}_k$，其中$\{u\}_{k+1}$与$\{u\}_k$是在求第一阶特征向量与特征值时相邻两次迭代得出的试算向量. 理论上以$[D]$对$\{u_0^{(2)}\}$反复作用后，即可收敛于第二特征向量$\{u^{(2)}\}$与第二特征值μ_2，这是为什么? 实际上这种方法并不适用，其问题在哪里?

3. 在图 7.1.2 中，$\{u^{(1)}\}$与$\{u^{(2)}\}$两特征向量并不正交，可是我们知道，同一线性系统对应于两个不同的特征值的特征向量应该满足正交关系，这如何解释?

习　　题

7.1　试对于一般的旋转变换矩阵式(7.1.41)证明式(7.1.38)与式(7.1.39).

7.2　试证明式(7.1.52)与式(7.1.42)等阶,以及式(7.1.53)、式(7.1.54)与式(7.1.45)等阶.

7.3　试证明式(7.1.89).

7.4　试证明式(7.2.15)至式(7.2.17).

7.5　试以 Choleshy 三角分解法与 Jacobi 旋转迭代法计算以下广义特征值问题的特征向量与特征值:$[k]\{u\}=\lambda[m]\{u\}$,其中

$$[k]=\begin{bmatrix}10 & 2 & 3 & 1 & 1\\ 2 & 12 & 1 & 2 & 1\\ 3 & 1 & 11 & 1 & -1\\ 1 & 2 & 1 & 9 & 1\\ 1 & 1 & -1 & 1 & 15\end{bmatrix}\quad [m]=\begin{bmatrix}12 & 1 & -1 & 2 & 1\\ 1 & 14 & 1 & -1 & 1\\ -1 & 1 & 16 & -1 & 1\\ 2 & -1 & -1 & 12 & -1\\ 1 & 1 & 1 & -1 & 11\end{bmatrix}$$

7.6　一个柴油机动力装置经简化为如图(题 7.6)所示的轴盘扭转系统,其中盘的转动惯量(单位:N・cm・s^2)为:$I_1=355.2$,$I_2=I_3=\cdots=I_9=189.2$,$I_{10}=6.35$,$I_{11}=3128.7$,$I_{12}=10.77$,$I_{13}=1570.5$;轴段的柔度(单位:rad/($\times10^{-10}$ N・cm))为:$a_1=7.46$,$a_2=a_3=\cdots=a_8=9.16$,$a_9=6.88$,$a_{10}=7.04$,$a_{11}=25.51$, $a_{12}=926.56$.

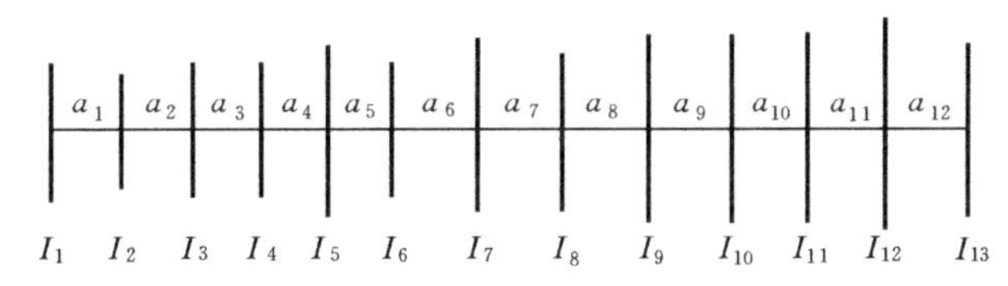

图(题 7.6)

试以矩阵迭代法求此系统的前七阶自然频率及振型.注意到此系统存在刚体模态,需用到式(7.1.73),其中的 α 值可取为 1 000.由于存在刚体模态,需要算出八阶,才能得到前七阶弹性模态.建议对各阶弹性模态进行迭代时,试算向量取为:

第一阶　$\{u\}_0=\{1,\ 1,\ 1,\ 1,\ 1,\ 1,\ 1,\ 1,\ 1,\ 1,\ 1,\ 1,\ -1\}^{\mathrm{T}}$

第二阶　$\{u\}_0=\{1,\ 1,\ 1,\ 1,\ 1,\ 1,-1,-1,-1,-1,-1,-1,\ 1\}^{\mathrm{T}}$

第三阶　$\{u\}_0=\{1,\ 1,\ 1,\ 1,-1,-1,-1,-1,\ 1,\ 1,\ 1,\ 1,-1\}^{\mathrm{T}}$

第四阶　$\{u\}_0=\{1,\ 1,\ 1,-1,-1,-1,\ 1,\ 1,\ 1,-1,-1,-1,\ 1\}^{\mathrm{T}}$

第五阶　$\{u\}_0=\{1,\ 1,-1,-1,-1,\ 1,\ 1,\ 1,-1,-1,-1,\ 1,\ 1,-1\}^{\mathrm{T}}$

第六阶　$\{u\}_0=\{1,\ 1,-1,-1,\ 1,\ 1,-1,-1,\ 1,\ 1,-1,-1,\ 1\}^{\mathrm{T}}$

第七阶　$\{u\}_0=\{1,\ -1,-1,\ 1,\ 1,-1,-1,\ 1,\ 1,-1,-1,\ 1,-1\}^{\mathrm{T}}$

7.7　试以子空间迭代法求图(题 7.7)所示四自由度系统的前两阶固有频率与振型.

7.8　试以转移矩阵方法计算"弹簧-质块"的谐振子在阶跃载荷 $F(t)=F_0u(t)$ 激励下的

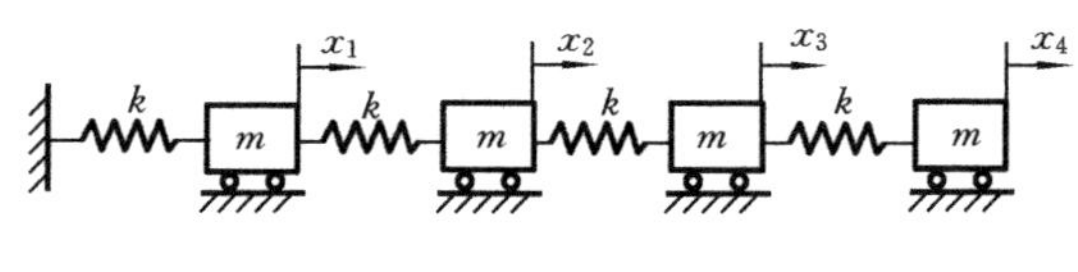

图(题 7.7)

响应.

7.9 试证明由例 7.6 中的式(c)给定的谐振子的转移矩阵具有式(7.2.29)至式(7.2.31)所示的归一性、合成性与可逆性.

7.10 试以 Runge-Kutta 法求解 Van der pol 方程

$$\ddot{x}-\mu\dot{x}(1-x^2)+x=0$$

在很小的初始位移下的解,设 $\mu=1.5$,并绘出其时间历程 $x(t)$ 及在$(x,\dot{x})$相平面上的图形(须得出极限环).

7.11 试以 Runge-Kutta 法求解以下微分方程在很小的初始位移下的解(计算中取 $\Delta t=0.1333$ s).

$$\ddot{x}+0.4\dot{x}+x+0.5x^3=0.5\cos 0.5t$$

并绘出其相图.

思考题参考答案

第 1 章

1. 仍可能有自由振动.

2. √.

3. 线性谐振子的周期 $T=2\pi/\omega_n=2\pi\sqrt{m/k}$,完全由系统参数所决定.在线性范围内,它与振幅无关.

4. √.

5. 初始条件不同,自由振动的振幅,相位不同,但自由振动的频率与初始条件无关.

6. √.

第 2 章

1. √.

2. ξ 无量纲,$f(t)$的量纲是[L].

3. 谐波激振力的响应的相位一般滞后于激振力的相位.

4. 即使 $\xi\geqslant1$,其谐波响应仍为谐波运动.

5. 当阻尼率 $\xi\neq0$ 时,最大振幅时的频率(共振频率)为 $\omega_r=\omega_n\sqrt{1-2\xi^2}$,其中 ω_n 为系统的自然频率,即当 $\xi\neq0$ 时,ω_r 与 ω_n 两者并不相等.

6. 应为 $x(t)=\mathrm{Re}[H(\omega)\cdot A\mathrm{e}^{\mathrm{i}\omega t}]$,或 $x(t)=|H(\omega)|A\mathrm{e}^{\mathrm{i}(\omega t-\varphi)}$.

7. 响应的周期与激励的周期相同,但波形一般并不同.

8. √.

9. 冲击响应的最大峰值可以发生在冲击作用的时间里,也可以发生在冲击结束以后,视冲击波的持续时间 T 与系统自由振动的周期 T_n 的相对大小而定.

10. 可以有稳态响应,试看例 2.10,每次冲击以后,只改变了速度的方向,而并未改变其绝对值,即由 $-P_0/(2m)$ 变为 $P_0/(2m)$,因而并未增加动能.

11. 不一定(阅读例 2.1).

12. 不对(式(2.4.14)及 2.4.3 小节的有关分析说明).

第 3 章

1. 两自由度系统有两个自然模态,对应有两个自然频率和两个模态向量,在自由振动时系统的两个坐标的运动一般均应是两个自然模态振动的叠加(阅读 3.2 节).

2. 耦合方式及耦合与否与所采用的坐标及运动方程有关,而并非系统的固有性质,因此只能说可将两自由度系统的运动方程划分为惯性耦合、弹性耦合和无耦合(阅读第 3.3 节).

3. 模态向量或振型向量是由系统的物理参数决定的(阅读第 3.2 节).

4. √(阅读第 3.3 节).

5. √(阅读第 3.5 节).

第 4 章

1. 模态向量的正交性是由振动系统本质决定的，而正规化条件是人为决定的(阅读 4.5.1 节).

2. √(阅读 4.5.2 节).

3. √(阅读 4.6 节与 4.8 节).

4. 当半定系统作刚体运动时，各自由度上的位移并不全为零，但系统的势能为零(阅读 4.9.1节).

5. 对简并系统，对应于相等自然频率的模态向量的方向是不定的(阅读 4.9.3 节).

第 5 章

1. 对(阅读 5.3 节、5.5 节).

2. 不确切，虚位移应满足系统约束的要求(阅读 5.3.1 小节).

3. 不对，"约束力与施加力"和"内力与外力"是不同的分类方法，以弹簧连接两质块构成一系统，则弹簧的恢复力是内力，但不是约束力；是施加力，但不是外力；一固定支承对梁的作用力是约束力，但不是内力；是外力，但不是施加力.

4. 不确切，单个的广义力 Q_i 只是一种标量(见式(5.3.18)与式(5.4.3))，n 个广义力的集合$\{Q_1, Q_2, \cdots, Q_n\}$则构成一向量，但这是线性代数中的一种广义的向量，并非物理学中的"有方向的量".

5. 不全对，一般而言，动能也与广义坐标有关(阅读 5.5 节).

6. 不对，分析力学仍然属于 Newton 力学的范畴，其出发点仍然是 Newton 力学方程，但对该方程的形式进行了改造.

第 6 章

一、

1. 存在一个平稳值(或驻值)，仅在$\{\mu^{(1)}\}$上取局部极小值.

2. Ritz 法可用来估算系统前几阶自然频率.

3. Dunkerley 法估算系统的基频下限，Rayleigh 法估算基频上限.

4. 必须结合边界条件才能确定系统的振动特性.

二、(略)

第 7 章

1. 因为动力矩阵一般是不对称的，由它定义的特征值问题无法用 Jacobi 方法迭代求解.

2. 可证明$\{u_0^{(2)}\}$中并不包含第一特征问题$\{u^{(1)}\}$的分量，理论上在迭代中该方向的分量不能增加，而只有$\{u^{(2)}\}$的分量才会上升，故收敛于$\{u^{(2)}\}$及 μ_2，但实际上计算过程中难免圆整误差的影响，特别是当$\{u\}_{k+1}$与$\{u\}_k$ 相当接近时其差值会很小，圆整误差更突出，其中偶然偏向$\{u^{(1)}\}$的圆整误差会被不断放大，积累，而最后使试算向量仍然趋近 $\{u^{(1)}\}$.

3. 它们在以质量矩阵或刚度矩阵为权的条件下正交，即 $\{u^{(1)}\}^T[m]\{u^{(2)}\}=0$，$\{u^{(1)}\}[k]\{u^{(2)}\}=0$.

参 考 文 献

[1] MEIROVITCH L. Elements of Vibration Analysis[M]. 2nd ed. New York:McGRAW-Hill Book Company,1986.

[2] 汤姆逊 W T. 振动理论及其应用[M]. 胡宗武,等译. 北京:煤炭工业出版社,1980.

[3] 郑兆昌. 机械振动:上册[M]. 北京:机械工业出版社,1980.

[4] 纽兰 D E. 随机振动与谱分析概论[M]. 方同,等译. 北京:机械工业出版社,1980.

[5] BISHOP R E D,JOHNSON D C. The Mechanics of Vibration[M]. Cambridge:Cambridge Univ. Press,1960.

[6] 谷口修. 振动工程大全:上、下册[M]. 家尹传,译. 北京:机械工业出版社,1983,1986.

[7] 户川隼人. 振动分析的有限元方法[M]. 殷荫龙,等译. 北京:地震出版社,1985.

[8] PEITGEN H D,JÜRGENS H,SAUPE D. Chaos and Fractals, New Frontiers of Science [M]. Springer-Verlag,1992.

[9] RAO S S. Mechanical Vibrations[M]. 4th ed. Upper Saddle River: Pearson/Prentice Hall,2004.

图书在版编目(CIP)数据

机械振动系统——分析·建模·测试·对策(上册)(第三版)/师汉民　黄其柏. —武汉:华中科技大学出版社,2013.1(2023.9 重印)

ISBN 978-7-5609-8479-7

Ⅰ. 机…　Ⅱ. ①师…　②黄…　Ⅲ. 机械振动-研究生-教材　Ⅳ. TH113.1

中国版本图书馆 CIP 数据核字(2012)第 257835 号

机械振动系统——分析·建模·测试·对策(上册)(第三版)　　　师汉民　黄其柏

责任编辑:徐正达

封面设计:刘　卉

责任校对:刘　竣

责任监印:张正林

出版发行:华中科技大学出版社(中国·武汉)　　　电话:(027)81321913

武汉市东湖新技术开发区华工科技园　　　邮编:430223

录　　排:武汉佳年华科技有限公司

印　　刷:武汉邮科印务有限公司

开　　本:710mm×1000mm　1/16

印　　张:16.75　插页:2

字　　数:333 千字

版　　次:2023 年 9 月第 3 版第 5 次印刷

定　　价:49.80 元